Teach Yourself Python

独習
Python

JN088044

山田祥寛 著

SE
SHOEISHA

本書内容に関するお問い合わせについて

このたびは翔泳社の書籍をお買い上げいただき、誠にありがとうございます。弊社では、読者の皆様からのお問い合わせに適切に対応させていただくため、以下のガイドラインへのご協力をお願い致しております。下記項目をお読みいただき、手順に従ってお問い合わせください。

●ご質問される前に

弊社Webサイトの「正誤表」をご参照ください。これまでに判明した正誤や追加情報を掲載しています。

正誤表　　　https://www.shoeisha.co.jp/book/errata/

●ご質問方法

弊社Webサイトの「刊行物Q&A」をご利用ください。

刊行物Q&A　　　https://www.shoeisha.co.jp/book/qa/

インターネットをご利用でない場合は、FAXまたは郵便にて、下記"翔泳社 愛読者サービスセンター"までお問い合わせください。
電話でのご質問は、お受けしておりません。

●回答について

回答は、ご質問いただいた手段によってご返事申し上げます。ご質問の内容によっては、回答に数日ないしはそれ以上の期間を要する場合があります。

●ご質問に際してのご注意

本書の対象を越えるもの、記述個所を特定されないもの、また読者固有の環境に起因するご質問等にはお答えできませんので、あらかじめご了承ください。

●郵便物送付先およびFAX番号

送付先住所　　〒160-0006　東京都新宿区舟町5
FAX番号　　　03-5362-3818
宛先　　　　　（株）翔泳社 愛読者サービスセンター

はじめに

Python（パイソン）は、Guido van Rossum 氏が1991年に発表したプログラミング言語です。伝統的なCOBOL（1959年）、C（1972年）のような言語と比べれば、まだまだ若い言語ですが、それでも登場から30年弱が経過し、よい意味で枯れてきています。

Pythonというと、機械学習、ディープラーニング（深層学習）の分野で注目を浴びたというイメージが強い言語ですが、サーバーサイド開発、システム管理、IoT（Internet of Things）など、実に幅広い分野で活用されており、設計／開発、運用の総合的なノウハウは至る所に転がっています。2020年には、いよいよ国家試験の基本情報技術者試験でもPythonを採用したことで、今後、より学びやすく、また、学ぶ価値の高い言語へと進化していくことが期待できます。

本書は、そんなPythonに興味を持ち、基礎からきちんと学びたい、という皆さんに、最初の一歩を提供するものです。

近年では、ネット上にも有用な情報（サンプルコード）が大量に提供されています。これらを見よう見まねで使ってみるだけでも、それなりのコードを書けてしまうのは、Pythonの魅力です。しかし、実践的なアプリ開発の局面ではどこかでつまづきの原因にもなるでしょう。一見して遠回りにも思える言語の確かな理解は、きっと皆さんの血肉となり、つまづいたときに踏みとどまるための力の源泉となるはずです。本書が、Pythonプログラミングを新たに始める方、今後、より高度な実践を目指す方にとって、確かな知識を習得するための一冊となれば幸いです。

なお、本書に関するサポートサイトを以下のURLで公開しています。サンプルのダウンロードサービスをはじめ、本書に関するFAQ情報、オンライン公開記事などの情報を掲載していますので、合わせてご利用ください。

https://wings.msn.to/

最後にはなりましたが、タイトなスケジュールの中で筆者の無理を調整いただいた翔泳社の編集諸氏、そして、傍らで原稿管理／校正作業などの制作をアシストしてくれた妻の奈美、両親、関係者ご一同に心から感謝いたします。

山田祥寛

本書の読み方

サンプルファイルについて

- 本書で利用しているサンプルファイル（配布サンプル）は、以下のページからダウンロードできます。

  https://wings.msn.to/index.php/-/A-03/978-4-7981-6364-2/

- 配布サンプルは、以下のようなフォルダー構造となっています。

  /selfpy ………………………… 本書メインのサンプルプロジェクト
  　　/chapXX ……………… 章単位のフォルダー（XXは章番号）
  　　　　/practice … 「練習問題」「この章の理解度チェック」のサンプル

- 配布サンプルを開き、実行する方法については1.4節を参照してください。

- サンプルは、実行環境を明記している一部を除いて、すべてVisual Studio Code（以下、VSCode）のターミナルから確認しています。実行結果、コンパイルエラーなどの表記もWindows版VSCodeでの表記に合わせています。結果は環境によって異なる可能性もあるので、注意してください。

動作確認環境

本書内の記述／サンプルプログラムは、次の動作環境で確認しています（基本的な検証はAnaconda環境で、Python 3.8の新機能だけを本家Python 3.8で検証しています）。

- Windows10 Pro 64ビット
- macOS Catalina 10.15.4

- Anaconda 2020.02（Python 3.7.6）
- Python 3.8.2
- Visual Studio Code 1.44.2

本書の構成

本書は11章で構成されています。各章では、学習する内容について、実際のコード例などをもとに解説しています。書かれたプログラムがどのように動いているのかを、実際に試しながら学ぶことができます。

練習問題

各章は、細かな内容の節に分かれています。途中には、それまで学習した内容をチェックする練習問題を設けています。その節の内容を理解できたかを確認しましょう。

この章の理解度チェック

各章の末尾には、その章で学んだ内容について、どのくらい理解したかを確認する理解度チェックを掲載しています。問題に答えて、章の内容を理解できているかを確認できます。

本書の表記

全体

● 紙面の都合でコードを折り返す場合、行末に⏎を付けます。

構文

本書の中で紹介するPythonの構文を示しています。クラスライブラリ（関数／メソッド）の構文については、以下のルールに従って表記しています。

構文 writer関数

```
writer(csvfile, dialect='excel', **fmtparams)
```
関数名   引数

```
csvfile    ：読み込み対象のファイル
dialect    ：採用するdialect
fmtparams ：フォーマット情報（「名前=値」形式。指定できる名前はp.281の表7.9）
```

引数の表記の意味は、右の通りです。詳しくは本文内の解説も参照してください。

❖引数の表記の意味

表記	意味
[...]	引数が省略可能
arg=value	引数argの既定値がvalueである（引数が省略可能。8.3.1項）
*args	可変長引数（8.3.3項）
**kwargs	キーワード可変長引数（8.3.4項）
途中の*	以降の引数はキーワード引数（5.1.1項）でなければならない
途中の/	以前の引数は位置引数（5.1.1項）でなければならない

Note／Column

注意事項や関連する項目、知っておくと便利な事柄を紹介します。

注意事項や関連する項目の情報

プラスアルファで知っておきたい参考／補足情報

エキスパートに訊く

初心者が間違えやすいことがら、注目しておきたいポイントについてQ＆A形式で紹介します。

 エキスパートに訊く

Q：Python学習者からの質問
A：エキスパートからの回答

目　次

第1章　イントロダクション　　001

第 2 章　Pythonの基本　053

第 3 章　演算子　079

第 4 章　制御構文　　　　　　　　111

第 6 章　標準ライブラリ コレクション　　197

第 7 章　標準ライブラリ その他　　　　249

第8章　ユーザー定義関数　313

第 9 章 ユーザー定義関数 応用   353

第10章　オブジェクト指向構文　411

付録 A 「練習問題」「この章の理解度チェック」解答 527

コラム目次

サンプルファイルの入手方法

サンプルファイル（配布サンプル）は、以下のページからダウンロードできます。

https://wings.msn.to/index.php/-/A-03/978-4-7981-6364-2/

イントロダクション

Pythonは、オランダ人のグイド・ヴァンロッサム氏が1991年に発表したプログラミング言語の一種です。機械学習／AI、ディープラーニングの分野で一気に浸透した感もありますが、サーバーサイド開発、システム管理、IoT（Internet of Things）など、幅広い分野で活用されています。

初期バージョン0.9の発表が1991年ですから、伝統的なCOBOLが1959年、C言語が1972年に登場していることを見れば、比較的新しい言語でもあります。新しいとは言っても、すでに登場から30年近くが経過し、2019年にバージョン3.8がリリース。企業／個人を問わず、Pythonが当たり前のように採用されるようになったことで事例も蓄積され、よい意味で枯れた言語になっています。2020年には、いよいよ国家試験の基本情報技術者試験でもPythonが採用されたことで、教育分野でのPythonの活用にも弾みがつきそうです。

本章では、そんなPythonを学ぶに先立って、Pythonという言語の特徴を理解するとともに、学習のための環境を整えます。また、後半では簡単なサンプルを実行しながら、Pythonアプリの構造、基本構文を理解し、次章からの学習に備えます。

1.1 Pythonとは?

「コンピューター、ソフトウェアがなければただの箱」とは、よく聞く言葉です。コンピューターは人間が面倒に思うことを肩代わりしてくれる便利な機械ですが、自分で勝手に動くことはできません。基本的には「誰かの指示」を受けて動くものです。

この「誰か」がソフトウェア（ソフト）、またはプログラムと呼ばれる指示書です。そして、プログラムを記述するために利用する言語がプログラミング言語です。Pythonもまた、プログラミング言語の一種です。

プログラミング言語と一口に言っても、世の中にはさまざまな言語があります。その中で、Pythonはどのような特徴を持つのでしょうか。本節では、Pythonという言語の特徴を理解しながら、プログラミングを学ぶうえで知っておきたいキーワードを押さえます。

> *note* より正しくは、ソフトウェアはプログラムよりも大きな概念です。プログラムが指示書そのものを表すのに対して、ソフトウェアは指示書だけでなく、関連するデータ（画像など）や設定ファイルなどを含めた、より大きなかたまりです。**アプリケーション（アプリ）**という言葉もありますが、こちらはほぼソフトウェアと同義と考えてよいでしょう。

1.1.1　マシン語と高級言語

　一般的には、コンピューターは0、1の世界しか理解できません。よって、コンピューターに指示を出すのも、0、1の組み合わせで表す必要があります。このような0、1で表される言語のことを**マシン語**（または**機械語**）と言います。

　もっとも、人間が0、1だけで複雑なプログラムを読み書きするのは困難です。そこで現在では、人間にとってよりわかりやすいプログラミング言語を利用しています。**高級言語**、または**高水準言語**と呼ばれる言語です（図1.1）。高級言語は、一般的には英語によく似た文法を採用しており、中学程度の英語を理解していれば簡単に理解できます。

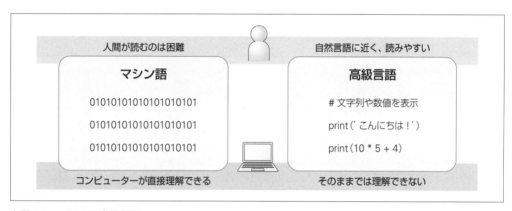

❖図1.1　マシン語と高級言語

　現在、我々がよく目にするプログラミング言語のほとんどは高級言語ですし、例にもれず、Pythonも高級言語です。

1.1.2　コンパイル言語とインタプリター言語

　ただし、英語のような文法で書かれた高級言語を、コンピューターはそのままでは理解できません。そこで高級言語で書かれたプログラムを実行するには、コンピューターが理解できる形式に変換する必要があります。その方法の1つが**コンパイル**（一括翻訳）という処理です。

　Java、C#、C++のような言語は、人間の書いたプログラムをいったんコンパイルして、その結果を実行することから、**コンパイル言語**と呼ばれます（図1.2）。

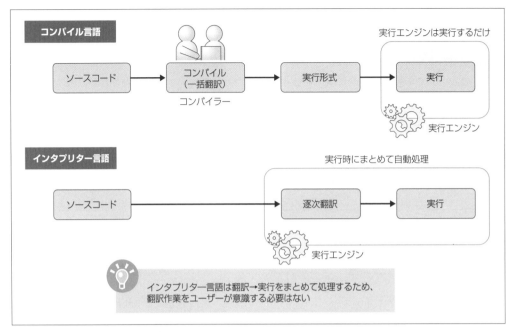

❖図1.2　コンパイル言語とインタプリター言語

　note　コンパイルする前の、人間によって書かれたプログラムのことを**ソースコード**、または単に**コー**
ドと呼びます。一方、コンパイルされて実行できる状態になったプログラムのことを**実行形式**と
呼びます。

　Pythonも翻訳しなければ実行できない点は同じですが、これを意識する必要がありません。プロ
グラムを呼び出すと、その場で翻訳しながら、そのまま実行してくれるからです。このような言語の
ことを**インタプリター言語**と言います。Pythonのほか、JavaScript、PHP、Ruby、Perlなどが代表
的なインタプリター言語です。

　インタプリター言語は、コードを書き直してもいちいちコンパイルを繰り返さなくてよいので、ト
ライ＆エラーでの開発が容易です。

1.1.3　スクリプト言語

　もう1つ、Pythonの特徴として、とにかく文法がシンプルで、初学者にも習得が簡単であるとい
う点が挙げられます。たとえば図1.3は、「Hello, World!!」という文字列を表示するためのコードを、
PythonとJavaで表したものです。

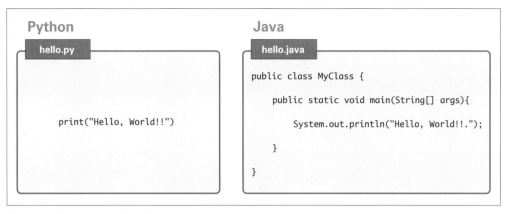

❖図1.3 「Hello , World!!」と表示するコード：PythonとJava

　もちろんこれだけでは結論できませんが、Pythonのほうがシンプルに記述できることが見て取れます。

　Pythonのシンプルさは、予約語（決められたキーワード）の少なさからも感じられます。たとえば、比較的簡単と言われるPHPですら、予約語は実に80近くにものぼります。対して、Pythonのそれはわずかに35。予約語が少ないということは、習得すべき文法が少ないということなので、Pythonがどれだけシンプルかがわかります。

　また、Pythonは「1つのことを表すのに、書き方が1つだけ」であることを意図して設計されています。この思想もまた、Pythonを簡単にしている要因です。

　そして、このようにシンプルさ、簡易さに力点を置いた言語のことを、プログラミング言語の中でも**スクリプト言語**と呼びます。script（台本、脚本）というその名の通り、コンピューターに対する指示を脚本のような手軽さで表現できる言語、というわけですね。

　なお、スクリプト言語で書かれたプログラムのことを、**スクリプト**と呼ぶこともあります。

1.1.4　オブジェクト指向言語

　オブジェクト指向とは、プログラムの中で扱う対象をモノ（オブジェクト）にたとえ、オブジェクトの組み合わせによってアプリを形成していく手法のことを言います。たとえば、一般的なアプリであれば、文字列を入力するためのテキストボックスがあり、操作を選択するためのメニューバーがあり、また、なにかしら動作を確定するためのボタンがあります。これらはすべてオブジェクトです（図1.4）。

　また、アプリからファイル／ネットワークなどを経由して情報を取得することもあるでしょう。こうした機能を提供するのもオブジェクトですし、オブジェクトによって受け渡しされるデータもまた、オブジェクトです。

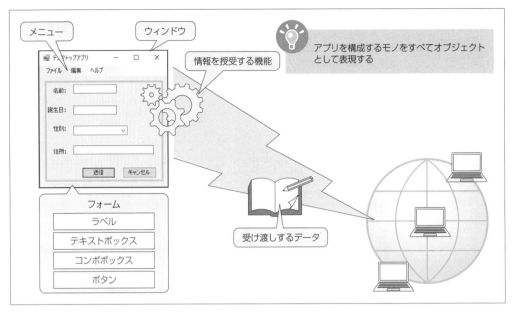

❖図1.4　オブジェクト指向とは?

　Pythonに限らず、昨今のプログラミング言語の多くは、オブジェクト指向の考え方にのっとっており、その開発手法も円熟しています。つまり、本書で学んだ知識は、そのまま他の言語の理解につながりますし、他の言語で学んだ知識がPythonの理解に援用できる点も多くあります。本書でも、第10〜11章で十分な紙幅を割いて、オブジェクト指向構文について解説していきます。

補足 マルチパラダイムな言語

　Pythonは純粋なオブジェクト指向言語ではありません。その他にも、さまざまな思想(パラダイム)を取り込んでいます。

　たとえば、第8章で扱うラムダ式、第9章で扱うジェネレーターなどは**関数型プログラミング**の側面を持っています。関数型とは、関数(特定の入力に対してなんらかの結果を返す仕組み)を組み合わせていくプログラミングスタイルです。

　第4章で扱う制御構文は、プログラムの基本的な構造(順次、選択、反復)を表す**構造化プログラミング**です。そもそも(あまり意識することはありませんが)Pythonでは処理の流れをコードとして記述していきます。これを**手続き型プログラミング**(**命令型プログラミング**)と言います。

　このように複数のパラダイムを取り込んだ言語のことを**マルチパラダイム**な言語と呼びます。Pythonを学ぶことで、プログラムのさまざまな思想を同時に学ぶことができるのです。

1.1.5 | Pythonのライブラリ

　一般的に、プログラミング言語は（言語そのものだけでなく）アプリを開発するための便利な道具と共に提供されています。このような道具のことを**ライブラリ**と言います。

　Pythonは「Battery Included」（電池付きで、そのまま使える）という思想のもとで設計されており、このライブラリが標準で潤沢に用意されています。Pythonをインストールするだけで、それこそファイルの読み書きからデータベース操作、ネットワーク通信、GUIアプリ開発など、さまざまな機能を即座に実現できるのです。

　サードパーティ製の拡張ライブラリに至っては、標準ライブラリの比ではありません。たとえばPythonには、サードパーティによる拡張ライブラリの集積場とも言うべきサービスとして、**PyPI**（Python Package Index）があります（図1.5）。このPyPIへの登録プロジェクト数は、本書の執筆時点でなんと20万以上に及びます。Pythonを導入すれば、これらを無償で利用できるわけです。

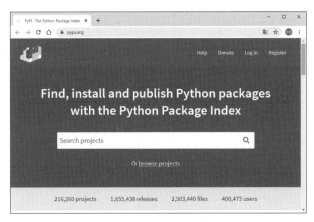

❖図1.5　PyPI（https://pypi.org/）のトップページ

❖表1.1　Pythonで利用できる有名なライブラリ

ライブラリ	概要	URL
NumPy	数値計算用ライブラリ	https://numpy.org/
pandas	データ分析ライブラリ	https://pandas.pydata.org/
TensorFlow	機械学習ライブラリ	https://www.tensorflow.org/
Django	Webアプリ開発のためのフレームワーク	https://www.djangoproject.com/
Scrapy	Webクロールフレームワーク	https://scrapy.org/

　さまざまな分野でライブラリが充実しているのはもちろんですが、中でも、機械学習、ディープラーニング（深層学習）などの分野のライブラリが潤沢である点はPythonの強みです。昨今のトレンドであるこれらの分野をきっかけに、Pythonを導入した（したい）という人も少なくないのではないでしょうか。

1.2 Pythonの歴史と現状

Pythonの言語としての特徴を理解できたところで、Pythonの歴史を概観しながら、Pythonを取り巻く現状を説明します。

1.2.1 Pythonの歴史

Pythonが最初にお目見えしたのは1991年、作者であるグイド＝ヴァンロッサムがソースコードを公開した0.9です。その後、3年の期間を経て、1994年1月にPython 1.0がリリースされました。基本的な型の概念やオブジェクト指向など、Pythonの基礎となる構文は、このバージョンですでに実装されています。

ただし初期の段階ではそこまで盛り上がりはなく、よく名前が聞かれるようになったのは2000年10月にPython 2がリリースされてからです。Unicode（1.5.1項）、ガベージコレクション（オブジェクトを解放するための仕組み）などが導入され、Google、Yahoo!、InstagramなどのサービスがPythonを採用したのも、この時期です。

そして、2008年12月にリリースされたのが、現在のメジャーバージョンであるPython 3です。執筆時点での最新バージョンは3.8で、3.0以降、表1.2のような機能が加わっています。

❖表1.2　Python 3の新機能

バージョン	時期	主な追加機能
3.1	2009年6月	OrderedDict（順序付き辞書）、importlibモジュール
3.2	2011年2月	pdb（デバッガー）の改善
3.3	2012年9月	yield from、Unicodeリテラル（u'...'）の復活
3.4	2014年3月	asyncio／enumモジュール
3.5	2015年9月	typingモジュール、os.scandir関数、行列乗算演算子「@」
3.6	2016年12月	フォーマット文字列、async／await
3.7	2018年6月	データクラス
3.8	2019年10月	「:=」演算子

言語としての成熟も高まったバージョンですが、問題もありました。Unicode（文字コードの一種）をネイティブに採用したなど、大幅に改善の手が入ったことで、Python 2との互換性が維持されなかったのです。加えて、周辺ライブラリのPython 3対応が進まなかった事情も重なり、Python 2からPython 3への移行は難航します。

しかし、互換性問題も10年以上の年月を経て、解決します。Python 2系の最終バージョンである2.7が2020年1月1日をもって、とうとうサポートを終了しました。以降は、致命的なバグ、セキュリティホールがあってもバグフィックスはされません。否応なく、今後はPython 3の普及が進んで

いくはずです（開発／学習に際してPython 2を意識しなくてよいのは、開発者にとって大きなメリットであり、まさに学習を始めるチャンスと言えます）。

消極的な理由だけではありません。10年の中で、代表的なライブラリのPython 3対応もほぼ済んでいます。表1.2でも示したように、Python 3ではさまざまな機能が追加されました。機能性、パフォーマンスいずれをとっても、Python 2よりもPython 3が優れているのは当然で、もはやPython 2を採用する理由はありません。既存のアプリをメンテナンスせざるを得ないなどの状況を除いては、今後は原則としてPython 3を利用してください。本書でも、Python 3（3.8）を前提に、解説を進めます。

1.2.2 Python開発の状況

Pythonと言った場合、Pythonの言語仕様と、言語仕様に基づいた実装とがあります。

まず、Python実装にはPyPy、IronPython、Jythonなどがありますが、中でも有名な実装が**CPython**です。非営利団体である**Pythonソフトウェア財団**（`https://www.python.org/psf/`）が管理しており、オープンソース（`https://github.com/python/cpython/`）として提供されます。

オープンソースなのでソースを確認できるのはもちろん、開発そのものにも参加できます。ライセンスが**PSFL**（Python Software Foundation License）として提供されている点もメリットです。PSFLはGPL（GNU General Public License）互換のライセンスですが、GPLと異なり、内容を変更した場合にも変更コードをオープンにする義務はありません。

そして、実装の前提となる言語仕様についても、好き勝手に決められているわけではありません。**PEP**（Python Enhancement Proposal）と呼ばれる仕様提案の仕組みが用意されています。

　　`https://www.python.org/dev/peps/`

以下は、「PEP 1 -- PEP Purpose and Guidelines」（`https://www.python.org/dev/peps/pep-0001/`）から引用したものです。

PEP stands for Python Enhancement Proposal. A PEP is a design document providing information to the Python community, or describing a new feature for Python or its processes or environment. The PEP should provide a concise technical specification of the feature and a rationale for the feature.

訳 PEPはPythonでの機能拡張提案を意味します。PEPはPythonコミュニティに対して情報を提供したり、Pythonの新機能や周辺環境に言及したりするための仕様書です。PEPでは、新たな機能に関する技術的な仕様と根拠とを示さなければなりません。

PEPでまとめられたドキュメントに基づいて開発が進められるので、実装も統一された、また、合意された方針のもとに進められるわけです。PEPでまとめられた文書の中でも、一読しておくと

よいものを表1.3にまとめておきます。

❖表1.3　主なPEP文書

No.	タイトル	概要
1	PEP Purpose and Guidelines	上述。仕様策定ルール／フローなどにも言及
8	Style Guide for Python Code	Pythonコードを記述する際の標準規約（p.312）
20	The Zen of Python	Pythonを開発する際に前提となっている思想（p.351）
257	Docstring Conventions	docstring（コード内文書）に関するルール

　言語仕様だけでなく、コーディング規約、Pythonの根底にある思想、コメントの書き方など、幅広く文書化されていることが見て取れます。読み解くには難解な内容もありますが、Pythonで本格的な開発をしていくならば、上の文書を手始めに、徐々にPEPにも慣れていくことをお勧めします。

note　ユーザーコミュニティの活動も活発です。PyConはその1つで、世界各地でPythonユーザーを集め、カンファレンスを催しています。アメリカで開催されるUS PyConはPyConの発祥でもあり、また、最大規模のカンファレンスですし、日本でもPyCon JP（https://www.pycon.jp/）が毎年開催されています。こうした催しを通じて、周囲のユーザーと積極的に情報交換できるのも、Pythonの魅力です。

練習問題　1.1

[1] Pythonの特徴を「インタプリター言語」「マルチパラダイム言語」「ライブラリ」という言葉を使って説明してみましょう。

1.3　Pythonアプリを開発／実行するための基本環境

　Pythonの現状を理解したところで、ここからは実際にPythonを利用して開発（学習）を進めるための準備を進めていきましょう。

1.3.1　準備すべきソフトウェア

　Pythonでアプリを開発／実行するには、最低限、以下のようなソフトウェアが必要です。

（1）Pythonディストリビューション

Pythonを利用するには、最低限、Pythonを実行するための環境（**実行エンジン**）を用意しておく必要があります。たとえば代表的な実行環境は、本家サイトからダウンロードできる、いわゆる本家Pythonです。本家Pythonには、実行エンジンをはじめ、関連ドキュメント、簡易な開発環境、ライブラリを管理するためのツールなどが含まれており、これだけでも十分にPythonを利用できるようになります。

```
https://www.python.org/downloads/
```

ただし、より実践的な開発には、本家Pythonの機能だけでは不足もあります。そこで、特定の用途に合わせて機能を追加したパッケージが提供されています。これを**Pythonディストリビューション**と呼びます。主なPythonディストリビューションには、表1.4のようなものがあります。

❖表1.4　主なPythonディストリビューション

名称	特徴
Anaconda	データ分析、数学、科学技術用のモジュールやパッケージマネージャーcondaをまとめてインストールできる
ActivePython	マルチプラットフォーム（Windows、macOS、Linux）でインストール可能
WinPython	Windows専用で主要なライブラリや開発環境を一括導入でき、USBで持ち運びできるようポータブル化されている
Enthought Canopy	科学技術計算、データ解析用パッケージで、無償で利用できる

本書でも、代表的なディストリビューションである **Anaconda**（アナコンダ）を採用します。Anacondaは、本来のPythonに科学技術、データ分析向けの機能（ライブラリ）を追加することで、より実践的な開発にもすぐに取り組めるようになっています。

（2）コードエディター

Pythonでコードを編集するために必要となります。使用するエディターはなんでもかまいません。たとえば、Windows標準の「メモ帳」やmacOS標準の「テキストエディット」でも、Python開発は可能です。

ただし、編集の効率を考えれば、プログラミングに向いたコードエディターを導入し、慣れておくことをお勧めします。

- Visual Studio Code（`https://code.visualstudio.com/`）
- Atom（`https://atom.io/`）
- Sublime Text（`https://www.sublimetext.com/`）
- Emacs（`http://www.gnu.org/software/emacs/`）

本書では、その中でもWindows、macOS、Linuxなど、主なプラットフォームに対応しており、人気も高いVisual Studio Code（以降、VSCode）を採用します。VSCodeでは、さまざまな拡張機能を提供しており、Pythonだけでなく、メジャーな言語のほとんどに対応できます（図1.6）。本書で学んだことは、他の言語での学習にも役立つでしょう。

もちろん、それ以外のエディターを利用してもかまいません。本格的にプログラミングに取り組むならば、まずは慣れた1つを見つけておくことです。

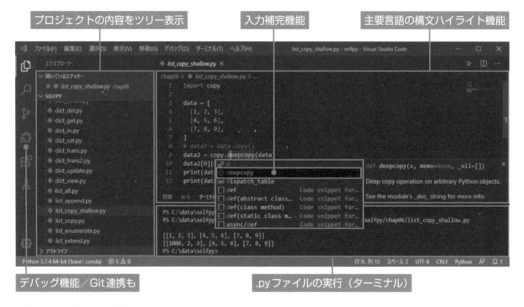

❖図1.6　VSCodeの機能

それでは、以降ではAnaconda／VSCodeのインストール手順を、WindowsとmacOSの場合に分けて紹介していきます。ご利用の環境に応じてソフトウェアをインストールした後、1.3.4項で説明している手順で本書のサンプルを利用してください。

1.3.2　Windows環境の場合

本書では、Windows 10（64bit）環境を例に、環境設定の手順を紹介します。異なるバージョンのWindowsを使用している場合には、パスやメニューの名称、一部の操作が異なる場合があるので、

注意してください。

Anacondaのインストール

Anacondaのインストーラーは、以下の本家サイトからダウンロードできます。ページを下部にスクロールすると、OS別にダウンロードリンクが並んでいます（図1.7）。

```
https://www.anaconda.com/products/individual
```

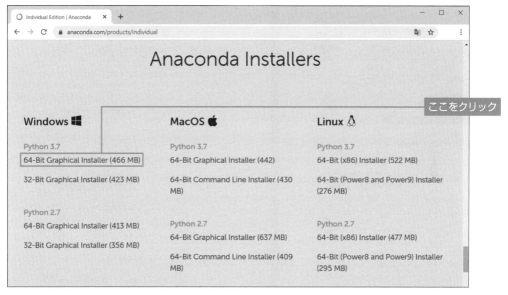

❖図1.7　Anacondaのダウンロードページ

「Windows」の「Python 3.7」にある［64-Bit Graphical Installer］リンクをクリックします（64bit環境の場合）。32bit環境では［32-Bit Graphical Installer］を選択します。

［1］インストーラーを起動する

インストーラーを起動するには、ダウンロードしたAnaconda3-202x.xx-Windows-x86_64.exeのアイコンをダブルクリックするだけです。ウィザードが起動するので、画面の指示に沿ってインストールを進めてください（図1.8）。

［Select Installation Type］画面では、管理者権限（Admin Privileges）／ユーザー権限いずれでインストールするかを訊かれますが、既定の［Just Me（recommended）］（ユーザー権限）で進めます。

また、［Advanced Installation Options］の画面では、［Add Anaconda 3 to my PATH environment variable］（環境変数PATHへ追加する）にチェックを入れてください（以前のバージョンと競合する危険があるため非推奨になっていますが、本書では学習での利便性を優先します）。

インストールが終了したら、［Finish］ボタンを押してウィザードを終了します。

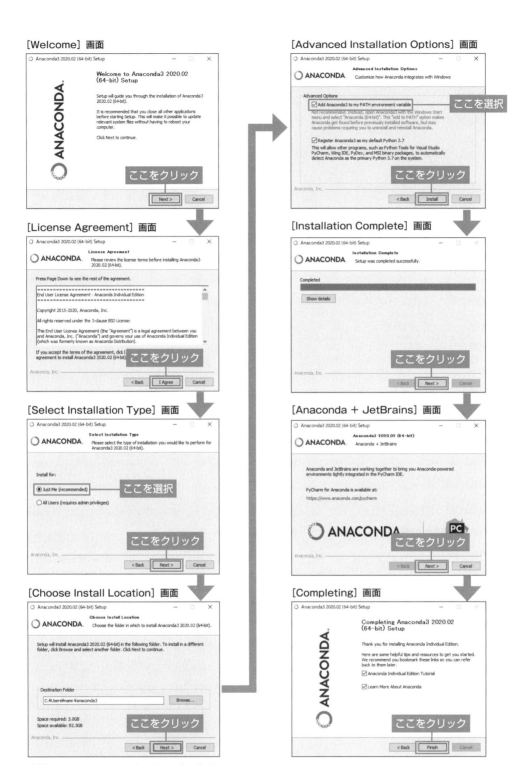

❖図1.8　Anacondaのインストールウィザード

[2] Pythonのバージョンを確認する

Anacondaをインストールできたら、スタートメニューから［Anaconda3（64-bit）］→［Anaconda Prompt（Anaconda3）］を選択します。

標準のコマンドプロンプトに似た画面が表示されるので、プロンプトから図1.9のコマンドを実行します。Pythonのバージョン番号が表示されれば、Anacondaは正しくインストールできています。

❖図1.9　Anaconda Promptの画面

> *note* 執筆時点のAnacondaに搭載されているPythonのバージョンは3.7.6です。3.8の機能を確認するには本家Pythonのパッケージを利用する必要があります。本家Pythonのインストール方法については、サポートサイトより以下のページを参照してください。
>
> https://wings.msn.to/index.php/-/B-08/python_win/

Visual Studio Codeのインストール

Visual Studio Code（以降、VSCode）は、以下の本家サイトからインストールできます（図1.10）。画面左の［Windows］ボタンをクリックして、インストーラーをダウンロードします。

https://code.visualstudio.com/Download

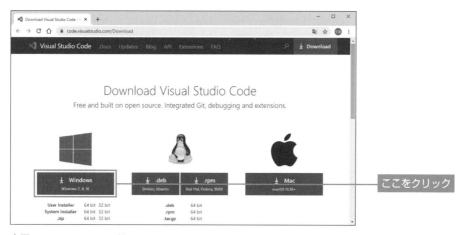

❖図1.10　VSCodeのダウンロードページ

[1] インストーラーを起動する

　ダウンロードしたVSCodeUserSetup-x64-*x.xx.x*.exeをダブルクリックすると、図1.11のように、インストーラーが起動します。

　インストールそのものは、ほぼウィザードの指示に従うだけなので、難しいことはありません。インストール先も、既定の「C:¥Users¥＜ユーザー名＞¥AppData¥Local¥Programs¥Microsoft VS Code」

[使用許諾契約書の同意] 画面

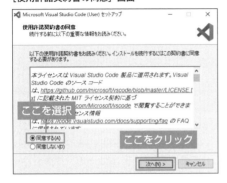

[インストール先の指定] 画面

[プログラムグループの指定] 画面

[追加タスクの選択] 画面

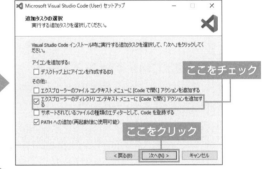

[インストール準備完了] 画面

❖図1.11　VSCodeのインストールウィザード

のままで進めます。

　［インストール］ボタンをクリックすると、インストールが開始されます。

> *note* ［追加タスクの選択］画面で、［エクスプローラーのディレクトリコンテキストメニューに
> ［Codeで開く］アクションを追加する］をチェックしておくと、エクスプローラーから選択した
> フォルダーを直接VSCodeで開けるようになり、便利です（図1.A）。

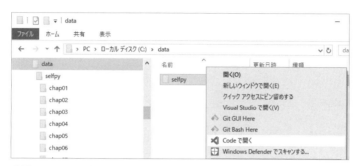

❖図1.A　フォルダーをVSCodeで開く

［2］VSCodeを起動する

　インストーラーの最後に［Visual Studio Codeセットアップウィザードの完了］画面が表示されま
す。［Visual Studio Codeを実行する］にチェックを付けて、［完了］ボタンをクリックします（図
1.12）。これでインストーラーを終了するとともに、VSCodeを起動できます。

❖図1.12　［Visual Studio Codeセットアップウィザードの完了］画面

　［Visual Studio Codeを実行する］にチェックを付けずにインストーラーを終了してしまった場合、
スタートメニューからもVSCodeを起動できます。［Visual Studio Code］→［Visual Studio Code］
を選択してください。

[3] VSCodeを日本語化する

インストール直後の状態で、VSCodeは英語表記となっています。日本語化しておいたほうが使いやすいので「Japanese Language Pack for Visual Studio Code」をインストールします。

左のアクティビティバーから 田 （Extensions）ボタンをクリックすると、拡張機能の一覧が表示されます。

上の検索ボックスから「japan」と入力すると、日本語関連の拡張機能が一覧表示されます（図1.13）。ここでは［Japanese Language Pack for Visual Studio Code］欄の［Install］ボタンをクリックしてください。

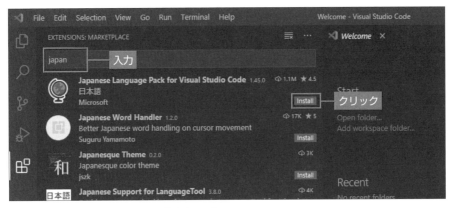

❖図1.13　拡張機能のインストール（言語パック）

インストールが完了すると画面右下に再起動を促すダイアログが表示されるので、［Restart Now］ボタンをクリックしてください（図1.14）。

❖図1.14　再起動を促すダイアログ

VSCodeが再起動し、メニュー名などが日本語で表示されるようになります。

[4] Python拡張機能をインストールする

VSCodeでPython開発を行うための拡張機能をインストールします。先ほどと同様に拡張機能一覧を表示します。

検索ボックスから「Python」と入力すると、Python関連の拡張機能が一覧表示されます（図1.15）。ここでは［Python］欄の［インストール］ボタンをクリックしてください。

❖図1.15　拡張機能のインストール（Python）

> note
> VSCodeでは、拡張機能を加えることで、さまざまなプログラミング言語、フレームワークに対応できます。Python拡張機能は、Pythonの構文ハイライト、入力補完、フォーマットなどの機能を、VSCodeに追加します。

　拡張機能のインストールに成功すると、Python拡張のページが表示され、Python拡張機能が有効になります（図1.16）。

❖図1.16　Python拡張のページ

> note
> これからよく利用するので、ショートカットをタスクバーに登録しておくと便利です。これには、VSCodeを起動した状態で、タスクバーからアイコンを右クリックし、表示されたコンテキストメニューから［タスクバーにピン留めする］を選択してください。図1.Bのように、VSCodeのアイコンがタスクバーに登録され、以降はタスクバーから直接起動できます。

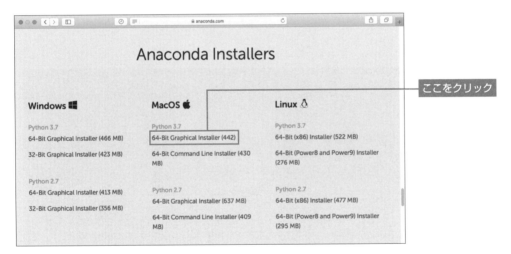

❖図1.B　VSCodeがタスクバーに登録された

1.3.3　macOS環境の場合

　本書では、macOS 10.15 Catalina環境を例に、環境設定の手順を紹介します。異なるバージョンのmacOSを使用している場合には、パスやメニューの名称、一部の操作が異なる場合があるので、注意してください。

Anacondaのインストール

　Anacondaのインストーラーは、以下の本家サイトからダウンロードできます。ページを下部にスクロールすると、OS別にダウンロードリンクが並んでいます（図1.17）。

```
https://www.anaconda.com/products/individual
```

❖図1.17　Anacondaのダウンロードページ

　「MacOS」の「Python 3.7」にある［64-Bit Graphical Installer］リンクをクリックします。

［1］インストーラーを起動する

　インストーラーを起動するには、ダウンロードしたAnaconda3-202*x.xx*-MacOSX-x86_64.pkgのアイコンをダブルクリックするだけです。ウィザードが起動するので、画面の指示に沿ってインストールを進めてください（図1.18）。

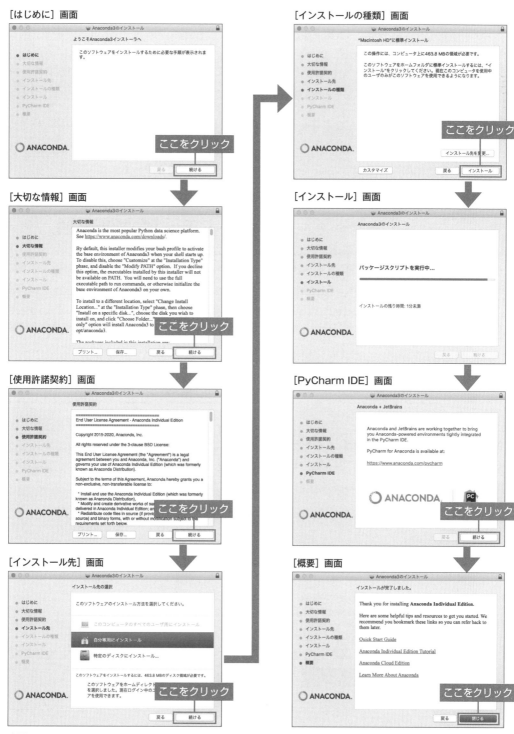

[はじめに] 画面

[大切な情報] 画面

[使用許諾契約] 画面

[インストール先] 画面

[インストールの種類] 画面

[インストール] 画面

[PyCharm IDE] 画面

[概要] 画面

ここをクリック

❖図1.18　Anacondaのインストールウィザード

［インストール先］画面でインストールの方法を訊かれますが、既定のまま、［自分専用にインストール］を選択してください。それ以外は、インストーラーの指示に従って［続ける］ボタンをクリックして先に進めるだけなので、迷うところはないでしょう。

　［インストール］ボタンをクリックすると、インストールを開始します。最後の［概要］画面で［閉じる］ボタンをクリックすると、ウィザードが終了します。

[2] Pythonのバージョンを確認する

　Anacondaをインストールできたら、ターミナルから図1.19のコマンドを実行します。Pythonのバージョン番号が表示されれば、Anacondaは正しくインストールできています。

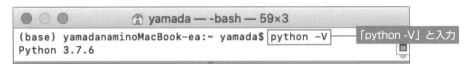

❖図1.19　ターミナルの画面

 執筆時点のAnacondaに搭載されているPythonのバージョンは3.7.6です。3.8の機能を確認するには本家Pythonのパッケージを利用する必要があります。本家Pythonのインストール方法については、サポートサイトより以下のページを参照してください。

https://wings.msn.to/index.php/-/B-08/python_mac/

Visual Studio Codeのインストール

　Visual Studio Code（以降、VSCode）は、以下の本家サイトからインストールできます（図1.20）。画面右の［Mac］ボタンをクリックして、インストーラーをダウンロードします。

https://code.visualstudio.com/Download

❖図1.20　VSCodeのダウンロードページ

[1] 解凍されたファイルを移動する

ダウンロードしたVSCode-darwin-stable.zipを解凍するとVisual Studio Code.appとして展開されます。これをアプリケーションフォルダーに移動してください。

[2] VSCodeを起動する

アプリケーションフォルダーに移動したVisual Studio Code.appを選択したまま  から［開く］をクリックします。図1.21のようなダイアログが表示された場合は、［開く］ボタンをクリックして、VSCodeを起動します。

❖図1.21　起動ダイアログ

[3] VSCodeを日本語化する

インストール直後の状態で、VSCodeは英語表記となっています。日本語化しておいたほうが使いやすいので「Japanese Language Pack for Visual Studio Code」をインストールします。

左のアクティビティバーから （Extensions）ボタンをクリックすると、拡張機能の一覧が表示されます。

上の検索ボックスから「japan」と入力すると、日本語関連の拡張機能が一覧表示されます（図1.22）。ここでは［Japanese Language Pack for Visual Studio Code］欄の［Install］ボタンをクリックしてください。

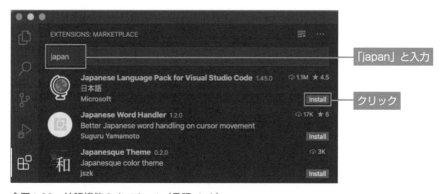

❖図1.22　拡張機能のインストール（言語パック）

インストールが完了すると画面右下に再起動を促すダイアログが表示されるので［Restart Now］ボタンをクリックしてください（図1.23）。

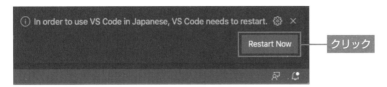

✦図1.23　再起動を促すダイアログ

VSCodeが再起動し、メニュー名などが日本語で表示されます。

［4］Python拡張機能をインストールする

VSCodeでPython開発を行うための拡張機能をインストールします。先ほどと同様に拡張機能一覧を表示します。

検索ボックスから「Python」と入力すると、Python関連の拡張機能が一覧表示されます（図1.24）。ここでは［Python］欄の［インストール］ボタンをクリックしてください。

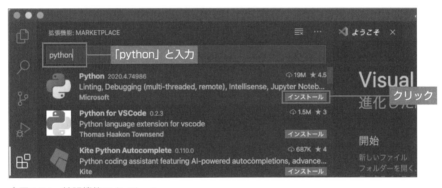

✦図1.24　拡張機能のインストール

> note　VSCodeでは、拡張機能を加えることで、さまざまなプログラミング言語、フレームワークに対応できます。Python拡張機能は、Pythonの構文ハイライト、入力補完、フォーマットなどの機能を、VSCodeに追加します。

拡張機能のインストールに成功すると、Python拡張のページが表示され、Python拡張機能が有効になります（図1.25）。

❖図1.25　Python拡張のページ

[5] Pythonの環境を設定する

　macOSではPython環境が標準で用意されており、この時点で、PCの中にはAnacondaを含む複数のPython環境が存在しているはずです。そこで、VSCodeでどの環境（バージョン）を使用するのかを設定します。

　［表示］メニューの［コマンドパレット］をクリックしてコマンドパレットを表示し、「select interpreter」と入力します。ウィンドウ下部のステータスバーに表示された図1.26のようなメッセージをクリックしてもかまいません。

⚠ Select Python Interpreter

❖図1.26　Pythonインタプリターの選択

　表示されたPython環境の一覧から［Python3.7.x 64-bit('base': conda)］（xはダウンロードしたPythonのバージョン）を選択してください（図1.27）。

❖図1.27　Pythonの環境を設定

本書のサンプルコードは、著者サポートサイト「サーバーサイド技術の学び舎 - WINGS」（https://wings.msn.to/）からダウンロードできます。

https://wings.msn.to/index.php/-/A-Ø3/978-4-7981-6364-2/

ダウンロードしたファイルを解凍してできた/selfpyフォルダーを、たとえば「C:¥data」にコピーします。コピー先は環境に応じて自由に変更してもかまいませんが、本書では以降、このフォルダーパスを前提に手順を解説するので、適宜読み替えるようにしてください。

/selfpyフォルダーの配下は、図1.28のように章ごとにまとまっています。よって、第2章のサンプルであれば、/chap02フォルダーの配下から目的のファイルを探してください。サンプルそのものの実行方法は、1.4.3項で解説します。

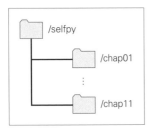

❖図1.28　ダウンロードサンプルのフォルダー構造

1.4 Pythonプログラミングの基本

Pythonアプリ開発のための環境を用意できたところで、ここからは具体的なコードを入力しながら、Pythonの基本的な構文、実行方法を確認していきます。

1.4.1　コードの実行方法

Pythonのコードを実行する方法は、大きく以下に分類できます（図1.29）。

①**Pythonインタラクティブシェルで実行する**

②**ファイルとしてまとめたものを実行する**

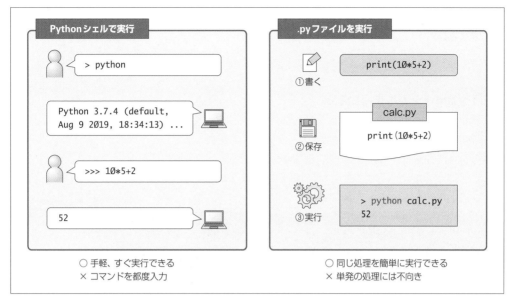

❖図1.29　コードの実行方法

　Python インタラクティブシェル（以降、Python シェル）は、PowerShell のようなコンソール上で動作するコマンドラインツールです。入力したコマンドをその場で実行し、結果を返すその流れが、人間と Python とが対話しているように見えることから**対話型**のツールとも呼ばれます。

 Python シェルのようなツールを、**REPL**（Read－Eval－Print Loop）と呼ぶこともあります。「コマンドを読んで（Read）、解釈して（Eval）、実行した結果を表示する（Print）」流れを繰り返す（Loop）ためのツール、というわけです。

　ただし、Python シェルでは、あくまで実行する命令はその場限りです（同じ命令でも、毎回入力しなければなりません）。複数行に及ぶような長い命令、そもそも何度も繰り返し実行するような命令を実行するには不向きです。

　そのような場合には、命令群をファイルとしてまとめ、実行する②の方法がお勧めです。ファイル化することで、同じ処理を繰り返し実行する場合も、ファイルを呼び出すだけで済むからです。

　Python シェルが、Python に対して都度口頭で指示を伝えるものだとするならば、ファイルによる実行はあらかじめ Python に対する指示をマニュアルにまとめておくようなもの、とイメージするとわかりやすいかもしれません。

　一般的なアプリは②の方法で実行しますが、学習の過程では手軽に動作を確認できる①の方法も有効です。本書でも、まずは簡単な①の方法を学んだ後、②の方法を解説していきます。

1.4.1 コードの実行方法 **027**

Pythonシェルによる実行

それではさっそく、Pythonシェルを利用して、簡単なPythonコードを実行してみましょう。

[1] Pythonシェルを起動する

Pythonシェルを利用するには、スタートメニューから［Anaconda3（64-bit）］→［Anaconda Prompt（Anaconda3）］（macOSでは［ターミナル］）を選択します。

Anaconda Promptが起動するので、図1.30のようにコマンドを実行します。

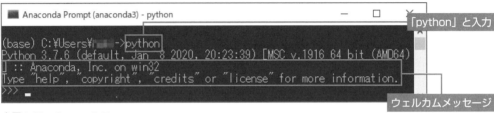

❖図1.30 Anaconda Prompt

このようなウェルカムメッセージが表示されれば、Pythonシェルは正しく実行できています。「>>>」は、Pythonシェルの中でのプロンプト（ユーザー入力の待ち状態を表す記号）で、ここからPythonに対する命令を入力／実行します。

[2] 計算式を実行する

まずは、Pythonシェルで簡単な計算を実行してみましょう。これには、以下のような数式を入力するだけです。

```
>>> 10 * 5 + 2
52
```

3.1節で詳しく説明しますが、「*」は「×」（乗算）の意味です。「+」は数学の「+」（加算）と同じなので問題ありませんね。式の最後で Enter キーを押すと、「10×5+2」の結果である「52」が結果として得られます。

このようにPythonシェルでは、与えられた式／命令を即座に実行して、直後の行に表示するわけです。

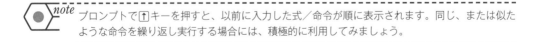

note プロンプトで ↑ キーを押すと、以前に入力した式／命令が順に表示されます。同じ、または似たような命令を繰り返し実行する場合には、積極的に利用してみましょう。

[3] 変数を利用する

もう1つ、変数を利用した例も見てみましょう。変数とは、数値や文字列のような値を一時的に保存する入れ物のようなもの。詳しくは2.1節で解説するので、まずは雰囲気のみを味わってみてください。

```
>>> name = '山田'                                                            ❶
>>> name                                                                     ❷
'山田'
```

❶は、「山田」という文字列をnameという入れ物（変数）に保存しなさい、という意味です。詳細は2.2.7項で改めますが、文字列は全体をクォート（「'」または「"」）でくくるのがルールです。

この状態で、❷でnameと変数だけを指定すると、その中身を確認できるわけです。

[4] Pythonシェルを終了する

Pythonシェルを終了するには、exit()コマンドを実行してください。Pythonシェルが終了し、「(base) C:\Users\＜ユーザー名＞」のように元のプロンプトに戻ります。

```
>>> exit()

(base) C:\Users\＜ユーザ名＞
```

1.4.3 ファイルからコードを実行する

次に、Pythonへの命令をファイルにまとめ、実行する方法です。本書では、ファイルの編集に1.3節でインストールしたVSCodeを利用します。

[1] サンプルフォルダーを開く

VSCodeでは、特定のフォルダー配下で作業を行うのが一般的です。ここでは、1.3.4項で準備したサンプルフォルダーを開いておきましょう。

VSCodeを起動し、メニューバーから［ファイル］→［フォルダーを開く…］を選択します。

［フォルダーを開く］ダイアログが開くので、「C:¥data¥selfpy」フォルダーを選択し、［フォルダーの選択］ボタンをクリックします（図1.31）。図1.32のように、/selfpyフォルダーが［エクスプローラー］ペインに表示されます。

❖図1.31 ［フォルダーを開く］ダイアログ

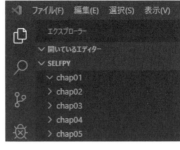

❖図1.32 /selfpyフォルダーが開かれた

 note フォルダーを開いた状態でVSCodeを終了すると、以降ではそのフォルダーが開いた状態で
VSCodeが起動します。

［2］新規にコードを作成する

［エクスプローラー］ペインから/chap01フォル
ダーを選択した状態で、◻ （新しいファイル）
ボタンをクリックします。ファイル名の入力を求
められるので、「hello.py」と入力して、Enterキー
を押します（図1.33）。

note 配布サンプルでは、/chap01フォルダー
内にすでにhello.pyがあります。［2］の
手順を試す場合は、事前にこのhello.py
を削除してください（同名ファイルがすで
に存在する場合、ファイルを新規作成でき
ません）。

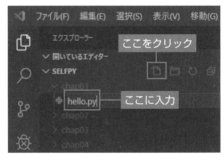

❖図1.33 新規にファイルを作成

Pythonのファイルには、「.py」という拡張子を
付けるのが基本です。たとえばVSCodeであれば、
拡張子に応じてファイルのアイコンが決まるので、
ファイルを識別しやすくなります（図1.34）。ま
た、拡張メニューの表示、構文ハイライトの方法
も拡張子によって決まります。

❖図1.34 VSCodeでの表示

[3] ファイルを編集する

空のhello.pyが開くので、リスト1.1のコードを入力します。

▶リスト1.1　hello.py

```
name = '山田'
# 名前を表示
print(name) ─────────────────────────────────────────────── ①
```

①では、「pr」と入力したところで、候補リストが表示されます（表示されない場合は Ctrl + space キーを押してみましょう）。図1.35のように、後続の候補リストが表示されます。これが**入力補完機能**です。

❖図1.35　入力補完機能（「pr」と入力）

ここでは、カーソルキーで［print］を選択します。エディター上で入力が確定するので、続けて「(」を入力します。すると、printという命令に渡せるパラメーターの説明がヒントとして表示されます（図1.36）。このように、入力補完機能を利用することで、タイプ量を減らせるだけでなく、命令などがうろ覚えでも正確にコードを書き進められるわけです。

❖図1.36　print命令の説明

[4] ファイルを保存する

編集できたら、[エクスプローラー] ペインから  （すべて保存）ボタンをクリックしてください（図1.37）。

✦図1.37　ファイルを保存する

未保存のファイルには、エディターのタブのファイル名の頭に ● のようなマークが付きます。保存後に ● が消えたことを確認してください。

[5] ファイルを実行する

[エクスプローラー] ペインからhello.pyを右クリックし、表示されたコンテキストメニューから [ターミナルでPythonファイルを実行] することで、Pythonファイルを実行できます。ターミナルが起動し、図1.38のような結果が表示されることを確認してください。

✦図1.38　.pyファイルを実行

エラーが出てしまった場合には、次の点について再度確認してください。

1. スペリングに誤りがないか
2. 日本語（ここでは「山田」「名前を表示」など）以外の部分は、すべて半角文字で記述しているか
3. 大文字小文字に誤りはないか（たとえば、printではなくPrintになっているなど）

特に2. については、クォート、カッコなどの全角／半角は判別が難しいので、確認の際は意識して見てみましょう。代表的なエラーとその原因については、p.526のコラムでもまとめているので、合わせて参考にしてください。

 ターミナルは、VSCodeに統合されたコマンドラインツールです。Windowsであれば PowerShell／コマンドプロンプト、macOSであればターミナル（bash）が、内部的には動作しています。

 Anaconda Prompt（1.4.2項）から実行してもかまいません。その場合には、以下のようにコマンドを実行してください。

```
> cd C:¥data¥selfpy¥chap01
> python hello.py
山田
```

1.5 Pythonの基本ルール

はじめてのPythonスクリプトは無事に実行できたでしょうか。続いて、今後学習を進めていくうえで、最低限知っておきたい基本的な文法やルールなどを説明していきます。

1.5.1 文字コードの設定

コンピューターの世界では、文字の情報をコード（番号）として表現します。たとえば、「3042」であれば「あ」、「3044」であれば「い」を表す、というように、ある文字とコードとが1：1の対応関係にあるわけです。

このようにそれぞれの文字に割り当てられたコードのことを**文字コード**、実際の文字と文字コードとの対応関係のことを**文字エンコーディング（文字エンコード）**と呼びます（図1.39）。

 厳密には、文字コードと文字エンコーディングとは異なる概念なのですが、実際には、そこまで区別していないシーンが多いように思えます。本書でも、とりあえず両方の意味で「文字コード」という用語を使うものとします。

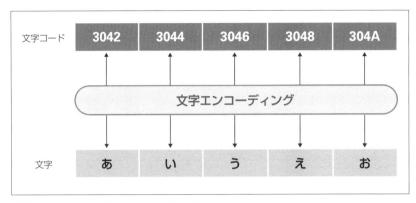

❖図1.39　文字コードと文字エンコーディング

　文字コードには、Windows標準で使われているShift-JIS（SJIS）をはじめとして、電子メールでよく使われているJIS（ISO-2022-JP）、世界各国で使われている文字を1つにまとめたUnicode（UTF-8／UTF-16）など、さまざまな種類があります。

　そしてやっかいなのは、同一の文字であっても、対応するコードが文字コードによって異なるということです。たとえば、「あ」という文字1つをとっても、UTF-8では「3042」、Shift-JISでは「82A0」です。つまり、UTF-8で「あ（3042）」として表した文字が、他の文字コードで同じ「あ」を表すとは限らないということです。

　文字化けと呼ばれる現象は、要は、データを渡す側と受け取る側とで想定している文字コードが食い違っているために起こるのです（図1.40）。

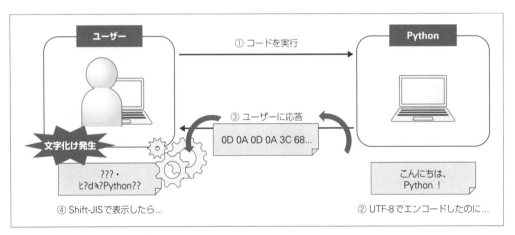

❖図1.40　文字コードの認識が食い違っていると…

　このような食い違いを起こさないために、Pythonを利用するにあたっては、Python標準の文字コードであるUTF-8を利用することを強くお勧めします。UTF-8は国際化対応にも優れた性質を持

つことから、昨今ではさまざまなプラットフォームで標準の文字コードとして採用されることも多くなっています。特にプログラム開発に携わるならば、UTF-8を利用するクセをつけておくのが無難です（他の文字コードを利用することもできますが、明示的に文字コードを宣言しなければならないなど、面倒のもとですし、あえて利用するメリットはありません）。

> *note* VSCodeでは、そもそも標準の文字コードがUTF-8になっているので、あまり文字コードを意識することはありません。試しに、先ほどのhello.pyを開いた状態で、ステータスバーの表示を確認してみましょう。
> 確かに［UTF-8］と表示されていることが確認できます（図1.C）。ちなみに［UTF-8］と表示された部分をクリックし、上部に表示された選択リストから［エンコード付きで再度開く］をクリックすることで、文字コードを変更することもできます。

`UTF-8  CRLF  Python  ☺  🔔`

❖図1.C　現在の文字コードを確認

補足 UTF-8以外の文字コードを利用する場合

　.pyファイルを、UTF-8以外の文字エンコーディングで記述することも可能です。ただし、その場合にはファイルの先頭で利用している文字コードを明示的に宣言してください。たとえば以下は、cp932（= Windows環境のShift-JIS）で.pyファイルを作成する場合の記述例です（太字の部分は扱う文字エンコーディングによって変化します）。

```
# coding=cp932
```

または、

```
# coding:cp932
```

　一般的には、1行目に記述しますが、macOS、Linuxなどの環境では以下のようなシェバング（= 使用するインタプリターの指定）を書くことがあります。

```
#!/usr/bin/env python3
```

　この場合は、codingの指定は2行目でかまいません。
　また、「coding=～」の前後には任意の文字列を置くこともできます。たとえば、Emacsというエディターでは、以下のように表します（-*-～-*-はEmacsのルールです）。よく見かける記述なの

で、「結局、どちらが正しいの？」と思うかもしれませんが、いずれも正しい記述です。エディター等の環境によって使い分けてください。

```
# -*- coding:cp932 -*-
```

コード（スクリプト）は、1つ以上の処理のかたまりです。「これをこうしなさい」「あれをああしなさい」といった処理と、その手順（順序）をまとめたもの、と言ってもよいでしょう。そして、コードの中で1つ1つの処理を表す単位が**文**です。

たとえば、hello.pyの例であれば、「name = '山田'」「print(name)」が、それぞれ文です。言語によっては、文の末尾を「;」（セミコロン）などで終えなければならないものもありますが、Pythonの文は改行で区切るだけでかまいません（図1.41）。

❖図1.41　文の区切りは改行

文が長いなどの理由で行を折り返したい、という場合にも、

(...)や[...]、{...} の中で、かつ、単語ごとの区切りであれば、自由に改行を加えることが可能

です。よって以下は、改行する意味はあまりありませんが、正しいPythonのコードです。

```
print(
    name
)
```

一方、以下のようなコードは（エラーにはなりませんが）正しく動作しません。

```
print  ➡ここで改行すると文の終了とみなされる
(name)
```

カッコの外で改行しているので、printまでで文が終了するとみなされるのです。このような場合には、文が続いていることを表すために「\」（バックスラッシュ）を使ってください。以下のコードは正しく動作します。

```
print \  ➡文の継続をPythonに伝える
(name)
```

> *note* 「\」は環境によって表示が異なります。Windows環境では「¥（円マーク）」として表示されることが多いですが、VSCodeでは「\（バックスラッシュ）」として表示されます。macOS環境では、「\（バックスラッシュ）」での表示が基本です。
> 本書では、Windows環境でのパス区切り文字を除いては、「\（バックスラッシュ）」で表記を統一しています。環境に応じて、読み替えるようにしてください。

ただし、コードの読みやすさを考えれば、以下のようなルールに基づいて改行を加えるのが望ましいでしょう。

- 文が80桁を越えた場合に改行
- 改行位置はカンマ（,）の直後、演算子（第3章）の直前
- 文の途中で改行した場合には、次の行にインデントを加える（後述）

逆に、1行に複数の文を続けることもできます。その場合は、文の区切りを明確に、セミコロン（;）で区切るようにしてください。

```
name = '山田'; print(name)
       ⓑ        ⓐ
```

ただし、このような書き方はよい習慣ではありません。というのも、一般的な開発環境（デバッガー）では、コードの実行を中断し、その時どきの状態を確認する**ブレークポイント**と呼ばれる機能が備わっています。

しかし、ブレークポイントは行単位でしか設定できません。上記のようなコードであれば、ⓐの直前で止めたいと思っても、1つ前のⓑで止めざるをえません。

短い文であっても、「複数の文を1行にまとめない」が原則です。

Pythonでは、インデント（字下げ）が意味を持ちます。よって、以下のようなコードはエラーと
なります。

```
name = '山田'
    print(name)
  ↑意図しないインデント
```

インデントの意味については4.1.1項で改めますが、まずはPythonでは

　無条件のインデントは認められていない

と理解しておきましょう。

ただし、行継続中に限って、インデントも自由です。上述したように、文の途中で改行を加えた場
合には、2行目以降にはインデントを加えて、本来は1行であることを表すようにします（shouldで
あってmustではありません）。

```
print('こんにちは、',
      'あかちゃん！')
  ↑行継続中はインデントも可
```

その場合、インデント位置は「開きカッコの位置にそろえる」のが可読性がよくお勧めです。

1.5.3 **指定された値を表示する「print」**

hello.pyで登場したprintは、Pythonに用意された中でも特によく使う命令です。カッコの中に変
数を渡すことで、その値を表示します。

構文 print

```
print(式)
```

変数の代わりに、数値や文字列、または、その計算式を渡してもかまいません。その場合は、値そ
のもの、または計算した結果が出力されます。

```
print('山田')      ➡ 結果：山田
print(2 * 5)      ➡ 結果：10
```

カンマ（,）区切りで複数の変数、式を渡すこともできます。この場合は、与えられた変数、式が空白区切りで順に表示されます。

```
print('Hello', name, 'さん！')    ➡ 結果：Hello 山田 さん！
```

値を任意の区切り文字、たとえば「+」区切りで出力したいならば、以下のように「sep='区切り文字'」を指定します。

```
print('Hello', name, 'さん！', sep='+')    ➡ 結果：Hello+山田+さん！
```

また、printによる出力の末尾には、既定で改行が付与されます。

```
print('こんにちは')
print('こんばんは')
```

```
こんにちは ⏎
こんばんは ⏎
```

この改行を除きたい、他の文字に変えたい場合には、以下のように「end='末尾文字'」を追加します。

```
print('こんにちは', end=' ')
print('こんばんは')
```

```
こんにちは_こんばんは⏎
        ↑改行の代わりに空白が付いた
```

もちろん、sep、end双方を同時に指定してもかまいません。

```
print('Hello', name, 'さん！', sep='+', end=' ')
print('ようこそ')
```

```
Hello+山田+さん！ ようこそ
```

ちなみに、Pythonシェルでもprintは利用できます。ただし、Pythonシェルでは1.4.2項でも見たように、与えられた式の値をそのまま返してくるので、わざわざprintを付ける必要はなかったのです。

```
>>> 5 * 2
10
>>> print(5 * 2)
10    ➡ 結果は同じ
```

> note ある決められた処理をまとめた命令のことを**関数**と呼びます。printもまた、「与えられた式の値を表示する」という機能を持った関数の一種です。
> 関数は、さらに、Pythonが標準で用意しているものと、アプリ開発者が自分で作成するものとに分類できます。前者を**組み込み関数**と言い、後者を**ユーザー定義関数**と言います。それぞれ詳しくは、第5章、第8章で解説します。

1.5.4 大文字／小文字を区別する

Pythonでは、文を構成する文字の大文字／小文字を区別します。よって、たとえば以下の❶❷のコードは、いずれも正しく動作しません。

```
name = '山田'
Print(name) ──────────────────────────────── ❶
print(Name) ──────────────────────────────── ❷
```

❶であればPrintではなく、printが正しい表記です。Printという命令（関数）は存在しないので、「NameError: name 'Print' is not defined」（Printという名前は定義されていません）のようなエラーとなります。

命令だけではなく、変数でも同じです。❷であればNameではなく、正しくはnameなので、同じく別の変数とみなされ、エラーとなります。これを利用して、nameとNameのように大文字／小文字が違うだけの変数を用意することもできますが、大概の日本人にとって、大文字／小文字だけの違いは直観的に認識できるものではありません。一般的には、混乱や間違いのもととなるので、大文字／小文字だけで区別する名前は避けるべきです。

1.5.5 コメントは開発者のための備忘録

コメントは、プログラムの動作には関係しないメモ書きです。他人が書いたコードは大概読みにくいものですし、自分が書いたコードであっても、あとから見るとどこになにが書かれてあるかがわか

らない、といったことはよくあります。そんな場合に備えて、コードの要所要所にコメントを残しておくことは大切です。

Pythonでは、コメントを記述するために、以下の記法を選択できます。

①単一行コメント（#）

「#」からその行の末尾（改行）までをコメントとみなします。行の途中から記述してもかまいませんが、その性質上、文の途中に挟み込むことはできません（コメントの終了位置がわからず、以降すべてがコメントとして認識されてしまうからです）。

```
# コメントです。
name = '山田'  # これもコメント
print # これはダメ (name)
```

また、改行付きの文で、折り返しを表す「\」の後方にコメントを付けることもできません。改行した後の文の末尾であれば問題ありません。

```
print \   # これはダメ
  (name)  # これはセーフ
```

既存のコードを無効化する目的で、コメントを利用することもできます。行頭に#を入れてコード行をコメント扱いにすることを**コメントアウト**と言います。

```
# 以下の2行は実行されません
# name = '山田'
# print(name)
```

②複数行コメント（'''～'''、"""～"""）

厳密には、Pythonには複数行コメントの構文はありません。ただし、'''～'''、"""～"""（シングルクォート3個、またはダブルクォート3個）で文字列をくくることで、疑似的に複数行のコメントを表せます。

```
"""
これはコメントです。
コメントの2行目です。
"""
```

本来は、'''〜'''、"""〜"""は複数行の文字列を表します（2.2.7項）。ただし、printなどで表示されない「ただの文字列」があっても、Pythonはこれを無視するだけです。その性質を利用して、ここでは複数行コメントとして利用しているわけです。

どちらを利用するか？

では、2種類のコメントの書き方を理解したところで、いずれのコメントを利用するかですが、結論から言ってしまうと、基本は①の「#」を優先して利用することをお勧めします。

というのも、複数行コメントは入れ子にできないためです。たとえば以下の例であれば、網かけの範囲が、"""〜"""に挟まれているのでそれぞれ1つのコメントとみなされます。

```
"""
print("おはよう")
print("""こんにちは""")
print("こんばんは")
"""
```

この結果、コメントに挟まれた「こんにちは」が不明なトークン（キーワード）となるので、エラーとみなされます。特定のコードをコメントアウトするために、いちいち「"」「"""」が含まれていないかを気にしなければならないのは、なかなか面倒です。

一方、「#」であれば、そのような制限はありません。また、複数行をコメントアウトするにも、Pythonに対応したコードエディターであれば、選択した行をワンタッチでまとめてコメントアウトできるので、手間に感じることもないでしょう（VSCodeであれば、該当の行を選択して Ctrl + / キーを押します）。同じ操作で、コメントアウトを解除することもできます。

1.6 開発／学習の前に押さえておきたいテーマ

Pythonの学習を進めていくための基本ルールは以上です。本章最後の話題として、開発／学習を進めていくうえで、最初に知っておくと便利なテーマ —— デバッグと開発環境Jupyter Notebookについて触れておきます。

これらのテーマは現時点で必須ではありません。早く本来の言語学習に取りかかりたいという人は、ひとまず本節を飛ばして学習を進め、気が向いたところで戻ってきてもかまいません。

1.6.1 デバッグの基本

アプリを開発する過程で、**デバッグ**（debug）という作業は欠かせません。デバッグとは、バグ（bug）―― プログラムの誤りを取り除くための作業です。VSCode + Python拡張では、デバッグを効率化するための機能が提供されているので、アプリを実行できたところで、デバッグ機能についても利用してみましょう。

[1] ブレークポイントを設置する

エディターからhello.pyの1行目「name = '山田'」の左（行番号のさらに左）をクリックして、**ブレークポイント**を設置します（図1.42）。ブレークポイントとは、実行中のスクリプトを一時停止させるための機能です。デバッグでは、ブレークポイントでコードを中断し、その時点でのスクリプトの状態を確認していくのが基本です（ここでは1つだけ設置していますが、複数設置してもかまいません）。

❖図1.42　ブレークポイントを設置

[2] デバッグ構成を作成する

左のアクティビティバーから（デバッグ）ボタンをクリックし、デバッグペインを表示します（図1.43）。

そのまま［実行とデバッグ］ボタンでデバッグを開始することもできますが、繰り返しデバッグを実行する場合には、あらかじめ構成を準備しておいたほうが便利でしょう（さもないと、実行のたびに環境を確認されます）。

これには、［launch.jsonファイルを作成します］リンクをクリックしてください。実行環境を選択するためのボックスが表示されるので、ここでは［Python File］を選択します。

❖図1.43　デバッグの構成を追加

新規にlaunch.jsonが作成され、デバッグのための構成情報が記録されます。

[3] コードをデバッグ実行する

デバッグすべきファイル（ここではhello.py）を開いた状態でデバッグペインにある ▷ （デバッグの開始）ボタンをクリックします（図1.44）。

❖図1.44　デバッグを実行

デバッグ実行が開始され、ブレークポイントで中断します（図1.45）。中断箇所は、デバッグペインの［コールスタック］欄、または、中央のエディターから確認できます。エディター上では、現在止まっている行が黄色の矢印で示されます。

また、左上の［変数］ビューからは、現在の変数の状態を確認できます。__xxxxx__のような変数が並んでいますが、これらはPythonであらかじめ用意された特別な変数です（たとえば、__file__であれば、現在実行中のファイルを表します）。

❖図1.45　ブレークポイントで中断した

ブレークポイントからは、表1.5のようなボタンを使って、文単位にコードの実行を進められます。これを**ステップ実行**と言います。ステップ実行によって、どこでなにが起こっているのか、状態の変化を追跡できるわけです。

ボタン	概要
↷	ステップオーバー（1文単位に実行。ただし、途中にメソッド呼び出しがあった場合には、これを実行したうえで次の行へ）
↓	ステップイン（1文単位に実行）
↑	ステップアウト（現在の関数／メソッドが呼び出し元に戻すまで実行）

　ここでは ↷ （ステップオーバー）ボタンをクリックしてみましょう。エディター上の黄矢印が次の行に移動し、［変数］ビューの内容も変化することが確認できます（図1.46）。

❖図1.46　ステップオーバーで1行ずつ先に進めていく

　このようにデバッグ実行では、ブレークポイントでコードを一時停止し、ステップ実行しながら変数の変化を確認していくのが一般的です。

> _note_ 特定の変数／式を監視したいならば、［ウォッチ式］ビューに対象の変数／式を登録しておくことも可能です（図1.D）。これには、［ウォッチ式］右肩の ＋ （式の追加）ボタンをクリックし、変数／式を入力します。

❖図1.D　［ウォッチ式］ビュー

[4] 実行を再開／終了する

ステップ実行を止めて、通常の実行を再開したい場合には、▶️（続行）ボタンをクリックしてください。これで次のブレークポイントまで一気にコードが進みます。

また、デバッグ実行を終了したい場合には、□（停止）ボタンをクリックしてください。

1.6.2　ブラウザー上で実行できるPython開発環境「Jupyter Notebook」

Pythonの実行方法として、ここまで、

- Pythonシェルから実行する方法
- ファイルから実行する方法

を紹介してきました。

しかし、データ分析の局面では、手軽にコマンド（コード）を繰り返し実行したい、そのうえで、試行したコードを保存／共有したい、というシーンがあります。シェル実行とファイル実行との中間をいく要件です。

そのような場合に利用できるのが、Jupyter Notebook（`https://jupyter.org/`）です（図1.47）。

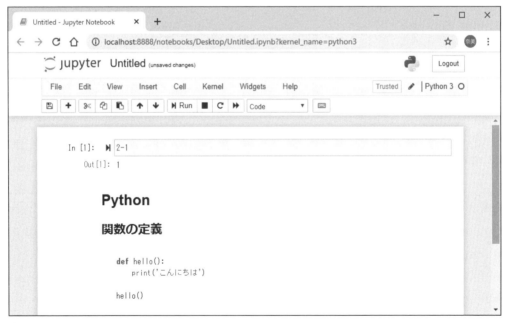

❖図1.47　Jupyter Notebookのメイン画面

　Jupyter Notebookは、ブラウザーから利用できる対話式のPython実行環境です（Python以外にも、R、Julia、Scalaなど40以上の言語をサポートしています）。Pythonシェルのように入力したコードを手軽に実行できます。

　さらに、実行したコードを保存しておけるので、コードの再利用や複数人での共有にも適しています。コードだけでなく、テキスト形式のメモを1つのドキュメント（.ipynbファイル）に束ねておけるので、関連するコードを管理しやすい、などのメリットもあります。そしてなにより、Anacondaであれば、標準でJupyter Notebookを同梱しているので、そのまま利用できます。

　さっそく、実際に動かしてみましょう。

[1] Jupyter Notebookを起動する

　スタートメニューから［Anaconda3（64-bit）］→［Jupyter Notebook（Anaconda3）］を選択します。コマンドラインからJupyter Notebook（以降、Jupyter）のカーネル（動作のための本体）が起動し、その後、ブラウザーにJupyterのダッシュボードが表示されます（図1.48）。

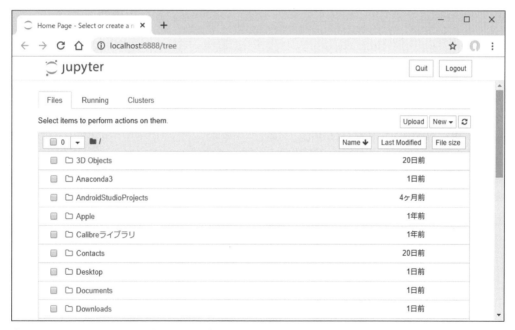

❖図1.48　Jupyter Notebook（ダッシュボード）

　ダッシュボードは、いわゆるJupyter上のエクスプローラーのようなものです。フォルダーを選択して、新規にファイルを作成したり、既存のファイルをリネーム／移動／削除したりするために利用します。

❖図1.E　Anaconda Navigator

[2] 新規にNotebookを作成する

　ここでは、/Desktopフォルダー（デスクトップ）に移動し、ダッシュボード右肩の［New］→［Python 3］で新規のノート（図1.49）を作成します。Jupyterでは、作成したコードやドキュメントをNotebook（ノート）という単位で管理します。ノートの実体は、.ipynb形式の独自ファイルです。

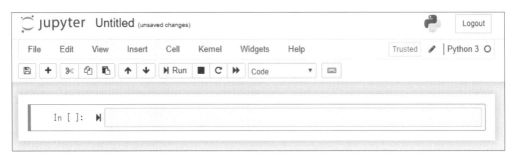

❖図1.49　新規に開かれたノート

　ノートは、さらにセルと呼ばれる入力ボックス（群）から構成されます。初期状態では「In [ ]」と書かれたセルが1つだけあるので、こちらにPythonのコードを入力します。入力したコードは、 Run ボタンで実行できます。図1.50のように、セルの直後に「Out [1]」のような結果が表示さ

れれば、正しく動作しています。

❖図1.50　セルの内容を実行

■ （insert cell below）ボタンで、セルを追加することもできます。セル間を移動するには、
↑ ボタン、 ↓ ボタンをクリックしてください。

ノートの内容は定期的に自動保存されますが、 ■ （Save and Checkpoint）ボタンで明示的に保
存することもできます。

ノートの内容を（標準的な.ipynbファイルではなく）異なる形式で出力するならば、［File］→
［Download as］から目的の形式を選択します。

[3] Notebook上に文書やグラフ／数式を作成する
セルには、さまざまなデータを入力できます。

(a) Markdown形式のメモ
セル上部の［Code］ボックスを［Markdown］に変更すれば、Markdown形式のテキストを入力
できます。Markdownは、GitHub／ブログなどでもよく用いられるテキスト形式で、HTMLよりも
簡単に修飾付きのテキストを作成できます。一番上のセルに以下のように入力します。

```
# Python
## 関数の定義
```python

def hello():
    print('こんにちは')

hello()
```
```

❖図1.51　Markdown形式で書かれたテキスト（実行結果）

　先ほど同様、 Run ボタンで実行／変換できます。変換済みのテキストはダブルクリックすることで、元の編集セルに戻ります。

(b) 数式

Markdown形式のセルでは$$...$$でくくることで、LaTeX形式で数式を埋め込むこともできます。

```
$$ \sum_{k=1}^{\infty} \frac{1}{k^2} $$
```

❖図1.52　数式を表示（実行結果）

(c) グラフ

　Anaconda標準で搭載されているNumPy（数値計算）、matplotlib（データ可視化）などのライブラリを利用することで、Notebookの中でグラフを生成することもできます。

　図1.53で表示しているグラフは、matplotlibの公式サイト（`https://matplotlib.org/gallery/lines_bars_and_markers/barh.html`）で紹介されているサンプルをJupyter上で実行したものです。ただし、Notebookで実行する際には、コードの先頭に「%matplotlib inline」という行を追加してください。

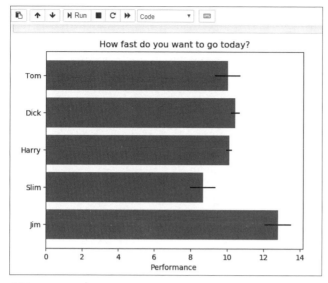

❖図1.53　Notebook上でグラフを表示

[3] Notebookを終了する

　Notebookを終了するには、[File] → [Close and Halt] を選択します。Jupyterは内部的に、カーネルと呼ばれるPythonプロセスを起動し、ブラウザーはこれと通信することで動作しています（図1.54）。

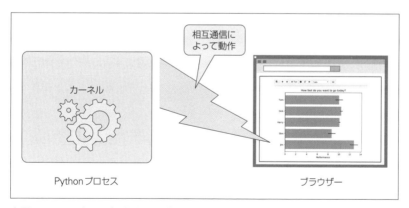

❖図1.54　カーネルとブラウザーの通信

　ブラウザー（タブ）をそのまま閉じてしまうと、裏方のプロセスだけが残り、メモリを無駄に占有することになります。Notebookは、メニューから明示的に終了する、が基本です。

note それでも誤ってNotebookを閉じてしまうことはあります。その場合は、ダッシュボードから
［Running］タブを選択してください。

現在起動中のNotebook（プロセス）が一覧表示されるので、その中から閉じてしまった
Notebookを選択すると、再表示できます（図1.F）。改めて正しい手順でNotebookを閉じてく
ださい。該当のNotebook右端にある［Shutdown］ボタンをクリックして、直接閉じてもかま
いません。

❖図1.F　現在起動中のNotebook

☑ この章の理解度チェック

[1] 1.4.3項の手順に従って、/chap01/practiceフォルダー配下にex_hello.pyというファイル
を作成し、「こんにちは、世界！」と表示するコードを作成し、実行してみましょう。

[2] 文の区切りを表す方法、また、文の途中で改行を加える方法を、それぞれ説明してみましょ
う。

[3] Pythonで使えるコメントの記法をすべて挙げてください。また、これらのコメントの違いを
説明してください。

[4] リスト1.Aは、Pythonで書かれたコードですが、間違っている点が3か所あります。これを
すべて指摘して、正しいコードに修正してください。

▶リスト1.A　ex_show_name.py

```
name = 山田
    print(Name)
```

Python の基本

この章の内容

Python + VSCodeで簡単なスクリプトを実行し、大まかなコードの構造を理解できたところで、本章からはいよいよコードを構成する個々の要素について詳しく見ていきます。

本章ではまず、プログラムの中でデータを受け渡しするための変数と、Pythonで扱えるデータの種類（型）について学びます。

2.1 変数

変数とは、一言で表すと「データの入れ物」です（図2.1）。スクリプト（コード）を最終的になんらかの結果（解）を導くためのデータのやりとりとするならば、やりとりされる途中経過のデータを一時的に保存しておくのが変数の役割です。

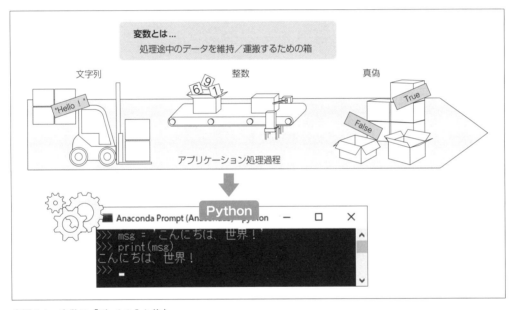

❖図2.1　変数は「データの入れ物」

2.1.1 変数の宣言

変数の扱いは、プログラミング言語によってさまざまです。たとえば、本格的なプログラミング言語として人気の高いJavaやC#のような言語では、利用する前に、変数の名前とそこに格納できるデータの種類（データ型）をあらかじめ宣言しなければなりません。JavaやC#のような言語では、

この宣言という行為を経て初めて、データを格納するための領域がメモリ上に確保されるわけです。

　Pythonでも、変数の利用にあたって宣言が必要ですが、JavaやC#の場合よりは簡単です。スクリプト上で変数に初めて値を格納したタイミングで、変数のための領域が自動的にメモリ上に確保されます。

　リスト2.1では、msgという名前の変数を確保してから、その中に「こんにちは、世界！」という文字列を設定しています。

　「=」は右辺の値を左辺の変数に格納しなさい、という意味です。変数に値を格納することを**代入**と言います（図2.2）。＝は数学のように「左辺と右辺が等しい」ことを表すわけではないので注意してください。

▶リスト2.1　variable.py

```
msg = 'こんにちは、世界！'
print(msg)      # 結果：こんにちは、世界！
```

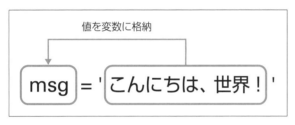

値を変数に格納

❖図2.2　代入

> note　特に、変数に最初に値を代入することを、初期化する、と言う場合もあります。

　用意された変数の中身を確認するには、単に「変数名」と表すだけです。よって、「print(変数名)」で、「変数の値を表示しなさい」という意味になります。変数名を指定して変数の値を取り出すことを、変数を**参照する**と呼ぶ場合もあります。

```
print(msg)
```

　ただし、（当たり前ですが）参照できるのは、あらかじめ用意された変数だけです。指定された変数が存在しない場合には、「NameError: name 'msg' is not defined」（msgという名前の変数は存在しません！）といったエラーになります。

　識別子とは、名前のことです。変数はもちろん、関数やクラス（後述）など、プログラムに登場するすべての要素は、互いを識別するためになんらかの名前を持っています。Pythonの命名規則は比較的自由ですが、それでも最低限の命名規則を知っておくことは無駄ではありません。以下に、そのルールをまとめます。

1. Unicode文字を利用できる（ただし、アンダースコア以外の記号、句読点、絵文字などは不可）
2. 1文字目は数字**以外**であること
3. アルファベットの大文字／小文字は区別される
4. 予約語でないこと
5. 文字数の制限はない

　1. のルールに従えば、日本語を含むほとんどの文字を識別子として利用できます。「ゴキブリΩ Ⅲ」は、Pythonでは妥当な識別子です。しかし、一般的にこのような名前を付けることにメリットはほとんどありません。慣例的に、識別子に使う文字は、

英数字、アンダースコア（_）に限定する

のが無難です。

　4. の予約語とは、Pythonであらかじめ意味が決められた単語（キーワード）のことです。具体的には、表2.1のようなものがあります。

❖表2.1　Pythonの予約語

and	as	assert	async	await	break	class	continue	def	del
elif	else	except	False	finally	for	from	global	if	import
in	is	lambda	None	nonlocal	not	or	pass	raise	return
True	try	while	with	yield					

　以上の理由から「data100」「_data」「DATA」「Data_data」はすべて正しい名前ですが、次のものはすべて不可です。

- 4data（数字で始まっている）
- i'mPython、f-name（記号が混在している）
- for（予約語である）

ただし、予約語を含んだ「forth」「form」などの名前は問題ありません。

2.1.3 よりよい識別子のためのルール

　命名規則ではありませんが、コードを読みやすくするという意味では、以下の点も気にかけておきたいところです。

1. 名前からデータの内容を類推できる

　　○：score、birth　　　　×：m、n

2. 長すぎない、短すぎない

　　○：password、name　　×：pw、real_name_or_handle_name

3. ローマ字での命名は避ける

　　○：name、age　　　　×：namae、nenrei

4. 見た目に紛らわしくない

　　△：tel／Tel（大文字小文字で区別）、user／usr（1文字違い）

5. 記法を統一する

　　△：mailAddress／mail_address／MailAddress

6. 先頭のアンダースコア（_）には意味があるので、普通の識別子には使わない

　　○：price　　　　　　×：_price

　2. の「短すぎない」は、単語をむやみに省略してはいけない、という意味です。たとえば、userNameをunと略して理解できる人は、ほとんどいないはずです。わずかなタイプの手間を惜しむよりも、コードの読みやすさを優先すべきです（そもそもコードエディターを利用しているならば入力補完の恩恵を受けられるので、タイプの手間を気にする必要はありません！）。ただし、「identifier→id」「initialize→init」「temporary→temp」のように、慣例的に略語を利用するものは、この限りではありません。

> *note* もちろん、長い識別子が常によいわけではありません。長すぎる（＝具体的すぎる）識別子は、その冗長さによって、他のコードを埋没させてしまうからです。また、そもそもひと目で識別できない名前は、理想的な名前とは言えません。

　5. の記法には、一般的には、表2.2のようなものがあります。

❖表2.2　識別子の記法

記法	概要	例
camelCase記法	先頭文字は小文字。以降、単語の区切りは大文字で表記	userName
Pascal記法	先頭文字を含めて、すべての単語の先頭を大文字で表記 （Upper CamelCase記法とも）	UserName
アンダースコア記法	すべての文字は小文字／大文字で表記し、単語の区切りはアンダースコア（_）で表す（スネークケース記法とも）	user_name、USER_NAME

　いずれの記法を利用しても誤りではありませんが、Pythonの世界では、変数／関数は小文字のアンダースコア記法で、クラスはPascal記法で表すのが一般的です。記法を統一することで、記法そのものが識別子の役割を明確に表現してくれます。

　6. については、たとえば「__名前__」形式（前後にアンダースコアが2個ずつ）の識別子が、システムで予約されています。具体的には、表2.3のような名前が用意されており、どこからでも参照できます。

❖表2.3　前後を__で挟んだ名前

名前	意味
__name__	現在のモジュール名（9.3.1項）
__doc__	ドキュメンテーション文字列（9.5.1項）
__file__	実行ファイルのパス
__builtins__	組み込み型／関数

　その他にも、「_名前」「__名前」（それぞれアンダースコアが1個と2個）も特別な意味を持ちます。これらの詳細は後述するので、まずは、

**　　　一般的な識別子は「_」で始めない**

と覚えておくのが無難です。

　識別子の命名は、プログラミングの中でも最も初歩的な作業であり、それだけに、コードの可読性を左右します。変数や関数の名前を見るだけでおおよその内容を類推できるようにすることで、コードの流れが追いやすくなるだけでなく、間接的なバグの防止にもつながります（たとえばget_price関数が価格とは関係ない、なんらかの日付を取得したり、あるいは、価格を取得するだけでなく更新したりする役割を持っていたら —— 皆さんは正しくコードを読み解けるでしょうか？）。

---

note　たとえば、以下のようなコードを考えてみましょう（まだ登場していない構文もありますが、まずは雰囲気だけでもつかんでください）。

```
address = '421-0401,静岡県,榛原町,帆毛田1-15-9'
# 市町村名が「榛原町」だったら...
if address.split(',')[2] == '榛原町': ～
```

「address.split(',')[2]」が市町村名を表していることは、コードを読み解けば理解はできます。しかし、直観的ではありません。このような場合には、市町村名をいったん変数として切り出してしまいましょう。

```
address = '421-0401,静岡県,榛原町,帆毛田1-15-9'
city = address.split(',')[2]
# 市町村名が「榛原町」だったら...
if city == '榛原町': ～
```

これによって、変数の名前（ここではcity）がそのままコードの意味を表しているので、書き手の意図を把握しやすくなります。このような変数のことを**説明変数**、または**要約変数**と呼びます。説明変数には、長い文を適度に切り分けるという効果もあります。

2.1.4 変数の破棄

del命令を利用することで、宣言済みの変数を破棄することもできます（リスト2.2）。

▶リスト2.2 del.py

```
name = 'Python'
print(name)      # 結果：Python ─────────────────────────────────── ❶

# 変数nameを破棄
del name
print(name)      # 結果：NameError: name 'name' is not defined ───────── ❷
```

del命令で変数nameを破棄した結果、❶では参照できたものが❷ではエラー（変数が未定義）となっていることが確認できます。

> *note* del命令では、変数そのものを破棄するだけでなく、リスト／辞書の要素を削除することもできます。具体的な例は6.1.6項を参照してください。

2.1.5 定数

本節の冒頭でも触れたように、変数とは「データの入れ物」です。入れ物なので、コードの途中で中身を入れ替えることもできます。

一方、入れ物と中身がワンセットで、あとから中身を変更できない入れ物のことを定数と呼びます（図2.3）。定数とは、コードの中で現れる値に、名前（意味）を付与する仕組みとも言えます。

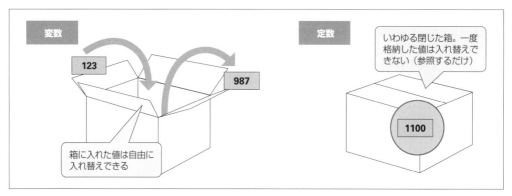

❖図2.3　変数と定数

定数の意味を理解するには、定数を使わない例から見てみるのが一番です。

```
price = 100
print(price * 1.1)      # 結果：110
```

これはある商品の税抜き価格priceに対して、消費税10%を加味した価格を求める例です。しかし、このコードには、いくつかの問題があります。

（1）値の意味があいまいである

まず、1.1は、誰にとっても意味を理解できる値ではありません。この例であればまだ比較的類推しやすいかもしれませんが、コードが複雑になってくれば、1.1が値上げ率を表すのか、サービス料金を表すのか、それとも、まったく異なるなにかなのか、くみ取りにくくなります。少なくとも、コードの読み手に一致した理解を求めるべきではありません。

一般的には、コードに埋め込まれた裸の（＝名前のない）数値は、自分以外の人間にとっては、意味を持たない謎の値だと考えるべきです（そのような値のことをマジックナンバーと言います）。

（2）値の修正に弱い

将来的に、消費税が12%、15%と変化したら、どうでしょうか？　しかも、その際に、コードのそちこちに1.1という数値が散在していたら？

それらの数値を漏れなく検索／修正するという作業が必要となります。これは面倒というだけでなく、修正漏れなどバグの原因となります（同じく1.1でも別の意味を持った値があったら、なおさらです）。

そこで、1.1という値を、リスト2.3の❶のように定数化します。

▶リスト2.3 const.py

```
price = 100
TAX_RATE = 1.1 ─────────────────────────────────────────── ❶
print(price * TAX_RATE)      # 結果：110
```

ここまで定数とはなにかを説明してきましたが、実は、**Python自体には定数という仕組みはありません**。ただし、すべて大文字の名前とすることで、一般的な変数と区別します（❶）。

それによって値を書き換えることができなくなるわけではなく、「書き換えるべきでないこと」を開発者に知らせる、単なる紳士協定です。ただし、一般的によく知られた紳士協定でもあり、これに従っておくことは、コードの可読性という意味でも無駄ではないでしょう。

リスト2.3でも、定数を利用することで値の意味が明らかになり、コードが読みやすくなったことが見て取れるでしょう。また、あとから消費税が変更になった場合にも、太字の部分だけを変更すればよいので、修正漏れの心配がありません。

練習問題 2.1

[1] 以下は変数名ですが、構文的に誤っているものがあります。誤りを指摘してください。誤りがないものは「正しい」と答えてください。

①1data　　　②Hoge　　　③整数の箱　　　④for　　　⑤data－1

2.2 データ型

データ型（型）とは、データの種類のことです。Pythonでは、さまざまなデータをコードの中で扱えます。たとえば、「abc」や「イロハ」は文字列型、「1」「13」「3.14」は数値型、True（真）やFalse（偽）は論理型に分類できます。

プログラミング言語には、このデータ型を強く意識するものと、逆にほとんど意識する必要がないものとがあります。たとえば、先ほど挙げたJavaやC#のような言語は前者に該当するため、たとえば文字列を格納するために用意された変数に数値をセットすることはできません。これらの言語は**静的型付け言語**とも呼ばれ、変数とデータ型とは常にワンセットです。

一方、Pythonは後者に属する言語です。つまり、データ型に対して寛容です。最初に文字列を格納した変数にあとから数値をセットしてもかまいませんし、その逆も可能です。変数（入れ物）のほ

うが中身に応じて自動的に形を変えてくれるのです（このような性質を静的型付けに対して、**動的型付け**と呼びます）。

そのため、次のようなコードも、Pythonでは正しいコードです。

```
data = '独習Python'
data = 2920
```

ただし、開発者がデータ型をまったく意識しなくてもよいわけではありません。このあと、値を演算／比較する場面では、データ型によって挙動が変化しますし、そもそもデータ型によってできることは変わります。型の扱いがゆるいというだけで、Pythonでも型の理解は欠かせません。

 note Pythonを学んでいくと、クラス／オブジェクトという用語を見かけることがよくあります。これらの用語を真剣に扱うと、急に理解が難しくなるので、まずは、「クラス＝型」「オブジェクト＝型に対応する値そのもの」ととらえておけばよいでしょう。

2.2.1 データ型の分類

ここで、Pythonで扱える主なデータ型をまとめます（表2.4）。これらのデータ型はPythonのインタプリターに標準で組み込まれていることから**組み込み型**とも呼ばれます。

❖表2.4　Pythonの主な組み込み型

分類	型	概要	変更可能	反復可能	順序
数値	int	整数型	×	×	×
	float	浮動小数点型	×	×	×
	complex	複素数型	×	×	×
データ	str	文字列型	×	○	○
	bytes	バイナリデータ	×	○	○
コンテナー	list	順序を持つリスト	○	○	○
	tuple	順序を持つリスト（変更不可）	×	○	○
	dict	キー／値の辞書	○	○	×
	set	順序を持たない値の集合	○	○	×
その他	bool	論理型（True、またはFalse）	×	×	×
	NoneType	値がない	×	×	×

変更可能については3.2.3項、反復可能（イテラブル）については4.2.3項で改めて触れるので、まずはデータ型とは、値の見た目を決めるだけでなく、型によって「できること」そのものが変化する、と理解しておいてください。

以降では、これら組み込み型の中からよく利用すると思われる、論理型、数値型、文字列型、リスト型と、その値（リテラル）に絞って解説し、型への基本的な理解を深めることにします。**リテラル**とは、変数に格納できる値そのもの、または、値の表現方法のことを言います。

> note それぞれの性質から、以下のような呼称が用いられることもあります。
>
> - **ミュータブル**（mutable）　　　　：変更可能
> - **イミュータブル**（immutable）：変更不可
> - **イテラブル**（iterable）　　　　：反復可能
> - **シーケンス**（sequence）　　　：順序を持つ（インデックスでのアクセスが可）
> - **コンテナー**（container）　　　：配下に複数の値を格納可能
>
> たとえば、変更可能な型のことを**ミュータブル型**と呼びます。

2.2.2 　論理型（bool）

　論理型は、組み込み型の中でも最も単純な型で、真（正しい）か偽（間違い）か、いずれかの状態しか持ちません。それぞれTrue（真）、False（偽）というキーワードで表現できます。

　ただし、Pythonでは、論理値を必要とする状況で、以下の値を自動的にFalseとみなします。

- 空値（None）
- 数値のゼロ（0、0.0、0jなど）
- 空文字列、空のリストなど（''、()、[]、{}、set()、range(0)など）

　今後、コードを書いていく中で、この性質を利用する状況はよくあるので、まずは「Falseだけが偽を表すわけではない」ことを覚えておきましょう。ここで示した以外の値は、まずはTrueとみなされます。

> note より正確には、型（クラス）の既定の挙動です。その型が、独自のTrue／False判定ルールを持っている場合には、上記の限りではありません。詳しくは11.2.7項も合わせて参照してください。

2.2.3 　整数型（int）

　整数型のリテラルは、図2.4のように分類できます。

整数リテラル
- 10進数リテラル……… -13、108、0
- 16進数リテラル……… 0xff、0xA3C1
- 8進数リテラル……… 0o666、0o124
- 2進数リテラル……… 0b1101、0b100

❖図2.4　整数リテラルの種類

　10進数リテラルは、私たちが日常的に使っている、最も一般的な整数の表現で、正数（108）、負数（-13）、ゼロ（0）を表現できます。負数には、リテラルの先頭に「-」（マイナス）を付けます。同様に「+」（プラス）を付けて正数であることを明示することもできますが、冗長なだけで意味はありません。

　10進数のほか、16進数、8進数、2進数も表現できます。16進数は0～9に加えてa～f（A～F）のアルファベットで10～15を表し、接頭辞には「0x」を付与します（数値プレフィックスとも言います）。同様に、8進数は0～7で値そのものを表し、接頭辞として「0o」（ゼロとオー）を付与します。2進数は0／1で数値を表し、接頭辞は「0b」です。「x」「o」「b」は、それぞれ「heXadecimal」（16進数）、「Octal」（8進数）、「Binary」（2進数）の意味です。大文字小文字を区別しないので、それぞれ「X」「O」「B」としてもかまいません。ただし、「O」（大文字のオー）は数字の0と区別が付きにくいので、まずは小文字の「o」とすべきです。

　いずれも利用できない数値を含んだ値 ── 2進数であれば「0b120」のような値 ── は、実行時エラーとなるので注意してください。

2.2.4　浮動小数点型（float）

　浮動小数点数リテラルは、整数リテラルに比べると少しだけ複雑です。一般的な「1.41421356」のような小数点数だけでなく、指数表現が存在するからです。指数表現とは、

　　　*<仮数部>*e*<符号><指数部>*

の形式で表されるリテラルのことです。

　　　<仮数部>×10の*<符号><指数部>*

で、本来の小数値に変換できます。一般的には、非常に大きな（小さな）数値を表すために利用します。

　　　1.4142e10　➡　1.4142×10^{10}　➡　14142000000.0
　　　1.173205e-7　➡　1.173205×10^{-7}　➡　0.0000001173205

　指数を表す「e」は大文字小文字を区別しないので、「1.4142e10」「1.173205e-7」はそれぞれ「1.4142E10」「1.173205E-7」でも同じ意味です。

note 指数表現では、1732を「173.2e1」（173.2×10）、「17.32e2」（17.32×10²）、「1.732e3」（1.732×10³）...のように、同じ値を複数のパターンで表現できてしまいます。そこで一般的には、仮数部が「0.」＋「0以外の数値」で始まるように表すことで、表記を統一します。この例であれば、「0.1732e4」とします。

ちなみに、先頭のゼロは省略できるので、「.1732e4」としても同じ意味になります。

2.2.5 補足 数値セパレーター

Python 3.6以降では、桁数の大きな数値の可読性を改善するために、数値リテラルの中に桁区切り文字（_）を記述できるようになりました（**数値セパレーター**）。たとえば以下は、いずれも正しい数値リテラルです。

```
value = 1_234_567
pi = 3.141_592_653_59
num = 0.123_456e10
```

日常的に利用する桁区切り文字の「,」でないのは、Pythonにおいてカンマはすでに別の意味を持っているためです。

数値セパレーターは、あくまで人間の可読性を助けるための記号なので、数値リテラルの中で自由に差し込むことができます。一般的には3桁単位に区切りますが、以下のような数値リテラルも誤りではありませんし、

```
12_34_56        ➡2桁ごとに区切り
1_23_456_7890  ➡異なる桁での区切り
```

以下のように、2、8、16進数でも利用できます。

```
a = 0b01_01_01  ➡10進数で21
b = 0xf4_240    ➡10進数で1000000
c = 0o23_420    ➡10進数で10000
```

ただし、数値セパレーターを挿入できるのは数値の間だけです。よって、以下のような数値リテラルは不可です。

```
_123_456_789、123_456_  ➡数値の先頭／末尾
1._234                   ➡小数点のとなり
0_x99                    ➡数値プレフィックスの途中
```

2.2.6 複素数型（complex）

複素数（虚数）とは数学上の概念的な値で、

　　<実部>＋<虚部>j

の形式で表します。利用するシーンは限定されるので、数学計算に興味がないのであれば、本項は読み飛ばしてもかまいません。

「j」（大文字の「J」でも可）は虚数単位を表します。虚数単位とは-1の平方根（言い換えれば、自乗すると-1になる値）です。数学ではiを利用するのが一般的ですが、Pythonではjを利用します。

```
1.0 + 2.0j   ➡一般的な複素数
1.0j         ➡虚部だけの複素数
```

複素数は、一般的な整数／浮動小数点数と同じく、四則演算することもできます（リスト2.4）。「*」は「×（乗算)」の意味です。

▶リスト2.4　complex.py

```
c1 = 1 + 2j
c2 = 3 + 4j
print(c1 + c2)   # 結果：(4+6j) ———————————————————— ❶
print(c1 * c2)   # 結果：(-5+10j) ——————————————————— ❷
```

❶の加算は、実部／虚部それぞれを加算しているので、直観的に理解できるはずです。❷の乗算は実部／虚部を文字式のように展開すると、「3 + 4j + 6j -8」となり（j×jが-1なので、2j×4jは-8です)、最終的な結果として「-5+10j」が得られます。

> *note* 複素数は、リテラルとして表すほか、complex関数を使って実数値から生成することもできます。
>
> ```
> c = complex(1, 5)
> print(c)     # 結果：1+5j
> ```
>
> 逆に複素数から実部／虚部を取得したいならば、以下のようにreal／imag属性を利用してください。属性については5.1.2項でも解説します。
>
> ```
> print(c.real)    # 結果：1.0
> print(c.imag)    # 結果：5.0
> ```

2.2.7 文字列型（str）

　値そのものだけで表現する数値リテラルに対して、文字列リテラルを表すには、文字列全体をシングルクォート（'）、またはダブルクォート（"）でくくります。クォート文字で文字列の開始と終了を表すわけです。

　よって、文字列リテラルには「'」「"」そのものを含めることはできません。たとえば、以下のコードは不可です。

```
print("You are "GREAT" teacher!!")
```

　元々は「You are "GREAT" teacher!!」という文字列を意図したコードですが、実際には「You are 」「 teacher!!」という文字列の間に、不明な識別子GREATがあるとみなされてしまうのです。

　このような場合は、以下のように対処できます。

（1）文字列に含まれないほうのクォートでくくる

　文字列にダブルクォートが含まれる場合は、シングルクォートでくくります。先ほどの例であれば、以下のように書き換えます。

```
print('You are "GREAT" teacher!!')
```

　この場合、文字列の開始／終了を表すのはシングルクォートなので、文字列にダブルクォートが含まれていても、（文字列リテラルの終了ではなく）単なる「"」とみなされます。シングルクォートを含めたい場合も同じです。

```
print("You are 'GREAT' teacher!!")
```

（2）クォート文字をエスケープ処理する

　ただし、（1）の方法では、文字列にシングルクォート／ダブルクォート双方が含まれる場合に対処できません。たとえば、以下のようなコードはエラーとなります。

```
print('He's "GREAT" teacher!!')
```

　これを以下のように書き換えても、状況は変わりません。

```
print("He's "GREAT" teacher!!")
```

このような場合には、エスケープシーケンスという記法を利用します。この例であれば、以下のように表します。

```
print('He\'s "GREAT" teacher!!')
```

　「\'」は（文字列の開始／終了でない）ただの「'」とみなされるので、今度は正常にメッセージが表示されます。同じく「\"」は、文字列の開始／終了を意味しない、ただの「"」とみなされます。

エスケープシーケンス

　「\〜」が、エスケープシーケンスです。「'」「"」をはじめ、改行／タブ文字など特別な意味を持つ（＝ディスプレイに表示できない、などの）文字を表すために利用します。具体的には、表2.5のようなものがあります。

❖表2.5　主なエスケープシーケンス

エスケープシーケンス	概要
\\	バックスラッシュ
\'	シングルクォート
\"	ダブルクォート
\b	バックスペース
\f	フォームフィード（改ページ）
\n	改行（ラインフィード）
\r	復帰（キャリッジリターン）
\⏎	バックスラッシュと改行文字を無視
\t	水平タブ
\v	垂直タブ
\XX	8進数の文字XX
\xXX	16進数の文字XX
\uXXXX	16bit（4桁）の16進数の文字XXXX
\UXXXXXXXX	32bit（8桁）の16進数の文字XXXXXXXX

　エスケープシーケンスを利用することで、たとえば改行含みの文字列を表すこともできます。

```
print('こんにちは、\nあかちゃん')    # 結果：こんにちは、⏎あかちゃん
```

　エスケープシーケンスなしの、以下のような記述は不可です。Pythonでは、改行で文の終わりとみなされてしまうからです。

```
print('こんにちは↵
あかちゃん')
```

> *note* 単に、長い文字列を折り返したいならば、行末に「\」を付与します（表2.5の「\↵」です）。
>
> ```
> print('こんにちは、\
> あかちゃん')     # 結果：こんにちは、あかちゃん
> ```
>
> この場合の「\」は、文の折り返しを表す「\」なので、結果からも改行は取り除かれます。

文字列リテラルで、単なる「\」を表したい場合には「\\」のように表します。

```
×  data = 'エスケープシーケンスを表すのは\'
○  data = 'エスケープシーケンスを表すのは\\'
```

単に「\」とした場合には「\'」がエスケープされてしまい、終了されていない文字列とみなされてしまいます。

特殊な文字列表現

標準的な'...'、"..."のほかにも、Pythonでは用途に応じて、以下のようなリテラル表現が用意されています。

（1）複数行文字列

''' ... '''、""" ... """（シングルクォート3個もしくはダブルクォート3個）で、複数行の文字列をそのまま表現できます。

```
print('''こんにちは、
あかちゃん''')     # 結果：こんにちは、↵あかちゃん
```

改行箇所に「\n」が不要である点に注目です。これならば、何行にも及ぶ文字列も見通しよく表現できますね。文字列の開始／終了を表すのは「'''」「"""」なので、文字列中に「'」「"」を含むのも自由です（ただし、「'''」「"""」は不可です）。

1.5.5項で紹介した複数行コメントは、まさに、この複数行文字列を利用した構文です。

2

Pythonの基本


```
print('こんにちは↵
あかちゃん')
```

> *note* 単に、長い文字列を折り返したいならば、行末に「\」を付与します（表2.5の「\↵」です）。
>
> ```
> print('こんにちは、\
> あかちゃん')     # 結果：こんにちは、あかちゃん
> ```
>
> この場合の「\」は、文の折り返しを表す「\」なので、結果からも改行は取り除かれます。

文字列リテラルで、単なる「\」を表したい場合には「\\」のように表します。

```
×  data = 'エスケープシーケンスを表すのは\'
○  data = 'エスケープシーケンスを表すのは\\'
```

単に「\」とした場合には「\'」がエスケープされてしまい、終了されていない文字列とみなされてしまいます。

特殊な文字列表現

標準的な'...'、"..."のほかにも、Pythonでは用途に応じて、以下のようなリテラル表現が用意されています。

（1）複数行文字列

''' ... '''、""" ... """（シングルクォート3個もしくはダブルクォート3個）で、複数行の文字列をそのまま表現できます。

```
print('''こんにちは、
あかちゃん''')     # 結果：こんにちは、↵あかちゃん
```

改行箇所に「\n」が不要である点に注目です。これならば、何行にも及ぶ文字列も見通しよく表現できますね。文字列の開始／終了を表すのは「'''」「"""」なので、文字列中に「'」「"」を含むのも自由です（ただし、「'''」「"""」は不可です）。

1.5.5項で紹介した複数行コメントは、まさに、この複数行文字列を利用した構文です。

（2）raw文字列

　raw文字列とは、「\xx」をエスケープシーケンスとみなさず、表記のままに解釈する文字列リテ
ラルです。標準的な文字列リテラルの先頭に「r」または「R」を付けて表記します。
　具体的な例を見てみましょう。たとえば、標準的な文字列リテラルで、Windowsのパス文字列を
表現するのは面倒です。

```
print('C:\\Windows\\AppPatch\\en-US')
```

　「\」はそのままではエスケープシーケンスとみなされてしまうので、すべての「\」を「\\」のよ
うに表記しなければならないのです。しかし、raw文字列を利用することで、以下のように表現でき
ます。

```
print(r'C:\Windows\AppPatch\en-US')
```

　エスケープシーケンスを処理しないので、「\」をそのまま「\」と表記できているわけです。

（3）フォーマット文字列

　Python 3.6以降では、文字列リテラルの先頭に「f」または「F」を付けることで、文字列中に｛...｝の形式で変数を埋め込むこともできます（**フォーマット文字列**）。

　以下は、その具体的な例です。

```
name = "山田"
print(f'こんにちは、{name}さん！')     # 結果：こんにちは、山田さん！
```

　変数nameが文字列リテラル｛name｝に埋め込まれているわけです。

　｛...｝では、変数だけでなく、「3 + 4」のような演算、「abs(-5)」のような関数呼び出しも表現できます（absは絶対値を求める関数です）。さらに、書式文字列を使って、埋め込んだ式を整形することも可能です（詳しくは5.2.11項で改めます）。

> *note* フォーマット文字列の中で、（式のくくりでない）「{」「}」を表したい場合には、「{{」「}}」としてください。

　フォーマット文字列は、raw文字列（r'...'）や複数行文字列（"""..."""）と組み合わせることもできます。たとえば以下も妥当な文字列リテラルです。

```
name = "山田"
print(fr'''おはよう、{name}さん！
パスは「C:¥Windows¥AppPatch¥en-US」です！''')
```

　fr"""..."""構文では、表記のルールもそれぞれの構文を組み合わせた形になります。よって、エスケープシーケンスは利用できませんし、「{」「}」を表すには、それぞれ「{{」「}}」と表します。

練習問題　2.2

　[1] Pythonで利用可能な組み込み型を3つ以上挙げてみましょう。

　[2] 以下の記法を利用して、リテラルを表現してみましょう。値はなんでもかまいません。

　　①16進数リテラル
　　②数値セパレーター
　　③エスケープシーケンスによる改行を含んだ文字列
　　④指数表現
　　⑤raw文字列

これまでに見てきたint、float、strなどは、いずれも単一の値を持つ型です。しかし、処理によっては、複数の値をまとめて扱いたいケースもよくあります。たとえば、次に示すのは書籍タイトルを管理する例です。

```
title1 = '速習 ASP.NET Core 3'
title2 = '作って楽しむプログラミング Visual C++ 2019超入門'
title3 = '速習 Laravel 6'
title4 = 'これからはじめるVue.js実践入門'
title5 = 'はじめてのAndroidアプリ開発 第3版'
```

title1、title2…と通し番号が付いているので、見た目にはデータをまとめて管理しているようにも見えます。しかし、Pythonからすれば、title1とtitle2とは（どんなに似ていても）なんの関係もない独立した変数です。たとえば、登録されている書籍の冊数を知りたいと思ってもすぐにカウントすることはできませんし、すべての書籍タイトルを列挙したいとしても変数を個々に並べるしか術はありません。

そこで登場するのが**リスト**です。int、float、strなどの型が値を1つしか扱えないのに対して、リストには複数の値を収めることができます。リストとは、仕切りのある入れ物だと考えてもよいでしょう。仕切りで区切られたスペース（**要素**と言います）のそれぞれには番号が振られ、互いを識別できます（図2.5）。

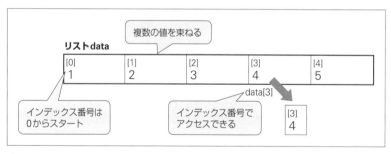

❖図2.5　リスト

リストを利用することで、互いに関連する値の集合を1つの名前で管理できるので、まとめて処理する場合にもコードが書きやすくなります。

言語によっては、**配列**（array）と呼ばれることもあります。

リストの基本

それではさっそく、リストを使った具体的な例を見てみましょう。リスト2.5は、リストを作成し、その内容を参照する例です。

▶リスト2.5　list_basic.py

```
data = ['山田', '佐藤', '田中', '細谷', '鈴木']  ──────────────── ❶
print(data[2])    # 結果：田中  ──────────────────── ❷
```

リストを作成するための一般的な構文は、以下の通りです（❶）。

構文　リストの生成

```
変数名 = [値1, 値2, ...]
```

リストは、カンマ区切りの値をブラケット（[...]）でくくった形式で表現します。値の型は互いに異なっていてもかまいませんが、一般的には1つのリスト内では文字列なら文字列で統一するのが普通です。空のリストを生成するならば、単に[]とします。

リスト2.5では、配列dataに対して、値リストで表された5個の要素（山田、佐藤、田中、細谷、鈴木）をセットしています。それぞれの要素には、先頭から順に0、1、2...という番号が割り振られます（図2.6）。

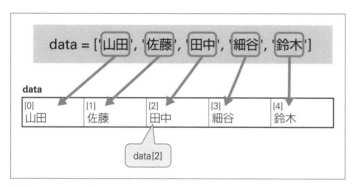

❖図2.6　リストの参照

このように作成されたリストの中身を参照しているのが❷です。ブラケット（[...]）でくくられた部分は、**インデックス番号**、または**添え字**と呼ばれ、リストの何番目の要素を取り出すのかを表します。リスト2.5の例では、dataに5個の要素が格納されているので、指定できるインデックス番号は0〜4の範囲です。

リストのサイズ（ここでは5）を超えてインデックス番号を指定した場合には、IndexErrorというエラーが発生します。

```
変数名[インデックス番号]
```

ブラケット構文を利用することで、リストの個々の要素に新たな値を設定することもできます。

```
data[1] = '大内'
```

ただし、要素を追加することはできないので、注意してください。たとえば以下は、インデックスがリストのサイズを超えているので、IndexErrorエラーが発生します。

```
data[5] = '小坂'
```

リストに対してあとから要素を追加／削除する方法については、6.1.4項で説明します。

補足 最後の要素のカンマ

リスト最後の値にはカンマを付けても付けなくてもかまいません。よって、リスト2.5の❶は、以下のように表しても正しく動作します。

```
data = ['山田', '佐藤', '田中', '細谷', '鈴木',]
```

ただし、一般的にリストを1行で表す場合には冗長なだけなので、最後のカンマは省略します。

一方、リストを複数行で表す場合には、最後のカンマを付与することをお勧めします（値が長い場合には、要素単位に改行したほうがコードが見やすくなります）。それによって、あとから要素を追加した場合にも、カンマの付け漏れを防げるからです。

```
data = [
    '秋の田のかりほの庵の苫をあらみわが衣手は露にぬれつつ',
    '春すぎて夏来にけらし白妙の衣ほすてふ天の香具山',
    'あしびきの山鳥の尾のしだり尾のながながし夜をひとりかも寝む',  ➡最後の要素にも
]                                                                    カンマを付ける
```

> *note* 1.5.2項でも触れたように、Pythonではカッコの中であれば、自由に改行できます。1.5.2項では丸カッコを例にしましたが、[...]（ブラケット）、{...}（波カッコ）も同じです。

入れ子のリスト

リストの要素として格納できるのは、数値や文字列ばかりではありません。任意の型の値 —— リストそのものを格納してもかまいません。入れ子のリストです。

具体的なコードも見てみましょう（リスト2.6）。

▶リスト2.6　list_2dim.py

```
data = [
  ['X-1', 'X-2', 'X-3'],
  ['Y-1', 'Y-2', 'Y-3'],
  ['Z-1', 'Z-2', 'Z-3'],
]
print(data[1][0])    # 結果：Y-1
```

①
②

このように「リストのリスト」を表すようなケースでは、最低限、要素ごとに改行とインデントを加えると、コードも読みやすくなります（①）。構文規則ではありませんが、少しだけ心掛けてみるとよいでしょう。

リストのリストから値を取り出すには、これまでと同様、ブラケット構文でそれぞれの階層のインデックス番号を指定します（②）。

> *note* インデックスが1つだけのリストを**1次元リスト**、インデックスが2つのリスト ——「リストのリスト」を**2次元リスト**、または、より一般的に**多次元リスト**とも言います。

同じように、サイズ3×3×3の3次元リストも作成してみます（リスト2.7）。

理論的には、同じように[...]を入れ子にすることで、4次元リスト、5次元リストを作成することもできます。ただし、直観的に理解しやすいという意味でも、普通に利用するのはせいぜい3次元リストまででしょう。

```
data2 = [
  [
    ['Sなし', 'Mなし', 'Lなし'],
    ['Sりんご', 'Mりんご', 'Lりんご'],
    ['S洋ナシ', 'M洋ナシ', 'L洋ナシ']
  ],
  [
    ['Sもも', 'Mもも', 'Lもも'],
    ['Sすもも', 'Mすもも', 'Lすもも'],
    ['Sプラム', 'Mプラム', 'Lプラム']
  ],
  [
    ['Sみかん', 'Mみかん', 'Lみかん'],
    ['S八朔', 'M八朔', 'L八朔'],
    ['Sネーブル', 'Mネーブル', 'Lネーブル']
  ]
]
print(data2[1][0][2])      # 結果：Lもも
```

　それぞれの配列のイメージを、図2.7に示しておきます。一般的に、表形式で表せるようなデータは2次元リストで、立体的な構造をとるデータは3次元リストで表します。

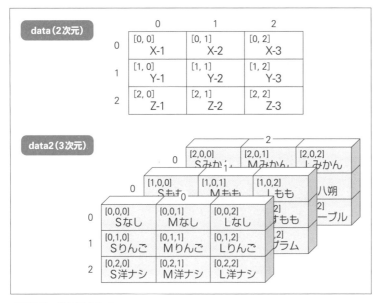

❖図2.7　入れ子のリスト

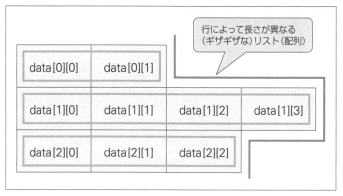

行によって長さが異なる（ギザギザな）リスト（配列）

data[0][0]	data[0][1]		
data[1][0]	data[1][1]	data[1][2]	data[1][3]
data[2][0]	data[2][1]	data[2][2]	

❖図2.A　ジャグ配列

☑ この章の理解度チェック

[1] 表2.Aは、データ型／リテラルに関わるキーワードをまとめた表です。空欄を埋めて、表を完成させてください。

❖表2.A　データ型／リテラルに関わるキーワード

キーワード	概要
n進数	10進数のほか、2、8、16進数を表現可。接頭辞は0b（2進数）、⬜①⬜（8進数）、⬜②⬜（16進数）
指数表現	非常に大きな（小さな）数値を表すために利用。<⬜③⬜>e<*符号*><⬜④⬜>の形式
⬜⑤⬜	改行やタブ文字など特別な意味を持つ文字を表すために利用。タブは⬜⑥⬜で表す
フォーマット文字列	文字列リテラルの一種で、⬜⑦⬜の形式で変数／式を埋め込める。文字列リテラルの先頭に⬜⑧⬜を付けて表す

[2] リスト2.Aのコードで間違っているポイントを3つ挙げてください。

▶リスト2.A　ex_hello.py

```
str msg = こんにちは、Python！
Print(msg)      # 結果：こんにちは、Python！
```

[3] 次の文章は、Pythonの基本構文について述べたものです。正しいものには○、間違っている
ものには×を記入してください。

（　　） 論理型（bool）ではTrue（真）／False（偽）／None（なし）の3つの状態を表現で
　　　　きる。

（　　） raw文字列を利用することで、エスケープシーケンスを使わなくても改行付き文字を
　　　　表現できる。

（　　） 識別子には、英数字とアルファベットだけを利用できる。

（　　） リスト配下の要素は、すべて同じデータ型でなければならない。

（　　） リストでは、先頭の要素を0番目と数える。

[4] 次のようなコードを実際に作成してください。

① 宣言済みの変数nameを破棄
②「みかん」「かき」「りんご」をタブ区切りで表した文字列txt（エスケープシーケンスを利
　用すること）
③ 2個のリスト（「あ」～「お」、「か」～「こ」）を持つリストdata
④ 変数name（名前）をもとに、「こんにちは、●○さん」という文字列を生成＆表示
　（フォーマット文字列を利用すること）
⑤ 5個の要素を持つリストdataから末尾の要素を取得＆表示

演算子

演算子（オペレーター）とは、与えられた変数やリテラルに対して、あらかじめ決められた処理を行うための記号です。これまでにも、四則演算のための「+」演算子（加算）、「*」演算子（乗算）などが登場しました。演算子によって処理される変数／リテラルのことを**被演算子（オペランド）**と呼びます（図3.1）。

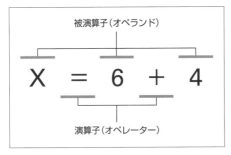

❖図3.1　演算子

Pythonの演算子は、大きく、

（1）算術演算子

（2）代入演算子

（3）比較演算子

（4）論理演算子

（5）ビット演算子

に分類できます。本章でも、この分類に沿って、解説を進めます。

 コードを構成する基本的な単位に**式**（Expression）という概念があります。式とは、なにかしらの値を持つ存在です。つまり、変数やリテラルは式ですし、これらを演算／処理した結果も式です。
1.5.2項で登場した文（Statement）とは、こうした式から構成され、改行で終わる構造のことを指します（式と異なり、文は値を返しません）。

3.1　算術演算子

代数演算子とも言います。四則演算をはじめ、日常的な数学で利用する演算子を提供します（表3.1）。

❖表3.1 主な算術演算子

演算子	概要	例	
+	加算	2 + 3	➡5
–	減算	5 – 2	➡3
*	乗算	2 * 4	➡8
**	べき乗	2 ** 3	➡8
/	除算	7 / 3	➡2.33...
//	除算（切り捨て）	7 // 3	➡2
%	剰余（割った余り）	10 % 3	➡1

　算術演算子は見た目にも最もわかりやすく、直観的に利用できるものがほとんどですが、利用に際しては注意すべき点もあります。

3.1.1 データ型によって挙動は変化する

　たとえば、「10 + 3」は数値同士の加算を表し、結果は「13」となります。では、以下のコードはどうでしょう。

```
print('10' + '3')
```

　結果は「13」ではなくて「103」となります。'...'でくくられたリテラルは文字列で、文字列同士の「+」演算は（加算ではなく）文字列の連結とみなされるのです。もちろん、（見た目が数字でない）普通の文字列も連結できます。

```
print('こんにちは、' + 'あかちゃん')    # 結果：こんにちは、あかちゃん
```

　また、文字列と数値との組み合わせで、以下のような「*」演算も可能です。

```
print('こんにちは' * 3)    # 結果：こんにちはこんにちはこんにちは
```

　「文字列 * n」で「文字列をn回繰り返した文字列」を生成するわけです。その他の例については第6章などで改めるので、まずは、

　　演算子の役割はオペランドのデータ型によって変化する

点を押さえておきましょう。

オペランドの組み合わせによっては、演算できない場合もあります。たとえばPythonでは、以下のような演算は「TypeError: unsupported operand type(s) for +: 'int' and 'str'」（intとstrを「+」演算子で演算できない）となります。

```
print(15 + '30')
      数値　文字列
```

スクリプト言語によっては、上のような演算で文字列を暗黙的に数値化し、45を返すものもありますが、Pythonでは許容しません。このような場合には、int／strなどの関数で型を変換してから演算してください。以下の❶では数値として加算し、❷は文字列として結合します。

```
print(15 + int('30'))    # 結果：45 ──────────────────────────────❶
print(str(15) + '30')    # 結果：1530 ────────────────────────────❷
```

型変換のための関数については、7.5.3項も合わせて参照してください。

エキスパートに訊く

Q：JavaScriptやPHPのような言語では、「15 + '30'」は勝手に数値とみなして、「45」という結果を出してくれます。Pythonのように、intやstrで型を変換しなければならないのは面倒に思えます。

A：Pythonでは型をそろえてから演算するのが流儀です。これは一見して面倒にも思えますが、意味のある面倒さです。

たとえば、「421」「1024」という値を想定してみましょう。これが郵便番号であれば「'421' + 1024」という式は「4211024」のように文字列として連結した値を返すべきです。しかし、単なる数値であれば「1445」のように加算した結果を返すべきです。期待される結果は文脈によって変化し、これをPythonが類推することはできません。

あいまいな判断でスクリプトの挙動があいまいになるのであれば、「値をどのように扱うか」を開発者が明確に示すべき、というのがPythonの思想なのです。

int、strでの変換は、一見すると面倒かもしれません。しかし、意図しない挙動によって得られた意図しない結果をあとから探し回る手間を考えれば、最初に型を明示することは**あとからの面倒を防ぐための必要な手間**なのです。

3.1.3　除算を表す演算子「/」「//」

Pythonでは、除算を表す演算子が「/」「//」と2種類あります。

```
print(5 / 3)     # 結果：1.6666666666666667
print(5 // 3)    # 結果：1
```

「/」は一般的な除算を表し、整数（int）同士の除算でも結果は浮動小数点数（float）になる可能性があります。整数部の結果だけを得たいならば、「//」を利用してください。

「//」は「5.0 // 3.0」のように浮動小数点数同士の除算でも「1.0」という結果を返します（結果は浮動小数点数になりますが、商そのものは整数部のみを得ます）。

> **note** Java／C#などの言語では「5 / 3」（整数同士の除算）は整数の結果（ここでは1）を返すので、それらの言語に慣れている人は要注意です。ちなみに、Python 2でも「5 / 3」の結果は「1」でした。

なお、整数部の商と剰余とをまとめて得たいならば、divmodという関数も利用できます。

```
print(divmod(5, 3))    # 結果：(1, 2)
```

結果は、(5 // 3, 5 % 3)形式のタプル（6.1.17項）となります。もちろん、剰余だけを得たいならば、「%」演算子を利用すれば十分です。

3.1.4　浮動小数点数の演算には要注意

浮動小数点数を含んだ演算では、意図した結果を得られない場合もあります。たとえば、以下のようなコードを見てみましょう。

```
print(0.2 * 3)    # 結果：0.6000000000000001
```

これは、Pythonが内部的には数値を（10進数ではなく）2進数で演算しているための誤差です。10進数ではごくシンプルに表せる0.2という数値ですら、2進数の世界では0.00110011...という無限循環小数となります。この誤差はごくわずかなものですが、演算によっては、上のように正しい結果を得られないわけです。

同じ理由から、以下の等式はPythonではFalseとなります（「==」は左辺と右辺とが等しいかを判

定する演算子です)。

```
print(0.2 * 3 == 0.6)
```

このような問題を避け、厳密な結果を要求するような状況では、Decimal型を利用してください。Decimal型は10進数の浮動小数点数をサポートする型です（リスト3.1）。

▶リスト3.1　calc_decimal.py

```
import decimal

d1 = decimal.Decimal('0.2')
d2 = decimal.Decimal('3')
d3 = decimal.Decimal('0.6')

print(d1 * d2)          # 結果：0.6
print(d1 * d2 == d3)    # 結果：True
```

Decimal型の値は「decimal.Decimal(数値)」で生成できます。importについては5.1.3項で後述するので、ここではDecimalを利用するための準備、とだけ理解しておきましょう。値を準備できたら、あとはint／float型と同じく、「＋」「－」「==」などの演算子を利用できます。

今度は演算誤差も解消され、確かに正しい結果が得られたことを確認できます。

note Decimal型の値を生成するときには、浮動小数点数リテラルを渡してはいけません。リテラルの段階で、誤差が発生してしまうからです。Decimalの値は、文字列リテラルとして指定する、が原則です。

```
×  d1 = decimal.Decimal(0.2)
```

練習問題　3.1

[1] Pythonで以下の演算を実行した場合の結果を答えてください。エラーとなる演算は、「エラー」と答えてください。

①'4' + '5'　　　②2 ** 4　　　③10 // 6　　　④2.0 / 0　　　⑤10 ％ 4

[2] Pythonでは「0.1 * 3 == 0.3」の結果がTrueにならない場合があります。その理由と対処方法を説明してください。

3.2 代入演算子

　左辺で指定した変数に対して、右辺の値を設定（代入）するための演算子です（表3.2）。すでに何度も出てきた「=」演算子は、代表的な代入演算子の1つです。また、代入演算子には、算術演算子やビット演算子などを合わせた機能を提供する**複合代入演算子**も含まれます。

❖表3.2　主な代入演算子

演算子	概要	例	
=	変数などに値を代入	x = 10	
+=	左辺と右辺を加算した結果を、左辺に代入	x = 5; x += 2	➡7
-=	左辺から右辺を減算した結果を、左辺に代入	x = 5; x -= 2	➡3
*=	左辺と右辺を乗算した結果を、左辺に代入	x = 5; x *= 2	➡10
/=	左辺を右辺で除算した結果を、左辺に代入	x = 5; x /= 2	➡2.5
//=	左辺を右辺で除算した結果（整数部）を、左辺に代入	x = 5; x //= 2	➡2
%=	左辺を右辺で除算した余りを、左辺に代入	x = 5; x %= 2	➡1
**=	左辺を右辺でべき乗した結果を、左辺に代入	x = 5; x **= 2	➡25
&=	左辺と右辺をビット論理積した結果を、左辺に代入	x = 10; x &= 2	➡2
^=	左辺と右辺をビット排他論理和した結果を、左辺に代入	x = 10; x ^= 2	➡8
|=	左辺と右辺をビット論理和した結果を、左辺に代入	x = 10; x |= 2	➡10
>>=	左辺を右辺の値だけ右シフトした結果を左辺に代入	x = 10; x >>= 2	➡2
<<=	左辺を右辺の値だけ左シフトした結果を左辺に代入	x = 10; x <<= 2	➡40

　複合代入演算子は、「左辺と右辺の値を演算した結果をそのまま左辺に代入する」ための演算子です。つまり、次のコードは意味的に等価です（●は、複合演算子として利用できる任意の算術／ビット演算子を表すものとします）。

```
i ●= j  ⟷  i = i ● j
```

　算術／ビット演算した結果をもとの変数に書き戻したい場合には、複合代入演算子を利用することで、コードをよりシンプルに表せます。算術／ビット演算子については、それぞれ対応する節を参照してください。

> *note*
> 正しくは、Pythonの代入演算子は演算子ではなく、デリミター（区切り文字）です。ただし、他の言語では演算子として分類されることから、演算子と一緒に学んだほうが理解しやすいと判断し、本書でもここでまとめて扱っています。
> ちなみに、Python 3.8では代入の結果を返す、「:=」演算子（こちらは演算子です）が追加になっています。詳しくは、3.2.5項も参照してください。

3.2.1 数値のインクリメント／デクリメント

多くのプログラミング言語では、「++」「--」のような演算子をよく見かけます。与えられたオペランドに対して1を加算（インクリメント）、減算（デクリメント）するための演算子で、**インクリメント演算子／デクリメント演算子**とも呼ばれます。

```
i++  ⟺  i = i + 1
i--  ⟺  i = i - 1
```

ただし、これら「++」「--」演算子は、Pythonには**存在しません**。他の言語に慣れた人だととまどうかもしれませんが、心配はいりません。代わりに、「+=」「-=」演算子を利用すればよいからです。

```
i += 1
i -= 1
```

タイプ量は少しだけ増えますが、たとえば「5ずつ増やす（減らす）」という場合にも、以下のように同じ要領で表せるので統一感は増します。

```
i += 5
i -= 5
```

3.2.2 「=」演算子による代入は参照の引き渡し

2.1.1項では「値を格納する入れ物」が変数である、と説明しました。しかし、これはわかりやすくするために単純化した表現であり、正しい説明ではありません。より正確には、変数には値の格納場所を表す情報（メモリ上のアドレスのようなもの）を格納します（図3.2）。実際の値は、別の場所に格納されているわけです。格納場所を表す情報のことを**参照**、**識別値**などと呼びます。

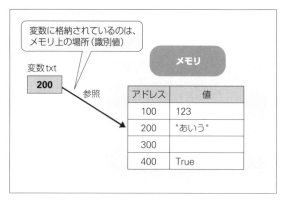

❖図3.2　変数に格納されているのは識別値

note コード上で扱う値は、コンピューター上のメモリに格納されます。メモリには、それぞれの場所を表すための番地（**アドレス**）が振られています。

ただし、コード中で意味のない番号を記述するのでは読みにくく、タイプミスの原因にもなります。そこで、それぞれの値の格納先に対して、人間が視認しやすい名前を付けておくのが変数の役割です。変数とは、メモリ上の場所に対して付けられた名前とも言えます。

　これは内部的な挙動ですが、代入や比較などの基本操作を理解するには欠かせない知識です。たとえばPythonの「＝」演算子も、**すべて参照の引き渡し**です。具体的なコードで確認してみましょう（リスト3.2）。

▶リスト3.2　ref_id.py

```
num1 = 10
num2 = num1 ─────────────────────────────────────────────── ❶

print(id(num1))    # 結果：140724673028784 ───────────────┐
print(id(num2))    # 結果：140724673028784 ───────────────┴❷
```

※結果は、環境によって変化します。

　idは、オブジェクトの参照（識別値）を返す関数です。識別値が同じであればオブジェクト（実体）は同じものですし、異なれば（いくら見た目の値が同じであっても）異なるオブジェクトです。

　その理解を前提に、❶のコードを見てみましょう。「変数num2に変数num1を代入する」とは、一見すると、「変数num2に変数num1の値をコピーする」と思ってしまいそうですが、違います。変数num1に格納されているのはあくまで識別値なので、コピーされるのも識別値です（図3.3）。❷でも変数num1、num2のid値が同じであることが確認できます（id値そのものは環境によって変化するので、値が同じであることだけを確認してください）。

　つまり、❶によって生成されたnum2と代入元のnum1とは、いずれも名前が異なるだけで、参照先──実体は同じオブジェクトである、ということです。

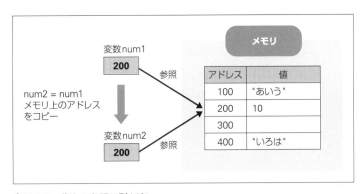

❖図3.3　代入は参照の引き渡し

3.2.3 ミュータブルとイミュータブル

前項の理解を前提に、リスト3.3のコードを見ると疑問に感じる人がいるかもしれません。

▶リスト3.3 assign.py

```
data1 = [1, 2, 3]
data2 = data1
data1[0] = 100
print(data1)    # 結果：[100, 2, 3]
print(data2)    # 結果：[100, 2, 3]          ❶


x = 1
y = x                                         ❸
x += 10                                       ❹    ❷
print(x)    # 結果：11
print(y)    # 結果：1
```

まず、❶は参照値による代入を理解していれば、ごく自然な挙動です。「data2 = data1」によってdata1、data2は同じオブジェクトを指しているので、data1への操作はdata2にも影響します。

では、❷はどうでしょう？　「y = x」によってx、yが同じオブジェクトを指していると考えれば、xへの加算はそのままyにも影響しそうです。しかし、結果はそうはなりません。

これは、❶のリストがミュータブル（変更可能）な型であるのに対して、❷の数値（int）がイミュータブル（変更不可）な型であるからです。

ミュータブルとは、オブジェクトをそのままに中身だけを変更できることを意味します。一方、イミュータブル型では、一度作成したオブジェクトの中身を書き換えることはできません。値を変更するには、オブジェクトそのものを入れ替えなければならないのです。

よって、上の例であれば、❸の時点でx、yは同じオブジェクトですが、❹でxを更新した時点でxは別のオブジェクトに差し代わっているわけです（図3.4）。x、yは別のオブジェクトなので、当然、xへの変更はyには影響しません。

このように、型がミュータブル／イミュータブルいずれであるかによって、値を操作したときの影響範囲が変化する点を押さえておきましょう。

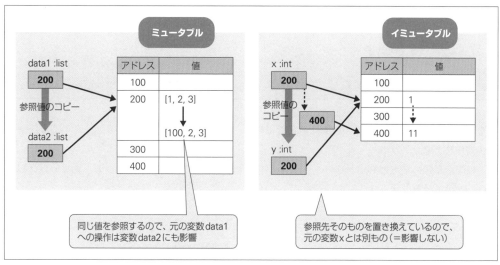

✣図3.4　ミュータブルとイミュータブルの違い（代入）

> _note_ ただし、ミュータブルな型であっても、値そのものを差し替えた場合には、異なるオブジェクト
> となります。たとえば、以下のようなケースです。

```
data1 = [1, 2, 3]
data2 = data1
data1 = [4, 5, 6]   ←別のオブジェクトで置換
print(data1)    # 結果：[4, 5, 6]
print(data2)    # 結果：[1, 2, 3]
```

3.2.4 アンパック代入

　アンパック代入とは、リスト／辞書（6.3節）などを分解し、配下の要素を個々の変数に分解する
ための構文です。これには、左辺に要素の数だけ変数を列挙します（リスト3.4）。

▶リスト3.4　unpack.py

```
data = [1, 2, 3, 4, 5]
a, b, c, d, e = data
```

```
print(a)      # 結果：1
print(b)      # 結果：2
print(c)      # 結果：3
print(d)      # 結果：4
print(e)      # 結果：5
```

　これによって、右辺のリストが個々の要素に分解（unpack）されて、それぞれ対応する変数a～e
に代入されます。

　この際、左辺の変数と右辺（リスト）の要素数は一致していなければなりません。たとえば、以下
のコードはエラーです。

```
a, b, c = data
    # 結果：too many values to unpack（リスト要素が変数よりも多い）
a, b, c, d, e, f = data
    # 結果：not enough values to unpack（リスト要素が変数よりも少ない）
```

残りの要素をまとめて代入する

　変数にアスタリスク（*）を付与することで、個々の変数に分解されなかった残りの要素をまとめ
てリストとして切り出すことも可能です（リスト3.5）。

▶リスト3.5　unpack_other.py

```
data = [ 1, 2, 3, 4, 5 ]
m, n, *o = data
print(m)      # 結果：1
print(n)      # 結果：2
print(o)      # 結果：[3, 4, 5]


r, *s, t = data
print(r)      # 結果：1 ─────────────────┐
print(s)      # 結果：[2, 3, 4]          ├─❶
print(t)      # 結果：5 ─────────────────┘


*x, y, z = data
print(x)      # 結果：[1, 2, 3]
print(y)      # 結果：4 ─────────────────┐
                                         ├─❷
print(z)      # 結果：5 ─────────────────┘
```

「*」は変数リストの末尾でなくてもかまいません。❶であれば、r、tに先頭／末尾から要素が代入され、残りの要素が「*s」に代入されます。❷であれば、末尾の要素がそれぞれy、zに代入され、先頭側に残った要素が「*x」に代入されます。

ただし、「a, *b, *c = data」のように、複数の変数に「*」を指定することはできません。

> *note* ちなみに、「*」付き変数で、該当する要素がない（＝変数よりも要素数が少ない）場合は、空のリストが生成されます。以下であれば、変数cは[]（空リスト）です。

```
data = [1, 2]
a, b, *c = data
```

一部の要素を切り捨てる

アンパック代入で一部の要素がいらない場合は、アンダースコア（_）を利用するのが一般的です（リスト3.6）。

▶リスト3.6　unpack_delete.py

```
data = [1, 2, 3, 4, 5]

a, _, b, _, c = data
print(a)    # 結果：1
print(b)    # 結果：3
print(c)    # 結果：5
print(_)    # 結果：4
```

ただし、構文として決まりがあるわけではなく、変数「_」に値を代入しているにすぎません。この例であれば、「_」に複数回値を代入しているので、最終的な「_」の値は「4」です。他の名前（変数）を使ってもかまいませんが、「捨てる」という意思を明確にする意味でも、慣例である「_」を用いるのが無難でしょう。

ここでの「_」そのものは普通の変数なので、先ほどの「*」を用いることも可能です。たとえば以下は、リストの先頭と末尾の値だけを取り出す例です。

```
x, *_, y = data
```

入れ子のリストをアンパックする

入れ子のリストをアンパックすることもできます（リスト3.7）。

▶リスト3.7　unpack_nest.py

```
data = [1, 2, [31, 32, 33]]

a, b, c = data ─────────────────────────────────── ❶
print(a)      # 結果：1
print(b)      # 結果：2
print(c)      # 結果：[31, 32, 33]

x, y, (z1, z2, z3) = data ──────────────────────── ❷
print(x)      # 結果：1
print(y)      # 結果：2
print(z1)     # 結果：31
print(z2)     # 結果：32
print(z3)     # 結果：33
```

❶のように、単に変数を列挙した場合には、対応する変数（ここではc）に入れ子のリストがそのまま代入されます。入れ子のリストも展開したいならば、❷のように変数を丸カッコでくくってください。

変数のスワッピング

アンパック代入を利用することで、変数の値を入れ替えること（スワッピング）もできます（リスト3.8）。もしもアンパック代入を利用しないのであれば、いずれかの変数をいったん別の変数に退避させる必要があります。

▶リスト3.8　unpack_swap.py

```
x = 15
y = 38
x, y = y, x
print(x, y)     # 結果：38 15
```

3.2.5　新しい代入演算子「:=」 Python 3.8

たとえばC#では、以下は正しいコードです（おそらくJavaやJavaScript、PHPなど、多くの言語で、同等のコードは動作するでしょう）。

```
y = (x = 20) / 10
```

この場合、「x = 20」という代入式は「20」を返し、その値をもとに除算（20 / 10）が実行されます。結果、yの値は2です。

一方、Pythonではこのコードはエラーになります。Pythonの代入は式ではなく文だからです。文は値を返さないので、「x = 20」の結果を10で割ることはできません。このようにPythonが（代入式ではなく）代入文であることにこだわった理由については、Python FAQ（https://docs.python.org/ja/3.7/faq/design.html）を参照してください。

しかし、これでは不便だということで、Pythonでも代入「式」を書けるよう、Python 3.8で導入されたのが「:=」演算子です。横に倒したセイウチの顔に似ていることから、セイウチ演算子とも呼ばれます。

「:=」を利用することで、Pythonでも、今度は以下のコードが動作します。「:=」は演算子であり、「x := 20」が式として「20」を返すからです。

```
y = (x := 20) / 10
```

代入「式」を利用したより実践的なコードは、7.1.2項のリスト7.1（p.253）でも改めて示すので、合わせて参照してください。

3.3 比較演算子

比較演算子は、左辺と右辺の値を比較し、その結果をTrue／Falseとして返します（表3.3）。詳細はあとで解説しますが、主にif、while、forなどの条件分岐／繰り返し命令で、条件式を表すために利用します。**関係演算子**とも言います。

❖表3.3 主な比較演算子

演算子	概要	例	
<	左辺が右辺より小さい場合にTrue	5 < 10	➡True
>	左辺が右辺より大きい場合にTrue	5 > 10	➡False
==	左辺と右辺の値が等しい場合にTrue	5 == 5	➡True
<=	左辺が右辺以下の場合にTrue	5 <= 10	➡True
>=	左辺が右辺以上の場合にTrue	5 >= 10	➡False
!=	左辺と右辺の値が等しくない場合にTrue	5 != 10	➡True
is [not]	左辺と右辺のオブジェクトが等しい場合にTrue	[1, 2] is [1, 2]	➡False
[not] in	左辺が右辺に含まれているか（いないか）	3 in [1, 2, 3]	➡True

比較演算子は、算術演算子とも並んで理解しやすい演算子ですが、よく利用するがゆえに細かな点では注意すべきポイントもあります。

3.3.1 異なる型での比較

まず、「<」「>」などの大小比較では、異なる型同士での比較はエラーです。これは算術演算子でも触れたのと同じなので、迷うところはありません。

対して、「==」「!=」演算子は、異なる型同士でも比較できます。ただし、一般的にはFalseを返します（リスト3.9）。

▶リスト3.9 compare_diff.py

```
print(1 == '1')        # 結果：False
print(False == None)   # 結果：False
```

ただし、数値型同士の比較だけは例外です。たとえば、int型とfloat型とは数値として正しく等価／大小を判定できます。

```
print(1 == 1.0)      # 結果：True
print(1.5 < 1)       # 結果：False
```

データ型によって比較ルールは変化する

ただし、文字列／数値同士と、同じデータ型であっても、意図しないデータ型での比較は意図しない結果となる可能性があります。たとえば、以下のような例を見てみましょう。

```
print(15 < 131)        # 結果：True ─────────────────────────────── ❶
print('15' < '131')    # 結果：False ────────────────────────────── ❷
```

「15 < 131」の比較は、数値であれば当然真です（❶）。しかし、文字列での比較（❷）は偽。str型では値を辞書的に比較します。「15」と「131」の比較では、先頭の「1」は同じで、2文字目の「5」と「3」で比較して、「5 > 3」なので、「'15' > '131'」となります。値を比較する際には、意図した型であることをあらかじめ確認、必要に応じて変換してから行うべきです。

3.3.2 リストの比較

リスト同士の比較にも、比較演算子は利用できます。リストの比較といっても、考え方は文字列のそれと同じです。先頭から要素を比較していき、最初に異なる要素が見つかった場合に、その大小でリスト全体の大小を決定します（図3.5）。

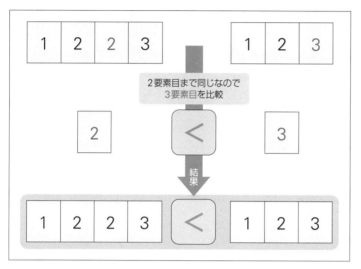

❖図3.5 リストの比較

具体的な例も見ておきます（リスト3.10）。

▶リスト3.10 compare_list.py

```python
data1 = [1, 2, 3]
data2 = [1, 5]
data3 = [1, 2]

print(data1 < data2)     # 結果：True
print(data1 < data3)     # 結果：False ──────────────① 
```

❶のように、存在する要素（ここでは1、2まで）が等しい場合には、要素数が少ないほうが小さいとみなされます。

> *note* ちなみに、第6章ではセット、辞書などのコンテナー型も登場します。セットでの「<」「>」は、そもそも値の大小ではなく、集合としての包含関係を判定します。辞書については大小比較はできません。詳しくは6.3節を参照してください。

3.3.3　浮動小数点数の比較

3.1.4項でも触れたように、浮動小数点数は内部的には2進数として扱われるため、厳密な演算には不向きです。その事情は、浮動小数点数の比較においても同様です。

たとえば、以下の比較式は、PythonではFalseです。

```
print(0.2 * 3 == 0.6)
```

そこで、浮動小数点数を比較するには、以下のような方法を利用します。

（1）Decimal型

3.1.4項でも触れたように、Decimal型は厳密な浮動小数点数の演算／比較を可能にします。具体的な例は、p.84のリスト3.1を参照してください。

（2）丸め単位による比較

比較に限定するならば、リスト3.11のような方法も利用できます。

▶リスト3.11　compare_float.py

```
EPSILON = 0.00001                                              ❶
x = 0.2 * 3
y = 0.6
print(abs(x - y) < EPSILON)     # 結果：True
```

定数EPSILONは、誤差の許容範囲を表します（❶）。**計算機イプシロン、丸め単位**などとも呼ばれます（図3.6）。この例では、小数第5位までの精度を保証したいので、EPSILONは0.00001とします。

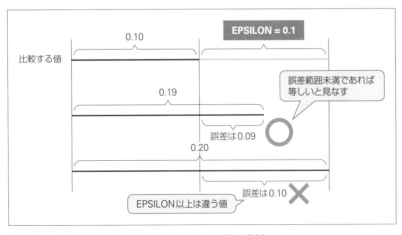

❖図3.6　浮動小数点数の比較（小数点以下第1位の場合）

あとは、浮動小数点数同士の差を求め（absは絶対値を求める関数です）、その値がEPSILON未満であれば、保証した桁数までは等しいということになります。

(3) isclose関数

mathモジュール（7.5.1項）のisclose関数を利用することで、（2）のような近似比較をシンプルに表現できます（リスト3.12）。

▶リスト3.12　compare_isclose.py

```
import math

print(math.isclose(0.2 * 3, 0.6))      # 結果：True
```

isclose関数は、厳密に等しくなくとも近似であればTrueを返します（既定の許容誤差は1e−9で、小数点以下9桁まで等しいことを確認します）。

この許容誤差は、引数rel_tol／abs_tolで変更も可能です。それぞれの違いは、以下です。

- rel_tol：相対誤差。2つの値のうち、絶対値の大きい値に対する割合で指定
- abs_tol：絶対誤差。許容する誤差を絶対値で指定

たとえば以下であれば、前者は4桁、後者は3桁までが等しいことを確認するので、結果が変化します。

```
print(math.isclose(0.1, 0.1001, rel_tol=0.0001))      # 結果：False
print(math.isclose(0.1, 0.1001, rel_tol=0.001))       # 結果：True
```

3.3.4　同一性と同値性

比較演算子を利用するうえで、**同一性**（Identity）と**同値性**（Equivalence）を区別することは重要です。

- 同一性：参照値が同じオブジェクトを参照していること
- 同値性：オブジェクトが同じ値を持っていること

以上を踏まえて、まずはリスト3.13のサンプルを見てみましょう。

```
data1 = [1, 2, 3]
data2 = [1, 2, 3]

print(data1 == data2)    # 結果：True ─────────────────────── ❶
print(data1 is data2)    # 結果：False ────────────────────── ❷
```

　変数data1、data2は、いずれも[1, 2, 3]という数値リストです。これを「==」演算子で比較した結果はTrueです（❶）。3.3.2項でも触れたように、要素数も同じで、対応する要素の値も同じなので、両者は等しいわけです。言い換えると、「==」とは、双方の値が意味として等しいこと —— 同値性を確認するための演算子ということです。

　同じdata1、data2をis演算子で比較すると、今度はFalse（異なる）が得られます。is演算子は、オブジェクトの同一性を比較します（図3.7）。data1、data2は見た目は同じ中身ですが、メモリ上は別の場所に作成された異なるオブジェクトなので、別ものと判定されるわけです。

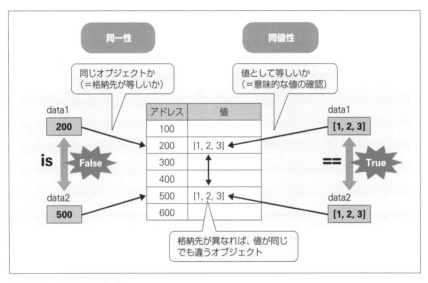

❖図3.7　同一性と同値性

　is演算子は、id関数（3.2.2項）の戻り値が等しいかどうかを判定する、と言い換えてもよいでしょう。

　同値性の比較ルールは型によって異なりますが、まずは意味ある値の比較は「==」演算子によって行う、と覚えておいてください。

イミュータブル型の同一性

　ただし、文字列／数値などイミュータブルな型の比較では、要注意です。たとえば、リスト3.14の例を見てみましょう。

▶リスト3.14　compare_immutable.py

```
data1 = 'あいう'
data2 = 'あいう'
print(data1 == data2)    # 結果：True
print(data1 is data2)    # 結果：True ─────────────────────────────── ❶
```

　先述の理屈からすれば、data1、data2は別々に作成されたオブジェクトなので、is演算子（❶）は
Falseを返すはずです。しかし、結果はTrue。

　これは、文字列がイミュータブルであるがための挙動です。イミュータブルであれば、あとから値
が変化することはないはずなので、Pythonではメモリを節約するために同じ値（オブジェクト）を
再利用しているのです。

　ただし、この挙動はあくまで内部的なものです。文脈によっては、str（文字列型）であっても、
「同値であって同一でない」という状況は発生します。あくまで、このような挙動もある、とだけ理
解しておき、==、is演算子は同値性／同一性いずれを判定するかによって使い分けるようにしてく
ださい。

None値の比較はis演算子

　Noneは「値が空である」ことを意味する特別な値です。ゼロでも空文字列でも[]（空リスト）で
もなく、値そのものが存在しないわけです。他の言語を知っている人であればnull、nilと同じよう
なものと考えてもよいでしょう。

　ある式がNoneであるかを判定するには、==演算子ではなく、is演算子を利用してください。

```
×  hoge == None
○  hoge is None
```

　というのも、==演算子の挙動は左オペランド（ここではhoge）の型によって変化する可能性があ
るからです（＝hogeの値がNoneでなくても「hoge == None」である可能性があります）。一方、is
演算子は「hogeがNoneと同一であること」を判定するので、より確実にNoneであることを判定でき
ます。

3.3.5　条件演算子

　条件演算子は、指定された条件式の真偽に応じて、対応する式の値を返します。

構文 条件演算子

```
式1 if 条件式 else 式2
```

リスト3.15は、変数scoreが70以上であれば「合格」、さもなくば「不合格…」を表示するサンプルです。

▶リスト3.15　condition.py

```
score = 75
print('合格' if score >= 70 else '不合格...')      # 結果：合格
```

変数scoreの値を70未満にしたときに、結果が変化することも確認してください。

note 条件演算子は、オペランドを3個必要とすることから、**三項演算子**と呼ばれることもあります。ちなみに、「*」「/」のように、オペランドが2個の演算子を**二項演算子**、「not」（3.4節）のようにオペランドが1個の演算子を**単項演算子**と呼びます。一般的には、二項演算子では演算子の前後にオペランドを、単項演算子では演算子の前後いずれかにオペランドを、それぞれ記述します。最も種類が多いのは二項演算子で、逆に三項演算子は条件演算子だけです。「−」のように、演算子によっては単項演算子になったり二項演算子になったりするものもあります（たとえば「−5」と「5−2」のように、です）。

式の値を振り分けるような状況では、if命令（4.1.1項）よりもシンプルに表現できますが、複雑な記述はかえってコードを見にくくするので要注意です。

たとえば条件演算子は、以下のように複数列記することも可能です。

```
score = 55
print('合格' if score >= 70 else '惜しい、もうちょっと...' if score >= 50 ⏎
else 'もっと頑張ろう')
      # 結果：惜しい、もうちょっと...
```

70点以上、50〜70点、50点未満で、メッセージを振り分けているわけです。ただし、可読性に優れているとは言えず、このような状況であればif命令を使ったほうが素直です。

```
score = 55
if score >= 70:
  print('合格')
elif score >= 50:
  print('惜しい、もうちょっと...')
else:
  print('もっと頑張ろう')
```

練習問題　3.2

[1] 変数valueがNoneの場合は「値なし」、そうでなければvalueの値を出力するようなコード
を、条件演算子を利用して書いてみましょう。

[2] 以下の式を評価した場合の結果をTrue／Falseで答えてください。エラーになる式は「エ
ラー」とします。

①123 >= 123 　　　②'123' >= 123 　　　③"123" == 123 　　　④[1, 2, 3] > [2, 3]

3.4 論理演算子

　論理演算子は、複数の条件式（または真偽値）を論理的に結合し、その結果をTrue／Falseとして
返します（表3.4）。前述の比較演算子と組み合わせて利用するのが一般的です。論理演算子を利用す
ることで、より複雑な条件式を表現できるようになります。

　なお、「^」は正しくはビット演算子に分類されるべき演算子ですが、論理積（and）、論理和（or）
と比較したほうが理解が容易なので、ここでまとめています。

❖表3.4　主な論理演算子（例のxはTrue、yはFalseを表すものとする）

演算子	概要	例	
and	論理積。左右の式がともにTrueの場合にTrue	x and y	➡False
or	論理和。左右の式いずれかがTrueの場合にTrue	x or y	➡True
^	排他的論理和。左右の式いずれかがTrueで、かつ、ともにTrueでない場合にTrue	x ^ y	➡True
not	否定。式がTrueの場合はFalse、Falseの場合はTrue	not x	➡False

　論理演算子の結果は、左右の式の値によって決まります。左式／右式の値と具体的な論理演算の結
果を、表3.5にまとめておきます。

❖表3.5　論理演算子による評価結果

左式	右式	and	or	^
True	**True**	True	True	False
True	**False**	False	True	True
False	**True**	False	True	True
False	**False**	False	False	False

　これらの規則をベン図で表現すると、図3.8のようになります。

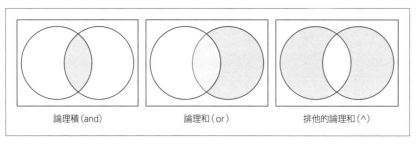

| 論理積（and） | 論理和（or） | 排他的論理和（^） |

❖図3.8　論理演算子

ショートカット演算（短絡演算）

　論理積／論理和演算では、「ある条件のもとでは、左式だけが評価されて右式が評価されない」場合があります。このような演算のことを**ショートカット演算**、あるいは**短絡演算**と言います。

　まずは、具体的な例を見てみましょう（図3.9）。

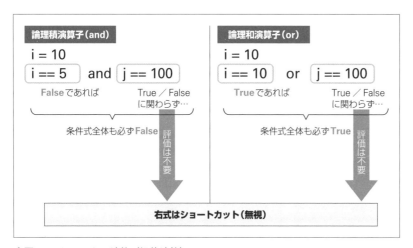

❖図3.9　ショートカット演算（短絡演算）

　表3.5でも見たように、論理積（and）演算子では、左式がFalseである場合、右式がTrue／Falseいずれであるとに関わらず、条件式全体はFalseとなります。つまり、左式がFalseであった場合、論理積演算子では右式を評価する必要がないわけです。そこで、論理積演算子は、このようなケースで右式の実行をショートカット（スキップ）します。

　論理和（or）演算子でも同様です。論理和演算子では、左式がTrueである場合、右式に関わらず、条件式全体は必ずTrueとなります。よって、この場合は右式の評価をスキップするのです。

論理積／論理和演算子のこの性質を利用することで、リスト3.16のようなコードも表現できます。

▶リスト3.16　shortcut.py

```
x = 1

if x != 2: ─────────────────────────────────────────────────┐
  print('実行されました。') ───────────────────────────────┤ ❶
x == 2 or print('実行されました。') ──────────────────────── ❷
```

❶と❷とは同じ意味です。if命令については改めて4.1.1項で説明しますが、とりあえず❶は「条件式（ここでは「x != 2」）がTrueである場合に、メッセージを表示しなさい」という意味です。

❷は、これと等価なコードを、論理和演算子を使って表現しています。先ほど述べたように、論理和演算子では左式がFalseである場合にだけ右式が実行されるのでした。つまり、条件式「x == 2」がFalseである（xが2でない）場合にのみ、右式のprint命令が実行されます。

もっとも、これはただの例です。❷のようなコードをクールに感じたとしても、一部の例外を除いて利用すべきではありません。その理由は、コードが本来の論理演算を意図して書かれているのか、条件分岐を目的としたものであるのかがわかりにくくなるからです（そもそも右式が実行されるかどうかもあいまいになるため、思わぬバグにも直結します）。

補足 ショートカット演算の実例

もちろん、ショートカット演算子には確かな使いどころもあります。具体的な例を見てみましょう。

```
print(True and 1)     # 結果：1
print(False and 2)    # 結果：False
print(True or 3)      # 結果：True
print(False or 4)     # 結果：4
```

Pythonの論理演算子は、左式／右式と最後に評価された値を返す、という性質があります。その性質とショートカット演算のルールによって、左式で評価を打ち切った場合には左式の値が、さもなければ右式の値が返されるわけです。

これを利用して、値を返さない（または失敗する）可能性がある処理に対して、既定値を渡すようなコードも簡単に表せます。たとえば、以下はhoge関数が値を返さなかった、またはFalseである場合に、既定値として「default」を返す例です。

```
print(hoge() or 'default')
```

> *note* ただし、空文字列やゼロ値など、Falseと判定されるような値そのものに意味がある場合には、
> 本文のようなイディオムは利用できません。空文字列やゼロなどの値が既定値（ここでは
> 「default」）によって上書きされてしまうからです。そのような場合には、以下のように条件演算
> 子を利用してください。
>
> ```
> result = hoge()
> print('default' if result is None else result)
> ```
>
> これによって、hoge関数の戻り値がない（None）場合にだけ、既定値が適用されます。

3.4.2 比較演算子の連結

たとえば、50～100の範囲を表現するために、「x >= 50 and x <= 100」のような条件式を表すことはよくあります。範囲であることをより明確にするために、あえて「50 <= x and x <= 100」のように表す場合もあるかもしれません。

しかし、Pythonでは比較演算子の連結を認めており、上のような例であれば、そもそも、

```
50 <= x <= 100
```

のように表すべきです。これは見た目にも範囲であることが明確であり、なにより式xが一度しか評価されないので、実行効率にも優れます（論理演算子を利用した例では式xは2回評価されます）。

なお、いずれの書き方でも比較演算子は左から評価されるので、「50 <= x」がFalseである場合、後方の「x <= 100」は評価されません。

3.5 ビット演算子

ビット演算を行うための演算子です。**ビット演算**とは、整数を2進数で表したときの各桁（ビット単位）を論理計算する演算のことです（表3.6）。初学者は利用する機会もそれほど多くないので、まず先に進みたいという方は、この節を読み飛ばしてもかまいません。

❖表3.6 主なビット演算子（例は「元の式→2進数表記の式→2進数での結果→10進数での結果」の形式で表記）

演算子	概要	例
&	論理積。左式／右式の双方にセットされているビットをセット	10 & 1 ➡ 1010 & 0001 ➡ 0000 ➡ 0
|	論理和。左式／右式のいずれかにセットされているビットをセット	10 | 1 ➡ 1010 | 0001 ➡ 1011 ➡ 11
^	排他的論理和。左式／右式のいずれかでセットされており、かつ、双方にセットされていないビットをセット	10 ^ 1 ➡ 1010 ^ 0001 ➡ 1011 ➡ 11
~（チルダ）	否定。ビットを反転	~10 ➡ ~1010 ➡ 0101 ➡ −11
<<	ビットを左にシフト	10 << 1 ➡ 1010 << 1 ➡ 10100 ➡ 20
>>	ビットを右にシフト	10 >> 1 ➡ 1010 >> 1 ➡ 0101 ➡ 5

演算子

　ビット演算子は、さらに**ビット論理演算子**と**ビットシフト演算子**とに分類できます。これらの挙動は初学者にとってはわかりにくいと思いますので、それぞれの大まかな流れを補足しておきます。

3.5.1　ビット論理演算子

　たとえば、図3.10は論理積演算子（&）を利用した演算の流れです。

❖図3.10　ビット論理演算子

　このように、ビット演算では、与えられた整数を2進数に変換したうえで、それぞれの桁について論理演算を実施します。論理積では、双方のビットが1（True）である場合にだけ結果も1（True）、それ以外は0（False）を返します。ビット演算子は、演算の結果（ここでは0001）を再び10進数に戻したもの（ここでは1）を返します。

　もう1つ、否定（˜）演算子についても見てみましょう（図3.11）。

```
10進数        2進数        10進数

 5      →    ~0101
             ─────────────
                  1010    →   −6
```

❖図3.11　否定演算子

　否定演算では、すべてのビットを反転させるので、結果は1010（10進数で10）になるように思えます。しかし、結果は（実際に試してみればわかるように）−6です。これは、否定演算子が正負を表す符号も反転させているためです。

　ビット値で負数を表す場合、「ビットを反転させて1を加えたものが、その絶対値となる」というルールがあります。つまり、ここでは「1010」を反転させた「0101」に1を加えた「0110」（10進数では6）が絶対値となり、符号を加味した結果が−6となるわけです。

3.5.2　ビットシフト演算子

　図3.12は、左ビットシフト演算子を使った演算の例です。

```
10進数        2進数        10進数

 10     →     1010
             ─────────────    << 2
              101000    →    40
```

❖図3.12　ビットシフト演算子

　ビットシフト演算も、10進数をまず2進数として演算するまでは同じです。そして、その桁を左または右に指定の桁だけ移動します。左シフトした場合、シフトした分、右側の桁を0で埋めます。つまり、ここでは「1010」（10進数では10）が左シフトの結果「101000」となるので、演算結果はその10進数表記である40となります。

3.6 演算子の優先順位と結合則

式に複数の演算子が含まれている場合、これらがどのような順序で処理されるかを知っておくことは重要です。このルールを規定したものが、演算子の**優先順位**と**結合則**です。特に、式が複雑な場合には、これらのルールを理解しておかないと、思わぬところで思わぬ結果に悩まされることになるので注意してください。

3.6.1 優先順位

たとえば、数学の世界で考えてみましょう。「$5 + 4 \times 6$」は、「$9 \times 6 = 54$」ではなく「$5 + 24 = 29$」です。こうなるのは、数学の世界では「$+$」演算よりも「$\times$」演算を先に計算しなければならないというルールがあるためです。言い換えれば、「$\times$」演算は「$+$」演算よりも優先順位が高い、ということです。

同様に、Pythonの世界でも、すべての演算子に対して優先順位が決められています。1つの式の中に複数の演算子がある場合、Pythonは優先順位の高い順に演算を行います（表3.7）。

この章ではまだ触れていないものもありますが、まずはこんな演算子もあるんだな、という程度でながめてみましょう。

❖表3.7　演算子の優先順位（同じ行の演算子は同順位）

高い	`(...)`、`[...]`、`{...}`
	`x[i]`、`x[i:i]`、`x(args...)`、`x.attr`
	`await`
	`**`
	`+x`、`-x`（符号）、`~x`
	`*`、`@`、`/`、`//`、`%`
	`+`、`-`
	`<<`、`>>`
	`&`
	`^`
	`|`
	`in`、`not in`、`is`、`is not`、`<`、`<=`、`>`、`>=`、`!=`、`==`
	`not`
	`and`
	`or`
	`if...else`
	`lambda`
低い	`:=`

このようにして見ると、ずいぶんとたくさんあるものです。これだけの演算子の優先順位をすべて覚えるのは現実的ではありませんし、苦労して書いたコードをあとで読み返したときに、演算の順序がひと目でわからないようでは、それもまた問題です。

　そこで、複雑な式を書く場合には、できるだけ丸カッコを利用して、演算子の優先順位を明確にしておくことをお勧めします。丸カッコで囲まれた式は、最優先で処理されます（数学の場合と同じです）。

```
5 * 3 + 4 * 12  →  (5 * 3) + (4 * 12)
```

　この程度の式であれば、あえて丸カッコを付ける必要性は感じられないかもしれません。しかし、もっと複雑な式の場合は、丸カッコによって優先順位が明確になるので、コードが読みやすくなり、誤りも減ります。丸カッコはうるさくならない範囲で、積極的に利用すべきです。

3.6.2　結合則

　異なる演算子の処理順序を決めるのが優先順位であるとすれば、同じ優先順位の演算子を処理する順序を決めるのが結合則です。結合則は、優先順位の同じ演算子が並んでいる場合に、演算子を左から右、右から左のいずれの方向に処理するかを決めるルールです。

　以下に、基本的なルールをまとめておきます。

（1）左から右への演算が基本

　たとえば、以下の式は意味的に等価です。

```
5 + 7 - 1  ⟺  (5 + 7) - 1
```

　これは「+」「-」演算子の順位は同じで、かつ、左→右（左結合）の結合則を持つためです。

（2）べき乗演算子（**）と代入演算子は右結合

　たとえば、以下の式は同じ意味です。

```
2 ** 2 ** 3  ⟺  2 ** (2 ** 3)
```

　「**」が右結合の性質を持つので、右から順に評価されているのです（図3.13）。上記の式では「2 ** 3 = 8」の結果でもって「2 ** 8」が演算されて、最終的な結果として256が得られます。

　概念だけ聞くと、結合則は難しく思えるかもしれませんが、具体的に見れば、実はごく当たり前のルールを表していることがわかるでしょう。

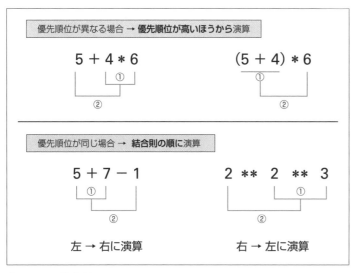

❖図3.13　結合則

☑ この章の理解度チェック

[1] 表3.Aは、Pythonで利用できる演算子についてまとめたものです。空欄を埋めて、表を完成させてください。ただし、⑥は3個以上挙げてください。

❖表3.A　Pythonで利用できる主な演算子

種類	演算子
①	+、−、*、**、/、//、%など
②	=、:=、③ 　（+=、−=、*=、/=など）
④	>、<、==、>=、<=、!=など
⑤	and、or、notなど
ビット演算子	⑥

[2] リスト3.Aのコードは、代入演算子を利用したものです。コードが終了したときの変数x、y、data1、data2の値を答えてください。

▶リスト3.A　ex_ope.py

```
x = 5Ø
y = x
x -= 1Ø

data1 = [1Ø, 2Ø, 3Ø]
data2 = data1
data1[1] = 15
```

[3] 以下の文章は、演算子の処理についてまとめたものです。空欄を埋めて、文章を完成させてください。

> 式の中に複数の演算子が含まれている場合、どのような順序で処理するのかを定義したものが　①　と　②　です。「x + y * z」では、「x + y」よりも「y * z」のほうが　①　が　③　ので、「y * z」が先に計算されます。
> また、「x - y + z」では、「+」「-」演算子の　①　は　④　で、かつ、左→右の　②　を持つので、「x - y」が先に計算されます。
> 右→左の　②　を持つ二項演算子は、べき乗演算子（　⑤　）と代入演算子（:=）だけです。

[4] 次のようなコードを実際に作成してください。

① 変数iを2減らす。
② decimal型の変数d（値は0.5）を生成する（import文は省略してかまいません）。
③ リスト[2, 4, 6, 8, 10]の内容を変数x、y、zに分割して代入する（ただし、x、yには値を1つずつ、zには残りの要素をすべて代入するものとする）。
④ 変数m、nの中身を入れ替える。
⑤ 条件式「xが10以上50未満」を論理演算子を使わずに表す。

制御構文

一般的に、プログラムの構造は以下のように分類できます。

- 順次（順接）：記述された順に処理を実行
- 選択　　　　：条件によって処理を分岐
- 反復　　　　：特定の処理を繰り返し実行

　順次／選択／反復を組み合わせながらプログラムを組み立てていく手法のことを**構造化プログラミング**と言い、多くのプログラミング言語の基本的な考え方となっています。そして、それはPythonでも例外ではなく、構造化プログラミングのための制御構文を標準で提供しています。本章では、これらの制御構文について解説していきます。

4.1　条件分岐

　ここまでのプログラムは、記述された順に処理を実行していくだけでした（いわゆる順次です）。しかし、実際のアプリでは、ユーザーからの入力値や実行環境、その他の条件に応じて、処理を切り替えるのが一般的です。いわゆる構造化プログラミングの「選択」です。

　本節では、条件分岐構文に属するif...elif...elseという命令について、順に見ていくことにします。

4.1.1　if命令——単純分岐

　ifは、与えられた条件がTrue／Falseいずれであるかによって、実行すべき処理を決める命令です。その名の通り、「もしも～だったら…、さもなくば…」という構造を表現しているわけです。

`構文` if命令

```
if 条件式:
    ...条件式がTrueのときに実行する処理...
else:
    ...条件式がFalseのときに実行する処理...
```

　具体的なサンプルも見てみましょう。リスト4.1は、変数iの値が10であった場合に「変数iは10です。」というメッセージを、そうでなかった（＝変数iが10でなかった）場合に「変数iは10ではありません。」というメッセージを表示します。

```
i = 10
if i == 10:
    print('変数iは10です。')
else:
    print('変数iは10ではありません。')
print('...End...')
```

```
変数iは10です。
...End...
```

変数iを10以外の値に書き換えて実行すると、以下のように結果が変化することも確認しておきましょう。

```
変数iは10ではありません。
...End...
```

中学レベルの英語力でも読み解ける文なので、意図を把握するのはさほど難しくないはずです。しかし、Pythonの文法という観点では、これだけの短いコードにさまざまなポイントが含まれています。

文法的なキーワード

以下、個々の部位にフォーカスしながら、文法的なキーワードを整理していきます。

❶if命令は複合文の一種

複合文（Compound Statement）とは、

配下に複数の文を持ち、それらの文を実行するかどうかを決めるための文

のことです。本節で学ぶifをはじめ、この後に出てくるfor、whileなどの制御構文はすべて複合文ですし、関数（5.1.1項）、クラスの定義（10.1節）も複合文の一種です。実践的なコードのほとんどは、（文というよりも）複合文の組み合わせで構成されると言ってよいでしょう（よって、以降に出てくるすべての複合文は、ここで触れるルールに従います）。

複合文は、より具体的には1つ以上の**節**（clause）から構成されます。節は、さらに**ヘッダー**（header）と**スイート**（suite）とに分類される、という作りです（図4.1）。

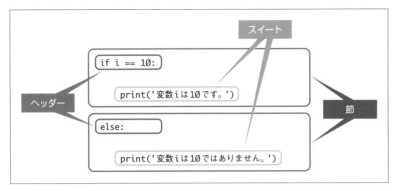

❖図4.1　複合文とは?

　リスト4.1の例であれば、if...else命令はif／elseの2個の節から構成され、ヘッダーは「if i == 10:」と「else:」、それに付随する文がスイートです（**ブロック**とも言います）。

❷ヘッダーは制御ルールを表す

　ヘッダーは、配下のブロックをどのように実行するのか（そもそも実行するのか）を決める情報を表します。if節であれば、条件式がTrueである場合に配下のブロックを実行しますし、else節はFalseのときに実行します。

　ヘッダーの一般的な文法規則は、以下の通りです（図4.2）。

- 1つの複合文でヘッダーのインデント（字下げ）位置はそろっていること
- ヘッダーを識別するキーワード（ここではif）で始まり、コロン（:）で終わること

　あとでネスト（入れ子）が登場するまでは、まずはヘッダーはインデントせずに1桁目（先頭位置）から表すことになります。Pythonでは、インデントが文法的な意味を持つので、むやみにインデントしてはいけません。

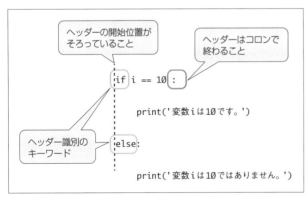

❖図4.2　ヘッダー

❸インデントでブロックを表す

ブロックの表し方は、言語によって異なります。begin～endのようなキーワードで表すこともあれば、{...}で表すこともあります。Pythonの場合は、インデント（字下げ）によって表します（図4.3）。

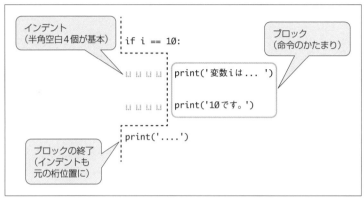

❖図4.3　ブロック

インデントは、␣（半角空白）または Tab で表せます。構文上は、混在しない限り、いずれを利用してもかまいませんが、通常、タブを利用するのは避けるべきです。タブはエディターの設定によって見た目（表示幅）が変化する場合があるからです。インデントは原則、**半角空白4個分**で表すのが基本、と覚えておきましょう（ただし、本書では紙面の都合上、半角空白2個でインデントを表しています）。

リスト4.1では、if／elseブロック配下にはそれぞれ文が1つあるだけですが、もちろん、ブロックに複数の文を書くことも可能です。

 if直後のブロックを**ifブロック**、else以降のブロックを**elseブロック**と言います。これから後も、**forブロック**、**whileブロック**のような言い方が登場するので、慣例的な呼称として覚えておきましょう。

なお、リスト4.1ではif／elseをセットで利用していますが、変数iが10のときにだけ処理を実行したい場合には、リスト4.2のようにelse以降を省略してもかまいません。この場合、変数iが10のときにだけ、ブロックの内容が実行されます。

▶リスト4.2　if_basic2.py

```python
i = 10
if i == 10:
  print('変数iは10です。')
```

インデントの注意点

　ブロックをインデントで表すルールは、Pythonの特徴的な文法ルールであり、それだけに特有の注意点もあります。以下に、上では扱いきれなかった細かなインデントルールをまとめておきます。

（1）空のブロックはpass命令で表す

　空のブロックを意図した、以下のようなコードは不可です。

```
if i == 10:
  # 空のブロック、のつもり
```

　Pythonは、ヘッダーの直後にブロックを期待しているので、この場合は「IndentationError: expected an indented block」のようなエラーとなります。

　開発中などの理由で空のブロックを用意したい場合には、以下のようにpass命令を利用してください。

```
if i == 10:
  pass
```

　passは「なにもしない」を表す命令です。なにもしませんが、意味のある文とはみなされるので、これで空ブロックを表現できます。

（2）複数行コメントもインデントする

　複数行コメント（'''～'''）を用いる際、コメントもインデントの対象です。たとえば、以下の複数行コメントはエラーです。

```
if i == 10:
'''
コメントです。
'''
  print('変数iは10です。')
```

　複数行コメントの実体は、あくまで文字列リテラルだからです。上の例であれば、以下のように表します。

```
if i == 10:
  '''
  コメントです。
  '''
  print('変数iは10です。')
```

ちなみに、単一行コメント（#）は真正のコメント構文なので（＝文ではないので）、インデントを無視してもエラーとはなりません。

```
if i == 10:
# コメントです。
    print('変数iは10です。')
```

4.1.2 | if命令——多岐分岐

elifブロックを利用することで、「もしも〜だったら…、〜であれば…、いずれでもなければ…」という多岐分岐も表現できます。

構文 if...elif命令

```
if 条件式1:
    ...条件式1がTrueのときに実行する処理...
elif 条件式2:
    ...条件式2がTrueのときに実行する処理...
...
else:
    ...条件式1、2...がいずれもFalseのときに実行する処理...
```

elifブロックは、分岐の数だけ列記できます。具体的な例も見てみましょう（リスト4.3）。

▶リスト4.3　if_else.py

```
i = 100
if i > 50:
    print('変数iは50より大きいです。')
elif i > 30:
    print('変数iは30より大きいです。')
else:
    print('変数iは30以下です。')
```

```
変数iは50より大きいです。
```

この結果に疑問を感じる人もいるかもしれません。変数iは、条件式「i > 50」にも「i > 30」にも

合致するのに、表示されるメッセージは「変数iは50より大きいです。」だけ。メッセージ「変数iは30より大きいです。」も表示されるのではないでしょうか？

結論から言ってしまうと、ここで示したものが正しい結果です。というのも、if...elif命令では

複数の条件に合致しても、実行されるブロックは最初に合致した1つだけ

だからです。つまり、ここでは「i > 50」のブロックに最初に合致するので、それ以降のブロックは無視されます。

したがって、リスト4.4のようなコードは意図した結果にはなりません。

▶リスト4.4　if_else2.py

```
i = 100
if i > 30:
    print('変数iは30より大きいです。')
elif i > 50:
    print('変数iは50より大きいです。')
else:
    print('変数iは30以下です。')
```

変数iは30より大きいです。

この場合、変数iは最初の条件式「i > 30」に合致してしまうため、次の条件式「i > 50」はそもそも判定すらされないのです（図4.4）。elifブロックを利用する場合には、条件式を範囲の狭いものから順に記述するようにしてください。

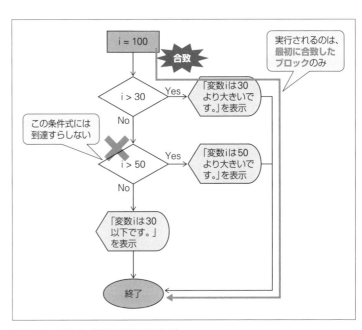

❖図4.4　if命令（複数分岐の注意点）

note 別解として、リスト4.4の太字部分を「i > 30 and i <= 50」のように書き換えても動作します。しかし、あえて条件式を複雑にするよりも、リスト4.3のように正しい順序で記述したほうがコードも簡潔になりますし、思わぬ間違いも防げるでしょう。

補足 switch命令

プログラミング言語によっては、「==」演算子による多岐分岐を簡単に表すためにswitch命令を用意しているものもあります。リスト4.5は、Javaで書かれたswitch命令の例です（コードの詳細はわからなくとも、コメントからおおよその意味を把握してみましょう）。

▶リスト4.5　Switch.java

```java
var rank = "甲";

switch (rank) {
  // rankが「甲」の場合に実行
  case "甲":
    System.out.println("大変よいです。");
    break;
  // rankが「乙」の場合に実行
  case "乙":
    System.out.println("よいです。");
    break;
  // rankが「丙」の場合に実行
  case "丙":
    System.out.println("がんばりましょう。");
    break;
  // rankが「甲」「乙」「丙」以外の場合に実行
  default:
    System.out.println("？？？");
    break;
}
```

大変よいです。

しかし、Pythonではif…elif命令で代替できるという理由から、switch命令は用意していません。リスト4.6は、リスト4.5と同じ意味のPythonコードです。

```
rank = '甲'

if rank == '甲':
  print('大変よいです。')
elif rank == '乙':
  print('よいです。')
elif rank == '丙':
  print('がんばりましょう。')
else:
  print(' ？？？ ')
```

　また、特定の値によって出力を振り分けるだけならば、辞書型（6.3節）を利用してもかまいません（リスト4.7）。

▶リスト4.7　switch_dict.py

```
rank = '甲'
msg = {
  '甲': '大変よいです。',                                          ❶
  '乙': 'よいです。',
  '丙': 'がんばりましょう。'
}

# キーの有無を確認
if rank in msg:                                                  ❸
  print(msg[rank])                                               ❷
else:
  print(' ？？？ ')
```

```
大変よいです。
```

　ランク（rank）とメッセージに対応した辞書を用意しておいて（❶）、そのキーにランク値を渡しているわけです（❷）。これによって、対応するメッセージを得られます。辞書に存在しないキーが渡された場合に備えて、in演算子（6.3.3項）であらかじめチェックしている点にも要注目です（❸）。

if命令——入れ子構造

　if命令は、互いに入れ子にすることもできます。たとえばリスト4.8は、図4.5のような分岐を表現する例です。

▶リスト4.8　if_nest.py

```
i = 1
j = 0

if i == 1:
  if j == 1:
    print('変数i、jは1です。')
  else:
    print('変数iは1ですが、jは1ではありません。')
else:
  print('変数iは1ではありません。')
```

❷ 内側のif命令　　　❶ 外側のif命令

```
変数iは1ですが、jは1ではありません。
```

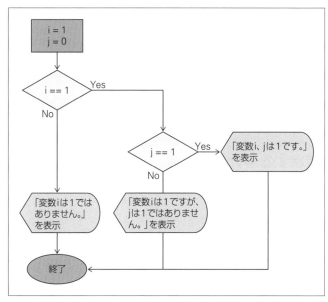

❖図4.5　if命令（入れ子）

このように制御命令同士を入れ子に記述することを**ネスト**すると言います。ここでは、if命令のネストについて例示しましたが、後述するwhile、forなどの制御命令でも同じようにネストは可能です。

ネスト構造になっても、インデントの規則は、

同じ階層のヘッダー／ブロックは、それぞれインデント位置をそろえる

がすべてです。

ただし、ネストにした場合、ブロックを終えたところで「どこまでインデントを戻すか」には注意してください（図4.6）。

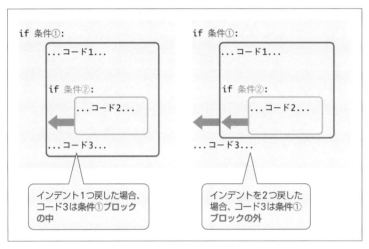

❖図4.6　ネスト時のインデントの注意点

外側のifブロックに続けてコードを書きたい場合、図4.6左のようにしてはいけません。インデントが条件②のifブロックと同じなので、コード3は条件①のifブロックの一部とみなされてしまうのです。入れ子になったブロックを完全に抜けるには、インデントも外側のifの位置まで戻さなければなりません（図4.6右）。

4.1.4　補足 条件式を指定する場合の注意点

if命令に限らず、制御構文を扱うようになると、条件式の記述は欠かせません。以下では、条件式を表す場合に注意しておきたい点を、いくつかまとめておきます。

（1）条件式を丸カッコでくくる場合

条件式は丸カッコでくくることもできますが、単純な式では、これまで見てきたようにカッコなしで表すのが一般的です。

ただし、論理演算子を伴う複雑な条件式を表す場合など、論理演算子の単位で条件式を改行したいことがあります（そのほうが条件式を一望しやすいからです）。

　そのような状況では、条件式全体を丸カッコでくくってください。カッコ内ではキーワードの区切りで自由に改行／インデントできるからです。

```
if ( hoge == 100
 and foo  == 200
 and piyo == 500): ~
```

(2) bool型の変数を「==」で比較しない

　たとえば、以下のようなコードを書くべきではありません。

```
flag = True
if flag == True: ~
```

flagはそれ自体がTrue／Falseを表すので、単に、

```
if flag: ~
```

と書けば十分だからです。同じく、「flag == False」は「not flag」と表すべきです。

　bool型以外でも、意味的な空値を判定する際には、同じことが言えます。具体的には、以下の値はFalseとみなされます。

- None
- ゼロ値（0、0.0、0j、Decimal(0)、Fraction(0, 1)）
- 空の文字列（''）
- 空のコレクション（()、[]、{}、set()、range(0)など）

　これ以外の値は、基本的にTrueです。よって、リストが空であることを判定するならば、「list == []」ではなく「not list」のようにすれば十分です。

> *note* 組み込み型以外の型のTrue／Falseは、__bool__／__len__メソッドの実装によって決まります。具体的な例については、11.2.7項も参照してください。

（3）条件式からはできるだけ否定を取り除く

　論理演算子は複合的な条件を表すのに欠かせませんが、時として、思わぬバグの温床ともなるので要注意です。特に否定＋論理演算子の組み合わせは一般的に混乱のもとなので、できるだけ肯定表現に置き換えるべきです。

```
# flag1もflag2もTrueでない場合
if not flag1 and not flag2: ～
```

　このような場合に利用できるのが**ド・モルガンの法則**です。一般的に、以下の関係が成り立ちます。

```
not A and not B ⟷ not(A or B)
not A or not B ⟷ not(A and B)
```

　上の関係が成り立つことは、ベン図を利用することで簡単に証明できます（図4.7）。

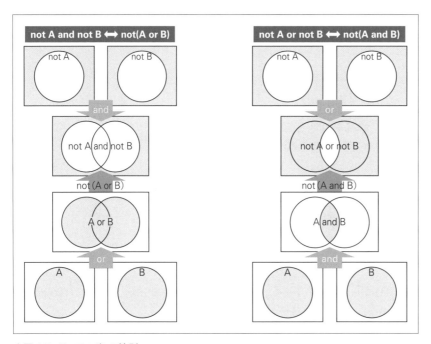

❖図4.7　ド・モルガンの法則

　ド・モルガンの法則を利用することで、先ほどの条件式は以下のように書き換えられます。否定同士の論理積に比べると、ぐんと意味がとりやすくなったと思いませんか。

```
if not(flag1 or flag2): ～
```

さらに否定を取り除くならば、処理そのものをelseブロックに移動してもかまいません。

```
if flag1 or flag2:
  pass
else:
  # 任意の処理
```

ifブロックは省略できないので、このように空文だけを書いておきます。**空文**を表すにはpass命令を利用します（p.116）。

練習問題 4.1

[1] 条件分岐構文を使って、90点以上であれば「優」、70点以上90点未満であれば「良」、50点以上70点未満であれば「可」、50点未満の場合は「不可」と表示するコードを作成してみましょう。点数が75点であった場合の結果を表示させてください。

[2] 条件式「not A and not B」を「not(A or B)」に置き換えられることを、ベン図を使って証明してみましょう。

4.2 繰り返し処理

条件分岐と並んでよく利用されるのが、繰り返し処理 —— 構造化プログラミングで言うところの「反復」です。Pythonではwhile／forといった繰り返し命令が用意されており、条件式、リスト、指定回数などに基づいて、繰り返し処理を実行できます（図4.8）。個々の構文だけでなく、それぞれの特徴を理解しながら学習を進めていきましょう。

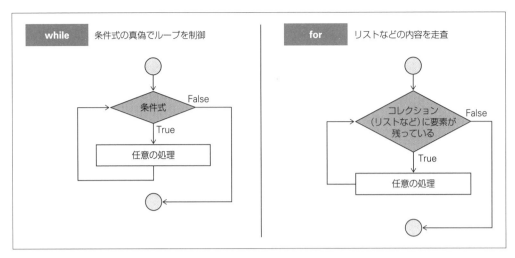

❖図4.8　繰り返し構文

　while命令を利用することで、条件式がTrueである間だけ、配下の処理を繰り返すことができます。最も原始的な繰り返し命令です。

構文 while命令

```
while 条件式:
    ...条件式がTrueである間、繰り返し実行すべき処理...
```

　たとえばリスト4.9は、変数iの値が1〜5で変化する間、処理を繰り返し実行するコードです。

▶リスト4.9　while_basic.py

```
i = 1

while i < 6:
    print(i, '番目のループです。')     ────────────────────①
    i += 1 ──────────────
```

```
1 番目のループです。
2 番目のループです。
```

```
3 番目のループです。
4 番目のループです。
5 番目のループです。
```

　この例では、繰り返しの対象（ブロック）は❶のコードです。変数iをインクリメント（加算）しながら、その値を順に出力しています。変数iが6以上になったところで、whileループは終了します。

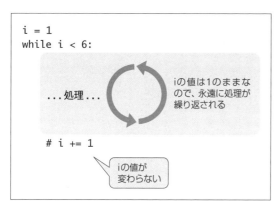

> *note* 他の言語に慣れている人は、条件式をループの最後で判定するdo...while命令はないのか、と思われるかもしれませんが、ありません。switch命令（4.1.2項）と同じく、別な書き方で代替できるからです（do...whileであれば、ループの前に処理を実行しておけば代替できます）。Pythonでは、このように代替できる機能はできるだけ他の機能で代替することで、言語そのもののシンプルさを維持しているのです。

4.2.2 ｜ 補足 ｜ 無限ループ

　無限ループとは、永遠に終了しない —— 終了条件がFalseにならないループのことです（図4.9）。たとえば、リスト4.9から「i += 1」を削除、またはコメントアウトしてみましょう。「1 番目のループです。」というメッセージが延々と表示され、終了しなくなってしまうはずです（その場合、Ctrl ＋ C キーで強制終了してください）。

　リスト4.9での終了条件は「i < 6」がFalseになること、つまり、変数iが6以上になることですが、「i += 1」を取り除いたことで、変数iが1のまま変化せず、ループを終了できなくなっているのです。

```
i = 1
while i < 6:

    ...処理...        iの値は1のままな
                    ので、永遠に処理が
                    繰り返される

    # i += 1
        iの値が
        変わらない
```

❖図4.9　無限ループ

　このような無限ループは、コンピューターへの極端な負荷の原因ともなり、（アプリだけでなく）コンピューターそのものをフリーズさせる原因にもなります。繰り返し処理を記述する際には、まず

ループが正しく終了できるのか、条件式を確認してから実行するようにしましょう。

note プログラミングのテクニックとして、意図的に無限ループを発生させることもあります。しかし、その場合も必ずループの脱出ルートを確保しておくべきです。手動でループを脱出する方法については、4.3.1項で詳しく解説します。

4.2.3 リストの内容を順に処理する——for命令

プログラムを組む際に、リスト／辞書（6.3節）のような型からすべての値を取り出したい、ということはよくあります。そのようなときに利用するのがfor命令です。for命令を利用することで、リスト／辞書などから順に要素を取り出し、決められた処理を実行できます。

構文 for命令

```
for 仮変数 in リスト:
    ...個々の要素を処理するためのコード...
```

仮変数は、リストから取り出した要素を一時的に格納するための変数です。forブロックの配下では、仮変数を介して個々の要素にアクセスします（図4.10）。

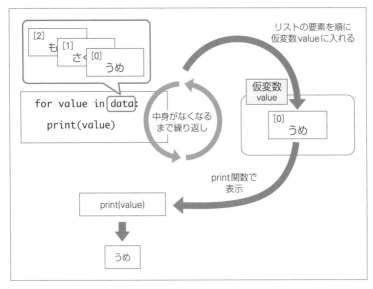

❖図4.10　for命令

たとえばリスト4.10は、リストdataから取り出した要素の値を順に表示する例です。

▶リスト4.10　foreach.py

```python
data = ['うめ', 'さくら', 'もも']

for value in data:
  print(value)
```

```
うめ
さくら
もも
```

　ちなみに、for命令で繰り返し処理できるのは、（リストに限定されず）イテラブル型 —— 列挙可能な型です。リストのほかにも、文字列、タプル、セット、辞書などがイテラブル型に分類できます。
　たとえば以下は、文字列をfor命令で処理する例です。この場合、for命令は文字列を1文字単位に分割します。

```python
data = 'こんにちは、赤ちゃん'
for value in data:
  print(value)
```

```
こ
ん
に
ち
は
、
赤
ち
ゃ
ん
```

4.2.4　決められた回数だけ処理を実行する——for命令（range関数）

　for命令では、指定されたイテラブル型を繰り返し処理するばかりではありません。指定の回数で繰り返しを実行することもできます。

ただし特別な構文があるわけではなく、「リストを渡して順に取り出していく」という考え方そのものは前項と同じです。ただし、今回のような用途では対象のリストがないので、これを疑似的に作成します。それがrange関数の役割です。

まずは、具体的な例を見てみましょう。リスト4.11は、リスト4.9をfor命令で書き換えたコードです。

▶リスト4.11　for_range.py

```
for i in range(1, 6):
    print(i, '番目のループです。')
```

```
1 番目のループです。
2 番目のループです。
3 番目のループです。
4 番目のループです。
5 番目のループです。
```

range関数は、m〜n（m以上n未満）の整数リストを生成します（この例であれば、[1, 2, 3, 4, 5]）。リストができてしまえば、for命令で個々の要素を取り出し、処理する流れは前項と同じ理屈です（図4.11）。

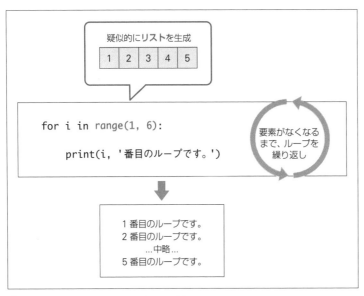

❖図4.11　for命令（n回ループする方法）

range関数のさまざまな表現

range関数を利用することで、さまざまなrange値を生成できます。

（1）0からnまでの値を生成

無条件に0から指定値までのrangeを生成したいなら、

```
range(1Ø)
```

のように表します。これで0以上10未満の値を生成できます。

（2）値の増分を設定

range関数に第3引数を指定することで、たとえば1飛ばしのrangeを生成することもできます。

```
range(Ø, 1Ø, 2)  ➡  [Ø, 2, 4, 6, 8]
```

第3引数に負数を指定すれば、逆順のrangeも生成できます。

```
range(5, Ø, -1)  ➡  [5, 4, 3, 2, 1]
```

（3）rangeをリスト化する

range関数で生成されたrange値は、printで表示しても定義が表示されるだけです。

```
print(range(Ø, 7, 2))    # 結果：range(Ø, 7, 2)
```

実際に生成された値を確認するならば、list関数でリストに変換してしまいましょう。これで生成された値をひと目で確認できます。

```
print(list(range(0, 7, 2)))     # 結果：[0, 2, 4, 6]
```

もちろん、forに渡す場合はあえてリスト化する必要はありませんし、なにより非効率です。あくまでデバッグ時などでの確認用途ととらえてください。

> *note* リスト化したrangeと、元々のrangeとが異なる点は、リストではすべての値をメモリに格納するのに対して、rangeは与えられたルールに従って「次の値」を順に生成する点です。たとえば、0〜99999のrangeをリスト化した場合、10万個の値をメモリに保存しなければなりません（値が増えればさらに負担は高まります）。しかし、rangeであれば範囲の大小に関わらず、メモリの使用量は変化しません。
> このような仕組みをイテレーターと言い、具体的な仕組みは11.4節でも触れます。

4.2.5 リストから新たなリストを生成する——リスト内包表記

内包表記（comprehension）とは、既存のリストから新たなリストを生成する際に簡単に書ける表現方法です。for命令による繰り返し処理の中でも、シンプルな用途でのみ利用できる簡易記法と言ってもよいでしょう。

たとえばリスト4.12は、リストの数値をすべて倍にしたリストを生成する例です。

▶リスト4.12　for_list.py

```
data = [15, 43, 7, 59, 98]
data2 = [i * 2 for i in data]
print(data2)     # 結果：[30, 86, 14, 118, 196]
```

太字の部分が内包表記です。以下に、一般的な構文を示します。

構文 リスト内包表記

```
[式 for 仮変数 in リスト]
```

内包表記では、リストの内容を順に取り出しながら、左にある式を計算し、その結果を新たなリストに追加していきます（図4.12）。

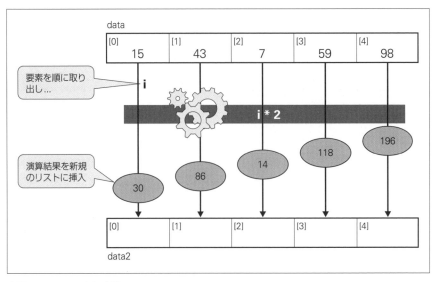

❖図4.12　リスト内包表記

これまでのfor命令で表すならば、リスト4.13のコードとほぼ同じ意味と考えてよいでしょう（appendはリストに要素を追加する命令です）。

▶リスト4.13　for_list2.py

```python
data = [15, 43, 7, 59, 98]
data2 = []

for i in data:
  data2.append(i * 2)

print(data2)      # 結果：[3Ø, 86, 14, 118, 196]
```

内包表記は（文ではなく）式なので、そのまま結果を変数に渡せる点にも注目です。forループの配下が1文であるような簡単なコードであれば、内包表記によってコードが格段にシンプルになることが確認できます。

内包表記を利用することで、たとえばリストの数値をすべて文字列に変換するようなコードも簡単に表現できます。

```python
data2 = [str(i) for i in data]    # 結果：['15', '43', '7', '59', '98']
```

note 内包表記で処理できるのは、実はリストに限定されません。forループで処理できる型（イテラブルな型）であれば、内包表記に渡しての処理が可能です。
内包表記は生成する対象によって、リスト内包表記、セット内包表記、辞書内包表記に分類できます。セット内包表記、辞書内包表記については、改めて第6章で解説します。

特定の値だけを取得する

リスト内包表記では、if節を利用することでリストの内容を絞り込むこともできます。たとえばリスト4.14は、リストから50未満の値だけを取り出して、その合計値を求める例です（リストの合計値を求めるのはsum関数の役割です）。

▶リスト4.14　for_list_if.py

```
data = [15, 43, 7, 59, 98]
data2 = sum([i for i in data if i < 50])
print(data2)      # 結果：65
```

if節を内包表記の末尾に付与するだけです。if節がTrueの場合だけ、演算結果は結果リストに反映されます。この例であれば、[15, 43, 7]のような結果が生成されます。

繰り返しですが、内包表記は式なので、その結果はそのまま関数（ここではsum）の引数としても渡せる点も再確認してください。結果、15 + 43 + 7 = 65という値が得られます。

練習問題　4.2

[1] for命令を利用して、以下のような九九表を作成してみましょう。

ヒント print命令を引数なしで呼び出すことで、改行だけを出力できます。

▶九九表を表示

```
1 2 3 4 5 6 7 8 9
2 4 6 8 10 12 14 16 18
3 6 9 12 15 18 21 24 27
4 8 12 16 20 24 28 32 36
5 10 15 20 25 30 35 40 45
6 12 18 24 30 36 42 48 54
7 14 21 28 35 42 49 56 63
8 16 24 32 40 48 56 64 72
9 18 27 36 45 54 63 72 81
```

4.3 ループの制御

while／for命令ではいずれも、あらかじめ決められた終了条件を満たしたタイミングで、ループを終了します。しかし、処理によっては、（終了条件に関わらず）特定の条件を満たしたところで強制的にループを中断したい、あるいは、特定の周回だけをスキップしたい、ということもあるでしょう。

Pythonでは、このような場合に備えて、break／continueというループ制御構文を用意しています。

4.3.1 ループを中断する——break命令

break命令を利用することで、for／while本来の終了条件に関わらず、繰り返し処理を強制的に中断できます。

たとえばリスト4.15は、1〜100の値を加算していき、合計値が1000を超えたところでループを脱出する例です。

▶リスト4.15　break.py

```python
sum = 0

for i in range(1, 101):
  sum += i
  if sum > 1000:
    break

print('合計が1000を超えるのは、1〜', i, 'を加算したときです。')
  # 結果：合計が1000を超えるのは、1〜 45 を加算したときです。
```

この例のように、break命令はifのような条件分岐と合わせて利用するのが一般的です（図4.13）。無条件にbreakしてしまうと、そもそもループが1回しか実行されません。

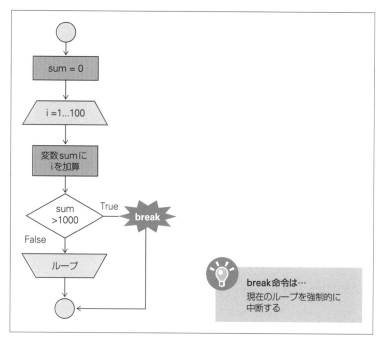

❖図4.13　break命令

現在の周回をスキップする──continue命令

　ループそのものを完全に抜けてしまうbreak命令に対して、現在の周回だけをスキップし、ループそのものは継続して実行するのがcontinue命令の役割です。

　たとえばリスト4.16は、1〜100の範囲で偶数値だけを加算し、その合計値を求める例です。

▶リスト4.16　continue.py

```python
sum = 0

for i in range(1, 101):
  if i % 2 != 0:
    continue
  sum += i

print('合計値は', sum, 'です。')    # 結果：合計値は 2550 です。
```

このように、continue命令を用いることで、特定条件のもと（ここではforループの仮変数iが奇数のとき）で、現在の周回をスキップできます（図4.14）。

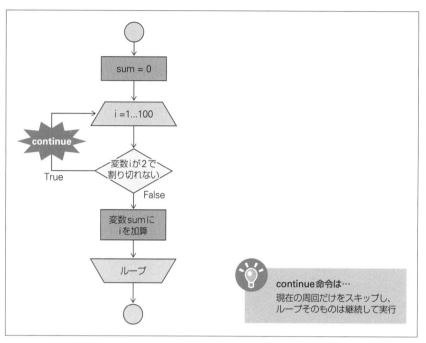

変数iが2で
割り切れない

continue命令は…
現在の周回だけをスキップし、
ループそのものは継続して実行

❖図4.14　continue命令

偶数／奇数の判定は、値が2で割り切れるか（2で割った余りが0か）どうかで判定しています（この例であれば、range関数で1つおきにカウントしたほうがシンプルですが、あくまでcontinue命令の例ととらえてください）。

4.3.3　ループでの終了処理を実装する

4.1.1項では、if命令と合わせて利用することで「〜でなければ」を意味するelse節について解説しました。Pythonでは、このelse節をwhile／for命令でも利用できます。while／forでのelse節は、

breakせずにループを終えた場合に実行する処理

を表します。

まずは、具体的な例を見てみましょう。リスト4.17は、リストの内容をfor命令で順番に出力する例です。ただし、文字列が「×」の場合は、即座にループを終了します。

▶リスト4.17　break_else.py

```python
data = ['さくら', 'うめ', 'ききょう', 'くちなし', 'ぼたん']  ────────────── ❶

for name in data:
  # 要素が「×」の場合にループ終了
  if name == '×':
      break
  print(name)
else:
  print('正常終了しました。')
```

```
さくら
うめ
ききょう
くちなし
ぼたん
正常終了しました。
```

forループですべての要素を処理した後、最後にelse節が処理されていることが確認できます。では、❶を以下のように書き換えるとどうでしょう。

```python
data = ['さくら', 'うめ', '×', 'くちなし', 'ぼたん']
```

```
さくら
うめ
```

「×」でループが途中終了した結果、else節の内容が実行され**ない**点に注目です。

このように、else節を利用することで、ループが正常終了した（breakしなかった）場合にだけ実行すべき終了処理を定義できます。

note 正常終了してもbreakしてもループ後に行うべき処理を定義したいならば、単にループの外の直後に文を続けるだけでかまいません。

4.3.4　入れ子のループを中断／スキップする

　制御命令は互いに入れ子（ネスト）にできます。ネストされたループの中で、無条件にbreak／continue命令を使用した場合、内側のループだけを脱出／スキップします。

　具体的な例も見てみましょう。リスト4.18は、九九表を作成するためのサンプルです。ただし、各段ともに50を超えた値は表示しないものとします。

▶リスト4.18　break_nest.py

```
for i in range(1, 10):
  for j in range(1, 10):
    result = i * j
    if result > 50:
      break
    print(result, end=' ')
  print()
```

❷内側のif命令　❶外側のif命令

❸

```
1 2 3 4 5 6 7 8 9
2 4 6 8 10 12 14 16 18
3 6 9 12 15 18 21 24 27
4 8 12 16 20 24 28 32 36
5 10 15 20 25 30 35 40 45
6 12 18 24 30 36 42 48
7 14 21 28 35 42 49
8 16 24 32 40 48
9 18 27 36 45
```

　ここでは、変数result（仮変数i、jの積）が50を超えたところで、break命令を実行しています。これによって内側のループを脱出するので、結果として、積が50以下である九九表を出力できるわけです。

note　引数なしのprint（❸）は、なにも出力せずに既定の終端文字だけを出力しなさい、という意味です。これで、ただの改行を出力できます。

　では、これを「積が一度でも50を超えたら、九九表そのものの出力を停止する」には、どのようにしたらよいでしょう。これを表すのが、リスト4.19です。

```
for i in range(1, 10):
  for j in range(1, 10):
    result = i * j
    if result > 50:
      break
    print(result, end=' ')
  # 内側のループを正常終了したら、次の周回へ
  else:
    print()
    continue
  # 内側のループをbreakしたら、外側もbreak
  break
```

```
1 2 3 4 5 6 7 8 9
2 4 6 8 10 12 14 16 18
3 6 9 12 15 18 21 24 27
4 8 12 16 20 24 28 32 36
5 10 15 20 25 30 35 40 45
6 12 18 24 30 36 42 48
```

❶は、内側のループがbreakせずに正常終了した場合の処理です。この場合、「print()」で改行したうえで、continueします。continueは（内側ではなく）外側のループに対する指示なので、❷のbreakを飛ばして、そのまま次の周回を継続します。

内側のループをbreakした場合には、else節（❶）は実行されず、❷に飛びます。❷のbreakは外側のループを終了しなさい、という意味なので、内側のbreak➡外側のbreakと連鎖してループを脱出します。

ネストが三重、四重と深くなっても、break連鎖のルールは同様です。

別解 フラグによる脱出

ただし、リスト4.19はelseのルールを十分に理解していなければならないという意味で、可読性には欠けます（三重、四重の入れ子となった場合はなおさらです）。そこで、もう1つ、フラグ変数を利用した脱出の例も見てみましょう（リスト4.20）。

▶リスト4.20　break_nest3.py

```
flag = False    # breakされたか
```

```
for i in range(1, 10):
  for j in range(1, 10):
    result = i * j
    if result > 50:
      # break時にフラグもTrueに
      flag = True ─────────────────────────────────────── ❶
      break
    print(result, end=' ')
  print()
  # フラグがTrueであれば外側のループも脱出
  if flag:
    break ──────────────────────────────────────────────── ❷
```

　ループを break したら、フラグ変数 flag も True に設定します（❶）。あとは、外側のループでもフラグに応じて break するようにすることで（❷）、先ほど同様に break を連鎖できます。フラグとして明示しているので、リスト4.19よりも意図が明快になりますね。

練習問題　4.3

[1] 現在のループをスキップする命令、現在のループを脱出する命令を、それぞれ答えてください。

[2] リスト4.16のコードをwhile命令で書き換えてみましょう。

4.4　例外処理

　アプリを開発していくと、さまざまな問題（エラー）に遭遇します。エラーは、さらに、

アプリとして事前に対処できるかどうか

によって、以下のように2種類に大別できます。

（1）構文エラー

　これまで学習を進めていく中で、すでに遭遇している人も多いはずです。たとえば、以下のようなコードは、本来if命令の配下にあるべきブロックがないので、構文エラー（IndentationError）です。

```
if flag:
print('こんにちは、世界！')
```

```
    print('こんにちは、世界')
        ^
IndentationError: expected an indented block
```

　このような構文エラーは、アプリがそもそも実行できなくなるので、当然、開発中に正しておくべきエラーです。

（2）例外

　一方、アプリがどんなに正しくても未然に防げない問題があります。これをエラーと区別して、例外（exception）と呼びます。

　具体的な例を見てみましょう。リスト4.21は、ユーザーから入力された数値を受け取って、その値を2倍したものを返すためのコードです。

▶リスト4.21　except.py

```
num = input('数字を入力してください：')  ─────────────────────────────── ❶
print('2倍すると...', float(num) * 2)  ─────────────────────────────── ❷
```

```
数字を入力してください：5 Enter
2倍すると... 10.0
```

　ユーザーからの入力を受け取るのは、input関数の役割です（❶）。input関数を呼び出すと、指定された文字列を表示するとともに、ユーザーからの入力待ちとなります。ユーザーが値を入力し、Enter キーを押すと、その値が戻り値として返され、次のコードへと実行が進むわけです。

　この際、input関数の戻り値は文字列なので、演算にあたってはfloat関数で数値型に変換しています（❷）。

　一見すると、なんら問題ないコードに見えますが、以下のような場合ではエラーとなります。

```
数字を入力してください：山田⏎
Traceback (most recent call last):
  File "c:/data/selfpy/chap04/except.py", line 2, in <module>
    print('2倍すると...', float(num) * 2)
ValueError: could not convert string to float: '山田'
```

ユーザーからの入力値が数値として解釈できない場合には、float関数が数値に変換できません。アプリに対してなにを入力するかはユーザーに委ねられるので、これはアプリ側で防ぐことができない問題です。

4.4.1 例外を処理する——try命令

そこで登場するのが**例外処理**です。例外処理とは、あらかじめ発生する**かもしれない**エラーを想定しておき、実行を継続できるよう処理する、または、安全に終了させるための処理のことです。例外処理を表すのは、try...except命令の役割です。

構文 try...except命令

```
try:
    ...例外が発生するかもしれないコード
except 例外の種類 as 例外変数:
    ...例外発生時の処理...
```

リスト4.21を、例外処理を使って書き換えてみましょう（リスト4.22）。

▶リスト4.22　except_try.py

```
try:
  num = input('数字を入力してください：')
  print('2倍すると...', float(num) * 2)
except ValueError as ex:
  print('エラー発生：', ex)
```
——❶

```
数字を入力してください：5
2倍すると... 10.0
```

```
数字を入力してください：山田
エラー発生： could not convert string to float: '山田'
```

実行結果は、上が正しく数値を入力した場合、下が非数値を入力した場合の結果です。異常時にのみexcept節（❶）が呼び出される（＝正常時にはexcept節は実行されない）ことを確認してみましょう（図4.15）。

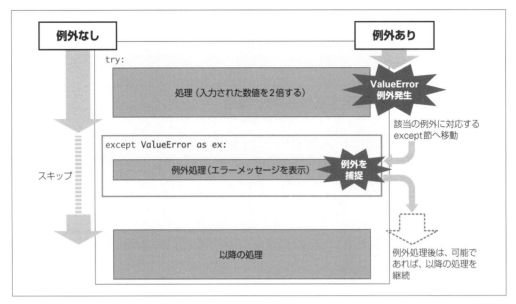

❖図4.15　try...except命令

❶のValueErrorは、例外の種類です。この例ではValueError（値が不正）例外を見つけたら処理するexcept節を表しています。try節の中で発生する例外が複数想定される場合、図4.16のようにexcept節を複数列記してもかまいません。

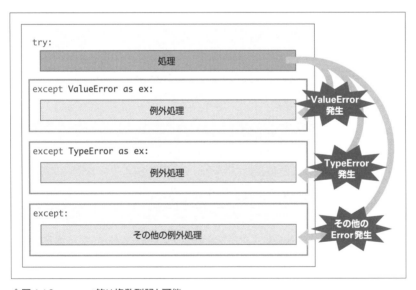

❖図4.16　except節は複数列記も可能

構文上、except節は空にもできますが、それは避けてください。except節を空にするということ

は、発生した例外を無視する（＝握りつぶす）ことであり、バグなどの問題特定を困難にします。最低でも、サンプルのように例外情報を出力し、例外の発生を確認できるようにしておきます。例外情報には、例外変数exを介してアクセスできます（名前に決まりはありませんが、e、exとするのが一般的です）。

note 標準的な例外には、ValueErrorのほかにもTypeError（型が違う）、NameError（名前が見つからない）などがあります。詳しくは11.1.1項、また、p.526のコラムを参照してください。

補足 except節のさまざまな記法

except節には、上で見たほかにも、以下のような記法があります。

（1）例外変数を参照しない場合

except節の中で例外変数を参照する必要がない場合には、「as ～」は省略してもかまいません。

```
except ValueError:
  print('エラーが発生しました！')
```

（2）複数の例外種類をまとめて捕捉したい場合

たとえば、ValueError、TypeErrorに対して、同じ例外処理を実装したい場合には、以下のように列挙します。

```
except (ValueError, TypeError) as ex
```

例外変数を必要としない場合、as句を省略できるのは、例外が1つの場合と同じです。もちろん、それぞれの例外で行うべき処理が異なる場合は、except句そのものを分けてください。

（3）すべての例外を捕捉する

例外名そのものを省略することも可能です。

```
except:
  print('エラーが発生しました！')
```

ただし、（3）の記法はすべての例外をまとめて処理してしまうことから、本来捕捉すべき例外を隠蔽してしまう可能性があります（詳しくは11.1.1項も参照してください）。まずは捕捉する例外の種類は明示する、を基本と考えてください。

Q： そもそも、なぜtry...except命令が必要なのでしょうか？ 関数の戻り値からエラーの有無を調べて、エラーがあった場合のみ処理するという方法ではダメなのでしょうか？

A： もちろん、発生しそうな問題をif命令でチェックすることも可能です。ただし、一般的なアプリではチェックすべき項目が多岐にわたっており、本来のロジックが膨大なチェック処理の中に埋もれてしまうおそれがあります。これはコードの読みやすさといった観点からも好ましいことではありません。

しかし、try...except命令というエラー（例外）処理専用のブロックを利用することで、次のようなメリットがあります。

- try...except命令は例外処理の命令なので、汎用的な分岐命令であるifと違って、本来の分岐処理に埋もれにくい（＝コードが読みやすい）
- 関数の戻り値をエラー通知のために利用しなくて済むようになる（＝戻り値は本来の結果、エラーは例外、と明確に区別できる）
- 関連する例外はまとめて処理できる（＝逐一、チェックのコードを記述する必要がない）

try...except命令を利用することで、例外処理をよりシンプルに、かつ、確実に記述できるようになるのです。

4.4.2 例外が発生した場合、しなかった場合の処理を定義する

try...except命令では、後処理を行うための節としてelse／finallyを用意しています。

構文 try...except...else...finally命令

```
try:
    ...例外が発生するかもしれないコード...
except 例外の種類 as 例外変数:
    ...例外発生時の処理...
else:
    ...例外が発生しなかったときの処理...
finally:
    ...例外の有無に関わらず実行する処理...
```

else節は**例外なしで**try節が終了した場合に、finally節は**例外の有無に関わらず**try／except節が終了した後に、それぞれ実行されます（図4.17）。

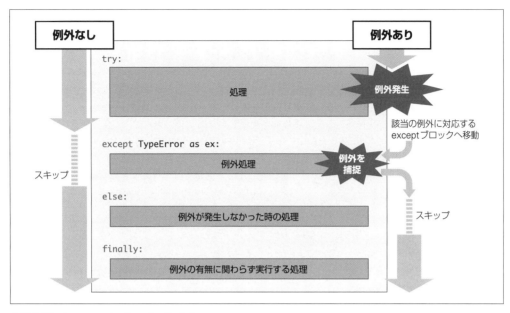

❖図4.17　try...except...else...finally命令

　リスト4.23はelse節を利用して、先ほどのリスト4.22を書き換えた例です（finally節を利用した例
は、11.1.2項で改めて触れます）。数値以外の値を入力した場合に、エラーメッセージを表示したうえ
で何度でも入力を求めます。

▶リスト4.23　except_else.py

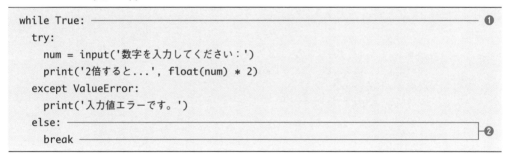

```
while True:                                                                    ❶
  try:
    num = input('数字を入力してください：')
    print('2倍すると...', float(num) * 2)
  except ValueError:
    print('入力値エラーです。')
  else:                                                                        ❷
    break
```

　ポイントは入力／表示処理そのものをwhileループでくくっている点です（❶）。条件式がTrueな
ので、このままでは、whileループは処理を終えることができません（無限ループです）。
　そこでelse節の登場です（❷）。else節でtry節が正常終了した場合に明示的にbreakするのです
（❷）。これで「正しい値を入力するまで処理を繰り返す」コードを表現できます。

> *note* 例外処理はなかなか奥深い世界です。まずここでは基本的なtry...except命令の用法を理解する
> にとどめ、より詳細は11.1節で改めて解説します。

✓ この章の理解度チェック

[1] 以下は、Pythonの複合文に関する説明です。空欄を埋めて、文章を完成させてください。

> 複合文は、配下に複数の文を持ち、それらを実行するかどうかを決めるための文です。条件分岐を表す ① をはじめ、繰り返しを表す ② 、forなども複合文です。
>
> 複合文は、1つ以上の ③ から構成されます。 ③ は、さらに、 ④ と ⑤ とに分類できます。 ④ は、配下の ⑤ をどのように実行するのかを決める情報を表します。末尾は ⑥ で終えます。
>
> ⑤ は ⑦ によって表します。 ⑦ は、一般的には半角スペース4個とします。

[2] 次のようなコードを実際に作成してください。

① リストdataの内容を順に出力する。

② 1～100の値を順に出力する。

③ 数値が格納されたリストdataの内容をすべて10倍した結果を変数data2に格納する（リスト内包表記を利用すること）。

④ 数値が格納されたリストdataから値が0以上のものだけを取り出して、合計値を求める（リスト内包表記を利用すること）。

⑤ 変数numが10以上50未満のときに、numの値を表示する。

[3] リスト4.Aは、ユーザーから入力された数値を受け取って、その値を1.5倍したものを返すためのコードです。引数に数値以外が渡された場合は、エラーメッセージを表示したうえで何度でも入力を求めます。空欄を埋めて、コードを完成させてください。

▶リスト4.A　ex_error.py

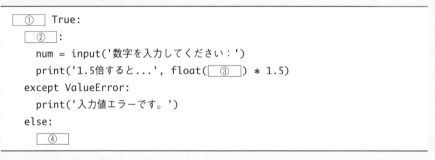

```
 ①   True:
   ②  :
    num = input('数字を入力してください：')
    print('1.5倍すると...', float(  ③  ) * 1.5)
  except ValueError:
    print('入力値エラーです。')
  else:
      ④
```

[4] for命令とcontinue命令とを使って、100～200の範囲にある奇数値の合計を求めてみましょう。

[5] 変数languageの値が「Python」「Perl」「Ruby」であれば「インタプリター言語」、「C#」「C++」「Java」であれば「コンパイル言語」、さもなくば「不明」と表示するコードを作成してください。

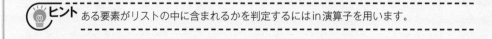

💡ヒント　ある要素がリストの中に含まれるかを判定するにはin演算子を用います。

標準ライブラリ
基本

Pythonでは、標準的な言語機能に加えて、コードから自在に呼び出せる命令（群）をあまた提供しています。このような命令を**ライブラリ**と呼び、Pythonを学ぶ場合には、ライブラリの用法も含めた理解が欠かせません。

本書でも第5章〜第7章を割いて、Python標準で提供されているライブラリの中でも、特によく利用するものに絞って、用法を解説していきます。

5.1 ライブラリの分類

Pythonでは、さまざまな形でライブラリが提供されています。その形態によって、用法も少しずつ異なるので、個々のライブラリの用法を解説する前に、一般的な使い方を見ていくことにします。

ライブラリで提供される機能は、大まかに以下の観点から分類できます。

（1）型と関数

関数とは、コードの中で呼び出せる簡単な道具です（図5.1）。これまでもprintをはじめ、input、sum、absなどを扱ってきました。

一方、型（データ型）は、コードの中で扱える情報（値）の性質を表す仕組みです。これまでもint、str、listなどの型を扱ってきましたが、それです。値の性質とは、ごく単純化してしまえば、値

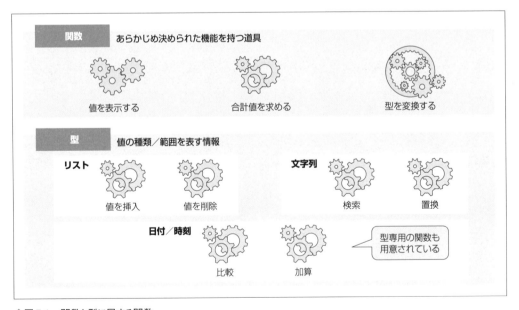

❖図5.1　関数と型に属する関数

の種類（数値、文字列、あるいは複数の値を格納できるリストなど）、また、格納できる値の範囲（bool型であれば、TrueかFalseだけ）を表す情報ととらえればよいでしょう。さらに、型は、それ自体が関数を持っており、その型で扱う情報を操作することができます。

（2）組み込みライブラリとモジュール

これは、ライブラリが「Pythonインタプリターに組み込まれている（Builtin）かどうか」という観点からの分類です（図5.2）。Pythonインタプリター（本体）に組み込まれている関数／型を**組み込み関数／組み込み型**（総称して**組み込みライブラリ**）と言い、特別な準備なしで呼び出せます。

一方、Builtinでない型／関数は、**モジュール**という枠で束ねられて、提供されています。たとえば、数学関係の型／関数はmathモジュールとして提供されていますし、日付／時刻関連の型／関数はdatetimeモジュールとして提供されています。これらのモジュールは、あらかじめモジュールを読み込むことで利用できるようになります。

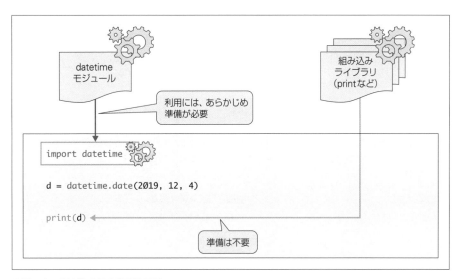

❖図5.2　組み込みライブラリとモジュール

それでは、これら型／関数、組み込みライブラリ／モジュールという軸で、それぞれの用法を解説していきます。

5.1.1 関数

関数とは、なにかしら入力（パラメーター）を与えることによって、あらかじめ決められた処理を行い、その結果を返す仕組みのことです（図5.3）。入力と出力の仕組みを備えた専門の工場、と言ってもよいかもしれません。

関数への入力のことを引数、出力のことを戻り値とも言います。

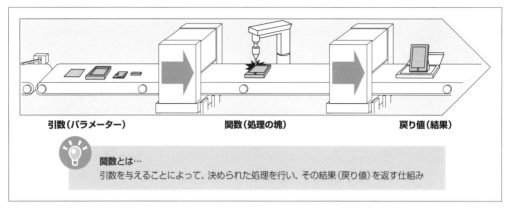

❖図5.3　関数

　ただし、関数によっては、「引数だけがあって戻り値がないもの」「引数も戻り値もないもの」もあります（図5.4）。たとえば、print関数は「引数はあるけど、戻り値はない」関数です。

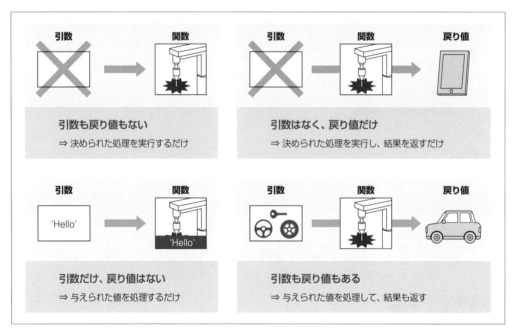

❖図5.4　関数の種類

　関数呼び出しの一般的な構文は、以下の通りです。

```
関数名(引数, ... , 引数名 = 値, ...)
```

引数は「値, …」のように渡す場合と、「名前 = 値, …」のような形式で渡す場合がある点にも注目です。たとえば以下は、以前にも登場したprint関数の例です。

```
print('Hello', name, 'さん！', sep='+', end='')
        値をそのまま渡す        名前付きの値を渡す
```

「値, …」のように値を列挙するだけの引数を**位置引数**、「名前＝値, …」形式の引数を**キーワード引数**と呼びます。まずは位置引数を基本とし、キーワード引数の使いどころは、それぞれの関数で出てきたところで確認してください。

5.1.2 型

すでに触れましたが、**型**（**データ型**）は、コードの中で扱える値の種類を決めるための仕組みです。組み込み型として、str（文字列）、int（整数）、list（リスト）など、さまざまな型があらかじめ用意されている点もこれまでに解説してきた通りです。型をより専門的な用語では**クラス**とも言います。

そして、型に対して具体的な値を与えて、コードの中で利用できるようにすることを**インスタンス化**と呼びます。型（クラス）とは、あくまで扱える値のルール（設計図）にすぎないので、設計図に基づいて、具体的なモノ（値）を用意するわけです（図5.5）。

このような型に基づく値のことを**オブジェクト**、または**インスタンス**とも言います。

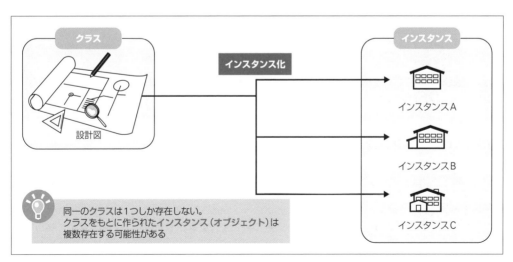

クラス　インスタンス化　インスタンス

設計図

インスタンスA

インスタンスB

インスタンスC

同一のクラスは1つしか存在しない。
クラスをもとに作られた**インスタンス**（オブジェクト）は
複数存在する可能性がある

❖図5.5　クラスとインスタンスの関係

概念的な解説で「難しい！」と思ってしまった人は、具体的なコードに即して考えてみましょう。

```
msg = 'こんにちは'
```

このコードを読み解くと、

'こんにちは'という文字列リテラルによって、str型（クラス）のインスタンス（オブジェクト）を生成し、変数msgに代入する

という意味です。用語が難しくなると、扱っている内容も難しく感じがちですが、そんなことはありません。具体的なコードに立ち戻ることで、抽象的な解説を具体的にイメージしながら理解を深めていきましょう。

一般的なインスタンス化

これまでは、リテラル表現によってインスタンスを生成していましたが、実は、この方法は簡易化された書き方です。より一般的には、以下の構文を利用します。

構文 インスタンス化

```
型名(引数, ...)
```

型名を関数のように呼び出すことで、インスタンスを作成します（インスタンスを生成するための仕組みということで、従来の関数と区別して**コンストラクター**と呼ぶこともあります）。

たとえば、5.3.1項で触れるdatetime.date型（日付）であれば、以下のようにインスタンス化できます。

```
today = datetime.date(2020, 11, 10)
```

これで2020/11/10を表すdatetime.date型のインスタンスを生成したことになります。

実は、str型も同じように生成できます。

```
msg = str('こんにちは')
```

3.1.2項でstr関数、int関数と説明しましたが、正確にはstr型、int型をインスタンス化していたわけです。

ただし、よく利用するstr、intなどの型をインスタンス化するために、いちいちstr(…)、int(…)のようなコードを書くのは冗長です。そこでよく利用する型については、Pythonが特別に専用のリテラ

ル表現を用意しているのが、これまでにも登場したリテラルというわけです。

リテラルが用意されている型は、リテラルで作成されたインスタンスをまた、str('いろは')のように インスタンス化するのは冗長ですし、なにより無駄な処理なので、リテラルを優先して利用するべき です（これらの型でstr(...)のような記法を利用するのは、型変換の状況でだけです。詳しくは 7.5.3項を参照してください）。

型に属する関数

先ほど説明したように、型は専用の関数を持っています。これを型に属さない関数と区別して**メ ソッド**と呼びます。

たとえばstr型であれば、文字列から前後の空白を除去するためのtrimメソッド、指定の文字で分 割するsplitメソッドなどがありますし、list型であれば値を追加／削除するappend／removeメソッ ドなどがあります。

メソッドを呼び出すための一般的な構文は、以下の通りです。

構文 メソッドの呼び出し

```
インスタンス.メソッド(引数, ...)
```

たとえば、リスト（list型）の内容を逆順にソートするならば、リスト5.1のようにsortメソッドを 利用します（引数reverseをTrueとしているのは、逆順を意味します）。

▶リスト5.1　sort_method.py

```
data = [25 , 3 , 49, 67 , 14]
data.sort(reverse=True)
print(data)      # 結果：[67, 49, 25, 14, 3]
```

ちなみに、よく似た関数としてsorted関数もあります。以下は、sorted関数で上の例を書き換え たコードです。

```
data = [25 , 3 , 49, 67 , 14]
print(sorted(data, reverse=True))
```

関数とメソッドを比べると、操作の対象を引数として渡すのか、インスタンス（オブジェクト）と して渡すかだけの違いで、基本は同じ内容であることが見て取れます（図5.6）。

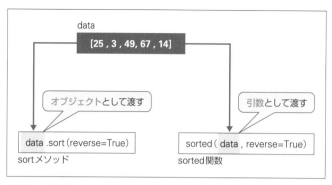

❖図5.6　関数とメソッド

型に属する情報

　型は、それ自体がさまざまな情報を保存しています。たとえば、先ほど軽く触れたdatetime.date型（日付）は、年／月／日のような情報（変数）を持っています。このように、型に属する変数を、普通の変数と区別して**属性（アトリビュート）**と呼びます。

　属性にアクセスするための一般的な構文は、以下の通りです。

構文 属性へのアクセス

インスタンス.属性

　たとえば、datetime.date型から年だけを取り出すならば、以下のようにします（「import datetime」は日付を扱うための準備です）。

```
import datetime

today = datetime.date(2020, 11, 10)
print(today.year)      # 結果：2020
```

　todayがインスタンス、yearが属性です。変数はそのまま変数名で参照できましたが、属性は「インスタンス.属性」で「●○インスタンスの■□」のように呼び出しているわけですね。

> *note* 属性／メソッドなど、クラスに属する要素のことを総称して、**メンバー**と呼ぶこともあります。

インスタンスを生成せずに利用できるメソッド

　ただし、メソッド／変数の種類によっては、例外的にインスタンスを生成せずに呼び出せるものがあります。このようなメソッド／変数のことを**クラスメソッド**、**クラス変数**と呼びます。

> **構文** クラスメソッド／クラス変数の呼び出し

```
型名.メソッド名(引数, ...)
型名.変数
```

　たとえば以下は、datetime.date型のtodayメソッドで今日の日付を求める例です。

```
import datetime
current = datetime.date.today()
print(current)      # 結果：2020-05-16  ➡実行時の日付が表示される
```

　todayは（インスタンスを操作するのではなく）インスタンスそのものを生成するためのメソッドなので、インスタンスを生成せずに利用でき、また、できなければならないわけです。

　クラスメソッド／クラス変数に対して、インスタンス経由で呼び出すメソッド／変数のことを**インスタンスメソッド**、**インスタンス変数**と呼びます。おおまかに、

- インスタンスメソッド／変数は、インスタンスの情報を取得／操作するためのもの
- クラスメソッド／変数は、クラスの情報を取得／操作するためのもの

と理解しておきましょう。

> *note* クラスメソッドによく似た概念として、staticメソッドもあります。相違点については10.1.5項で説明するので、まずはいずれも**クラス経由で呼び出せる**とだけ覚えておきましょう。

5.1.3　組み込み型／関数とモジュール

　組み込み型／関数については、これまでに見てきた通りなので、ここで特筆すべき点はありません。printなどの関数が、特に準備なしで使えていたことを再確認してください。

　一方、モジュールに属する型、関数を利用するには、まず対象のモジュールを読み込む必要があります。これを**インポート**と言います。インポートには、importという命令を利用します。

> **構文** import命令

```
import モジュール名
```

たとえば以下は、数学演算のための機能を提供するmathモジュールをインポートし、そのfloor関数を呼び出す例です。floorは小数点数の小数部を切り捨てるための関数です。

```
import math
print(math.floor(1.34))     # 結果：1
```

モジュールの機能を利用する場合、必要なのはimport命令を呼び出すだけではありません。個々の関数／型を呼び出す際にも、「モジュール名.関数(...)」のように属するモジュール名を明記する必要があります。

先ほどdatetimeモジュールのdate型を利用する際にも、以下のように書いていたことを思い出してください。

```
today = datetime.date(2020, 11, 10)
```

 note Python（Anaconda）をインストールしたときに標準で導入されるモジュールのほか、サードパーティからも多くのモジュールが提供されています。具体的な導入方法については、p.410のコラムを参照してください。

以上、ライブラリ利用の基本を理解できたところで、ここからは具体的なライブラリの用法を理解していくことにします。

練習問題 5.1

[1] 位置引数とキーワード引数について、print関数を例に説明してください。

[2] メソッドについて、「型」という言葉を使って簡単に説明してください。

5.2 文字列の操作

まずは、文字列を操作するための関数／メソッドからです。

文字列の長さを取得する

文字列の長さ（文字数）を取得するには、組み込み関数lenを利用します（リスト5.2）。

▶リスト5.2　str_len.py

```
title = 'WINGSプロジェクト'
print(len(title))    # 結果：11
```

len関数では、日本語（マルチバイト文字）も正しく1文字としてカウントします。もしも半角を1文字、全角を2文字としてカウントしたい（＝文字幅をカウントしたい）ならば、unicodedataモジュールのeast_asian_width関数を利用してください。

構文 east_asian_width関数

```
east_asian_width(chr)
```

chr：任意のUnicode文字

east_asian_width関数は、文字の種類に応じて、表5.1のような値を返します。

よって、east_asian_width関数の戻り値が「F」「W」「A」いずれかの場合に2、それ以外の値の場合は1として文字幅をカウントすればよいということになります。

具体的な例も見てみましょう（リスト5.3）。

❖表5.1　east_asian_width関数の戻り値

分類	戻り値	意味
全角	F	Fullwidth（全角英数など）
	W	Wide（漢字や全角かななど）
	A	Ambiguous（特殊文字）
半角	Na	Narrow（半角英数など）
	H	Halfwidth（半角カタカナなど）
	N	Neutral（中立：いずれにも属さない）

▶リスト5.3　str_len_width.py

```
import unicodedata

data = 'WINGSプロジェクト２０２０'
count = 0
for ch in data:                                           ──①
  if unicodedata.east_asian_width(ch) in 'FWA':           ──②
    count += 2
  else:
    count += 1
print(count)    # 結果：25
```

文字列もまたイテラブル型なので、forループを利用することで、1文字単位に文字を取り出せま

す（❶）。あとは、取り出した文字をeast_asian_width関数にかけて、その戻り値が「F」「W」「A」のいずれかであるかを判定しています（in演算子については後述しますが、戻り値がFWAの中に含まれているか、を判定します❷）。先述したように「F」「W」「A」は全角を意味するので、文字数を2としてカウント、それ以外では1カウントすることで、文字列全体の幅を求められます。

> **note**
> 日本語と英数字以外が含まれる場合は、上のコードでは正しく動作しない可能性があります。A（Ambiguous：あいまい）は厳密には、文脈によって文字幅が異なる文字を表すからです。ただし、日本語に制限すれば、全角と判定してよいでしょう。
> N（Neutral：中立）についても同様です。こちらは日本語には存在しないはずなので、無視してかまいません。

5.2.2 文字列を大文字⟷小文字で変換する

文字列の大文字／小文字を変換するメソッドには、表5.2のようなものがあります。

❖表5.2　大文字／小文字の変換メソッド

メソッド	概要
lower()	大文字→小文字に変換
upper()	小文字→大文字に変換
swapcase()	大文字と小文字を反転
capitalize()	先頭文字を大文字に、以降を小文字に変換
title()	単語の先頭文字を大文字に、それ以外を小文字に変換
casefold()	大文字小文字の区別を除去

それぞれの具体的な例を見てみましょう（リスト5.4）。

▶リスト5.4　str_lower.py

```
data1 = 'Wings Project'
data2 = 'self learn python'
data3 = 'Fußball'

print(data1.lower())        # 結果：wings project
print(data1.upper())        # 結果：WINGS PROJECT
print(data1.swapcase())     # 結果：wINGS pROJECT
print(data2.capitalize())   # 結果：Self learn python        ──┐
print(data2.title())        # 結果：Self Learn Python        ──┘❶
print(data3.lower())        # 結果：fußball                  ──┐
print(data3.casefold())     # 結果：fussball                 ──┘❷
```

capitalizeとtitleとの違いは、前者が先頭の1文字だけを大文字にするのに対して、後者は単語

個々の先頭文字を大文字化します（❶）。

casefoldの挙動はlower（小文字化）に似ていますが、大文字小文字の区別を完全になくすという意味で、より積極的な小文字化です。たとえば、ドイツ語のß（エスツェット）は「ss」を表すのでlowerでは変換されません（❷）。しかし、casefoldは「ss」に変換します。文字列を大文字小文字を区別せずに比較する場合に、最初にcasefoldメソッドで大文字小文字の区別を除去しておきます。

5.2.3 部分文字列を取得する

文字列から部分的な文字列を取り出すには、インデックス／スライス構文を利用します。

構文 インデックス／スライス構文

```
txt[index]
txt[start:end:step]
```

```
txt    ：文字列
index  ：インデックス番号
start  ：開始位置
end    ：終了位置
step   ：ステップ（増減）
```

まずは、具体的なサンプルを見てみましょう（リスト5.5）。p.162の図5.7は、これら部分文字列の取得イメージです。

▶リスト5.5　str_slice.py

```
title = 'あいうえおかきくけこ'

print(title[2])      # 結果：う ─────────────────────────── ❶
print(title[2:5])    # 結果：うえお ───────────────────────── ❷
print(title[2:])     # 結果：うえおかきくけこ ─────────────────── ❸
print(title[:5])     # 結果：あいうえお ───────────────────── ❹
print(title[:])      # 結果：あいうえおかきくけこ ───────────────── ❺
print(title[-7:])    # 結果：えおかきくけこ ───────────────────── ❻
print(title[-7:-5])  # 結果：えお ─────────────────────────── ❼
print(title[::2])    # 結果：あうおきけ ───────────────────── ❽
print(title[1::2])   # 結果：いえかくこ ───────────────────── ❾
print(title[::-1])   # 結果：こけくきかおえういあ ─────────────── ❿
```

❶は、最も基本的な例です。指定されたインデックス位置から特定の1文字だけを返します（インデックス値が0スタートなのはリストと同じです）。

❷のように「start:end」の形式で表した場合には、start〜end番目の文字を抜き出します。❸、❹のように、startまたはendを省略してもかまいません（その場合も❶の構文と区別するために、コロンは省略できません）。startだけを指定した場合（❸）は指定位置**以降**をすべて抜き出しますし、endだけの場合（❹）は指定位置**まで**をすべて抜き出します。

スライス構文としては、あまり意味はありませんが、❺のようにstart／end双方を省略した場合には、すべての文字列を返します。

❻、❼は、start／endに負数を与える例です。この場合は末尾を0として、前方にさかのぼった位置を、それぞれ開始／終了点とします。

❽、❾はstepを指定した例です。既定は1で1文字ずつ取り出しますが、2とすることで1文字おきに取り出します。❽の例であれば0文字目を基点に1文字おきに取り出すので偶数番目の文字だけを、❾の例であれば1文字目を基点にしているので奇数番目の文字だけを、それぞれ取り出します。

❿のように、stepに負数を指定してもかまいません。この場合は、末尾から1文字ずつ取り出す、という意味になるので、結果は逆順の文字列となります。

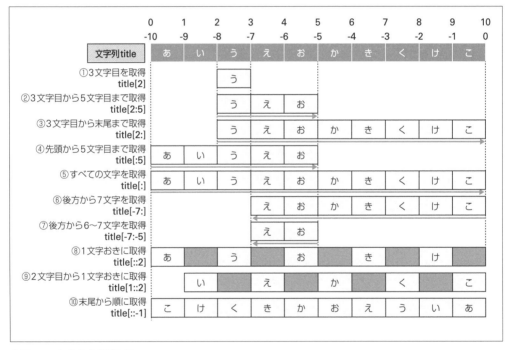

❖図5.7　部分文字列を取得

> *note*　インデックス値は、より正しくは（文字そのものではなく）図5.7のように、文字の間を指していると考えるとわかりやすいでしょう。つまり、先頭文字の直前が0となりますし、1文字目と2文字目の間が1となります。

補足 **slice オブジェクト**

スライス構文は、内部的には slice オブジェクトとして処理されます。slice オブジェクトは、組み込み関数 slice で生成でき、また、indices メソッドでインデックス表現に変換できます。負数指定などで混乱した場合には、以下のようなコードで、内部的なインデックス表現を確認してみるとよいでしょう。

```
title = 'あいうえおかきくけこ'
print(slice(-5, None, -1).indices(len(title)))     # 結果：(5, -1, -1)
```

「slice(-5, None, -1)」は、[-5::-1] と同じ意味です。省略箇所には None を渡しておきます。indices メソッドには、対象となる文字列（正しくはシーケンス型）の長さを渡すことで、対応するインデックスが生成されます。

(5, -1, -1) は、5 から -1（先頭）まで前方向（-1）にスライスするという意味です。

5.2.4 文字の種類を判定する

文字列に含まれる文字の種類を判定するには、表5.3のような is*xxxxx* メソッドを利用します。isascii／isprintable 以外では、文字列が空の場合は False を返します。

❖表5.3　文字種判定のためのメソッド

メソッド	概要
isalnum()	英数字であるか
isalpha()	英字であるか
isascii()	ASCII 文字であるか
isdecimal()	10 進数値であるか
isdigit()	数値であるか
isnumeric()	数値文字であるか
isidentifier()	有効な識別子であるか
islower()	小文字であるか
isupper()	大文字であるか
istitle()	単語の先頭文字だけが大文字であるか
isprintable()	印字可能な文字であるか
isspace()	空白文字であるか

リスト5.6に、具体的な例を示します。

```
print('abc123'.isalnum())              # 結果：True
print('abc++'.isalnum())               # 結果：False
print('abcde'.isalpha())               # 結果：True
print('abc123'.isalpha())              # 結果：False
print('abc'.isascii())                 # 結果：True
print('あいう'.isascii())               # 結果：False
print('100'.isdecimal())               # 結果：True
print('0x64'.isdecimal())              # 結果：False
print('1234'.isdigit())                # 結果：True
print('1234.56'.isdigit())             # 結果：False
print('百万'.isnumeric())               # 結果：True
print('million'.isnumeric())           # 結果：False
print('abc_123'.isidentifier())        # 結果：True
print('abc-123'.isidentifier())        # 結果：False
print('wings'.islower())               # 結果：True
print('Wings'.islower())               # 結果：False
print('WINGS'.isupper())               # 結果：True
print('Wings'.isupper())               # 結果：False
print('Wings Project'.istitle())       # 結果：True
print('WINGS Project'.istitle())       # 結果：False
print('Hello World'.isprintable())     # 結果：True
print('Hello\nWorld'.isprintable())    # 結果：False
print('   '.isspace())                 # 結果：True
print('***'.isspace())                 # 結果：False
```

ただし、上の結果だけでは、数値を判定するisdigit／isdecimal／isnumericの違いがわかりにくいので、文字種による結果の違いを表5.4にまとめておきます。

❖表5.4　文字種による結果の比較（'\u2078'は上付き数字「8」）

文字種	isdigit	isdecimal	isnumeric
半角数字（'15'）	True	True	True
上付き数字（'\u2078'）	True	False	True
全角数字（'１５'）	True	True	True
ローマ数字（'ⅩⅤ'）	False	False	True
漢数字（'一参億'）	False	False	True
バイト文字（b'15'）	False	エラー	エラー

おおまかには、isdecimalはアラビア数字だけを認める、isdigitはそれに加えて上付き数字のような文字も含める、isnumericはさらに漢数字／ローマ数字のような文字も含める、という違いになります。広く数字を認めたいならば、isnumericを利用するのがよいでしょう。

文字列を数値に変換する

数値文字を判定するのではなく、数値（int／float）に変換するならば、unicodedataモジュールの
digit／numeric関数を利用します（リスト5.7）。

▶リスト5.7　str_num.py

```
import unicodedata

print(unicodedata.digit(' 5'))        # 結果：5
print(unicodedata.numeric('参'))       # 結果：3.0
print(unicodedata.numeric('Ⅷ'))       # 結果：8.0
```

digitはint値、numericはfloat値を、それぞれ結果として返します。漢数字／ローマ数字を変換で
きるのはnumeric関数だけです。

これらの関数を利用することで、たとえばユーザーから漢数字を入力されても半角数値に整えて、
後続の処理に渡すようなことも可能になります。

予約済みの識別子を確認する

isidentifierメソッドは、与えられた文字列が識別子として認められている文字のみで構成されるか
を判定するだけです（リスト5.8）。文字列が予約済みの識別子（キーワード）であるかを判定する場
合は、keywordモジュールのiskeyword関数を利用してください。

▶リスト5.8　str_keywd.py

```
import keyword

id1 = 'tiff'
id2 = 'if'

print(id1.isidentifier())          # 結果：True
print(id2.isidentifier())          # 結果：True
print(keyword.iskeyword(id1))      # 結果：False
print(keyword.iskeyword(id2))      # 結果：True
```

5.2.5　文字列を検索する

ある文字列の中で、特定の文字列が登場する文字位置を取得するには、find／rfindメソッドを利
用します。findメソッドは検索を前方から、rfindメソッドは後方から、それぞれ開始します。

標準ライブラリ　基本

```
s.find(sub[, start[, end]])
s.rfind(sub[, start[, end]])
```

```
s    ：元の文字列
sub   ：検索文字列
start ：検索開始位置
end   ：検索終了位置
```

まずは、具体的なサンプルを見てみましょう（リスト5.9）。

▶リスト5.9　str_find.py

```
msg = 'にわにはにわにわとりがいる'

print(msg.find('にわ'))        # 結果：0 ─────────────────── ❶
print(msg.find('にも'))        # 結果：-1 ────────────────── ❷
print(msg.rfind('にわ'))       # 結果：6 ─────────────────── ❸
print(msg.find('にわ', 3))     # 結果：4 ─────────────────── ❹
print(msg.find('にわ', 3, 5))  # 結果：-1 ────────────────── ❺
print(msg.find('にわ', -7, -1)) # 結果：6 ────────────────── ❻
```

❶はfindメソッドの最も基本的な例です。文字列を先頭から順に検索して、見つかった場合にはその文字位置を返します。先頭文字は0文字目と数えます。引数*sub*が見つからなかった場合には、-1を返します（❷）。

> *note*　ただし、部分文字列が元の文字列に含まれているかどうかだけを確認したいならば（＝文字位置の取得が不要なのであれば）、findメソッドではなく、in演算子（5.2.7項）を利用してください。

同じく、❸はrfindメソッドの最もシンプルな例です。文字列を後方から検索します。ただし、戻り値はあくまで**先頭からの文字位置**です。

引数*start*／*end*を指定することで、検索開始／終了位置を指定することもできます（❹〜❻）。*start*／*end*の考え方は、スライス構文（5.2.3項）と同じです。

例外を返すindex／rindexメソッド

検索文字列が見つからなかった場合に、find／rfindメソッドが−1を返すのに対して、例外（ValueError）を返すのがindex／rindexメソッドです。構文はfind／rfindメソッドと同じです（リスト5.10）。

```
msg = 'にわにはにわにわとりがいる'
print(msg.index('にも'))      # 結果：エラー (ValueError: substring not found)
```

　文字列が見つからなかった場合に、条件分岐（if）、例外（try）いずれで処理するかによって、
find／indexいずれを利用するかを判断します（繰り返しですが、単なる有無の判定であれば、まず
はin演算子を利用すべきです）。

部分文字列の登場回数をカウントする

　文字位置を検索するfind／indexメソッドに対して、countメソッドを利用することで、部分文字
列が登場する回数をカウントすることもできます。

構文 countメソッド

```
s.count(sub[, start[, end]])
```

```
s      ：元の文字列
sub    ：検索文字列
start：検索開始位置
end    ：検索終了位置
```

　引数start／endの用法は、スライス構文と同じなので、5.2.3項も合わせて参照してください
（リスト5.11）。

▶リスト5.11　str_count.py

```
msg = 'にわにはにわにわとりがいる'

print(msg.count('にわ'))          # 結果：3
print(msg.count('にわ', 3))       # 結果：2
print(msg.count('にわ', 3, 6))    # 結果：1

msg = 'いちいちいちばにいち'
print(msg.count('いちいち'))      # 結果：1 ──────────────────────────── ❶
```

　❶にのみ注意です。一見すると、「いちいち」は0〜3文字目、2〜5文字目に2か所あるように見え
ますが、countメソッドは重複のない出現数をカウントします（図5.8）。よって、0〜3文字目にヒッ
トした時点で、次は4文字目から検索した結果、出現数は1回となります。

標準ライブラリ 基本 **5**

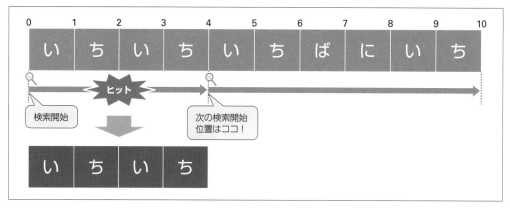

❖図5.8　countメソッド

文字列の前後から空白を除去する

　strip／lstrip／rstripメソッドを利用することで、文字列前後の空白を除去できます。stripメソッドは**前後双方**の空白、lstripメソッドは**前方だけ**の空白、rstripメソッドは**後方だけ**の空白をそれぞれ除去します。

構文 strip／lstrip／rstripメソッド

```
s.strip([chars])
s.lstrip([chars])
s.rstrip([chars])

s     ：元の文字列
chars ：除去する文字群（既定は空白文字）
```

　具体的な例を見ていきます（リスト5.12）。

▶リスト5.12　str_strip.py

```
msg = '␣□こんにちは␣\t\n\r'
print('「' + msg.strip() + '」')       # 結果：「こんにちは」
print('「' + msg.lstrip() + '」')      # 結果：「こんにちは␣Tab ↵」
print('「' + msg.rstrip() + '」')      # 結果：「␣□こんにちは」

msg2 = '!====== ［独習Python］ ======!'
print('「' + msg2.strip('!= []␣') + '」')    # 結果：「独習Python」           ❷
```

❶

❶は、strip／lstrip／rstripメソッドの基本的な用法です。ただし、除去すべき空白とは、いわゆる半角空白だけでなく、以下のものを含んでいる点に注意です。

- 全角空白
- タブ文字（\t、\v）
- 改行文字（\r、\n）
- フォームフィード（\f）

引数*chars*に除去すべき文字（群）を列挙することで、空白の代わりに、任意の文字を除去することも可能です。❷の例であれば「!」「=」「[」「]」を除去しなさい、という意味になります。「!=[]」という連続した文字を除去、ではない点に注意です。

> *note* stripメソッドは、あくまで文字列の**前後**から文字を取り除くためのメソッドです。文字列に含まれる文字を除去するならば、replaceメソッド（5.2.10項）を利用してください。

```
msg = '␣␣こ␣んに␣ちは␣␣'
print(msg.replace('␣', ''))    # 結果：こんにちは
```

5.2.7 文字列に特定の文字列が含まれるかを判定する

文字列に指定された部分文字列が含まれるかを判定するには、in演算子を利用します。単に含まれるかだけでなく、ある文字列が先頭／末尾に位置するか（＝文字列がある文字列で始まる／終わるか）を判定するならば、startswith／endswithメソッドも利用できます。

構文 in演算子、startswith／endswithメソッド

```
substr in s
s.startswith(prefix[, start[, end]])
s.endswith(suffix[, start[, end]])
```

s	：元の文字列
substr／*prefix*／*suffix*	：検索文字列
start	：検索開始位置
end	：検索終了位置

リスト5.13は、具体的な例です。

```
msg = 'WINGSプロジェクト'

print('プロ' in msg)                    # 結果：True ─────────────┐
print('プロ' not in msg)                # 結果：False ────────────┘ ❶
print(msg.startswith('WINGS'))          # 結果：True ─────────────┐
print(msg.endswith('WINGS'))            # 結果：False             │
print(not msg.startswith('WINGS'))      # 結果：False             ├ ❷
print(msg.startswith('WINGS', 1))       # 結果：False ────────────┘
print('プロ' in msg[6:])                # 結果：False ──────────── ❸
print('wings' in msg)                   # 結果：False ────────────┐
print('wings' in msg.casefold())        # 結果：True ─────────────┘ ❹
```

❶はin演算子の例です。not inとすることで「含まれて**いない**」も表現できます。

❷はstartswith／endswithメソッドの例です。「〜で始まらない／終わらない」（否定）を表すには、同じくnot演算子を付与するだけです。引数 *start* ／ *end* のルールについては、スライス構文（5.2.3項）のそれに準じます。

in演算子で部分検索を行うには、❸のようにスライス構文を併用してください（この場合は6文字目以降を検索するので「プロ」は含まれないとみなされます）。

❹は、大文字小文字がそろっていない例です。in演算子、startswith／endswithメソッドは、いずれも大文字小文字を区別するため、そのままでは判定はFalseとなります。大文字小文字を区別せずに文字列を比較したい場合には、casefoldメソッドで文字列を小文字にそろえてから比較します。

5.2.8 文字列を特定の区切り文字で分割する

文字列を特定の区切り文字で分割するために、Pythonでは、いくつかの方法を提供しています。

一般的な分割 —— split／rsplitメソッド

一般的な分割の用途には、split／rsplitメソッドを利用します。splitメソッドは文字列を**前方**から、rsplitメソッドは**後方**から、それぞれ分割します。

構文 split／rsplitメソッド

```
s.split(sep=None, maxsplit=-1)
s.rsplit(sep=None, maxsplit=-1)
```

s	：元の文字列
sep	：区切り文字
maxsplit	：最大分割数

リスト5.14に、具体的なサンプルを示します。

▶リスト5.14　str_split.py

```
msg1 = 'ねこ いぬ たぬき'
msg2 = 'さくら|もも|うめ|ききょう'


print(msg1.split())          # 結果：['ねこ', 'いぬ', 'たぬき'] ──────────────❶
print(msg2.split('|'))       # 結果：['さくら', 'もも', 'うめ', 'ききょう'] ┐
print(msg2.rsplit('|'))      # 結果：['さくら', 'もも', 'うめ', 'ききょう'] ┘❷
print(msg2.split('|', 2))    # 結果：['さくら', 'もも', 'うめ|ききょう'] ┐
print(msg2.rsplit('|', 2))   # 結果：['さくら|もも', 'うめ', 'ききょう'] ┘❸
```

❶は引数*sep*を省略したパターンです。この場合は、空白文字（5.2.6項）を区切り文字として、文字列を分割します。もちろん、❷のように任意の区切り文字で分割も可能です。❶❷いずれの場合も、split／rsplitメソッドは同じ結果を返します。

双方の結果が変化するのは、❸のように引数*maxsplit*を指定したケースです。この場合、split／rsplitメソッドは指定された分割数を上限に、文字列を分割します。最後の要素には、分割されなかった残りの文字列がまとめて含まれます。splitは前方分割なので末尾に残りの未分割の文字列が現れますが、rsplitは後方分割なので先頭に未分割の文字列が現れます。

改行文字で文字列を分割する ―― splitlines メソッド

改行に特化した分割機能を提供するのが、splitlinesメソッドです。具体的には、表5.5を区切り文字として分割します。

❖表5.5　splitlinesメソッドで認識する改行

改行文字	概要	改行文字	概要
\n	改行（ラインフィード）	\x1c	ファイル区切り
\r	復帰（キャリッジリターン）	\x1d	グループ区切り
\r\n	改行＋復帰	\x1e	レコード区切り
\x85	改行（C1制御コード）	\u2028	行区切り
\v、\x0b	垂直タブ	\u2029	段落区切り
\f、\x0c	改ページ		

リスト5.15に、具体的な例を示します。

```
msg = '''\
こんにちは
こんばんは
さようなら
'''


print(msg.splitlines())          # 結果：['こんにちは', 'こんばんは', 'さようなら']
print(msg.splitlines(True))
  # 結果：['こんにちは\n', 'こんばんは\n', 'さようなら\n']
```

改行文字は既定で除去されます。結果に改行を維持したい場合には、引数にTrueを指定します。

区切り文字で文字列を2分割する

splitメソッドがすべての区切り文字で文字列を分割するのに対して、区切り文字が**最初**に見つかった位置で文字列を分割するのがpartitionメソッドです（リスト5.16）。**最後**に見つかった位置で分割するrpartitionメソッドもあります。

▶リスト5.16　str_split_part.py

```
msg = 'example.com/index.html'


print(msg.partition('.'))     # 結果：('example', '.', 'com/index.html')
print(msg.rpartition('.'))    # 結果：('example.com/index', '.', 'html')
print(msg.partition('|'))     # 結果：('example.com/index.html', '', '') ── ❶
```

partition／rpartitionメソッドの戻り値は「区切り前の文字列,区切り文字,区切り後の文字列」形式のタプル（6.1.17項）です。区切り文字が見つからなかった場合には、❶のように、タプルの最初の要素に元の文字列が返され、他の要素は空文字列となります。

5.2.9　リストを結合する

リスト（正しくはイテラブルな型）は、joinメソッドを利用することで、指定の区切り文字で連結できます。

構文　joinメソッド

```
s.join(iterable)

s        ：区切り文字
iterable ：連結対象のリスト
```

引数ではなく、オブジェクトが連結のための区切り文字となる点に要注意です。具体的なサンプルを見てみましょう（リスト5.17）。

▶リスト5.17　str_join.py

```
data1 = ['いぬ', 'ねこ', 'たぬき']
print(','.join(data1))      # 結果：いぬ,ねこ,たぬき
data2 = [10, 103, 18]
print('\t'.join(data2))     # 結果：エラー ————————————————①
print('\t'.join([str(i) for i in data2]))     # 結果：10 Tab 103 Tab 18 ————②
```

①のような数値型リストをjoinメソッドでそのまま連結することはできません。「sequence item 0: expected str instance, int found」（strでなくintがリストに含まれている）のようなエラーになってしまいます。

もしも非文字列のリストを連結する場合は、リスト内包表記（4.2.5項）でstr型に変換してからjoinメソッドに渡すようにしてください（②）。

> *note* 複数のパス文字列を結合するならば、環境に応じてパス区切り文字を補ってくれるos.path.join
> がお勧めです。詳しくは、7.3.1項を参照してください。

5.2.10 文字列を置き換える

文字列に含まれる特定の部分文字列を別の文字列で置き換えるには、replaceメソッドを利用します。

構文 replaceメソッド

```
s.replace(old, new [,count])
```

s	：元の文字列
old	：置き換える部分文字列
new	：置き換え後の文字列
count	：置き換える個数

まずは具体的なサンプルで、実際の挙動を確認してみましょう（リスト5.18）。

標準ライブラリ 基本

▶リスト5.18　str_replace.py

```
msg = 'にわにはにわにわとりがいる'

print(msg.replace('にわ', 'ニワ'))          # 結果：ニワにはニワニワとりがいる
print(msg.replace('にわ', 'ニワ', 2))        # 結果：ニワにはニワにわとりがいる ────── ❶
```

　replaceメソッドは文字列に含まれるすべての部分文字列（引数*old*）を置き換え対象とします。最初のn個だけを置き換えたい、という場合には、❶のように引数*count*を指定してください。

特定の文字を変換／削除する

　表記をそろえるなどの目的で、文字列に含まれる特定の文字（群）を変換／削除したい、というケースがあります。そのような場合には、replaceメソッドよりもtranslateメソッドを利用することをお勧めします。

　たとえばリスト5.19は、与えられた文字列を「,」→「、」、「.」→「。」、「●」→「（削除）」のルールで変換する例です。

▶リスト5.19　str_translate.py

```
msg = '今日の, あなたの運勢は, ●よい感じ●です. '
print(msg.translate(str.maketrans({
    ',': '、',
    '.': '。',
    '●': ''
})))
print(msg.translate(str.maketrans(',. ', '、。', '●')))  ────────── ❷
```

　translateメソッドは、引数として変換ルールを受け取ります。変換ルールを生成するのは、str.maketransメソッドの役割です。

構文　maketransメソッド

```
str.maketrans(dict)
str.maketrans(old, new[, no])
```

dict	：「変換前: 変換後」の辞書
old	：変換前の文字群
new	：変換後の文字群
no	：削除する文字群

　❶が第1構文の例です。変換前後の文字を辞書（6.3節）として定義します。削除対象の文字は変

換後の文字を空文字列、またはNoneとします。

❷（第2構文）のように、変換すべき文字群を文字列として表すこともできます。引数*old*のn文字目にある文字が、対応する引数*new*のn文字目と置き換えられるわけです。その性質上、引数*old*／*new*は同じ文字数でなければなりません。削除すべき文字は、引数*no*として列挙します。

❶、❷は変換の結果、いずれも「今日の、あなたの運勢は、よい感じです。」という文字列を返します。

文字を整形する

formatメソッドを利用することで、指定された書式文字列に基づいて文字列を整形できます。

構文 formatメソッド

> *txt*.format(**args*, ***kwargs*)
>
> | *txt* | ：書式文字列 |
> |---|---|
> | *args* | ：書式に割り当てる値（可変長引数） |
> | *kwargs* | ：書式に割り当てる値（キーワード可変長引数） |

txt（書式文字列）には、{…}の形式で、置き換えフィールド（プレイスホルダー）を埋め込むことができます（図5.9）。置き換えフィールドとは、引数*args*／*kwargs*で指定された文字列（群）を埋め込むための場所、と考えればよいでしょう。書式文字列のプレイスホルダー以外の部分はそのまま出力されます。

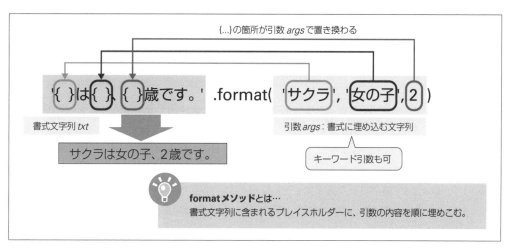

❖図5.9　formatメソッド

まずは、基本的な例から見ていきます（リスト5.20）。

```
print('{}は{}、{}歳です。'.format('サクラ', '女の子', 2))  ────────────── ❶
    # 結果：サクラは女の子、2歳です。
print('{0}は{2}歳、{1}です。'.format('サクラ', '女の子', 2))  ────────────── ❷
    # 結果：サクラは2歳、女の子です。
print('{name}は{age}歳、{sex}です。'.format(  ──────────────────
  name = 'サクラ', sex = '女の子', age = 2))  ──────────────────────── ❸
    # 結果：サクラは2歳、女の子です。
name = 'サクラ'
sex = '女の子'
age = 2
print(f'{name}は{sex}、{age}歳です。')  ──────────────────────── ❹
    # 結果：サクラは女の子、2歳です。
print(f'{name=}は{sex=}、{age=}歳です。')  ──────────────────── ❺
    # 結果：name='サクラ'はsex='女の子'、age=2歳です。
```

　まず、❶が最も基本的な例です。書式文字列に含まれる || に対して、先頭から引数の内容を順に埋め込みます。引数 *args* には、|| の数だけ埋め込むべき値を列挙します。

　ただし、❶の方法では、

- 同じ値を埋め込みたい場合には、引数 *args* にも同じ値を重複して渡さなければならない
- 書式と引数の順序が一致していなければならない

などの制約があります。そこで、❷のように |0|、|1|...と番号付けとしておくことで、それぞれ0、1...番目の引数が埋め込まれるようになります。書式内には（たとえば）|0| が複数あってもかまいませんし、|1|、|0| のように逆順で置き換えフィールドが登場してもかまいません。

　❸は、置き換えフィールドを名前付けする例です。|name|、|age| のようにすることで、対応するキーワード引数の値が埋め込まれます。対応関係は明確になりますが、位置引数に比べると、記述は冗長になります。

　❹は、フォーマット文字列と呼ばれる、formatメソッドの簡易構文です（2.2.7項）。文字列リテラルの先頭に「f」または「F」を置くだけです。あとはリテラル内の置き換えフィールドが対応する変数によって、置き換えられるようになります。以降では、formatメソッドを例に説明しますが、フォーマット文字列でも同様に利用できます。

　❺は、Python 3.8で追加された構文です。|...| 内の式に「=」を付与することで、評価前の式そのものを合わせて出力してくれます。デバッグ時などに有用な機能です。

書式の指定

　置き換えフィールド |...| には、コロン（:）区切りで値を整形するための**書式指定子**（書式）を指定することもできます（図5.10）。

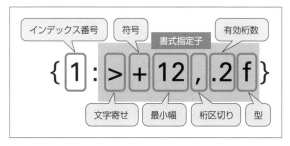

❖図5.10　書式指定子

書式指定子は、以下の形式で表せます。

構文 書式指定子

```
[[fill]align][sign][#][0][width][group_opt][.prec][type]
```

fill	：桁数不足時に埋め込む文字（既定は空白）
align	：配置指定
sign	：符号
width	：最小の表示幅（省略時はその値の幅）
group_opt	：桁区切り文字
prec	：有効桁数
type	：データ型

それぞれに指定できる文字には、表5.6のようなものがあります。

❖表5.6　主な書式指定子

分類	書式	概要
fill		桁数が不足したときに埋め込む文字。埋め込み場所はalignによって変化（既定は空白）
align	＞	右寄せ
	＜	左寄せ
	＾	中央寄せ
	＝	符号の後方を埋める
sign	＋	正負の符号を付与
	－	負数の場合－を付与
	空白	正数には空白、負数には－を付与
定数	＃	typeがb、o、xの場合に「0b」「0o」「0x」を付与
	0	符号の後方を「0」で埋め（fill／alignが「0＝」と同じ意味）
width		最小の表示幅（省略時はその値の幅）
group_opt	,	3桁ごとに「,」で区切り
	_	10進数では3桁ごと、2／8／16進数では4桁ごとに「_」で区切り
prec		typeがfの場合は小数点以下の桁数、gの場合は小数点前後の桁数

次ページへ続く

分類	書式	概要
type	%	パーセント
	d	整数（10進数表記）
	b	2進数表記
	o	8進数表記
	x、X	16進数表記（xの場合アルファベット小文字、Xの場合大文字）
	e、E	浮動小数点数（指数表記。eの場合小文字、Eの場合大文字）
	f、F	浮動小数点数（小数点表記。fの場合nan／inf、Fの場合NAN／INFと表示）
	g、G	汎用フォーマット（桁に応じて固定小数点、または指数表記で表示）
	s	文字列（既定）

それぞれの書式を利用した例も見ていきましょう（リスト5.21）。

▶リスト5.21　str_format2.py

```
print('{0:>10}'.format('wings'))        # 結果：␣␣␣␣␣wings ─────────── ❶
print('{0:*>10}'.format('wings'))       # 結果：*****wings ─────────── ❷
print('{0:0=10}'.format(-12345))        # 結果：-000012345 ─────────── ❸
print('{0:,}'.format(9876543210))       # 結果：9,876,543,210 ──────── ❹
print('{0:#_x}'.format(0x5f5bce1aa))    # 結果：0x5_f5bc_e1aa ──────── ❺
print('{0:.1f}cm'.format(5))            # 結果：5.0cm ─────────┐
print('{0:.4g}g'.format(22.567))        # 結果：22.57g ────────┴─ ❻
print('{0:x}'.format(255))              # 結果：ff ────────────┐
print('{0:X}'.format(255))              # 結果：FF ────────────┴─ ❼
print('{0:.2%}'.format(0.12345))        # 結果：12.35% ────────── ❽
```

❶〜❸表示桁数と文字寄せ

❶はalignとwidthを指定したパターンです。alignは値の表示幅がwidthよりも小さい場合に値を指定の方向に寄せるものなので、必ずwidthとセットで利用します（さもなくば、widthは値の表示幅となり、文字寄せそのものができないからです）。

❷は、文字寄せしたときに、指定文字で不足桁を埋めるパターンです。ここでは「*」で埋めていますが、無指定の場合は半角空白で埋めます（❶のケースです）。

❸のように、「=」指定で**符号の後方**を埋めることもできます。❸は、単に|0:010|としても同じ意味です。この場合の「0」（太字）はfillではなく、表5.6の定数「0」です。

❹❺桁区切り文字

桁区切り文字（group_opt）を指定した例です。❹は一般的なカンマの表記で、3桁ごとに数値を区切ります。❺のアンダースコアは、主に2／8／16進数向けの区切り文字で4桁ごとに数値を区切ります。10進数では3桁ごとに区切ります。

❻有効桁数

「.prec」の形式で有効桁数を指定できます（先頭のピリオドを忘れないようにしてください）。ただし、後方の型（type）指定によって挙動が変化します。浮動小数点数（|0:.1f|）では小数点以下の桁数を意味するのに対して、汎用フォーマット（|0:.4g|）では小数点前後の桁数を意味します。

❼❽型変換

❼は、10進数値を16進数に変換する例です。x、Xの違いは、10〜15（A〜F）を大文字／小文字いずれで表記するか、です。定数「#」を指定した場合にも影響します。

❽は、小数点数を100倍して「%」を付与します。数値の扱いはf指定と同じなので、ここでは小数点以下を2桁で丸めています。

5.2.12 | str型 ⟷ bytes型を変換する

Pythonの文字列（str型）は、文字列情報をUnicodeデータ（**コードポイント**）として保存します。しかし、すべての環境でUnicodeを前提にしているわけではありません。たとえば、.pyファイルがUnicode（UTF-8）ではなく、Shift-JISで記述されている場合もあります。出力先のコンソールがEUC-JPを前提にしている場合もあります。そのような場合にも、正しく文字列を扱えるよう、Pythonでは受け渡しのためのエンコーディング情報を管理しており、その情報に基づいて、文字列をエンコード変換しています（図5.11）。

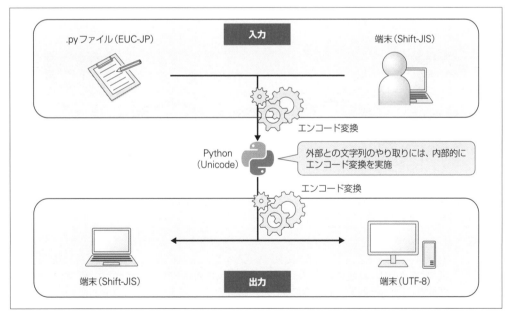

❖図5.11　エンコード変換

このような変換処理はPythonが内部的に実施するため、まずは、これをほとんど意識しなくても文字列を正しく扱えます。しかし、文字列を別のアプリとやりとりするようになると、文字エンコーディングを意識して、明示的にエンコードしなければならない状況が出てきます。これを行うのが、encodeメソッドです。

構文 encodeメソッド

```
txt.encode(encoding="utf-8", errors="strict")
```

txt　　　　：任意の文字列
encoding：変換に利用する文字エンコーディング（shift-jis、euc-jp、iso-2022-jpなど）
errors　　：エラー時の挙動（設定可能な値は後述）

たとえばリスト5.22は、文字列dataをsjis（Shift-JIS）でエンコードした例です。

▶リスト5.22　str_encode.py

```
data = 'こんにちは'
encoded = data.encode('sjis')
print(encoded)    # 結果：b'\x82\xb1\x82\xf1\x82\xc9\x82\xbf\x82\xcd'
```

encodeメソッドは、エンコードした結果をbytes型（バイト列）として返します（図5.12）。バイト列とは、単なる0～255の値の連なりなので、外部とのやりとりも自由です。バイト列を受け取った側も、その値を決められた形式で変換すれば、元の文字列を復元できるというわけです。

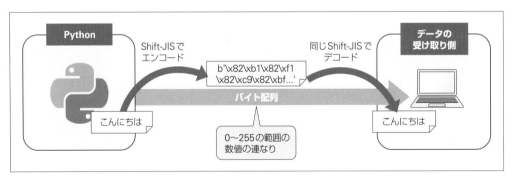

❖図5.12　encodeメソッド

> *note* b'...'とあるのは、bytesリテラルのルールです。文字列リテラルは'...'、"...."、'''...'''などで表すのが基本ですが、その頭に「b」を付与しているだけです。

Pythonでbytes型の値を再びstr型に戻す（＝デコードする）には、decodeメソッドを利用します。

構文 decodeメソッド

```
bs.decode(encoding="utf-8", errors="strict")
```

bs   ：任意のバイト列
encoding ：変換に利用する文字エンコーディング
errors   ：エラー時の挙動（設定可能な値は後述）

以下はリスト5.22でエンコードした値をデコードする例です。

```
print(encoded.decode('sjis'))    # 結果：こんにちは
```

太字の部分を、エンコード時とは異なる文字エンコーディング —— たとえば「euc-jp」で置き換えると、変換に失敗し、「UnicodeDecodeError: 'euc_jp' codec can't decode byte 0x82 in position 0: illegal multibyte sequence」（euc-jpでは指定のバイト列を変換できない）のようなエラーとなります。

補足 エラー時の処理を指定する

正しくエンコード／デコードできない場合の挙動は、encode／decodeメソッドの引数*errors*で指定できます（表5.7）。

❖表5.7　エラー時の処理方法（引数*errors*の設定値）

設定値	概要
strict	エラー（例外）を発生して処理を中止
ignore	変換できない文字は除去して、そのまま処理を継続
replace	変換できない文字は「?」などに置換

たとえば、先ほどの記述例でreplaceを指定してみます。

```
print(encoded.decode('euc-jp', 'replace'))    # 結果：??????????
```

この例では、すべての文字が認識できずに「?」が列記されてしまいますが、一般的には一部の認識できない文字をスキップするために使われます。

note 文字列／バイト列の扱いは、Python 2/3で大きく変化しました。Python 2でのstr型は内部的にはバイト列で、Python 3のbytes型に相当します。Python 2で、Python 3でのstr型に相当するのはunicode型です。「u'あいう'」のように、接頭辞uを付けて表記します。

5.3 日付／時刻の操作

　組み込み型には含まれていないものの、アプリを開発する際によく利用するのが日付／時刻値で
す。Pythonで日付／時刻値を扱うには、datetimeモジュールを利用するのが基本です。datetimeモ
ジュールには、表5.8のような型（クラス）が用意されています。

❖表5.8　datetimeモジュールの主な型

型	概要
datetime	日付／時刻値
date	日付値
time	時刻値
timezone	タイムゾーン情報
timedelta	時間間隔

　datetimeモジュールの日付／時刻オブジェクトは、大きく**naive型**と**aware型**とに分類できま
す。双方の区別は、タイムゾーン情報を持つか（aware）持たないか（naive）です。

　まず、dateオブジェクトは常にnaiveです（常にタイムゾーン情報を持ちません）。一方、
datetime／timeオブジェクトはタイムゾーン（tzinfo）を設定するかどうかによって、naiveかaware
かが決まります。naiveな型からawareな型に変換することも可能です。

5.3.1 日付／時刻値を生成する

　datetimeモジュールでは、日付／時刻値を生成／初期化するためにさまざまな方法を用意してい
ます。

現在の日付／時刻から生成する

now／todayメソッドを利用します（表5.9）。

❖表5.9　現在の日時を取得するメソッド

メソッド	概要
datetime.today()	現在の日時
date.today()	今日の日付
datetime.now(*tz*=None)	現在の日時（タイムゾーン付き）
datetime.utcnow()	現在のUTC（協定世界時）日時

それぞれの例を、リスト5.23に示します。

▶リスト5.23　dt_now.py

```
import datetime

print(datetime.datetime.today())    # 結果：2020-02-13 09:33:11.988985 ──────①
print(datetime.date.today())        # 結果：2020-02-13 ──────①
print(datetime.datetime.now())      # 結果：2020-02-13 09:33:11.989985 ──────②
print(datetime.datetime.now(        ──────③
  datetime.timezone(datetime.timedelta(hours=9))))
    # 結果：2020-02-13 09:33:11.989985+09:00
print(datetime.datetime.utcnow())   # 結果：2020-02-13 00:33:11.989985 ──────④
print(datetime.datetime.now(datetime.timezone.utc)) ──────⑤
    # 結果：2020-02-13 00:33:11.990984+00:00
```

※結果は、実行のたびに異なります。

　まず、todayメソッドは現在の日時を返します。ただし、date.todayメソッドが返すのは日付部分だけです（①）。

　datetime型のnowメソッドはtodayメソッドと似ており、引数がない場合は、todayメソッドと同じ値を返します（②）。ただし、nowメソッドでは、引数*tz*（タイムゾーン）を指定することで、aware型を返すことができます。

　タイムゾーンは、datetime.timezone型として表現できます（③）。

構文 timezoneコンストラクター

timezone(*offset*)

offset：時差（timedelta型）

　timezone型はUTC（協定世界時）からのオフセット値を表すだけの、ごくシンプルなタイムゾーン表現です。引数*offset*は、timedelta型（時間間隔）で表します。timedelta型の構文について詳

しくは5.3.2項でもまとめるので、まずここでは9時間の時差（日本標準時）を表している、とだけ理解しておいてください。結果を見ても、「〜+09:00」のようにタイムゾーンが加味されていることが確認できます。

そして、❹のutcnowは現在時刻をUTCで返すメソッドです。あくまで値がUTC時刻なだけで、内部的にはnaive型（タイムゾーン情報を持たない）です。aware型のUTC時刻を取得したいならば、❺のようにnowメソッドに対してtimezoneオブジェクトを渡します。UTCタイムゾーンは「datetime.timezone.utc」で取得できます。

指定された年月日、時分秒から生成する

datetime／date／time型は、それぞれ以下のようにインスタンス化できます。

構文 datetime／date／time コンストラクター

```
datetime(year, month, day,
  hour=0, minute=0, second=0, microsecond=0, tzinfo=None, *, fold=0)
date(year, month, day)
time(hour=0, minute=0, second=0, microsecond=0, tzinfo=None, *, fold=0)
```

year	：年
month	：月
day	：日
hour	：時
minute	：分
second	：秒
microsecond	：マイクロ秒
tzinfo	：タイムゾーン
fold	：夏時間を加味するか

リスト5.24は、それぞれの具体例です。

▶リスト5.24　dt_construct.py

```
import datetime

print(datetime.datetime(2019, 12, 4, 15, 35, 58, 469))
    # 結果：2019-12-04 15:35:58.000469
print(datetime.datetime(2019, 12, 4, 15, 35, 58, 469,
  datetime.timezone(datetime.timedelta(hours=9))))           ❶
    # 結果：2019-12-04 15:35:58.000469+09:00
print(datetime.date(2019, 12, 4))
    # 結果：2019-12-04
print(datetime.time(15, 35, 58, 469))
    # 結果：15:35:58.000469
```

```
print(datetime.time(15, 35, 58, 469, ─────────────────────────┐
  datetime.timezone(datetime.timedelta(hours=9)))) ──────────────┤─❷
    # 結果：15:35:58.000469+09:00
print(datetime.datetime(2019, 13, 4, 15, 35, 58, 469)) ───────────── ❸
    # 結果：エラー（ValueError: month must be in 1..12）
```

datetime／timeだけがawareな型を生成できる（dateは不可）な点に注目です（❶❷）。また、本来の要素範囲を超えた値も指定できません。❸であれば月が本来の1〜12の範囲から逸脱しているので、エラーです（繰り上がって、2020年1月のように判定されることはありません）。

なお、combineメソッドを利用すれば、既存のdate／time／timezoneオブジェクトを組み合わせてdatetimeオブジェクトを生成することもできます。

```
d = datetime.date(2019, 12, 4)
t = datetime.time(15, 35, 58, 469)
tz = datetime.timezone(datetime.timedelta(hours=9))
print(datetime.datetime.combine(d, t, tz))
    # 結果：2019-12-04 15:35:58.000469+09:00
```

日付／時刻文字列から変換する

strptimeメソッドを利用することで、日付／時刻文字列を指定の形式で解析し、datetimeオブジェクトを生成できます。

構文 strptimeメソッド

datetime.strptime(*date_string*, *format*)
date_string：日付文字列 *format*　　　：解析に利用する書式（利用可能な指定子はp.192：表5.12を参照）

リスト5.25に、具体的な例を示します。

▶リスト5.25　dt_parse.py

```
import datetime

dt1 = datetime.datetime.strptime('2019/8/5 11:37:25', '%Y/%m/%d %H:%M:%S')
print(dt1)    # 結果：2019-08-05 11:37:25
dt2 = datetime.datetime.fromisoformat('2019-08-05 11:37:25+09:00') ─────────── ❶
print(dt2)    # 結果：2019-08-05 11:37:25+09:00
```

strptimeメソッドの特殊形として、fromisoformatメソッドもあります（❶）。こちらは

```
YYYY-MM-DD[*HH[:MM[:SS[.fff[fff]]]]][+HH:MM[:SS[.ffffff]]]]
```

形式の日時文字列をdatetimeオブジェクトに変換します。年月日は必須で、桁数もそれぞれ指定の桁で0埋めする必要があります（たとえば、2019-8-5ではなく2019-08-05です）。

なお、strptimeメソッドはdatetimeクラスでのみ利用できます。date／timeオブジェクトを得たい場合には、いったん、datetimeオブジェクトを生成してから、date／timeメソッド（5.1.2項）で日付／時刻を取り出すようにしてください。

タイムスタンプ値から生成する

fromtimestampメソッドを利用することで、タイムスタンプ値から日付／時刻値を生成できます。タイムスタンプとは、1970/01/01 00:00:00からの経過秒数のことです。datetime型のtimestampメソッドなどから取得できます。

構文 fromtimestampメソッド

```
datetime.fromtimestamp(timestamp, tz=None)
date.fromtimestamp(timestamp)

timestamp ：タイムスタンプ値
tz        ：タイムゾーン
```

リスト5.26に、具体的な例を示します。

▶リスト5.26　dt_timestamp.py

```
import datetime

dt = datetime.datetime.now(datetime.timezone.utc)
# 対応するタイムスタンプ値を取得
ts = dt.timestamp()

print(datetime.datetime.fromtimestamp(ts))
    # 結果：2019-11-18 16:45:55.796894                                    ─┐
print(datetime.datetime.fromtimestamp(ts, datetime.timezone.utc))         ─┘ ❶
    # 結果：2019-11-18 07:45:55.796894+00:00
print(datetime.date.fromtimestamp(ts))         # 結果：2019-11-18 ──────── ❷
```

※結果は、実行のたびに異なります。

タイムスタンプ値は単なる数値なので、（元のdatetimeオブジェクトがawareであったとしても）タイムゾーン情報を表しません。よって、fromtimestampメソッドを引数tzなしで呼び出した場合、

生成されるdatetimeオブジェクトはnaiveです（❶）。awareなdatetimeを生成するには、明示的にタイムゾーンを付与してください。この例であれば、指定されたタイムスタンプ値はnaiveの扱いなので、現在のタイムゾーン（+0900）との時差を差し引いた日付／時刻値が生成されます。

　date.fromtimestampでは、当然、時刻情報は切り捨てられ、日付値が生成されます。dateオブジェクトでは、タイムゾーンは指定できません（❷）。

一部の要素を置き換えた日付を生成する

　replaceメソッドを利用することで、既存のdatetime／date／timeオブジェクトから特定の要素（たとえば月だけ）を書き換えて、新しいdatetime／date／timeオブジェクトを生成することもできます。

構文 replaceメソッド

```
dt.replace(year=self.year, month=self.month, day=self.day,
  hour=self.hour, minute=self.minute, second=self.second,
  microsecond=self.microsecond, tzinfo=self.tzinfo, *, fold=0)
dat.replace(year=self.year, month=self.month, day=self.day)
tim.replace(hour=self.hour, minute=self.minute, second=self.second,
  microsecond=self.microsecond, tzinfo=self.tzinfo, *, fold=0)
```

dt	：datetimeオブジェクト
dat	：dateオブジェクト
tim	：timeオブジェクト
year	：年
month	：月
day	：日
hour	：時
minute	：分
second	：秒
microsecond	：マイクロ秒
tzinfo	：タイムゾーン
fold	：夏時間を加味するか

　リスト5.27は、datetimeオブジェクトでの例ですが、date／timeオブジェクトでも同じように利用できます。

▶リスト5.27　dt_replace.py

```
import datetime

dt1 = datetime.datetime(2019, 12, 4, 15, 35, 58, 469)
dt2 = dt1.replace(day=25, minute=59)
print(dt1)    # 結果：2019-12-04 15:35:58.000469
print(dt2)    # 結果：2019-12-25 15:59:58.000469
```

replaceメソッドは「day=25」のように、「引数名＝値」の形式で置き換え対象を列挙するのが一般的です。

表5.10のインスタンス属性を利用します（リスト5.28）。ただし、dateオブジェクトは時間を取得する属性を、timeオブジェクトは日付を取得するための属性を、それぞれ持ちません。

❖表5.10　日付／時刻要素を取得するための属性

属性	概要
year	年
month	月（1〜12）
day	日（1〜31）
hour	時（0〜23）
minute	分（0〜59）
second	秒（0〜59）
microsecond	マイクロ秒（0〜999999）
tzinfo	タイムゾーン（timezone型）

▶リスト5.28　dt_get.py

```
import datetime

dt = datetime.datetime.now(datetime.timezone.utc)
print(dt)                # 結果：2019-11-18 07:54:15.640504+00:00
print(dt.year)           # 結果：2019
print(dt.month)          # 結果：11
print(dt.day)            # 結果：18
print(dt.hour)           # 結果：7
print(dt.minute)         # 結果：54
print(dt.second)         # 結果：15
print(dt.microsecond)    # 結果：640504
print(dt.tzinfo)         # 結果：UTC
```

※結果は、実行のたびに異なります。

その他、表5.11のような時刻／日付要素を取得するためのメソッドもあります（リスト5.29）。

メソッド	概要
date()	日付部分を取得
time()	時刻部分を取得（naive）
timetz()	時刻部分を取得（aware）
timestamp()	タイムスタンプ値を取得
toordinal()	西暦1年1月1日からの通算日
weekday()	曜日を取得（0：月～6：日）
isoweekday()	曜日を取得（1：月～7：日）
isocalendar()	「ISO年、ISO週番号、ISO曜日」のタプルを取得

▶リスト5.29　dt_get2.py

```
import datetime

dt = datetime.datetime.now(datetime.timezone.utc)
print(dt)                 # 結果：2019-11-18 08:02:25.017604+00:00
print(dt.date())          # 結果：2019-11-18
print(dt.time())          # 結果：08:02:25.017604
print(dt.timetz())        # 結果：08:02:25.017604+00:00
print(dt.timestamp())     # 結果：1574064145.017604
print(dt.toordinal())     # 結果：737381
print(dt.weekday())       # 結果：0
print(dt.isoweekday())    # 結果：1
print(dt.isocalendar())   # 結果：(2019, 47, 1)
```

※結果は、実行のたびに異なります。

練習問題　5.3

[1] 現在の日時を取得し、そこから「月」と「分」だけを表示してみましょう。

5.3.3　日付／時刻を加算／減算する

datetimeモジュールでは、「+」「-」などの演算子を独自に再定義しており、日付／時刻を数値と同じように加算／減算できます。

```
dt + delta
dt − delta
```

dt   ：日付／時刻値（datetime ／ date ／ time）
delta：加算／減算する時間（timedelta）

　たとえばリスト5.30は、指定の日時（dt）に対して15日5時間後（dt_p）、3週間前（dt_m）の日時を求める例です。

▶リスト5.30　dt_plus.py

```
import datetime

dt = datetime.datetime(2019, 12, 4, 15, 35, 58, 469)
dt_p = dt + datetime.timedelta(days=15, hours=5)
dt_m = dt − datetime.timedelta(weeks=3)

print(dt)      # 結果：2019−12−04 15:35:58.000469
print(dt_p)    # 結果：2019−12−19 20:35:58.000469
print(dt_m)    # 結果：2019−11−13 15:35:58.000469
```

　加減分（delta）は、timedeltaオブジェクトとして表します。

構文 timedeltaコンストラクター

```
timedelta(days=0, weeks=0, hours=0, minutes=0,
  seconds=0, microseconds=0, milliseconds=0)
```

days   ：日数
weeks   ：週数
hours   ：時間数
minutes   ：分数
seconds   ：秒数
microseconds：マイクロ秒数
milliseconds：ミリ秒数

　replaceメソッドと同じく、timedeltaコンストラクターの引数は「日時要素 = 値」形式のキーワード引数として表します。

日付／時刻値の差分を求める

datetime／date／time同士では、「-」演算を利用することで、互いの差を求めることもできます。

構文 日付／時刻値の差分

```
dt1 - dt2
```

dt1 ／ *dt2*：日付／時刻値（`datetime` ／ `date` ／ `time`）

リスト5.31は、現在日時（dt1）と指定の日時（dt2）との差を求める例です。

▶リスト5.31　dt_diff.py

```
import datetime

dt1 = datetime.datetime(2019, 11, 30, 4, 46, 14, 123)
dt2 = datetime.datetime(2020, 12, 4, 15, 35, 58, 469)
delta = dt2 - dt1
print(delta)            # 結果：370 days, 10:49:44.000346 ————————❶
print(delta.days)       # 結果：370 ————————————————————————┐
print(delta.seconds)    # 結果：38984 ———————————————————————┴❷
```

　日付時刻値同士を減算した場合の戻り値は、timedeltaオブジェクトです。❶のように文字列化した差分を取得することもできますし、❷のように日数（days）、秒数（seconds）だけを取り出すことも可能です（secondsは日数を除去した時間以降の差を秒数換算した値を表します）。

日付／時刻値を比較する

　「<」「>」などの比較演算子を利用することで、日付／時刻のいずれかが過去／未来かを判定することも可能です（リスト5.32）。

▶リスト5.32　dt_compare.py

```
import datetime

dt1 = datetime.datetime(2020, 10, 5, 11, 23, 17, 358)
dt2 = datetime.datetime(2019, 12, 4, 15, 35, 58, 469)
print(dt1 < dt2)    # 結果：False
```

　この結果は、dt1がdt2より大きい――つまり、dt1はdt2よりも未来ということを意味します。

日付／時刻値を整形するには、strftimeメソッドを利用します。

構文 strftimeメソッド

```
dt.strftime(format)
```

dt　　　：日付／時刻値（`datetime` / `date` / `time`）
format：書式文字列

引数*format*は、表5.12のような指定子の組み合わせで表現できます。

❖表5.12　日付を整形するための指定子（2020-02-09 16:24:39.000351+00:00の場合）

分類	指定子	概要	例
標準	%c	日時	Sun Feb 9 16:24:39 2020
	%x	日付	02/09/20
	%X	時間	16:24:39
カスタム	%y	西暦（2桁）	20
	%Y	西暦（4桁）	2020
	%b	月名（短縮形）	Feb
	%B	月名	February
	%m	月（0埋め。01〜12）	02
	%d	日（0埋め。01〜31）	09
	%a	曜日名（短縮形）	Sun
	%A	曜日名	Sunday
	%w	曜日（0：日〜6：土）	0
	%H	時間（24時間。0埋め。00〜23）	16
	%I	時間（12時間。0埋め。01〜12）	04
	%p	午前／午後	PM
	%M	分（0埋め。00〜59）	24
	%S	秒（0埋め。00〜59）	39
	%f	マイクロ秒（0埋め。000000〜999999）	000351
	%z	タイムゾーン（オフセット値）	+0000
	%Z	タイムゾーンの名前	UTC
	%j	年内の通算日（001〜366）	040
	%U	年内の週番号（週の始めは日曜。00〜53）	06
	%W	年内の週番号（週の始めは月曜。00〜53）	05
	%%	文字'%'	%

リスト5.33に、具体的な例を示します。

```python
import datetime
import locale

locale.setlocale(locale.LC_ALL, 'ja_JP.UTF-8')                  ——①

dt = datetime.datetime(2019, 12, 4, 15, 35, 58, 469)
print(dt)      # 結果：2019-12-04 15:35:58.000469
print(dt.strftime('%c'))    # 結果：2019/12/04 15:35:58  ┐
print(dt.strftime('%x'))    # 結果：2019/12/04           ├②
print(dt.strftime('%X'))    # 結果：15:35:58             ┘
print(dt.strftime('%Y年 %m月 %d日 (%a) %I時 %M分'))         ——③
    # 結果：2019年 12月 04日 （水） 03時 35分
```

　strftimeメソッドの結果は、ロケール（地域）情報によって変動します。そこで、最初にsetlocaleメソッドで、明示的にロケールを設定しておきます（①）。

構文 setlocaleメソッド

> setlocale(*category*, *locale*=None)
>
> *category*：設定する対象（設定値は表5.13）
> *locale* 　：ロケール値（地域値.文字コード）

❖表5.13　引数*category*の設定値

分類	概要	分類	概要
LC_ALL	すべて	LC_NUMERIC	数値（formatなどに影響）
LC_CTYPE	文字タイプ（stringなどに影響）	LC_MONETARY	通貨
LC_TIME	時刻（strftimeなどに影響）	LC_MESSAGES	メッセージ

　引数*locale*は、たとえば「ja_JP.UTF-8」（日本語／UTF-8）のように「地域情報.文字コード」の形式で表します。引数*category*をLC_ALLとした場合、（strftimeだけではなく）ロケールに関わるすべての出力が影響を受けるので注意してください。

　strftimeメソッドには、%c、%x、%Xのようにそれ単体でまとまった日付／時刻を表現できるようなスタイルも用意されています（②）。これら標準スタイルで対応できない場合には、指定子を組み合わせて独自の書式を組み立てることも可能です（③）。ただし、書式に日本語（マルチバイト文字）が含まれる場合は、ロケール設定も日本語（ja_JP）としておきましょう。さもないと、「UnicodeEncodeError: 'locale' codec can't encode character '\u5e74' in position 2」（エンコードできない）のようなエラーが発生します。

標準書式 or カスタム書式

書式は、それで賄えるのであれば、できるだけ標準書式（%c、%x、%X）を優先してください。標準書式のほうがシンプルに表せるというのもそうですが、現在のロケールに応じて適切な表記、並び順を選択してくれるからです。

たとえば、先ほどのリスト5.33の❶を、以下のように書き換えてみましょう。

```
locale.setlocale(locale.LC_ALL, 'de_DE.UTF-8')
```

結果は、以下のように変化します。

```
2019-12-04 15:35:58.000469
04.12.2019 15:35:58
04.12.2019
15:35:58
2019年 12月 04日 (Mi) 03時 35分
```

標準書式では、ロケール（ドイツ）に合わせて年月日の表示順も変化していますが、カスタム書式（太字）では表示順、固定値として書かれた日本語はそのままになってしまいます。

5.3.7 カレンダーを生成する

一般的な日付／時刻値を操作するdatetimeモジュールに対して、カレンダーの生成に特化したcalendarモジュールもあります。たとえばリスト5.34は、指定された年月のカレンダーを生成する例です。

▶リスト5.34　cal_month.py

```
import calendar

print(calendar.month(2020, 6, 5))
```

```
      June 2020
Mon Tue Wed Thu Fri Sat Sun
  1   2   3   4   5   6   7
  8   9  10  11  12  13  14
 15  16  17  18  19  20  21
 22  23  24  25  26  27  28
 29  30
```

month関数の引数は、「年」「月」「1日を表す文字幅」です。

setfirstweekday関数で、カレンダーの最初の曜日（0：月〜6：日）を変更することも可能です（既定は月曜）。

```
calendar.setfirstweekday(6)
print(calendar.month(2020, 6, 5))
```

```
      June 2020
Sun  Mon  Tue  Wed  Thu  Fri  Sat
       1    2    3    4    5    6
  7    8    9   10   11   12   13
 14   15   16   17   18   19   20
 21   22   23   24   25   26   27
 28   29   30
```

さらに、monthcalendar関数では、カレンダーを（文字列ではなく）リストとして取得することも可能です。

```
print(calendar.monthcalendar(2020, 6))
```

```
[[1, 2, 3, 4, 5, 6, 7], [8, 9, 10, 11, 12, 13, 14], [15, 16, 17, 18, 19, 20, ↵
21], [22, 23, 24, 25, 26, 27, 28], [29, 30, 0, 0, 0, 0, 0]]
```

☑ この章の理解度チェック

[1] 以下はPythonの型に関する説明です。空欄を埋めて、文章を完成させてください。

> 型とは、コードの中で扱える値の種類を決めるための仕組みです。型に具体的な値を与えて、コードの中で利用できるようにすることを ① 、型に基づいて作られた具体的な値のことを ② と呼びます。たとえば、datetime.date型の ② を生成するには「 ③ (2020, 6, 25)」と書きます。
> 型に属する関数のことを ④ と呼び、「 ② ⑤ ④ (...)」の形式で呼び出せます。

[2] 図5.Aはスライス構文を解説した図です。空欄に対応する式を埋めて、図を完成させてください。

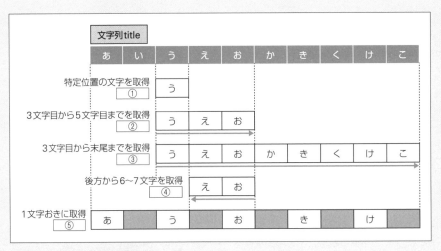

❖図5.A　部分文字列を取得

[3] リスト5.Aは、2020年12月4日11時37分20秒（タイムゾーンは+09:00）を表す datetimeオブジェクトを生成し、その値を「●○年●○月●○日●○時」の形式で出力する コードです。空欄を埋めて、コードを完成させてください。

▶リスト5.A　ex_dt_format.py

```
import datetime
import locale

locale. ① (locale.LC_ALL, ' ② ')
dt= datetime.datetime(2020, 12, 4, 11, 37, 20, 0,
    datetime. ③ (datetime. ④ (hours=9)))
print(dt. ⑤ ('%Y年%m月%d日%I時'))
```

[4] 文字列や日付／時刻の操作に関する問題です。以下のようなコードを書いてみましょう。

① 文字列「となりのきゃくはよくきゃくくうきゃくだ」の最後に登場する「きゃく」の位置 を検索する。

② 文字列「●○の気温は●○℃です。」という書式文字列に「千葉」「17.256」という数値を 埋め込む。ただし、数値は小数点以下2桁までを表示すること。

③ 文字列「彼女の名前は花子です。」に含まれる「彼女」を「妻」に置き換える。

④ 現在の日時を基点に5日と6時間後の日時を求める。

⑤ 2020年10月のカレンダーを日曜日始まりで文字幅5で出力する。

標準ライブラリ
コレクション

型の中でも、複数の値を束ねるための仕組みを持つものを総称して、**コレクション**、**コンテナー**などと呼びます。そして、Pythonでは、コレクションとして、図6.1のような型を用意しています。

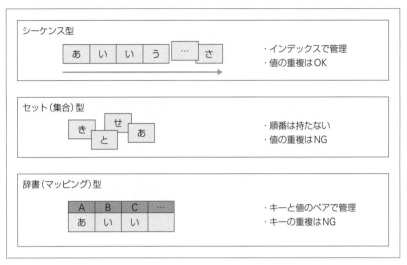

❖図6.1　コレクション

　シーケンス型は、順に並んだ値を扱うための型です。中身の値は重複していてもかまいませんし、型が異なっていてもかまいません。言語によっては、配列などと呼ばれる仕組みで、最も基本的なコレクションです。

　一方、セット型（集合型）は、順番を持たず、値の重複も許しません。値の有無や互いの大小関係に関心がある場合に利用するコレクションです。数学の集合の概念に近い型と思ってもよいでしょう。

　そして、辞書型（マッピング型）は、キー／値の組みで、配下の要素を管理します。値は重複してもかまいませんが、キーは重複できません。

　Pythonでは、これらの型を目的に応じて使い分けていくわけです。個々の用法を理解するのはもちろんですが、型のメリット／デメリット、仕組みを理解して、適所を判断できる基礎を身につけていきましょう。

6.1　シーケンス型

　シーケンス型とは、配下の要素が順序付けられたデータ構造です。「順序がある」とは、インデックス値によって個々の要素にアクセスできる、と言い換えてもよいでしょう。シーケンス型に分類される型には、以下のようなものがあります。

- リスト（list）
- タプル（tuple）
- レンジ（range。4.2.4項）

本節では、シーケンス型でも特によく利用するリストを中心に解説を進めます。なお、リストの基本については2.2.8項でも扱っているので、基本的な解説はそちらも合わせて参照してください。

6.1.1 リストの生成

リストを生成するには、さまざまな方法があります。

1. listリテラル（2.2.8項）

2. リスト内包表記（4.2.5項）

3. listコンストラクター

4. リストを返す関数／メソッド（sorted関数、splitメソッドなど）

3. のlistコンストラクターの構文は、以下です。

構文 listコンストラクター

```
list(iterable)
```

iterable：イテラブル型

リスト6.1は、listコンストラクターを利用した例です。

▶リスト6.1　list_basic.py

```
print(list(['x', 'y', 'z']))    # 結果：['x', 'y', 'z'] ─┐
print(list(('x', 'y', 'z')))    # 結果：['x', 'y', 'z']   │
print(list({'x', 'y', 'z'}))    # 結果：['z', 'y', 'x']   ├─❶
print(list('xyz'))              # 結果：['x', 'y', 'z'] ─┘
print(list())                   # 結果：[] ──────────────❷
```

引数*iterable*にはイテラブル型（4.2.3項）——リストをはじめ、タプル／セット（後述）、文字列などの型を渡せます。listコンストラクターを利用するのは、一般的には、これらの型をリストに変換する用途でしょう（❶）。リストを渡すことで、リストのコピーを生成することも可能です。

引数*iterable*を省略した場合、空のリストを生成します（❷）。ただし、こちらは普通にリテラル構文（[]）を用いるほうがシンプルです。

以上を理解したところで、以降ではリストを操作するための主な関数／メソッドを見ていきましょう。

リストから特定範囲の要素を取り出すには、スライス構文を利用します。

構文 スライス構文

```
lists[start:end:step]
```

```
lists ：リスト
start ：開始位置
end　 ：終了位置
step 　：ステップ（増減）
```

スライス構文でのstart／end／stepの考え方は、部分文字列で紹介した構文と同じなので、ここではサンプル（リスト6.2）とイメージ図（図6.2）を示すにとどめます。5.2.3項も合わせて参照してください。

▶リスト6.2　list_slice.py

```python
data = ['あ', 'い', 'う', 'え', 'お', 'か', 'き', 'く', 'け', 'こ']
print(data[2:5])      # 結果：['う', 'え', 'お']
print(data[2:])       # 結果：['う', 'え', 'お', 'か', 'き', 'く', 'け', 'こ']
print(data[:5])       # 結果：['あ', 'い', 'う', 'え', 'お']
print(data[:])
    # 結果：['あ', 'い', 'う', 'え', 'お', 'か', 'き', 'く', 'け', 'こ']
print(data[-7:])      # 結果：['え', 'お', 'か', 'き', 'く', 'け', 'こ']
print(data[-7:-5])    # 結果：['え', 'お']
print(data[::2])      # 結果：['あ', 'う', 'お', 'き', 'け']
print(data[1::2])     # 結果：['い', 'え', 'か', 'く', 'こ']
print(data[::-1])
    # 結果：['こ', 'け', 'く', 'き', 'か', 'お', 'え', 'う', 'い', 'あ']
```

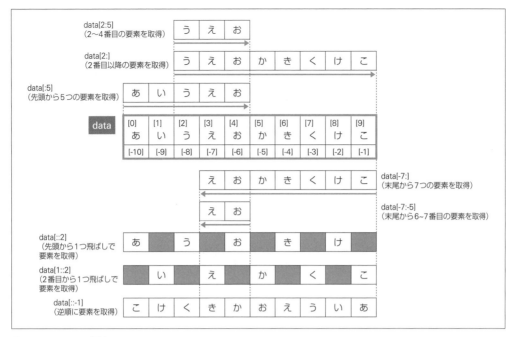

❖図6.2　スライス構文

リストの要素数を取得する

len関数は、リストに含まれる要素の数を取得します。

構文 len関数

```
len(lists)
```

lists：対象のリスト

まずは基本的な例からです（リスト6.3）。

▶リスト6.3　list_len.py

```
data = ['山田', '鈴木', '日尾', '本多', '掛谷']
print(len(data))    # 結果：5
```

これはわかりやすいので問題はないでしょう。しかし、2次元リストの場合はどうでしょう（リスト6.4）。

▶リスト6.4 list_len_dim.py

```python
data = [
  ['Sみかん', 'Mみかん', 'Lみかん'],
  ['S八朔', 'M八朔', 'L八朔'],
  ['Sネーブル', 'Mネーブル', 'Lネーブル'],
]

print(len(data))      # 結果：3
```

2次元リストの正体は、あくまで「リストのリスト」です。「list型の要素を持つ1次元リスト」と言い換えてもよいでしょう。よって、len関数の戻り値もlist型要素の個数である3となります。

配下の子リストの要素数を個別に求めたいならば、リスト内包表記（4.2.5項）を利用します。

```python
print([len(clist) for clist in data])      # 結果：[3, 3, 3]
```

さらに、子リストのすべての要素数を求めるならば、sum関数を加えます。

```python
print(sum(len(clist) for clist in data))      # 結果：9
```

太字の部分は上と共通で、求めた個々の要素数 —— この場合、[3, 3, 3]をsum関数に渡すことで、すべての要素数の総計を得られます。

多次元リストの要素数をカウントする

さらに、より深いネストのリストをカウントするならば、リスト6.5のようなユーザー定義関数recursive_lenを用意します。

note 本項の理解は、再帰関数（8.4.2項）の知識を前提にしています。ここではコードの意図だけを説明するので、8.4.2項で再帰関数を理解した後、再度読み解くことをお勧めします。

▶リスト6.5 list_len_recur.py

```python
# 入れ子のリストの要素数をカウント
def recursive_len(data):
  result = 0    # 要素数
  if isinstance(data, list):              ┐
    # 要素がlistであれば、配下の内容を順にカウント
    for elem in data:                     ├─❶
      result += recursive_len(elem)       ┘
```

```
    else:
        # 要素がlistでなければ、要素数は1
        result = 1 ─────────────────────────────────── ❷
    return result

d_list = [
    [15, 87,
        [1, 3, 5, 7]
    ],
    58,
    [2, 4, 6, 8, 10],
]

print(recursive_len(d_list))     # 結果：12
```

recursive_len関数のポイントは、❶です。渡された引数dataがlist型であれば、その内容を順に取得し、自分自身を呼び出します。list型以外の場合は、要素数をカウントアップします（再帰の終了条件です）。これによって、階層数に関わらず、配下まで要素をカウントしていくわけです。

なお、recursive_len関数は、list型の要素だけに対応しています。たとえば、tuple、setなどの要素が含まれている場合には、要素数は1とカウントされます。

6.1.4 リストに要素を追加／削除する

リストに要素を追加／削除するには、以下のようなメソッドを利用します。

構文 append／insert／popメソッド

lists.append(*x*)	➡末尾に追加
lists.insert(*i*, *x*)	➡i番目の直前に挿入
lists.pop([*i*])	➡i番目を削除

lists	：任意のリスト
x	：追加する値
i	：挿入／削除箇所を表すインデックス番号

具体的な例も確認しておきます（リスト6.6）。

```
data = ['高江', '青木', '片渕']
data.append('土井') ─────────────────────────────────── ❶
print(data)            # 結果：['高江', '青木', '片渕', '土井']
data.insert(0, '小林') ─────────────────────────────── ❷
data.insert(-1, '吉川') ────────────────────────────── ❸
print(data)            # 結果：['小林', '高江', '青木', '片渕', '吉川', '土井']
print(data.pop(0))     # 結果：小林 ─────────────────────┐
print(data.pop())      # 結果：土井 ─────────────────────┤❹
print(data)            # 結果：['高江', '青木', '片渕', '吉川']
```

　まず、リストの末尾に要素を追加するには、appendメソッドを利用します（❶）。任意の位置に追加するならば、insertメソッドを利用してください。❷であれば「0番目の直前に挿入」するので、「先頭に挿入する」という意味になります。引数iの意味は、スライス構文と同じで、負数を指定した場合には後方からのインデックス値を表します（❸）。

　一方、リストから値を削除するには、popメソッドを利用します（❹）。popメソッドは、戻り値として削除した値を返すので、（削除するというよりも）値を取り出している、といったほうがより的確なイメージかもしれません。

　引数iを省略した場合には、既定で末尾の要素を取り出します。

補足 スタック構造

　append／popメソッドを利用することで、いわゆるスタックを実装することも可能です。**スタック**とは、**後入れ先出し**（LIFO：Last In First Out）または**先入れ後出し**（FILO：First In Last Out）とも呼ばれる構造のことです（図6.3）。たとえば、アプリでよくあるUndo機能では、操作を履歴に保存し、最後に行った操作から順に取り出しますが、このような操作に使われるのがスタック

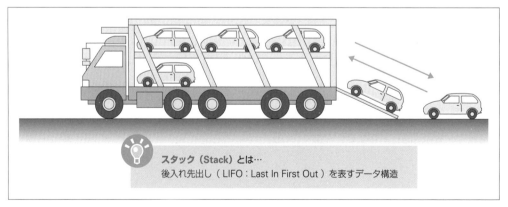

❖図6.3　スタック構造

です。

　あるいは、キャリアカー（乗用車を運搬するためのトラック）をイメージしてみるとよいかもしれません。この場合、順番に積み込んだ乗用車は、最後に積み込んだものからしか下ろすことはできません。

　具体的な例も見てみましょう（リスト6.7）。

▶リスト6.7　list_stack.py

```
data = []
data.append(10)
data.append(15)
data.append(30)
print(data)              # 結果：[10, 15, 30]
print(data.pop())        # 結果：30
print(data)              # 結果：[10, 15]
```

　appendメソッドでリストの末尾に要素を追加し、popメソッドで末尾の要素から取り出していく、というわけです。

　なお、「insert(0, v)」「pop(0)」で、リストの先頭から要素を出し入れしてもよい、と思うかもしれませんが、これは望ましくありません。リストへの追加／削除は、図6.4のような要素の移動を伴う可能性があるからです。特に、先頭に近い位置への挿入／削除は、移動すべき要素数も増えるため、より低速です。

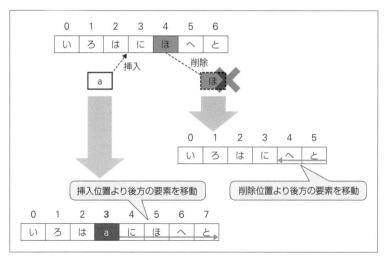

❖図6.4　リストの性質

同じ理由からキュー（先入れ先出し）をリストで実装すべきではありません。キューでは末尾から挿入した要素を**先頭から**取り出さなければならないためです。キューの実装には、collections.deque型（6.1.16項）の利用をお勧めします。

6.1.5 リスト内の要素を削除する

リストから指定された要素を削除するにはremoveメソッドを、すべての要素を削除するにはclearメソッドを利用します。

構文 remove／clearメソッド

```
lists.remove(x)
lists.clear()
```

lists	：任意のリスト
x	：削除する要素

リスト6.8は、その具体的な例です。

▶リスト6.8　list_remove.py

```
data = ['鈴木', '田中', '井上', '加藤', '田中', '河野']
data.remove('田中')
print(data)      # 結果：['鈴木', '井上', '加藤', '田中', '河野']    ❶
data.clear()
print(data)      # 結果：[]
```

ただし、同一の要素が複数あった場合にも、removeメソッドが削除するのは最初の1つです。❶であれば、後方の「田中」は削除**されない**点に注目です。

すべての要素を削除するならば、リスト内包表記（4.2.5項）を利用します。

```
data = [elem for elem in data if elem != '田中']
print(data)      # 結果：['鈴木', '井上', '加藤', '河野']
```

リストdataから順に要素を取り出して、その値が「田中」でないもので、新たにリストを再作成しているわけです。この方法を利用すれば、より複雑な条件で要素を削除することも可能です。

複数要素を追加／置換／削除する

　スライス構文を利用することで、リストの任意の場所に要素を追加したり、既存の要素を置き換えたり、あるいは削除したり、といった処理を短いコードで実施できます。以降の例はそれぞれ、以下のようなリストdataを更新した場合の結果を表します（完全なコードはlist_slice_update.pyを参照してください）。

```
data = ['あ', 'い', 'う', 'え', 'お']
```

　まず、要素を置き換えるには、以下のようにします。

```
data[1:3] = ['1', '2', '3']
print(data)    # 結果：['あ', '1', '2', '3', 'え', 'お']
```

　これで、1〜2番目の要素を「'1', '2', '3'」で置き換えます。置き換え前後の要素の個数は違っていてもかまいません（この場合は、置き換え後のほうが要素数が多いので、リスト全体としてもサイズは大きくなります）。

　これを利用して、空のリストを代入すれば、範囲要素の削除という意味になります。

```
data[2:4] = []      # 結果：['あ', 'い', 'お']
```

　別解として、del命令（2.1.4項）を利用してもかまいません。

```
del data[2:4]     # 結果：['あ', 'い', 'お']
```

　特殊な範囲指定として、以下のような書き方もあります。

```
data[1:1] = ['1', '2', '3']
  # 結果：['あ', '1', '2', '3', 'い', 'う', 'え', 'お']
```

　この場合は[1:1]なので、既存の要素は選択されず、1番目の要素の直前に「'1', '2', '3'」を挿入します。[1]（インデックス指定）ではなく、あくまで[1:1]（範囲指定）である点に注目です（図6.5）。

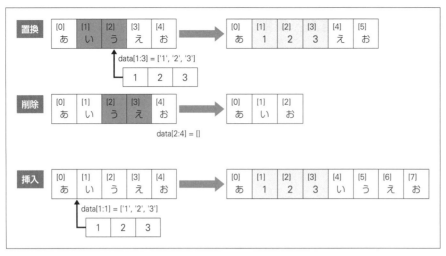

❖図6.5　範囲指定で要素を追加／置換／削除

　なお、スライス構文での代入では、右辺が単一値であってもリストでなければなりません。たとえば、以下のような指定は、意図した動作になりません。

```
data[1:1] = '987'    # 結果：['あ', '9', '8', '7', 'い', 'う', 'え', 'お']
```

　文字列987がシーケンス型として「'9', '8', '7'」のように分割されてしまうためです。

6.1.7　リストを検索する

　リストの中で、特定の要素が登場するインデックス位置を取得するには、indexメソッドを利用します。

構文　indexメソッド

```
lists.index(elem[, start[, end]])
```

```
lists ：任意のリスト
elem  ：検索する要素
start ：検索開始位置
end   ：検索終了位置
```

　まずは、具体的なサンプルを見てみましょう（リスト6.9）。

```
data = ['い', 'ろ', 'は', 'に', 'ほ', 'へ', 'と', 'い', 'ろ']

print(data.index('い'))            # 結果：0 ─────────────────── ❶
print(data.index('い', 4))         # 結果：7 ─────────────────── ❷
print(data.index('い', 4, 7))      # 結果：エラー ('い' is not in list) ─── ❸
print(data.index('い', -4, -1))    # 結果：7 ─────────────────── ❹
```

❶はindexメソッドの最も基本的な例です。リストを先頭から順に検索して、見つかった場合には、そのインデックス位置を返します。先頭要素を0番目と数えます。引数*elem*が見つからなかった場合、indexメソッドはValueErrorエラーを返します。

引数*start*／*end*を指定することで、検索開始／終了位置を指定することもできます（❷～❹）。引数*start*／*end*の考え方は、スライス構文（6.1.2項）と同じです。

❷では、4番目の要素から検索するので、「い」の登場位置が❶とは変化している点に注目です。❸は、さらに4～6番目の要素を検索するので、「い」は見つかりません。

要素の登場回数をカウントする

要素の登場位置を検索するindexメソッドに対して、countメソッドを利用することで、同一の要素が登場する回数をカウントすることもできます。

構文 countメソッド

```
lists.count(elem)

lists：任意のリスト
elem ：検索する要素
```

リスト6.10は、具体的な例です。

▶リスト6.10 list_count.py

```
data = ['い', 'ろ', 'は', 'に', 'ほ', 'へ', 'と', 'い', 'ろ']

print(data.count('い'))    # 結果：2
print(data.count('わ'))    # 結果：0
```

目的の要素が見つからなかった場合、countメソッドは0を返します。

要素の有無を確認する

目的の要素がリストに存在しない場合、indexメソッドはValueErrorエラーを、countメソッドは

0を、それぞれ返します。ただし、要素の有無を確認するだけであれば（＝登場位置に興味がないのであれば）、in演算子（3.3節）を利用したほうがコードはすっきりするでしょう（リスト6.11）。

▶リスト6.11　list_in.py

```
data = ['い', 'ろ', 'は', 'に', 'ほ', 'へ', 'と', 'い', 'ろ']

print('い' in data)        # 結果：True
print('わ' in data)        # 結果：False
print('わ' not in data)    # 結果：True ─────────────────── ❶
```

要素がリストに含まれ**ない**ことを確認したいならば、not in演算子を利用します。

6.1.8　リストを複製する

copyメソッドを利用します（リスト6.12）。

▶リスト6.12　list_copy.py

```
data = ['鈴木', '田中', '井上', '加藤']
data2 = data.copy() ──────────────────────────── ❶
print(data2)              # 結果：['鈴木', '田中', '井上', '加藤']
print(data == data2)     # 結果：True
print(data is data2)     # 結果：False
```

確かに、「==」演算子がTrueを返し（＝中身は同じ）、is演算子がFalseを返す（＝実体は別もの）であることが確認できます。

よくありがちな間違いが、「=」演算子による代入で、コピーしてしまうことです。しかし、3.2.2項でも触れたように、これは参照のコピーにすぎません。値のコピーにはならない点に注意してください。

```
×  data2 = data
```

シャローコピーとディープコピー

copyメソッドによるコピーは、いわゆる**シャローコピー**（浅いコピー）です。つまり、配下の要素がミュータブルである場合、コピー先の変更はコピー元にも影響を及ぼします。具体的な例でも見てみましょう（リスト6.13）。

▶リスト6.13 list_copy_shallow.py

```python
data = [
  [1, 2, 3],
  [4, 5, 6],
  [7, 8, 9],
]
data2 = data.copy()                                                     ❶
data2[0][0] = 1000
print(data)     # 結果：[[1000, 2, 3], [4, 5, 6], [7, 8, 9]]
print(data2)    # 結果：[[1000, 2, 3], [4, 5, 6], [7, 8, 9]]
```

　配下のリスト（[1, 2, 3]、[4, 5, 6]、[7, 8, 9]）は、それぞれ参照をコピーしただけなので、コピー先data2への変更はそのままコピー元dataにも影響してしまうわけです。

　これを避けるには、copyモジュールのdeepcopy関数を利用してください。❶を以下のように書き換えてみましょう。

```python
import copy
...中略...
data2 = copy.deepcopy(data)
```

```
[[1, 2, 3], [4, 5, 6], [7, 8, 9]]
[[1000, 2, 3], [4, 5, 6], [7, 8, 9]]
```

　確かに、今度は互いの変更が双方に影響**しない**（＝配下のリストも新規に生成されている）ことが確認できます。このようなコピーのことを**ディープコピー**（深いコピー）と呼びます。

6.1.9　リストを連結する

　リストを連結するには、文字列と同じく「+」「*」演算子を利用します（リスト6.14）。

▶リスト6.14 list_plus.py

```python
data1 = ['あ', 'い', 'う']
data2 = ['え', 'お']
print(data1 + data2)    # 結果：['あ', 'い', 'う', 'え', 'お']
print(data1 * 3)
  # 結果：['あ', 'い', 'う', 'あ', 'い', 'う', 'あ', 'い', 'う']
```

「＋」演算子は指定のリスト同士を連結し、「＊」演算子ではリストをn回連結した結果を返すわけです。

ここまでは直観的ですが、「＊」でミュータブル型の要素を連結する場合には、要注意です。例を見てみましょう（リスト6.15）。

▶リスト6.15　list_multi.py

```
data = [['あ', 'い']] * 3
print(data)     # 結果：[['あ', 'い'], ['あ', 'い'], ['あ', 'い']]
data[0].append('う') ─────────────────────────────────────── ❶
print(data)     # 結果：[['あ', 'い', 'う'], ['あ', 'い', 'う'], ['あ', 'い', 'う']]
```

「＊」による連結は、あくまで参照のコピーでしかないわけです。値そのものをコピーしているわけではない点に注意してください。

既存のリストを拡張する

「＋」「＊」演算子は、新たなリストを生成しますが、既存のリストに対して要素を連結したい、という場合があります。これには、extendメソッドを利用してください（リスト6.16）。

▶リスト6.16　list_extend.py

```
data = ['あ', 'い', 'う']
data.extend(['え', 'お']) ─────────────────────────────────── ❶
print(data)     # 結果：['あ', 'い', 'う', 'え', 'お']
```

❶は、「＋＝」演算子を利用して、以下のように表しても同じ意味になります。

```
data += ['え', 'お']
```

似たメソッドにappendメソッドもありますが、こちらは意味が異なります。指定されたリストの要素ではなく、リストそのものが1つの要素として追加されてしまいます。

```
data.append(['え', 'お'])     # 結果：['あ', 'い', 'う', ['え', 'お']]
```

6.1.10　リストの内容を並べ替える

sort／reverseメソッドなどを利用します。

並びを逆順にする

並びを逆順にするだけであれば、reverseメソッドを利用します（リスト6.17）。

▶リスト6.17　list_reverse.py

```
data = ['ぱんだ', 'うさぎ', 'こあら', 'とら']
data.reverse()
print(data)    # 結果：['とら', 'こあら', 'うさぎ', 'ぱんだ']    ❶
```

❶は、組み込み関数reversedで置き換えることもできます。

```
data2 = reversed(data)
print(list(data2))    ❷
```

ただし、reverseメソッドとreversed関数は、以下の点で異なります。

- reserveメソッドが現在のリストに影響を及ぼすのに対して、reversed関数は逆順に並べ替えた結果を戻り値として返す
- reversed関数の戻り値はリストではなく、イテレーター（11.4節）

よって、❷でもreversed関数によって得られた結果をlist関数（コンストラクター）でリストに変換したうえで表示しています。

リストを昇順／降順にソートする

sortメソッドを利用します。

構文　sortメソッド

```
lists.sort(*, key=None, reverse=False)
```

lists	：任意のリスト
key	：ソートに利用するキー
reverse	：逆順にソートするか

まずは、基本的な例からです（リスト6.18）。

▶リスト6.18　list_sort.py

```
data = ['ぱんだ', 'うさぎ', 'こあら', 'とら']
data2 = [205, 13, 78, 50]
data3 = ['ぱんだ', 15, 'こあら']
```

```
data.sort() ─────────────────────────────────────────────────── ❶
print(data)      # 結果：['うさぎ', 'こあら', 'とら', 'ぱんだ']
data2.sort() ─────────────────────────────────────────────────── ❷
print(data2)     # 結果：[13, 50, 78, 205]
data3.sort()     # 結果：エラー ─────────────────────────────────── ❸
print(data3)
data.sort(reverse=True) ──────────────────────────────────────── ❹
print(data)      # 結果：['ぱんだ', 'とら', 'こあら', 'うさぎ']
```

　sortメソッドは、要素の型に応じて大小を判定します（より正しくは、その型の「<」ルールに応じて並べ替えます）。確かに、❶の文字列リストでは辞書順に、❷の数値リストでは数値の大小に応じて、ソートされることが確認できます。

　その性質上、❸のように文字列／数値と互いに「<」比較できない型が混在したリストのソートは、「'<' not supported between instances of 'int' and 'str'」のようなエラーとなります。

　sortメソッドは、既定で昇順にソートしますが、reverseオプションをTrueとすることで、降順にソートすることもできます（❹）。

 note reverseメソッド／reversed関数と同じように、sortメソッドにも類似した組み込み関数としてsorted関数があります。sorted関数は、現在のリストを直接ソートする代わりに、ソートした結果を戻り値として返します。

任意のキーで並べ替える

　sortメソッドのkeyオプションを利用することで、独自のルールで並べ替えることが可能です。たとえばリスト6.19は、リストを文字数について昇順でソートする例です。

▶リスト6.19　list_sort_key.py

```
data = ['さくら', 'バラ', 'チューリップ', 'コスモス']
data.sort(key=lambda x: len(x))
print(data)     # 結果：['バラ', 'さくら', 'コスモス', 'チューリップ']
```

note 本項の理解は、ラムダ式（8.4.4項）の知識を前提にしています。ここではコードの意図だけを説明するので、8.4.4項でラムダ式を理解した後、再度読み解くことをお勧めします。

keyオプションには、ソートのためのキーを求める関数（ラムダ式）を指定できます。ラムダ式の引数には個々の要素が渡されるので、戻り値としてキーで比較できる値を返すようにします。この例であれば「len(x)」で文字列長を返すので、文字列長についてソートを実施するわけです。もちろん、reverseオプションを指定すれば、文字列長について降順（＝文字列の長い順）にも並べ替えられます。

例 役職をもとにソートする

keyオプションを利用すれば、たとえば役職（部長→課長→係長→主任）順に、辞書をソートすることもできます（リスト6.20）。

▶リスト6.20 list_sort_title.py

```python
title = ['部長', '課長', '係長', '主任']
data = [
  {'name': '山田太郎', 'position': '主任'},
  {'name': '鈴木次郎', 'position': '部長'},
  {'name': '田中花子', 'position': '課長'},
  {'name': '佐藤恵子', 'position': '係長'},
]
data.sort(key=lambda x: title.index(x['position']))
print(data)
```

```
[
  {'name': '鈴木次郎', 'position': '部長'},
  {'name': '田中花子', 'position': '課長'},
  {'name': '佐藤恵子', 'position': '係長'},
  {'name': '山田太郎', 'position': '主任'}
]
```

※結果は、見やすくなるように改行を加えています。

keyオプションでは、辞書のpositionをキーに役職リスト（title）を検索し、その登場位置をソートキーとしています。これで、役職リストで定義された順に辞書を並べ替えられます。このように、どのような値も大小比較できる形に変換できれば、ソートは可能です。

ソート順を保ちながら要素を挿入する —— bisectモジュール

ソート順を保ちながら要素を挿入する場合、要素を挿入するたび、sortメソッドでソートし直してもかまいません。しかし、挿入するコードが増えてくれば、それも面倒ですし、なによりヌケの原因ともなります。

標準ライブラリ　コレクション

そのような状況では、bisectモジュールを用いることで、リストのソート順序を保ちながら、新規の要素を挿入できます。bisectとは**配列二分法アルゴリズム**の意味で、挿入箇所を特定するためにこれが使われていることから、そう呼ばれます。

具体的な例も見てみましょう（リスト6.21）。

▶リスト6.21　list_sort_bisect.py

```python
import bisect

data = [108, 12, 9, 57, 63, 30]
data.sort()                                                          ❶
print(data)    # 結果：[9, 12, 30, 57, 63, 108]
bisect.insort(data, 43)                                              ❷
print(data)    # 結果：[9, 12, 30, 43, 57, 63, 108]
```

bisectモジュールはソート済みのリストを前提にしているので、利用にあたっては最初にsortメソッドでソートしておきます（❶）。あとは、これに対してinsertメソッドの代わりに、insort関数を呼び出すだけです（❷）。

構文 insort関数

```
insort(a, x)
```

a ：対象のリスト
x ：挿入する値

なお、insort関数は挿入値xと同じ値がリスト内に存在した場合、それらの要素の最後に新規の要素を挿入します。もしも最初（左側）に挿入したい場合は、insort_left関数を利用してください。構文はinsort関数と同じです。

6.1.11　リストをforループで処理する方法

forループでリストから値を順に取り出す方法については、4.3.3項でも触れました。ここでは、その理解を前提に、enumerate／zipなどの関数を利用した、より複雑なリスト処理について紹介しておきます。

インデックス番号／値をセットで取り出す

enumerate関数を併用することで、値とインデックス番号を取り出しながらのループが可能になります（リスト6.22）。

```
data = ['ぱんだ', 'うさぎ', 'こあら', 'とら']

for index, value in enumerate(data):
  print(index, ':', value)
```

```
0 : ぱんだ
1 : うさぎ
2 : こあら
3 : とら
```

　enumerate関数は「インデックス番号, 値」形式のタプルをリストにしたものを返します（正確にはenumerateオブジェクトです）。よって、forループでもタプルのそれぞれの値を受け取れるように、仮変数としてindex、valueを指定しています。

複数のリストをまとめて処理する

　zip関数を利用することで、複数のリストを束ねて処理することも可能です（リスト6.23）。

▶リスト6.23　list_zip.py

```
data1 = ['ぱんだ', 'うさぎ', 'こあら', 'とら']
data2 = ['panda', 'rabbit', 'koala']

for d1, d2 in zip(data1, data2):
  print(d1, '=', d2)
```
❶

```
ぱんだ = panda
うさぎ = rabbit
こあら = koala
```

　zip関数には、3個以上のリストを渡すことも可能です。その場合はforループの仮引数もリストの個数に応じて増やしてください。

最も要素数の多いリストに合わせて処理する

　リスト6.23の結果を見てもわかるように、リストの個数が異なる場合、zip関数は最も要素数の少

6

標準ライブラリ コレクション

ないリストに合わせて処理します（この例であれば「とら」は処理されません）。

　もしも最も要素数の多いリストに合わせて処理するならば、itertoolsモジュールのzip_longest関数を利用してください。リスト6.24は、リスト6.23の❶をzip_longest関数で書き換えたコードと、その結果です。

▶リスト6.24　list_zip_longest.py

```
import itertools
...中略...
for d1, d2 in itertools.zip_longest(data1, data2):
  print(d1, '=', d2)
```

```
ぱんだ = panda
うさぎ = rabbit
こあら = koala
とら = None
```

対応する要素がないもの（ここでは「とら」）には、None値が割り当てられることが確認できます。

6.1.12　リスト内の要素がTrueであるかを判定する

　リスト内の要素がTrueであるかを判定するには、表6.1の関数を利用できます（not anyは単にany関数にnot演算子を付与しただけです）。

❖表6.1　リスト内のTrue／Falseを判定する関数

関数	概要
all(*list*)	リスト内のすべての要素がTrueであるか
any(*list*)	リスト内の要素が1つでもTrueであるか
not any(*list*)	リスト内の要素がすべてFalseであるか

　リスト内の要素は、bool型に限定されません。リスト内の要素が暗黙的にbool型として判定された結果で、最終的な戻り値を生成します。暗黙的なTrue／Falseの判定については、2.2.2項も参照してください。

　具体的な例も見てみましょう（リスト6.25）。

```
print(all([False, True, False]))          # 結果：False  ┐
print(any([False, True, False]))          # 結果：True   ├①
print(not any([False, False, False]))     # 結果：True   ┘

print(any(['あいう', '', '']))             # 結果：True   ┐②
print(any(['', '', '']))                   # 結果：False  ┘

print(all((True, True, False)))           # 結果：False  ─③

data = ['さざんか', 'ほうせんか', 'バラ', 'サクラ']  ─┐④
print(any([len(str) > 4 for str in data]))  # 結果：True ┘
```

　bool値のリスト（①）はもちろん、たとえばstr値のリスト（②）でも判定できている点に注目です。リストではなく、後述するタプル／セットなどを引き渡すことも可能です（③）。

　さらに、リスト内包表記を併用することで、リスト内の要素が特定の条件を判定しているかどうかを判定することも可能です。④の例であれば、太字部分のリスト内包表記で[False, True, False, False]のようなリスト（文字数が4文字より多ければTrue）が生成されます。これをany関数に通すことで、元のリストdataで文字数が4文字より大きいものがあるかを判定するわけです。

6.1.13　リスト内の要素を加工する

　組み込み関数mapを利用することで、リストから順に要素を取得＆加工し、新たなリストを生成できます。

構文 map関数

```
map(function, iterable, ...)
```

function：要素を加工する処理
iterable：処理対象のリスト

　たとえばリスト6.26は、個々のリスト要素を自乗したリストを返します。

▶リスト6.26　list_map.py

```
data = [1, 3, 5]
result = map(lambda v: v * v, data)       ─────①
print(list(result))    # 結果：[1, 9, 25]  ─────②
```

ラムダ式（引数*function*）の条件は、以下の通りです。

- 引数として個々の要素を受け取り（ここではv）
- 戻り値として加工後の値を返す

この例であれば「v * v」で個々の要素を自乗しているので、結果リストもすべての要素が自乗されたものになります。

なお、map関数の戻り値は、（リストではなく）mapオブジェクトです。インデックスによるアクセスやforループでの処理は可能ですが、そのままprint関数に渡しても型名だけしか表示されません（＝中身を確認できません）。そこで、❷ではmapオブジェクトをlist関数に渡して、リストに変換したものを表示しています。

note 引数*function*には、別に定義した関数への参照を渡してもかまいません。よって、リスト6.26の❶は、以下のように表しても同じ意味になります。

```
def map_func(v):
  return v * v
result = map(map_func, data)
```

複数のリストを処理する

map関数では、引数*iterable*に複数のリストを渡すことで、それぞれの要素を統合することも可能です。たとえばリスト6.27は、リストdata／data2の個々の要素を乗算した結果を求める例です。

▶リスト6.27　list_map_multi.py

```
data = [1, 3, 5]
data2 = [2, 7, 10]

result = map(lambda v1, v2: v1 * v2, data, data2)
print(list(result))     # 結果：[2, 21, 50]
```

処理対象のリスト（引数*iterable*）を複数列挙した場合には、ラムダ式（引数*function*）の側も、

リストの数だけ引数を受け取る

必要があります。この例であれば、v1／v2がそれです。もちろん、ラムダ式の中では、これらの値を元に値を演算することになります。

渡すリストの要素数は互いに異なっていてもかまいませんが、いずれかのリストが読み取れなくなったところで（＝サイズの小さなリストに合わせて）処理は終了するので注意してください。

リストの内容を特定の条件で絞り込む

　組み込み関数filterを利用することで、リストの内容を関数（ラムダ式）で判定し、その中でTrue
と判定された要素だけを取得できます。

構文 filter関数

```
filter(function, iterable)
```

function：要素のTrue ／ Falseを判定する処理
iterable：処理対象のリスト

　たとえばリスト6.28は、文字列長が8文字未満の要素だけを取り出すコードです。

▶リスト6.28　list_filter.py

```
data = [
  'フレンチブルドッグ',
  'ヨークシャーテリア',
  'ダックスフント',
  'ポメラニアン',
  'コーギー',
]

result = filter(lambda v: len(v) < 8, data) ─────────────────── ❶
print(list(result))    # 結果：['ダックスフント', 'ポメラニアン', 'コーギー']
```

　ラムダ式（引数*function*）の条件は、以下の通りです。

- 引数として個々の要素を受け取り（ここではv）
- 結果に要素を残すならばTrue、除去するならばFalseを返す

　filter関数の戻り値は、（リストではなく）filterオブジェクトです。forループで中身を列挙するこ
とはできますが、print関数では型名情報が表示されるだけなので、そのまま中身を確認したい場合
にはlist関数でリスト化しておきましょう。

```
result = [x for x in data if len(x) < 8]
```

6.1.15 リスト内の要素を順に処理して1つにまとめる

functoolsモジュールのreduce関数を利用します（reduce関数はPython 2では組み込み関数でしたが、Python 3ではfunctoolsモジュールに移動しました）。

構文 reduce関数

```
reduce(function, iterable[, initializer])
```

function	：要素を演算する処理
iterable	：処理対象のリスト
initializer	：初期値

たとえばリスト6.29は、リスト内の数値の総積を求めるためのコードです。

▶リスト6.29　list_reduce.py

```
import functools

data = [2, 4, 6, 8]
multi = functools.reduce(lambda result, x: result * x, data) ──────────── ❶
print(multi)    # 結果：384
```

ラムダ式（引数 *function*）は、引数として

- 演算結果を格納するための変数（ここではresult）
- 個々の要素を受け取るための変数（ここではx）

を受け取ります。resultの内容は引き継がれていくので、この例であれば引数resultに対して順に要素の値を掛けこんでいくという意味になります（図6.6）。

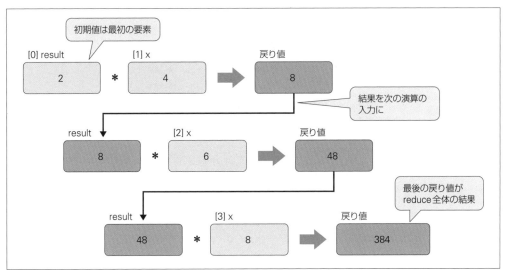

❖図6.6　reduce関数

引数*initializer*は、最初にresultに渡す値を表します。省略された場合には、リストの先頭要素が渡されます。よって、❶は以下のように書いてもほぼ同じ意味です。

```
multi = functools.reduce(lambda result, x: result * x, data, 1)
```

補足 operator モジュールでの置き換え

operatorモジュールでは、標準的な演算子を関数として表したものを提供しています。そのmul関数を利用すると、リスト6.29の❶は、以下のようにも表せます。

```
import operator
...中略...
multi = functools.reduce(operator.mul, data)
```

同じようにadd（+）、sub（-）、truediv（/）のような四則演算をはじめ、比較、ビット演算など、operatorモジュールにはさまざまな演算関数が用意されています（表6.2）。ラムダ式で基本的な演算を必要とする場合には、まずoperatorモジュールに対応するものがないかを確認してみるとよいでしょう。

❖表6.2　operatorモジュールの主な演算関数

関数	概要	例	
add(*a*, *b*)	加算	add(3, 2)	➡ 結果：5
sub(*a*, *b*)	減算	sub(3, 2)	➡ 結果：1
mul(*a*, *b*)	乗算	mul(3, 2)	➡ 結果：6
truediv(*a*, *b*)	除算	truediv(3, 2)	➡ 結果：1.5
floordiv(*a*, *b*)	除算	floordiv(3, 2)	➡ 結果：1
mod(*a*, *b*)	剰余	mod(3, 2)	➡ 結果：1
pow(*a*, *b*)	べき乗	pow(3, 2)	➡ 結果：9
eq(*a*, *b*)	*a*と*b*が等しい場合はTrue	eq(3, 2)	➡ 結果：False
ne(*a*, *b*)	*a*と*b*が等しくない場合はTrue	ne(3, 2)	➡ 結果：True
gt(*a*, *b*)	*a*が*b*より大きい場合はTrue	gt(3, 2)	➡ 結果：True
lt(*a*, *b*)	*a*が*b*より小さい場合はTrue	lt(3, 2)	➡ 結果：False
ge(*a*, *b*)	*a*が*b*以上場合はTrue	ge(3, 2)	➡ 結果：True
le(*a*, *b*)	*a*が*b*以下の場合はTrue	le(3, 2)	➡ 結果：False
and_(*a*, *b*)	論理積	and_(10, 1)	➡ 結果：0
or_(*a*, *b*)	論理和	or_(10, 1)	➡ 結果：11
xor(*a*, *b*)	排他的論理和	xor_(10, 1)	➡ 結果：11
invert(*a*)	反転	invert(10)	➡ 結果：−11
lshift(*a*, *b*)	左シフト	lshift(10, 1)	➡ 結果：20
rshift(*a*, *b*)	右シフト	rshift(10, 1)	➡ 結果：5

6.1.16　キュー構造を実装する

　キュー（Queue）は、先入れ先出し（FIFO：First In First Out）と呼ばれるデータ構造です（図6.7）。最初に入った要素から順に処理する（取り出す）流れが、窓口などでサービスを待つ様子にも

❖図6.7　キュー（Queue）

似ていることから、**待ち行列**とも呼ばれます。

6.1.4項でも触れたように、リストでもinsert／popなどのメソッドを利用すればキュー構造は表現できますが、効率的ではありません。キュー構造を実装するならば、collections.dequeクラスを利用することをお勧めします。

dequeとは「double-ended queue」（両端キュー）の略で、リストの先頭／末尾双方から要素を効率的に追加／削除できる構造です。内部的には、二重リンクリストとして実装されています。

二重リンクリストとは、要素同士を双方向のリンクで参照する構造のことです（図6.8）。

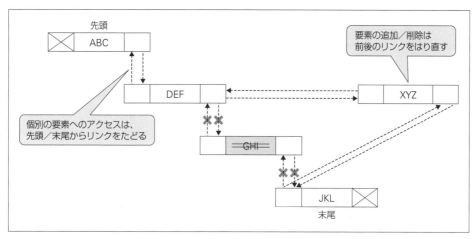

❖図6.8　二重リンクリスト

その性質上、インデックス値による要素の読み書きには不向きです。リンクをたどって、先頭（または末尾）から要素を順にたどっていかなければならないからです。理論上は、先頭／末尾へのアクセスは高速で、中央に位置する要素へのアクセスは最も低速になります。

一方、要素の挿入／削除は高速です。リストとは異なり、挿入／削除にあたって要素の移動が不要で、前後リンクの付け替えだけで済むからです。ただし、一般的には、挿入／削除に先立って、要素位置の検索が加わるはずなので、そちらのオーバーヘッドも考慮しなければなりません。

以上のような性質から、一般的には、

- リスト両端へのアクセスがメインとなる操作にはdeque
- インデックス操作がメインとなる場合はlist

という使い分けになるでしょう。

deque操作の基本

では、dequeの基本的な用途 —— キュー／スタック構造を実装してみましょう（リスト6.30）。

▶リスト6.30　deque_basic.py

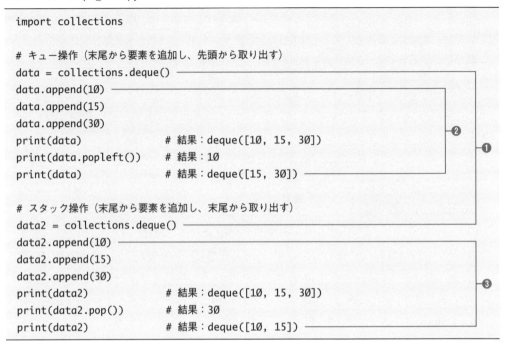

```python
import collections

# キュー操作（末尾から要素を追加し、先頭から取り出す）
data = collections.deque()
data.append(10)
data.append(15)
data.append(30)
print(data)             # 結果：deque([10, 15, 30])
print(data.popleft())   # 結果：10
print(data)             # 結果：deque([15, 30])

# スタック操作（末尾から要素を追加し、末尾から取り出す）
data2 = collections.deque()
data2.append(10)
data2.append(15)
data2.append(30)
print(data2)            # 結果：deque([10, 15, 30])
print(data2.pop())      # 結果：30
print(data2)            # 結果：deque([10, 15])
```

❷
❶
❸

dequeオブジェクトは、以下の構文で生成できます（❶）。

構文　dequeコンストラクター

```
deque([iterable[, maxlen]])
```

iterable：元となるデータ（リストなど）
maxlen　：最大長

　最大長（引数*maxlen*）が省略された場合、dequeは要素の追加に伴って任意のサイズまで拡張されます。最大長を指定した場合には、指定サイズを超えたところで追加したのと反対側の端から要素が破棄されます。

　dequeオブジェクトで利用できるメソッドには、表6.3のようなものがあります。

メソッド	概要
append(x)	値を末尾に追加
appendleft(x)	値を先頭に追加
clear()	すべての値を破棄
pop()	末尾から値を取得＆削除
popleft()	先頭から値を取得＆削除

　キューであればappend／popleftメソッドで（❷）、スタックであればappend／popメソッドで（❸）、それぞれ要素を出し入れします。

> *note* 表6.3で挙げた他にも、index、insert、removeなど、dequeでもlistで可能な操作をサポートしています。ただし、本項冒頭でも触れたように、リストへのランダムなアクセスはdequeが苦手とするところです。これらの操作を頻繁に利用するならば、そもそもdequeの利用が妥当かを再検討してください。

6.1.17　イミュータブルなリストを生成する

　listとよく似た型として、**タプル**（tuple）という型もあります。タプルとは、要は「変更できない（イミュータブルな）リスト」です。あとから触れる辞書（dict）では、ミュータブルな型（たとえばリスト）はキーとして利用できませんが、イミュータブルなタプルであればキーとして利用できます。また、関数／メソッドの戻り値として、たとえば名前と年齢のように異なるデータのかたまりを手軽に束ねるような用途でも、タプルを利用できます（詳しくは8.4.1項で紹介します）。

　最初のうちは、あえて自分で利用する機会は少ないかもしれません。しかし、組み込み関数（たとえばdivmod、isocalendar）でも、そうと意識せずにタプルは登場しています。本項では、まずはタプルの基本的な用法を理解し、今後登場する中で徐々に慣れていくことにしましょう。

　タプルは、リスト6.31のような方法で宣言できます。

▶リスト6.31　tuple_basic.py

```
t1 = (1, '山田', '1910-12-04') ─────────────────── ❶
print(t1)    # 結果：(1, '山田', '1910-12-04')
t2 = () ──────────────────────────────────────── ❷
print(t2)    # 結果：()
t3 = ('鈴木',) ──────────────────────────────────── ❸
print(t3)    # 結果：('鈴木',)
t4 = tuple([1, 2, 3]) ──────────────────────────── ❹
print(t4)    # 結果：(1, 2, 3)
```

まず、❶のようにカンマ区切りで列挙し、全体を丸カッコでくくります。丸カッコは省略してもかまいませんが、リストと区別する意味でも明示をお勧めします。

```
t1 = 1, '山田', '1910-12-04'  ➡丸カッコは省略も可能
```

note　たとえば「my_func(x, y)」は2引数を受け取る関数呼び出しですが、「my_func((x, y))」は2要素を持つタプルを受け取る関数呼び出しです。このようなあいまいさを防ぐ意味でも、丸カッコを省略しないのがよいでしょう。

　空のタプルを表すならば空の丸カッコで表しますし（❷）、単一要素のタプルならばカンマ終わりの要素を丸カッコでくくります（❸）。単一要素であっても、カンマなしの「('鈴木')」ではタプルとはみなされません（＝ただの文字列とみなされます）。

　そして、より明示的にタプルを宣言したい、またはリストなどイテラブルな型からタプルを生成するならば、tupleコンストラクターを利用します（❹）。引数を省略することで、空のタプルも生成できます。

　タプルは、リストで見たような、表6.4の演算子／関数を利用できます。

❖表6.4　タプルで利用できる演算子／関数

分類	構文	概要
基本	t[i:start:end]	スライス構文
	len(t)	タプルの長さ
	min(t)	要素の最小値
	max(t)	要素の最大値
	t.index(x[, start[, end]])	タプルから要素xを検索
存在	x in t	タプルtに要素xが含まれているか
	x not in t	タプルtに要素xが含まれていないか
結合	t1 + t2	タプルt1、t2同士を結合
	t * n	タプルtをn回結合

　しかし、先ほども述べたようにタプルはイミュータブルなので、たとえばスライス構文による代入やappend／popのような内容を変更するような操作はサポートされません。

　ただし、「+」「*」などでタプル同士を連結したり、スライス構文で特定の要素だけを抜き出すことは可能です。これらの操作は、あくまで新たなタプルを生成しているからです。

note　collectionsモジュールのnamedtupleを利用することで、個々の要素に名前でアクセスできるタプルを生成することもできます。クラスを定義するほどではないが、異種のデータに名前（キー）でアクセスしたい、という場合に便利な型です。具体的な用例については、8.4.1項で解説します。

練習問題　6.1

[1] 表6.Aは、コレクション型に関する説明です。空欄を埋めて、表を完成させてください。

❖表6.A　主なコレクションの型

型名	概要
シーケンス型	順に並んだ値を扱うための型。要素は重複 ① で、型が異なっていてもよい。
セット型	数学の集合の概念に近い型。要素は順番を ② 、重複も ③ 。
④	⑤ の組みで要素を管理する型。値は重複可能だがキーは重複できない。

[2] リスト6.Aは、リストを新規に作成して、その内容を更新した後、一覧表示する例です。空欄を埋めて、コードを完成させてください。

▶リスト6.A　p_list.py

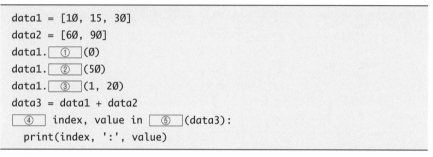

```python
data1 = [1Ø, 15, 3Ø]
data2 = [6Ø, 9Ø]
data1. ① (Ø)
data1. ② (5Ø)
data1. ③ (1, 2Ø)
data3 = data1 + data2
④ index, value in ⑤ (data3):
  print(index, ':', value)
```

```
Ø : 15
1 : 2Ø
2 : 3Ø
3 : 5Ø
4 : 6Ø
5 : 9Ø
```

6.2 セット（集合）型

セット（set）は、リスト／タプルと同じく、複数の値を束ねるための型です（図6.9）。ただし、リストと違って、順番を持ちません。よって、何番目の要素を取り出す、といったことはできません。また、重複した値も許しません。

数学における集合の概念にも似ており、ある要素（群）がセットに含まれているか、他のセットとの包含関係に関心があるような状況でよく利用します。

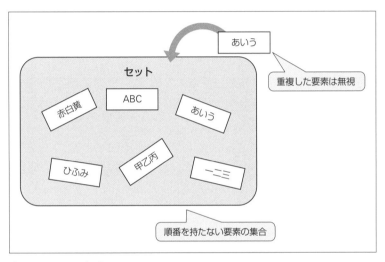

❖図6.9 セット（set）

セットには、setとfrozensetという2種類の型が用意されています。これらの関係は、listとtupleの関係と同じで、ミュータブルであるかどうかの違いです（setがミュータブルで、frozensetがイミュータブルなセットです）。以下では、setを例に解説を進めますが、frozensetも変更系の演算子／メソッドを利用できないだけで、用法は同じです。

6.2.1 セットの生成

まずは、さまざまな方法でセットを作成してみましょう（リスト6.32）。なお、セットは順番を持たないため、実行結果の並び順はその都度変わります。

```
sets = {'鈴木', '佐藤', '田中', '山本'} ─────────────────────┐
print(sets)     # 結果:{'佐藤', '鈴木', '田中', '山本'} ──────┤①
sets2 = set(['山田', '林', '本多', '山田']) ──────────────────┐
print(sets2)     # 結果:{'本多', '林', '山田'} ───────────────┤②
sets3 = {'鈴木', '山田', frozenset(['山田', '小杉'])} ─────────┐
print(sets3)     # 結果:{frozenset({'小杉', '山田'}), '鈴木', '山田'} ─┤③
```

❶最も簡単なセットの宣言

❶は、最も基本的なセットの宣言です。値をカンマで区切って、全体を{...}でくくります。ただし、この書き方では、空のセットは生成できません。というのも、{}とした場合、（空のセットではなく）空の辞書（6.3.1項）とみなされるからです。空のセットを生成したい場合は、❷のsetコンストラクターを利用してください。

❷setコンストラクターによる宣言

setコンストラクターに、リスト／タプル／辞書などを渡すことでも、セットを生成できます。空のセットを生成するには、「set()」のように、引数*iterable*を空にするだけです。

構文　setコンストラクター

```
set([iterable])
```

iterable：セットに収納するリスト／タプルなど

引数*iterable*に含まれる重複した値（ここでは「山田」）は、無視される点にも注目です。本節冒頭でも触れたように、セットとは一意な値の集合であるからです。

この性質を利用すれば、リスト／タプルに含まれる重複を除去するのに、セットを利用することも可能です。

❸入れ子のセットを宣言

❶❷いずれの場合に関わらず、セットの要素はイミュータブル（より正しくはハッシュ可能。6.3.2項）でなければなりません。値が一定でなければ、重複も判定できないので当然ですね。

よって、入れ子のセットを表現するならば、

内側のセットはfrozensetでなければならない

点に注意してください。frozensetは、❷のsetと同じ構文で生成できます。

同じ理由から、リストを配下に持つ場合も、（listではなく）tupleでなければなりません。

note 入れ子になった場合、階層の異なる要素同士が等しいのはかまいません（❸の例であれば「山田」）。あくまで重複チェックの対象は、（上の例であれば）「鈴木」「山田」「frozenset(...)」であるからです。

6.2.2 セットの基本操作

セットの生成方法を理解できたところで、まずは、要素の追加／削除、列挙といった基本操作を見ていきましょう（リスト6.33）。

▶リスト6.33　set_add.py

```
sets = {'鈴木', '佐藤', '田中', '山本'}
sets.add('伊藤')
sets.add('田中')                                                    ❶
print(sets)       # 結果：{'佐藤', '鈴木', '田中', '山本', '伊藤'}

sets.remove('山本')                                                 ❷

for item in sets:
    print(item)   # 結果：鈴木、田中、佐藤、伊藤                      ❸

print(sets.pop())     # 結果：伊藤（都度異なります）
print(sets)           # 結果：{'佐藤', '鈴木', '田中'}（都度異なります） ❹
sets.clear()
print(sets)       # 結果：set()                                     ❺
```

addメソッドは、既存のセットに対して要素を追加します（❶）。ただし、何度も触れているように、セットは重複を許しません。重複した値（ここでは「田中」）は無視されます。removeメソッドによる削除も可能です（❷）。

また、既存の要素に対するアクセスも、リストに比べると制限されています。具体的には、インデックス／スライス構文によるアクセスはできません（順番がないので当然です）。できるのは、forループによる列挙（❸）とpopによる取り出し（❹）くらいです。ただし、forループにしても、取り出しの順序は不定ですし、popによる取り出しも任意の要素がランダムに取り出され（削除され）る点に注意してください。

セット全体を破棄するには、clearメソッドを利用します（❺）。

要素の有無／包含関係を判定する

前項で触れたような制約から、セットは特定の要素を出し入れするような用途には適しません。一般的にセットを利用するのは、ある値がすでに存在するか、または、あるセットが別のセットに含まれているか（＝サブセットであるか）など、集合関係に関心がある場合になるでしょう。

具体的な例を見ていきましょう（リスト6.34）。

▶リスト6.34　set_in.py

```python
sets1 = {15, 25, 37, 20}
sets2 = {10, 13, 32}
sets3 = {25, 37}

print(10 in sets1)              # 結果：False ─────────────┐
print(10 not in sets1)          # 結果：True ──────────────┴─❶
print(sets3.issubset(sets1))    # 結果：True ─────────────┐
print(sets3 <= sets1)           # 結果：True ──────────────┴─❷
print(sets1.issuperset(sets3))  # 結果：True ─────────────┐
print(sets1 >= sets3)           # 結果：True ──────────────┴─❸
print(sets1.isdisjoint(sets2))  # 結果：True ─────────────┐
print(sets1.isdisjoint(sets3))  # 結果：False ─────────────┴─❹
```

セットに値が存在するかどうかを判定したいならば、in演算子を利用します（❶）。値が存在するかどうかの判定で、セットの包含関係を判定するわけでは**ない**点に注意してください。よって、以下のような判定はFalseとなります。

```python
print(sets3 in sets1)     # 結果：False（sets1にsets3という要素が存在するか）
```

包含関係（＝あるセットが特定のセットに含まれているか）を確認したいならば、❷のようにissubsetメソッドを利用してください（図6.10）。「<=」演算子を利用しても同じ意味になります。

「<」演算子も利用できますが、こちらは真部分集合を意味します。つまり、「あるセットが別のセットに含まれるが、等しくはない」を判定します。

構文 issubsetメソッド

```
sets.issubset(other)
```

sets	：任意のセット
other	：比較するセット

逆に、セットsetsに別のセットotherが含まれるかを判定したいならば、issupersetメソッドを利用します（❸）。issubsetの逆です。

構文 issupersetメソッド

```
sets.issuperset(other)
```

sets ：任意のセット
other ：比較するセット

同じく「>=」「>」演算子で代替することもできます（「>」は真上位集合を判定）。

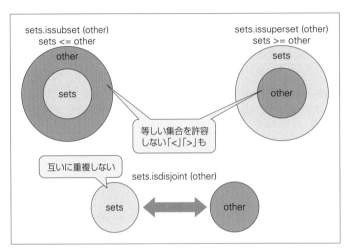

❖図6.10　包含関係の確認

isdisjointメソッド（❹）は、比較するセット同士で重複する要素が存在**しない**ことを確認します。互いの積集合が空になることを判定する、と言い換えてもよいでしょう。

6.2.4 　和集合／差集合／積集合などを求める

セットとは、数学の集合にもよく似た仕組みで、集合計算を得意とします。具体的には、図6.11のような集合計算を標準で提供しています。

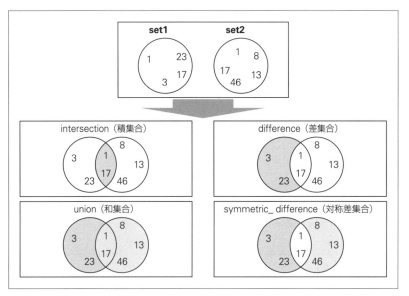

❖図6.11 setの集合計算

それぞれの動作を実際のコードでも確認してみます（リスト6.35）。

▶リスト6.35　set_union.py

```
sets1 = {1, 20, 30, 60, 10, 15}
sets2 = {10, 15, 30}
sets3 = {20, 40, 60}

print(sets1.union(sets2))                    # 結果：{1, 10, 15, 20, 60, 30}
print(sets1.union(sets2, sets3))             # 結果：{1, 40, 10, 15, 20, 60, 30}
print(sets1.intersection(sets2))             # 結果：{10, 30, 15}
print(sets1.intersection(sets2, sets3))      # 結果：set()
print(sets1.difference(sets3))               # 結果：{1, 10, 30, 15}
print(sets1.difference(sets2, sets3))        # 結果：{1}
print(sets1.symmetric_difference(sets3))     # 結果：{1, 40, 10, 15, 30}
```

それぞれのメソッドは、以下の演算子で置き換えも可能です。

- | （union：和集合）
- & （intersection：積集合）
- − （difference：差集合）
- ^ （symmetric_difference：対称差集合）

以下は、リスト6.35のコードと同じ意味です。

```
print(sets1 | sets2)
print(sets1 | sets2 | sets3)
print(sets1 & sets2)
print(sets1 & sets2 & sets3)
print(sets1 - sets3)
print(sets1 - sets2 - sets3)
print(sets1 ^ sets3)
```

ただし、メソッドは任意のイテラブル型（リスト、タプルなど）を受け取れるのに対して、演算子が受け付けるのはセットだけです。双方は完全に等価ではありません。

6.2.5 セット内包表記

4.2.5項でも触れた内包表記は、セットでも利用できます。リスト内包表記を[...]でくくるのに対して、セット内包表記は{...}でくくります。

構文 セット内包表記

```
{式 for 仮変数 in イテラブル型 if 条件式}
```

たとえばリスト6.36は、小数点数のリストから小数点以下を切り捨て、整数のセットを生成する例です。その際、ゼロ以下の値は破棄するものとします。

▶リスト6.36　set_filter.py

```
data = [15.2, 15.1, 4.8, 5.8, 9.8, -1.0]
data2 = {int(i)  for i in data if i > 0}
print(data2)    # 結果：{9, 4, 5, 15}
```

セットなので、小数点以下切り捨ての結果、重複した値は1つにまとめられてしまう（＝同じ値は無視される）点、また、セットは順番を持たないので、結果の順序はリストの順序によらない点に注目です。

練習問題　6.2

[1]「10、105、30、7」「105、28、32、7」という集合を作成し、その積集合を求めるための
　　コードを作成してみましょう。

6.3 辞書（dict）型

　辞書（dict）は、一意のキーと値のペアで管理されるデータ構造です。言語によっては、**ハッ
シュ、連想配列**と呼ぶ場合もあります。

　リスト／タプルと異なり、個々の要素に対して、（インデックスではなく）キーという意味ある情
報でアクセスできる点が、辞書の特徴です（図6.12）。キーには任意の型を利用できますが、まずは
文字列を利用する機会が多いでしょう。ある項目（キー）と内容とが対になっているという意味で、
「辞書」と呼ばれるわけです。

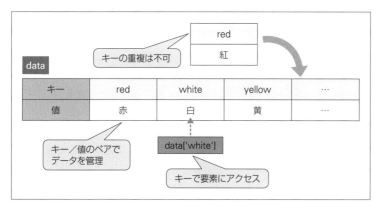

❖図6.12　辞書（dict）

　本節では、標準的な辞書（dict）型に加えて、collectionsモジュールで提供されているdefaultdict
についても扱います。

6.3.1 辞書の生成

　まずは、さまざまな方法で辞書を作成してみましょう（リスト6.37）。

▶リスト6.37　dict_basic.py

```
d1 = {'red': '赤', 'white': '白', 'yellow': '黄'} ─────────────────────┐
print(d1)   # 結果：{'red': '赤', 'white': '白', 'yellow': '黄'} ──────┤❶
d2 = {} ──────────────────────────────────────────────────────────────┐
print(d2)   # 結果：{} ────────────────────────────────────────────────┤❷
d3 = dict(red='赤', white='白', yellow='黄') ─────────────────────────┐
print(d3)   # 結果：{'red': '赤', 'white': '白', 'yellow': '黄'} ──────┤❸
d4 = dict([('red', '赤'), ('white', '白'), ('yellow', '黄')]) ────────┐
print(d4)   # 結果：{'red': '赤', 'white': '白', 'yellow': '黄'} ──────┤❹
d5 = dict({'yellow': '黄', 'white': '白', 'red': '赤'}) ──────────────┐
print(d5)   # 結果：{'yellow': '黄', 'white': '白', 'red': '赤'} ──────┤❺
d6 = dict({'red': '赤', 'white': '白', 'yellow': '黄'}, ──────────────┐
          white='しろ', black='黒')
print(d6)                                                               ❻
    # 結果：{'red': '赤', 'white': 'しろ', 'yellow': '黄', 'black': '黒'} ┘
d7 = dict(zip(['red', 'white', 'yellow'], ['赤', '白', '黄'])) ───────┐
print(d7)   # 結果：{'red': '赤', 'white': '白', 'yellow': '黄'} ──────┤❼
```

　最もシンプルに辞書を宣言するには、「キー: 値」の組みをカンマで区切って、全体を{...}でくくります（❶）。一から辞書を宣言するならば、まずはこの方法で十分です。❷のように、中身のない{}で、空の辞書も生成できます。

> *note* セットのリテラルも{...}ですが、空の{}は（セットではなく）辞書とみなされます。空のセットを生成するには、setコンストラクターを利用してください。

　dictコンストラクターによる生成も可能です（❸〜❼）。{...}構文に比べると、引数の組み合わせパターンが豊富なので、たとえば既存のリスト／辞書をもとに、新規の辞書を生成するような場合には、こちらの記法を利用します。

　まず、❸は「キー = 値」の形式で、辞書を生成する例です。構文が異なるだけで、意味的には❶と等価です。

　❹〜❺は、それぞれ既存のリスト／辞書から、新規に辞書を生成する例です。リストの要素は、「キー, 値」であるリスト、またはタプルでなければなりません。

　❻は、❸、❹の組み合わせです。既存の辞書に対して、「キー = 値」で指定された情報を追加したもので、新規の辞書を生成します。

　そして、❼はzip関数（6.1.11項）を利用した例です。zip関数は、指定されたリストの先頭から順に要素を取り出して、タプルに束ねたものを返します。よって❼は、❹と同じ意味になります。

　なお、辞書のキーは値を特定するための情報なので、一意でなければなりません。よって、❶〜❼

いずれの場合にも、指定されたキー情報が重複する場合、あとから指定されたもので上書きされます。❻の例であれば、前方の辞書で指定されたキーwhiteの値が、同名の引数の値によって上書きされていることが確認できます。

6.3.2 ハッシュ表とキーの注意点

辞書（dict）は、内部的に**ハッシュ表（ハッシュテーブル）**と呼ばれるリストを持ちます（図6.13）。

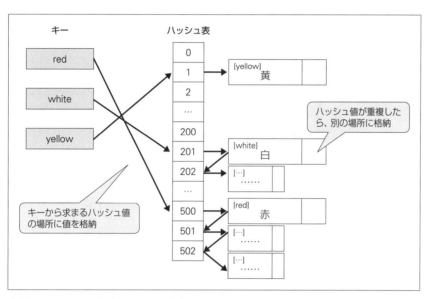

❖図6.13　ハッシュ表（ハッシュテーブル）

要素を保存する際に、キーからハッシュ値を求めることで、ハッシュ表のどこに値（オブジェクト）を保存するかを決定します。

> **note** ハッシュ値は、オブジェクトの値をもとに算出した任意のint値です。オブジェクト同士が等しければハッシュ値も等しいという性質があります。ただし、ハッシュ値が等しくても、オブジェクトが必ずしも等しいとは限りません。
> 具体的なハッシュ値の算出方法については、11.2.3項でも解説します。

しかし、ハッシュ値のすべてのパターンに対応するサイズのハッシュ表をあらかじめ用意しておくのは現実的ではありません。よって、一般的には任意サイズのハッシュ表を用意しておいて、ハッシュ値を表サイズ未満の値に丸め、格納先を決定します。

その性質上、ハッシュ値（または、その格納先）は重複する可能性もあります。その場合には、決められたルールでハッシュ表内の別の場所に値を格納します。

キーはハッシュ可能であること

以上のような性質から、辞書（dict）のキーは、ハッシュ値を算出可能な型でなければなりません。このような性質を hashable（ハッシュ可能）と呼びます。

組み込み型では、たとえば以下のような型がhashableです。

- int
- str
- bytes
- tuple
- frozenset

つまり、list、set、dictなどの型はunhashable（ハッシュ不可）で、辞書のキーとして利用することはできません。

最初のうちは、str型をキーとして利用することが多いはずですが、まずは

- 辞書のキーは文字列に限定されないこと
- とはいえ、すべての型をキーとして利用できるわけではないこと

を押さえておくとよいでしょう。ちなみに、unhashableな型をキーとして利用した場合には「Type Error: unhashable type: 'set'」のようなエラーが返されます。

note ユーザー定義クラスをhashableにすることも可能です。ただし、その際には、以下のような条件を満たしていなければなりません。

1. ハッシュ値を返す__hash__メソッドを実装していること
2. 生成から破棄までハッシュ値が変化しないこと

hashableなクラスの定義については、11.2.3項で改めて詳説します。

6.3.3 辞書の基本操作

辞書の操作方法は、リスト／セットのそれを理解していれば、ごく直観的にわかります。表6.5に、辞書（dict型）で利用できる主なメソッド／関数／演算子をまとめます。

分類	メソッド／関数／演算子	概要
取得	dic[*key*]	指定キー*key*の値を取得（存在しない場合はKeyError）
	get(*key*[, *default*])	指定キー*key*の値を取得（存在しない場合は既定値*default*を返す）
	pop(*key*[, *default*])	指定キー*key*の値を取得＆削除（存在しない場合は既定値*default*を返す）
	popitem()	辞書から任意の項目（(*key*, *value*)）を取得＆削除
設定／削除	dic[*key*] = *value*	指定キー*key*の値を設定
	setdefault(*key*[, *default*])	既存のキー*key*の値を設定（存在しない場合は既定値*default*を設定）
	del *dic*[*key*]	指定のキー*key*を削除
	clear()	辞書のすべての項目をクリア
判定	*key* in *dic*	辞書にキー*key*が存在するかを判定
	key not in *dic*	辞書にキー*key*が存在しないかを判定
ビュー	items()	項目（(*key*, *value*)）のビューを取得
	keys()	キーのビューを取得
	values()	値のビューを取得
その他	len(*dic*)	辞書の項目数を取得
	copy()	辞書のシャローコピーを取得

6

標準ライブラリ ［コレクション］

これらのメソッドを利用した具体的なコードを、以下に示します。

辞書にキー／値を設定する

辞書にあとからキー／値を追加するには、ブラケット構文、またはsetdefaultメソッドを利用します（リスト6.38）。

▶リスト6.38　dict_set.py

```python
d = {'apple': 'りんご', 'orange': 'みかん', 'melon': 'メロン'}
d['apple'] = '林檎' ─────────────────────────────────────┐
d['strawberry'] = 'いちご' ──────────────────────────────┤─❶
print(d.setdefault('apple', '○'))        # 結果：林檎 ──────┐
print(d.setdefault('watermelon', '○'))   # 結果：○ ───────┤─❷
print(d)
    # 結果：{'apple': '林檎', 'orange': 'みかん', 'melon': 'メロン', ⏎
            'strawberry': 'いちご', 'watermelon': '○'}
```

ブラケット構文はキーの有無に関わらず値を設定しますが（❶）、setdefaultメソッドは、キーが存在しない場合にだけ値を設定します（存在する場合は値を返すだけです❷）。

辞書に複数のキー／値を設定する

複数のキー／値をまとめて設定するならば、updateメソッドも利用できます（リスト6.39）。

```
d1 = {'apple': 'りんご', 'orange': 'みかん'}
d2 = {'melon': 'メロン', 'orange': '蜜柑'}
d1.update(d2)
print(d1)    # 結果：{'apple': 'りんご', 'orange': '蜜柑', 'melon': 'メロン'}
d1.update(strawberry='いちご', watermelon='すいか')
print(d1)    # 結果：{'apple': 'りんご', 'orange': '蜜柑', 'melon': 'メロン', ⏎
                      'strawberry': 'いちご', 'watermelon': 'すいか'}
d1.update([('pear', 'なし'), ('grape', 'ぶどう')])
print(d1)    # 結果：{'apple': 'りんご', 'orange': '蜜柑', 'melon': 'メロン', ⏎
'strawberry': 'いちご', 'watermelon': 'すいか', 'pear': 'なし', 'grape': 'ぶどう'}
```

　updateメソッドには、辞書、キーワード引数、タプルのリストなどを渡せます（dictコンストラクターと同じですね）。いずれの場合も存在しないキーに対しては追加、存在するキーは上書きします。

辞書から値を取得する

　辞書から値を取得するには、ブラケット構文をはじめ、get、pop／popitemメソッドなどを利用できます。サンプルでそれぞれの挙動の違いを見ていきます（リスト6.40）。

▶リスト6.40　dict_get.py

```
d = {'apple': 'りんご', 'orange': 'みかん', 'melon': 'メロン'}
print(d['pear'])              # 結果：エラー（KeyError: 'pear'）─────────────❶
print(d.get('pear', '×'))     # 結果：× ───────────────────────────┐
print(d.pop('melon', '×'))    # 結果：メロン ──────────────────────────┤❷
print(d.popitem())            # 結果：('orange', 'みかん') ────────────❸
print(d)     # 結果：{'apple': 'りんご'}
```

　まず、ブラケット構文では、キーが存在しない場合はKeyErrorとなります（❶）。
　もしキーが存在しない場合も、あらかじめ決めておいた既定値（ここでは「×」）を返したい場合には、get／popメソッドを利用してください（❷）。get／popメソッドの違いは、キーが存在した場合の挙動です。前者が値を取得するだけなのに対して、後者は取得した値を削除します（取得するというよりも取り出すイメージです）。
　❸のpopitemメソッドは、任意のエントリー（「キー, 値」形式のタプル）を取得したうえで削除します。popitemメソッドのルールはLIFO（＝後に登録したものを先に取り出す）です。

note popitemメソッドのLIFO順序が保証されるのは、Python 3.7以降です。それ以前のバージョンでは、popitemメソッドは任意の（キー, 値）を返します。

特定のキーが含まれているかを判定する

値ではなく、単にキーが存在するかどうかを判定したいだけであれば、in演算子を利用します（リスト6.41）。

▶リスト6.41　dict_in.py

```
d = {'apple': 'りんご', 'orange': 'みかん', 'melon': 'メロン'}
print('orange' in d)    # 結果：True
print('pear' in d)      # 結果：False
```

辞書からキーを削除する

del命令で個別のキーを削除し、clearメソッドですべてのキーを破棄します（リスト6.42）。

▶リスト6.42　dict_del.py

```
d = {'apple': 'りんご', 'orange': 'みかん', 'melon': 'メロン'}
del d['orange']
print(d)      # 結果：{'apple': 'りんご', 'melon': 'メロン'}
d.clear()
print(d)      # 結果：{}
```

なお、値を取得しながら削除するならば、リスト6.40のpop／popitemメソッドを利用できます。

辞書の内容を列挙する

dict型の内容を列挙するには、表6.6のようなメソッドを利用します。

❖表6.6　値を列挙するためのメソッド

メソッド	概要
items()	キー／値のビューを取得
keys()	キーのビューを取得
values()	値のビューを取得

ビュー（辞書ビュー）とは、リストのように列挙可能な型ですが、元の辞書が変化した場合、ビューの内容も変更される点が異なります（リスト6.43）。

```
d = {'apple': 'りんご', 'orange': 'みかん', 'melon': 'メロン'}

# 項目を列挙
for item in d.items():
    print(item)             # 結果：('apple', 'りんご')
                            #       ('orange', 'みかん')
                            #       ('melon', 'メロン')

for key, value in d.items():                                        ❶
    print(key, ':', value)  # 結果：apple : りんご
                            #       orange : みかん
                            #       melon : メロン

# キーを列挙
for key in d.keys():
    print(key)              # 結果：apple
                            #       orange
                            #       melon

# 値を列挙
for value in d.values():
    print(value)            # 結果：りんご
                            #       みかん
                            #       メロン
```

❶はアンパック代入です。itemsメソッドは「キー／値」をタプルとして返すので、それぞれの要素を変数key、valueに振り分けているわけです。

辞書とそのビューとが連動していることも確認しておきます。

```
values = d.values()
d['apple'] = '林檎'

for value in values:
    print(value)    # 結果：林檎  ➡変更を反映
                    #       みかん
                    #       メロン
```

辞書のキーを比較する

keysメソッドの戻り値は、セットと同じく、「&」「|」などの演算子を用いることで積集合や差集合を求めることもできます（集合演算については、6.2.4項も参照してください）。たとえばリスト6.44は、2個の辞書から共通のキーだけを求める例です。

▶リスト6.44　dict_compare.py

```
d1 = {'apple': 'りんご', 'orange': 'みかん', 'melon': 'メロン'}
d2 = {'grape': 'ぶどう', 'orange': '蜜柑', 'pear': 'なし', 'apple': '林檎'}
print(d1.keys() & d2.keys())    # 結果：{'orange', 'apple'}
```

itemsメソッドの戻り値に対しても、同様に集合演算は可能です。その場合、たとえば「&」演算子であれば（キーだけでなく）キー／値が共通のものを取得できます。

6.3.4　既定値を持つ辞書を定義する──defaultdict

リスト6.45は、リストdataに含まれるそれぞれの名前の出現数をカウントするためのコードですが、意図したように動作しません。

▶リスト6.45　dict_count.py

```
data = ['太郎', '花子', '次郎', '太郎', '太郎', '太郎', '花子']
result = {}

for key in data:                                                    ①
  result[key] += 1

print(result)
```

太字の箇所でたとえば「太郎」というキーが最初は存在しないので、KeyErrorが発生するのです。そこで、❶を以下のように書き換えてみます。

```
for key in data:
  if key in result:
    result[key] += 1
  else:
    result[key] = 1
```

in演算子でキーの有無を判定して、存在すればそのキーで出現数をインクリメントし、存在しなければ値1で初期化します。これで、以下のような結果が得られます。

```
{'太郎': 4, '花子': 2, '次郎': 1}
```

　ただし、いちいち初期化の判定をするのが面倒にも思えるかもしれません。そこで辞書の初期値を管理してくれるのがcollectionsモジュールのdefaultdict型なのです。

　リスト6.45を、defaultdict型を使って置き換えてみましょう（リスト6.46）。

▶リスト6.46　dict_count_def.py

```
import collections

data = ['太郎', '花子', '次郎', '太郎', '太郎', '太郎', '花子']
result = collections.defaultdict(int)

for key in data:
  result[key] += 1

print(result)
    # 結果：defaultdict(<class 'int'>, {'太郎': 4, '花子': 2, '次郎': 1})
```

　defaultdictコンストラクターの構文は、以下です。

構文 defaultdictコンストラクター

```
defaultdict(factory[, args])
```

factory ：既定値を生成する関数
args 　 ：dictコンストラクター相当の引数

　引数*factory*には、既定値を生成するためのラムダ式を渡すのが基本です（ラムダ式については、8.4.4項で説明します）。よって、より丁寧に書くならば太字の部分は以下のように表せます。

```
collections.defaultdict(lambda: int())
```

　int関数の戻り値を返す関数を表すわけです。しかし、引数*factory*は引数なし、戻り値が既定値であれば、どんな関数を渡してもかまいません。よって、この例のように、int関数の戻り値をそのまま返すだけであれば、int関数そのものを引数*factory*に渡しても同じ意味です。そして、int関数は引数を省略した場合、0を返すので、これで既定値0を意味するわけです。

> *note* 同じように、0.0（浮動小数点数）、空のリスト／辞書などを渡したいならば、それぞれの型のコンストラクター（float、list、dictなど）も利用できます。

6.3.5　辞書内包表記

リスト内包表記／セット内包表記と同様、辞書でも内包表記を利用できます。

構文　辞書内包表記

```
{キー: 値 for 仮変数 in イテラブル if 条件式}
```

辞書を生成するので、先頭部分の式は「キー: 値」ですし、全体は｛...｝でくくりますが、その他はリスト内包表記、セット内包表記とほとんど同じです。

具体的な例も見てみましょう。リスト6.47は、元の辞書からキー／値を逆転させるためのコードです（＝「'apple': 'りんご'」を「'りんご': 'apple'」に変換します）。

▶リスト6.47　dict_trans.py

```
d = {'apple': 'りんご', 'orange': 'みかん', 'melon': 'メロン'}
result = {value: key for key, value in d.items()}
print(result)    # 結果:{'りんご': 'apple', 'みかん': 'orange', 'メロン': 'melon'}
```

（辞書ではなく）リストなどから辞書を生成することもできます。たとえばリスト6.48は、リストから、「頭文字: 値」形式の辞書を生成する例です。

▶リスト6.48　dict_trans2.py

```
data = ['apple', 'orange', 'melon', 'pear', 'olive']
result = {item[0]: item for item in data}
print(result)    # 結果:{'a': 'apple', 'o': 'olive', 'm': 'melon', 'p': 'pear'}
```

もちろん、辞書では同じキーはあとのものが優先されるので、この例であればorange、oliveのうち、oliveだけが残ります。

☑ この章の理解度チェック

[1] 次の文章は、コレクションについて説明したものです。正しいものには○、誤っているものには×を付けてください。

（　　）　リスト型のappend／popメソッドによる挿入／削除は、挿入／削除する位置に関わらずほぼ一定のスピードで可能である。

（　　） collections.deque型を利用した先頭／末尾への挿入／削除は、比較的低速である。

（　　） セット型は要素の重複を許さず、一意の値を一定の順序で保持する。

（　　） 辞書型のキーとして指定できるのはstr型、tuple型だけである。

（　　） スタックは先入れ先出し、キューは後入れ先出しと呼ばれるデータ構造である。

[2] リスト6.Bは辞書を初期化、操作した結果を出力するためのコードです。空欄を埋めて、コードを完成させてください。

▶リスト6.B　ex_dic.py

```
d = {'cucumber':'キュウリ', 'lettuce':'レタス', 'spinach':'ホウレン⏎
ソウ'}
d['  ①  '] = '  ②  '
d.  ③  ('spinach')
d.  ④  ('carrot', 'ニンジン')

for   ⑤   in   ⑥  :
    print(item)      # 結果：('cucumber', '胡瓜')
                     #      ('lettuce', 'レタス')
                     #      ('carrot', 'ニンジン')
```

[3] リスト6.Cはセットを利用したコードですが、誤りが3点あります。これを指摘してください。

▶リスト6.C　ex_set.py

```
sets1 = [2, 4, 8, 16, 32]
sets2 = [1, 10, 4, 16]

print(sets1.difference(sets2))    # 結果：{32, 1, 2, 4, 8, 10, 16}
sets3 = {str(i) while i in sets1 if i > 5}
print(sets3)    # 結果：{'32', '8', '16'}
```

[4] 次のようなコードを実際に作成してください。

① 辞書dからキーappleにアクセスする（ただし、キーが存在しない場合は既定値「－」を返す）。
② リストdataからすべての「×」を削除する（リスト内包表記を利用すること）。
③ リストdataから0～2番目の要素を削除する。
④ 単一の要素「いろは」を持つタプルtを作成する。
⑤ 辞書dの内容を「キー名＝値」の形式で列挙する。

標準ライブラリ
その他

第5章では文字列／日付などの基本的な型を扱うライブラリを、第6章ではリスト／セット／辞書を中心とするコレクション型を、それぞれ扱ってきました。本章では、これらの章で扱いきれなかった、その他のライブラリについて解説していきます。

以下に、本章で扱うテーマをまとめます。

- 正規表現
- ファイルの操作
- HTTP通信
- 数学演算など

7.1 正規表現

正規表現（Regular Expression）とは「あいまいな文字列パターンを表現するための記法」です。大ざっぱに「ワイルドカードをもっと高度にしたもの」と言っていいかもしれません。ワイルドカードとは、たとえばWindowsのエクスプローラーなどでファイルを検索するために使う「*.py」、「*day*.py」といった表現です。「*」は0文字以上の文字列を意味しているので、「*.py」であれば「math.py」や「hoge.py」のようなファイル名を表しますし、「*day*.py」なら「today.py」や「day01.py」「today99.py」のように、ファイル名に「day」という文字を含む.pyファイルを表します。

ワイルドカードは比較的なじみがあると思いますが、あくまでシンプルな仕組みなので、複雑なパターンは表現できません。そこで登場するのが正規表現です。たとえば、[0-9]{3}-[0-9]{4}という正規表現は一般的な郵便番号を表します（図7.1）。「0〜9の数値3桁」＋「-」＋「0〜9の数値4桁」という文字列のパターンを、これだけ短い表現の中で端的に表しているわけです。

たったこれだけのチェックでも、正規表現を使わないとしたら、煩雑な手順を踏まなければなりません（おそらく、文字列長が8桁であること、4桁目に「-」を含むこと、それ以外の各桁が数値で構成されていることを、何段階かに分けてチェックしなければならないでしょう）。しかし、正規表現を利用すれば、正規表現パターンと比較対象の文字列を指定するだけで、あとは両者が合致するかどうかを正規表現エンジンが判定してくれるのです。

単にマッチするかどうかの判定だけではありません。正規表現を利用すれば、たとえば、掲示板への投稿記事から有害なHTMLタグだけを取り除いたり、任意の文書からメールアドレスだけを取り出したり、といったこともできます。

正規表現とは、非定型のテキスト、HTMLなど、散文的な（ということは、コンピューターにとって再利用するのが難しい）データを、ある定型的な形で抽出し、データとしての洗練度を向上させる——いわば、人間のためのデータと、システムのためのデータをつなぐ橋渡し的な役割を果たす存在とも言えます。

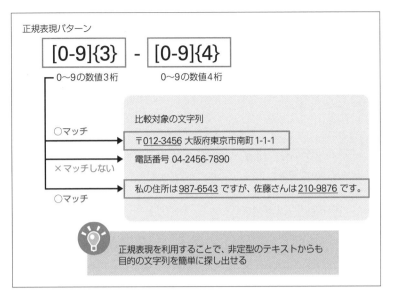

❖図7.1　正規表現

7.1.1　正規表現の基本

　正規表現によって表されたある文字列パターンのことを**正規表現パターン**と言います。また、与えられた正規表現パターンが、ある文字列の中に含まれる場合、文字列が正規表現パターンに**マッチする**と言います。

　先ほどの図7.1でも見たように、正規表現パターンにマッチする文字列は1つだけとは限りません。1つの正規表現パターンにマッチする文字列は、多くの場合、複数あります。

　ここでは、正規表現の中でも特によく使うものについて、その記法を紹介していきます（表7.1）。取り上げるのは、数多くあるパターンのほんの一部ですが、これらを理解し、組み合わせるだけでもかなりの文字列パターンを表現できるようになるはずです。

❖表7.1　Pythonで利用できる主な正規表現パターン

分類	パターン	マッチする文字列
基本	XYZ	「XYZ」という文字列
	[XYZ]	X、Y、Zいずれかの1文字
	[^XYZ]	X、Y、Z以外のいずれかの1文字
	[X–Z]	X～Zの範囲の中の1文字
	[X|Y|Z]	X、Y、Zのいずれか
量指定	X*	0文字以上のX（"so*n"の場合 "sn"、"son"、"soon"、"sooon"などにマッチ）
	X?	0、または1文字のX（"so?n"の場合 "sn"、"son"などにマッチ）
	X+	1文字以上のX（"so+n"の場合 "son"、"soon"、"sooon"などにマッチ）
	X{n}	Xとn回一致（"so{2}n"の場合 "soon"にマッチ）
	X{n,}	Xとn回以上一致（"so{2,}n"の場合 "soon"、"sooon"などにマッチ）
	X{m,n}	Xとm～n回一致（"so{2,3}n"の場合 "soon"、"sooon"にマッチ）
位置指定	^	行の先頭に一致
	$	行の末尾に一致
文字セット	.	任意の1文字
	\w	Unicode単語文字、数字、アンダースコアに一致
	\W	文字以外に一致（"[^\w]"と同意）
	\d	Unicode10進数値に一致
	\D	数字以外に一致（"[^\d]"と同意）
	\n	改行（ラインフィード）に一致
	\r	復帰（キャリッジリターン）に一致
	\t	タブ文字に一致
	\s	Unicode空白文字に一致
	\S	空白以外の文字に一致（"[^\s]"と同意）

> **note** ただし、\w／\W、\d／\D、\s／\Sは、正規表現オプション（7.1.4項）によって挙動が変化します。Unicodeモード（既定）では、Unicode文字（＝より広い範囲の文字や数字）にマッチしますが、ASCII限定モードではそれぞれ以下の範囲に限定されます。
>
> - \w：[a-zA-Z0-9_]
> - \d：[0-9]
> - \s：[\t\n\r\f\v]

たとえば、表7.1を手がかりに、URLを表す正規表現パターンを読み解いてみましょう。

```
http(s)?://([\w-]+\.)+[\w-]+(/[\w ./?%&=-]*)?
```

まず、「http(s)?://」に含まれる「(s)?」は、「s」が0～1回登場することを意味します。つまり、

「http://」または「https://」にマッチします。

　続く「([\w-]+\.)+[\w-]+」は、英数字／アンダースコア（\w）、ハイフンで構成される文字列で、途中にピリオド（\.）を含むことを意味します。そして、「(/[\w ./?%&=-]*)?」で後続の文字列が英数字、アンダースコア（\w）、その他の記号（_、-、?、%、＆など）を含む文字から構成されることを意味します。

　以上が、ごく大ざっぱな正規表現の基本ですが、本書ではここまでにとどめます。あとは、以降のサンプルを見ながら、あるいは、本書のサンプルコードを読み解きながら、徐々に表現の幅を広げていきましょう。『詳説 正規表現 第3版』（オライリージャパン）などの専門書を併読するのもお勧めです。

7.1.2　文字列が正規表現パターンにマッチしたかを判定する

　それでは、ここからはPythonで正規表現を扱う方法について解説していきます。まずは、文字列に含まれる電話番号を検索する例です（リスト7.1）。

▶リスト7.1　re_search.py

```
import re

msg = '電話番号は080-111-9999です！'
# 正規表現を準備
ptn = re.compile(r'(\d{2,4})-(\d{2,4})-(\d{4})')          ―――――――――❶
# 文字列を検索＆結果を表示
if result := ptn.search(msg):                             ―――――――――❷
  print(result.group(0))  ―――――――――――――――――――――
  print(result.group(1))
  print(result.group(2))                                               ├❸
  print(result.group(3))  ―――――――――――――――――――――
else:
  print('見つかりませんでした！')
```

```
080-111-9999
080
111
9999
```

　正規表現を利用するには、まずはreモジュールのcompile関数で正規表現パターンを準備します（❶）。

```
compile(pattern, flags=0)
```

pattern ：正規表現パターン
flags ：正規表現オプション（7.1.4項を参照）

　正規表現パターンには、その性質上、「\」文字が多く含まれます。文字列リテラルでのエスケープシーケンスとの衝突を防ぐために、raw文字列（r'...'）で表すのが安全でしょう（「\\」のようにエスケープしてもかまいませんが、冗長です！）。
　compile関数は、戻り値として正規表現（Pattern）オブジェクトを返すので、そのsearchメソッドで検索を実行します（❷）。

構文 searchメソッド

```
ptn.search(string[, pos[, endpos]])
```

ptn ：Patternオブジェクト
string ：検索対象の文字列
pos ：検索開始位置
endpos ：検索終了位置

　引数*pos*／*endpos*を指定することで、文字列の検索範囲を限定することもできます。pos／endposの指定方法については、スライス構文（5.2.3項）を参照してください。
　searchメソッドの戻り値はマッチ（Match）オブジェクト、検索結果がなかった場合はNoneです。そこで、ここでも戻り値が存在すればマッチした内容を、さもなくば見つからなかった旨をメッセージ表示しています。
　Matchオブジェクト経由で取得できる情報には、表7.2のようなものがあります。

❖表7.2　Matchオブジェクトの主なメソッド／属性

メソッド／属性	概要
group([*group1*, ...])	*group*番目にマッチした部分文字列を取得
start([*group*])	開始位置を取得
end([*group*])	終了位置を取得
span([*group*])	「開始位置,終了位置」形式のタプルを取得
pos	検索時に指定された開始位置
endpos	検索時に指定された終了位置
lastindex	最後にマッチしたインデックス

　groupメソッドは、引数を省略、または0に指定した場合にマッチした文字列全体を、1以上の値を指定した場合にはサブマッチ文字列を、それぞれ返します（図7.2）。サブマッチ文字列とは、正規

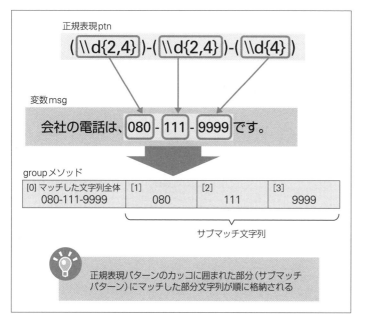

❖図7.2 マッチング情報の格納（groupメソッド）

表現の中で丸カッコでくくられた部分（サブマッチパターン）にマッチした部分文字列のことです。**グループ**、または**キャプチャグループ**とも言います。

　groupメソッドを利用することで、グループにマッチした文字列を先頭から順に取り出せるというわけです。❸であれば、先頭から順に「電話番号全体」「市外局番」「市内局番」「加入者番号」を表します。

searchメソッドによく似たメソッドとして、matchメソッドもあります。searchメソッドとmatchメソッドが異なるのは、前者が文字列全体を検索するのに対して、後者は先頭だけをマッチの対象とする点です。一般的な検索では、まずはsearchメソッドを利用する、と覚えておけばよいでしょう。

❷は、Python 3.7以前では以下のように表す必要がありました。

```
result = ptn.search(msg)
if result: ~
```

代入は（式ではなく）文だったので、if命令の条件式としてまとめることはできなかったのです。しかし、Python 3.8以降では、「:=」演算子（3.2.5項）の導入によって、❷のように一文でまとめられるようになりました。

search／matchメソッドで得られる結果は、いずれも最初にマッチした文字列1つだけです。もしもマッチした文字列すべてを取得したいならば、findall／finditerメソッドを利用してください。

構文 findall／finditerメソッド

```
ptn.findall(string[, pos[, endpos]])
ptn.finditer(string[, pos[, endpos]])

ptn     ：Patternオブジェクト
string  ：文字列
pos     ：検索開始位置
endpos  ：検索終了位置
```

まずは、findallメソッドの例から見ていきます（リスト7.2）。

▶リスト7.2　re_findall.py

```python
import re

msg = '電話番号は000-999-9999です。携帯は080-2222-3333です！'
ptn = re.compile(r'\d{2,4}-\d{2,4}-\d{4}')
results = ptn.findall(msg)
for result in results:
  print(result)
```

```
000-999-9999
080-2222-3333
```

findallメソッドの戻り値は、マッチした文字列のリストです（マッチしなかった場合は空のリストを、サブマッチパターンが含まれる場合はサブマッチ文字列を含めたタプルのリストを、それぞれ返します）。よって、ここでもforループで、そのままマッチング結果を順に出力しています。

マッチングの結果をMatchオブジェクトとして取得したいならば、finditerメソッドを利用します（正しくは、Matchオブジェクトを返すイテレーターを返します）。リスト7.2の太字部分をfinditerメソッドで書き換えると、以下のようになります。

```
results = ptn.finditer(msg)
for result in results:
  print(result.group())
```

　ここではgroupメソッドでマッチした文字列全体を取得していますが、Matchオブジェクトであれば細かなマッチング情報を取得することもできます（リスト7.3）。

▶リスト7.3　re_finditer.py

```
import re

msg = '電話番号はØØØ-999-9999です。携帯はØ8Ø-2222-3333です！'
ptn = re.compile(r'(\d{2,4})-(\d{2,4})-(\d{4})')
results = ptn.finditer(msg)
for result in results:
  print(f'開始位置：{result.start()}')
  print(f'終了位置：{result.end()}')
  print(f'マッチング文字列：{result.group()}')
  print(f'市外局番：{result.group(1)}')
  print(f'市内局番：{result.group(2)}')
  print(f'加入者番号：{result.group(3)}')
  print(f'---------------')
```

```
開始位置：5
終了位置：17
マッチング文字列：ØØØ-999-9999
市外局番：ØØØ
市内局番：999
加入者番号：9999
---------------
開始位置：23
終了位置：35
マッチング文字列：Ø8Ø-2222-3333
市外局番：Ø8Ø
市内局番：2222
加入者番号：3333
---------------
```

Patternクラスをインスタンス化する際には、第2引数に検索オプション（マッチフラグ）を渡すこともできます。表7.3に、主なフラグをまとめておきます。

❖表7.3　主なマッチフラグ（reモジュールの定数）

設定値	概要
IGNORECASE、I	大文字小文字を区別しない
MULTILINE、M	複数行モードの有効化
DOTALL、S	「.」が行末記号を含む任意の文字にマッチ（単一行モード）
VERBOSE、X	空白とコメントの有効化
ASCII、A	\w／\W、\b／\B、\d／\D、\s／\SでASCII文字に限定したマッチ（p.252）
LOCALE、L	\w、\Wなどをロケールに従って処理

ここでは、主なフラグについて具体的な例とともに動作を確認しておきます。

大文字／小文字を区別しない

リスト7.4は、文字列に含まれるメールアドレスを、大文字／小文字を区別せずに検索する例です。

▶リスト7.4　re_ignore.py

```python
import re

msg = '仕事用はwings@example.comです。プライベート用はYAMA@example.comです。'
ptn = re.compile(r'[a-z0-9.!#$%&\'*+/=?^_{|}~-]+@[a-z0-9-]+(\.[a-z0-9-]+)*',
  re.IGNORECASE)
results = ptn.finditer(msg)
for result in results:
  print(result.group())
```

```
wings@example.com
YAMA@example.com
```

大文字小文字を無視するには、IGNORECASE値を指定します。大文字小文字に関わらず、すべてのメールアドレスが取得できていることが確認できます。

太字の部分を省略すると、結果が「wings@example.com」だけになることも確認しておきましょう。

マルチラインモードを有効にする

マルチラインモード（複数行モード）とは、「^」「$」の挙動を変更するためのモードです。まず
は、マルチラインモードが無効である場合の挙動からです（リスト7.5）。

▶リスト7.5　re_multi.py

```
import re

msg = '10人のインディアン。\n1年生になったら'
ptn = re.compile(r'^\d*')
results = ptn.findall(msg)
for result in results:
  print(result)
```

この場合、正規表現「^」は、単に文字列の先頭を表すので「10」だけにマッチします。では、マ
ルチラインモードを有効にするとどうでしょう。

```
ptn = re.compile(r'^\d*', re.MULTILINE)
```

この場合、「^」は行頭を意味するようになります。結果、文字列先頭の「10」はもちろん、改行
の直後にある「1」にもマッチするようになるのです。

これは「$」（文字列の末尾）についても同様です。マルチラインモードを有効にした場合、「$」は
行末にもマッチします。

シングルラインモードを有効にする

シングルラインモード（単一行モード）とは、「.」の挙動を変更するためのモードです。まずは、シングルラインモードが無効である場合の挙動からです（リスト7.6）。

▶リスト7.6　re_single.py

```python
import re

msg = '初めまして。\nよろしくお願いします。'
ptn = re.compile(r'^.+')
results = ptn.findall(msg)
for result in results:
  print(result)
```

```
初めまして。
```

既定で正規表現「.」は、「\n」（改行）を除く任意の文字にマッチします。よって、この場合であれば、文字列先頭（^）から改行の前までがマッチング結果として得られます。

では、シングルラインモードを有効にするとどうでしょう。

```python
ptn = re.compile(r'^.+', re.DOTALL)
```

この場合、「.」は改行文字も含むようになります。結果、以下のように、改行をまたがったすべての文字列にマッチするようになります。

```
初めまして。⏎
よろしくお願いします。
```

正規表現を見やすく整形する

re.VERBOSEフラグを有効にすることで、正規表現パターンに空白／コメントを付与できるようになります。たとえば以下は、リスト7.4の正規表現をre.VERBOSEを有効化した状態に書き換えたものです。

```
ptn = re.compile(r"""[a-z0-9.!#$%&'*+/=?^_{|}~-]+  # local
                     @                             # delimiter
                     [a-z0-9-]+(\.[a-z0-9-]+)*     # domain """,
     re.IGNORECASE | re.VERBOSE)
```

　re.VERBOSEを有効化した場合、正規表現内の空白／改行は無視され、また、行末に「#」コメントを加えられるようになります（[...]内の空白などは維持されます）。複雑な正規表現を解読するのは大概困難ですが、これによって、正規表現を部位に分けて表現できるので、可読性が向上します。

補足 埋め込みフラグ

　正規表現オプションは、compile関数の引数として指定するほか、**インラインフラグ（埋め込みフラグ）** として指定することもできます。たとえば、以下の2つは同じ意味です。

```
ptn = re.compile(
  r'[a-z0-9.!#$%&\'*+/=?^_{|}~-]+@[a-z0-9-]+(\.[a-z0-9-]+)*',
  re.IGNORECASE
)
```

```
ptn = re.compile(
  r'(?i)[a-z0-9.!#$%&\'*+/=?^_{|}~-]+@[a-z0-9-]+(\.[a-z0-9-]+)*'
)
```

　(?フラグ)の形式で、正規表現パターンの先頭に埋め込みます（途中への埋め込みでも同様に動作はしますが、非推奨警告が発生します）。
　利用可能な主なフラグを、表7.4にまとめておきます。

❖表7.4　正規表現の埋め込みフラグ

フラグ	オプション
?i	IGNORECASE
?m	MULTILINE
?s	DOTALL
?x	VERBOSE
?a	ASCII
?L	LOCALE

正規表現による基本的な検索の手順を理解できたところで、よく利用する正規表現の概念をいくつか、具体的な例とともに補足しておきます。

最長一致と最短一致

最長一致とは、正規表現で「*」「+」などの量指定子を利用した場合に、できるだけ長い文字列を一致させなさい、というルールです。

具体的な例で、挙動を確認してみましょう（リスト7.7）。

▶リスト7.7　re_longest.py

```
import re

tags = '<p><strong>WINGS</strong>サイト<a href="index.html"><img src=⏎
"wings.jpg" /></a></p>'
ptn = re.compile('<.+>') ─────────────────────────────────── ❶
results = ptn.findall(tags)
for result in results:
  print(result)
```

「<.+>」は、

<...>の中に「.」（任意の文字）が「+」（1文字以上）

で、<strong>、<img>のようなタグにマッチすることを想定しています。

このコードを実行してみると、どのような結果を得られるでしょうか。おそらくはタグを個々に取り出す、以下のような結果を期待しているはずです。

```
<p>
<strong>
</strong>
<a href='index.html'>
<img src='wings.jpg' />
</a>
</p>
```

しかし、そうはならず、すべてのタグ文字列がまとめて1つ1つとして出力されます。

```
<p><strong>WINGS</strong>サイト<a href='index.html'><img src='wings.jpg'>⏎
</img></a></p>
```

これが「できるだけ長い」文字列を一致させる、最長一致の挙動です。もしも個々のタグを取り出したいならば、❶を、

```
ptn = re.compile(r'<.+?>')
```

のように修正します。「+?」は最短一致を意味し、今度は「できるだけ短い文字列を一致」させようとします。今度は個々のタグが分解された結果が得られるはずです。

同じく「*?」「{n,}?」「??」などの最短一致表現も可能です。

名前付きキャプチャグループ

正規表現パターンに含まれる(...)でくくられた部分のことを、グループ、またはキャプチャグループと言います。7.1.3項では、これらグループにマッチした文字列を「group(0)」のようにインデックス番号で参照していましたが、グループに意味ある名前を付与することもできます。これを**名前付きキャプチャグループ**と言います。

たとえばリスト7.8は、リスト7.3（p.257）の例を名前付きキャプチャグループで書き換えた例です。

▶リスト7.8　re_finditer_named.py

```
import re

msg = '電話番号はØØØ-999-9999です。携帯はØ8Ø-2222-3333です！'
ptn = re.compile(r'(?P<area>\d{2,4})-(?P<city>\d{2,4})-(?P<local>\d{4})') ── ❶
results = ptn.finditer(msg)
for result in results:
  print(f'開始位置：{result.start()}')
  print(f'終了位置：{result.end()}')
  print(f'マッチング文字列：{result.group()}')
  print(f'市外局番：{result.group("area")}')
  print(f'市内局番：{result.group("city")}')                       ─┐
  print(f'加入者番号：{result.group("local")}')                     ─┘❷
  print(f'--------------')
```

```
開始位置：5
終了位置：17
マッチング文字列：000-999-9999
市外局番：000
市内局番：999
加入者番号：9999
---------------
開始位置：23
終了位置：35
マッチング文字列：080-2222-3333
市外局番：080
市内局番：2222
加入者番号：3333
---------------
```

名前は、グループの先頭で?P<...>の形式で宣言するだけです（❶）。この例であれば、市外局番（area）、市内局番（city）、加入者番号（local）をそれぞれ命名しています。

これら名前付きキャプチャグループにアクセスするには、groupメソッドにも（インデックス番号ではなく）文字列を渡します（❷）。

リスト7.3と同じ結果を得られることを確認してください。

グループの後方参照

グループにマッチした文字列は、正規表現パターンの中であとから参照することもできます（**後方参照**）。たとえばリスト7.9は、文字列から「<a href="...">...</a>」（「...」は同じ文字列）を取り出す例です。

▶リスト7.9　re_after.py

```
import re

msg = '<p>サポートサイト<a href="https://www.wings.msn.to/">https://www.wings.⏎
msn.to/</a></p>'
ptn = re.compile(r'<a href="(.+?)">\1</a>') ————————————————————— ❶
results = ptn.finditer(msg)
for result in results:
  print(result.group())
      # 結果：<a href="https://www.wings.msn.to/">https://www.wings.msn.to/</a>
```

一般的なグループは「\1」のような番号で後方参照できます。もちろん、複数のグループがある場合は、\2、\3...のように指定します（❶）。

名前付きキャプチャグループも利用できます。その場合は、❶を以下のように書き換えてください。

```
ptn = re.compile(r'<a href="(?P<link>.+?)">(?P=link)</a>')
```

名前付きキャプチャグループを参照するには「(?P=名前)」とします。

参照されないグループ

これまでに何度も見てきたように、正規表現では、パターンの一部を(...)でくくることで、部分的なマッチング文字列を取得できます。ただし、(...)はサブマッチの目的だけで用いるばかりではありません。たとえば、「*」「+」の対象をグループ化するために用いるような状況もあります。リスト7.10の例を見てみましょう。

▶リスト7.10　re_noref.py

```
import re

msg = '仕事用はwings@example.comです。プライベート用はYAMA@example.comです。'
ptn = re.compile(r'([a-z0-9.!#$%&\'*+/=?^_{|}~-]+)@([a-z0-9-]+(\.[a-z0-9-]+)⏎
*)', re.IGNORECASE) ──────────────────────────────────── ❶
results = ptn.finditer(msg)
for result in results:
  print(result.group())
  print(result.group(1))
  print(result.group(2))
  print(result.group(3)) ──────────────────────────────── ❷
  print('----------------------------')
```

```
wings@example.com
wings
example.com
.com
----------------------------
YAMA@example.com
YAMA
example.com
.com
----------------------------
```

7

標準ライブラリ その他

この例では、正規表現パターン（❶）に3個のグループが含まれています（図7.3）。

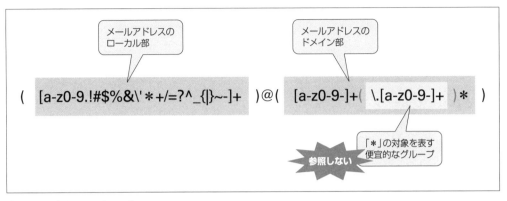

メールアドレスの
ローカル部

メールアドレスの
ドメイン部

([a-z0-9.!#$%&\'*+/=?^_{|}~-]+)@([a-z0-9-]+(\.[a-z0-9-]+)*)

「*」の対象を表す
便宜的なグループ

参照しない

❖図7.3　参照しないグループ

　しかし、3番目のグループは「*」の対象を束ねるためのもので、サブマッチを目的としたものではありません。そのようなグループは、あとから参照する際にも間違いのもとになりますし、そもそも参照しない値を保持しておくのはリソースの無駄遣いです。

　こうした場合には、(?:...)とすることで、サブマッチの対象から除外できます。たとえば❶を、以下のように書き換えてみましょう。

```
ptn = re.compile(r'([a-z0-9.!#$%&\'*+/=?^_{|}~-]+)@([a-z0-9-]+(?:\.[a-z↵
0-9-]+)*)', re.IGNORECASE)
```

　3番目のグループが存在しなくなった結果、❷で「IndexError: no such group」（指定されたグループが存在しない）のようなエラーが発生します。

　❷をコメントアウトすることで、以下のような結果を得られることも確認しておきましょう。

```
wings@example.com
wings
example.com
---------------------------
YAMA@example.com
YAMA
example.com
---------------------------
```

後読みと先読み

正規表現では、前後の文字列の有無によって、本来の文字列がマッチするかを判定する表現があります（表7.5）。

❖表7.5　後読みと先読み

表現	概要
$A(?=B)$	肯定的先読み（Aの直後にBが続く場合にだけ、Aにマッチ）
$A(?!B)$	否定的先読み（Aの直後にBが続かない場合だけ、Aにマッチ）
$(?<=B)A$	肯定的後読み（Aの直前にBがある場合にだけ、Aにマッチ）
$(?<!B)A$	否定的後読み（Aの直前にBがない場合だけ、Aにマッチ）

それぞれの例をリスト7.11に示します。

▶リスト7.11　re_read.py

```python
import re

# 与えられたパターンptnと入力文字列inputでマッチした結果を表示する関数
# （ユーザー定義関数については第8章を参照）
def show_match(ptn, input):
  results = ptn.finditer(input)
  for result in results:
    print(result.group())
  print('-------------------------------')

re1 = re.compile('いろ(?=はに)')
re2 = re.compile('いろ(?!はに)')
re3 = re.compile('(?<=。)いろ')
re4 = re.compile('(?<!。)いろ')
msg1 = 'いろはにほへと'
msg2 = 'いろものですね。いろいろと'


show_match(re1, msg1)      # 結果：いろ ────────────────── ❶
show_match(re1, msg2)      # 結果：(なし) ───────────────── ❷
show_match(re2, msg1)      # 結果：(なし) ───────────────── ❸
show_match(re2, msg2)      # 結果：いろ、いろ、いろ ───────── ❹
show_match(re3, msg1)      # 結果：(なし) ───────────────── ❺
show_match(re3, msg2)      # 結果：いろ ────────────────── ❻
show_match(re4, msg1)      # 結果：いろ ────────────────── ❼
show_match(re4, msg2)      # 結果：いろ、いろ ───────────── ❽
```

先読み、後読みに関わらず、カッコの中（太字の部分）はマッチング結果には含まれ**ない**点に注意してください。また、❽は、先に「。」がない「いろ」を検索するので、「。いろ」が除外され、2個の「いろ」を拾っています。

7.1.6　正規表現で文字列を置換する

subメソッドを利用すれば、正規表現にマッチした文字列を置き換えることもできます。

構文 subメソッド

```
ptn.sub(repl, string, count=0)

ptn    ：Patternオブジェクト
repl   ：置き換え後の文字列
string ：置き換え対象の文字列
count  ：置き換えの最大個数
```

たとえばリスト7.12は、文字列に含まれるURLをHTMLのアンカータグで置き換える例です。

▶リスト7.12　re_replace.py

```
import re

msg = 'サポートサイトはhttps://www.wings.msn.to/ です。'
ptn = re.compile(r'http(s)?://([\w-]+\.)+[\w-]+(/[\w./?%&=-]*)?',
  re.IGNORECASE)
print(ptn.sub(r'<a href="\g<0>">\g<0></a>', msg))
```

```
サポートサイトは<a href='https://www.wings.msn.to/'>https://www.wings.msn.to/⏎
</a> です。
```

　構文そのものはごくシンプルですが、ここで注目したいのは、正規表現による置き換えでは、置き換え後の文字列（引数*repl*）に置き換え前にマッチした文字列を含めることができるという点です。\g<0>はマッチした文字列全体、\g<1>、\g<2>…はそれぞれサブマッチ文字列を表します（\g<1>、\g<2>…は\1、\2…としても同じ意味です）。

　この例であれば、表7.6のような値がそれぞれ\g<0>…\g<3>に格納されます（ここで利用しているのは\g<0>だけです）。

変数	格納されている値
\g<0>	https://www.wings.msn.to/
\g<1>	s
\g<2>	msn.
\g<3>	/

note 固定文字列で文字列を置き換えるならば、str型のreplaceメソッドを優先して利用すべきです。

```
msg = '名前は桜。桜と呼ばれます。'
print(msg.replace('桜', 'サクラ'))
    # 結果：名前はサクラ。サクラと呼ばれます。
```

名前付きキャプチャグループの例

　subメソッドでも名前付きキャプチャグループを利用できます。ここで付けた名前は、引数*repl*に\g<名前>で埋め込めます。

　たとえばリスト7.13は、メールアドレスからローカル名とドメイン部を取り出して「＜ドメイン部＞の＜ローカル名＞」と置き換える例です。

▶リスト7.13　re_replace_named.py

```
import re

msg = '仕事用はwings@example.comです。'
ptn = re.compile(r'(?i)(?P<localName>[a-z0-9.!#$%&\'*+/=?^_{|}~-]+)@(?P⏎
<domain>[a-z0-9-]+(?:\.[a-z0-9-]+)*)')
print(ptn.sub(r'\g<domain>の\g<localName>', msg))
    # 結果：仕事用はexample.comのwingsです。
```

　\g<名前>構文を利用することで、キャプチャグループが複数ある場合（さらに、それを順不同で埋め込む場合）にも、対応関係がわかりやすくなります。

7.1.7 正規表現で文字列を分割する

正規表現で文字列を分割するには、splitメソッドを利用します。

構文 splitメソッド

```
ptn.split(string, maxsplit=0)
```

ptn	：Patternオブジェクト
string	：分割対象の文字列
maxsplit	：最大の分割数

たとえばリスト7.14は、文字列を「1桁以上の数値＋わ」で分解するコードです。

▶リスト7.14　re_split.py

```python
import re

msg = 'にわに3わうらにわに51わにわとりがいる'
ptn = re.compile(r'\d{1,}わ')
result = ptn.split(msg)
print(result)    # 結果：['にわに', 'うらにわに', 'にわとりがいる']
```

区切り文字に正規表現が不要であれば、str型のsplitメソッド（5.2.8項）を利用してください。

note 本文では、Patternクラスのインスタンスメソッドを例に解説しましたが、それぞれのメソッド
は対応する関数を持っています。

- re.match(*pattern*, *string*, *flags=0*)
- re.findall(*pattern*, *string*, *flags=0*)
- re.finditer(*pattern*, *string*, *flags=0*)
- re.sub(*pattern*, *repl*, *string*, *count=0*, *flags=0*)
- re.split(*pattern*, *string*, *maxsplit=0*, *flags=0*)

ただし、Patternクラスが正規表現をコンパイルした状態で維持するのに対して、関数型の命令
では実行都度にコンパイルします。同じ正規表現を使って何度も処理を実行する場合はインスタ
ンスメソッドを、一度限りの処理であれば関数を、のように使い分けしてください。

練習問題 7.1

[1] 正規表現検索を利用して、文字列「住所は〒160-0000 新宿区南町0-0-0です。\nあなたの住所は〒210-9999 川崎市北町1-1-1ですね」から郵便番号だけを取り出してみましょう。

[2] 正規表現を利用して、文字列「お問い合わせはsupport@example.comまで」のメールアドレス部分を、

```
<a href="mailto:メールアドレス">メールアドレス</a>
```

で置き換えてみましょう。なお、メールアドレスは正規表現で

```
[a-zØ-9.!#$%&\'*+/=?^_{|}~-]+@[a-zØ-9-]+(?:\.[a-zØ-9-]+)*
```

と表すものとします。

7.2 ファイル操作

　ここまでは値を保存するために、変数という仕組みを利用してきました。変数は、利用にあたって特別な準備もいらず、ごく手軽に値を出し入れできます。反面、その保存先はメモリなので、プログラムが終了すると値もそのまま消えてしまいます。

　しかし、より実践的なアプリでは、プログラムが終了した後も残しておけるデータの保存先が欲しくなります。そのような保存先の中でも準備がいらず、比較的手軽に利用できるのがファイルです。

　本節では最初に、open関数を利用して、テキストファイルを読み書きする基本を学んだ後、バイナリファイル、CSVファイルなど特殊な形式の（しかしよく利用する）ファイルの操作方法について解説します。

7.2.1 例 テキストファイルへの書き込み

　まずは、コードを実行した日付をテキストファイルに記録する例からです（リスト7.15）。

```
import datetime

file = open('./chap07/access.log', 'a', encoding='UTF-8') ──────────── ❶
file.write(f'{datetime.datetime.now()}\n') ──────────────────────── ❷
file.close() ────────────────────────────────────────────────────── ❸
print('現在時刻をファイルに保存しました。')
```

　コードを実行した結果、chap07フォルダー配下にaccess.logが生成され、図7.4のような情報が記録されていれば、コードは正しく動作しています。

❖図7.4　アクセスログをエディターで開いた結果

　ごくシンプルなコードですが、リスト7.15にはファイル操作の基本である、

- ●ファイルを開く（オープン）
- ●ファイルを読み書きする
- ●ファイルを閉じる（クローズ）

が含まれています。以下でも、この流れを念頭に、個々の構文を解説していきます。

❶ファイルを開く ── open関数

　ファイルにテキストを書き込むには、まずはテキストファイルを「開く」必要があります。ファイルをノートに例えるならば、実際にノートを手に取り、目的のページを開くようなイメージです。すべては、ここから始まります。そして、ファイルを開くには、openという関数を使います。

構文　open関数

```
open(file, mode='r', encoding=None)

file     ：ファイルのパス
mode     ：オープンモード
encoding ：文字エンコーディング名（既定はプラットフォーム標準の文字エンコーディング）
```

　open関数は、ファイルのオープンに成功すると、戻り値としてfileオブジェクトを返します。以降、ファイルに対する読み書きは、このfileオブジェクトに対して行うことになります。

引数*mode*（**オープンモード**）には、表7.7のような値を指定できます。読み込み、書き込みの用途に応じて使い分けてください。

❖表7.7　主なオープンモード（引数*mode*）

モード	概要
r	読み込み専用（ファイルが存在しなければエラー。既定）
r+	読み書き両用（ファイルが存在しなければエラー）
w	書き込み専用（ファイルが存在しなければ新規作成）
w+	読み書き両用（ファイルの内容をクリア。ファイルが存在しなければ新規作成）
a	追記専用（ファイルが存在する場合は末尾に追記）
a+	読み書き両用（既存の内容に追記。ファイルが存在しなければ新規作成）
x	書き込み専用（ファイルが存在する場合はエラー）
x+	読み書き両用（ファイルが存在する場合はエラー）
b	バイナリモード（7.2.3項）
t	テキストモード

　たとえば、今回のアクセスログのように、データを積み上げ式に記録していきたい場合には「a」を選択します。「w」では、ファイルの内容が書き込みのたびにクリアされてしまいますし、そもそも読み込み専用の「r」では書き込みそのものができません。

note　ファイルパスには、マルチバイト文字（日本語）を利用してもかまいません。その場合も、Pythonがプラットフォーム標準の文字コードを利用して、ファイル名を処理してくれるからです。ちなみに、プラットフォーム標準の文字コードは、sysモジュールのgetfilesystemencoding関数から確認できます。

```
print(sys.getfilesystemencoding())     # 結果：utf-8
```

note　オープンモード「b」「t」は、ファイルをテキスト／バイナリファイルいずれとして操作するかを決めるオプションです。他の「r」「w」「a」と異なり、それ単体では利用できず、「rb」「w+b」のように表します。
既定はテキストモードなので、本文の例は「at」としても同じ意味です（一般的には、省略して「a」と表します）。

❷ファイルをテキストに書き込む

　open関数が返すfileオブジェクトの型は、オープンモードによって変化します。バイナリモードであればio.BufferedReader、またはio.BufferedWriterを返しますし、テキストモードであればio.

TextIOWrapperです。

　ここでは、既定のテキストモードでファイルを開いているので、TextIOWrapperのwriteメソッドを使ってテキストを書き込んでいます。

構文 writeメソッド

```
file.write(s)
```

```
file：fileオブジェクト
s　 ：任意の文字列
```

　print関数とは異なり、引数*s*の末尾に自動では改行文字を補わないので、必要に応じて、改行文字（\n）を加えておきます。

> *note* fileオブジェクトは、既定で「\n」をプラットフォーム既定の改行文字に置き換えてから書き込みます。よって、リスト7.15をWindows環境で実行した場合、改行文字は「\r\n」として書き込まれます。もしも、これを「\n」のままとしたい場合には、以下のようにopen関数でnewlineパラメーターを指定してください。
>
> ```
> file = open('./chap07/access.log', 'a', encoding='UTF-8', newline='\n')
> ```

　（単一の文字列ではなく）リストなどからまとめて文字列を書き込むwritelinesメソッドもあります。writeメソッドと同じく、個々の要素の末尾に改行文字は付与されないので、必要であれば、改行文字を指定してください。

```
data = ['あいうえお\n', 'かきくけこ\n', 'さしすせそ\n']
file.writelines(data)
```

❸ファイルを閉じる

　ファイルのように、複数のコードから利用する可能性があるものは、使い終わった後はきちんと閉じなければなりません。さもないと、Pythonがファイルを占有してしまい、他のコードからファイルを開けなくなってしまう可能性があるからです。

　ファイルを閉じるのは、closeメソッドの役割です。

　ただし、コードが複雑になってくると、closeのし忘れも増えてきます。また、そもそも複数のコードで利用するリソースは利用範囲を明確にし、できるだけ利用時間を短くすべきです。

　そこでPythonでは、自動クローズの仕組みとしてwith命令を提供しています。

```
with open(...) as var:
  ...statements...
```

var	：fileオブジェクトを格納する変数
statements	：ファイルを操作するコード

with命令を利用することで、ブロック終了時に自動的に閉じられるfileオブジェクトを生成できます。よって、リスト7.15の❶〜❸は、以下のように書き換えても同じ意味です。

```
with open('./chap07/access.log', 'w', encoding='UTF-8') as file:
  file.write(f'{datetime.datetime.now()}\n')
```

with命令でファイルを開くことで、ファイル操作の途中で例外（エラー）が発生したとしても、ブロックを抜けたところで「確実に」ファイルを閉じられる、というわけです。

リスト7.15では、説明の便宜上、まずはcloseメソッドを利用しましたが、実際のアプリではwith命令を優先して利用することをお勧めします。

> *note* 明示的にファイルを閉じなくとも、コードが終了したとき、あるいはfileオブジェクトが破棄されたところで、ファイルも解放されます。よって、短いコードでは、closeを忘れたとしても、そこまで問題になることはないでしょう。
> しかし、より大きなアプリに取り組む前に、初学者のうちから「使ったものは片づける」習慣を付けておくことは悪いことではありません。

補足 エラーモード

ファイル操作に際して、想定しない文字が含まれているなどで、データを正しく読み書きできない場合があります。そのときの対処方法を表すのが、エラーモードの役割です。open関数の引数 *errors* で指定できます。

```
file = open('./chap07/access.log', 'w', encoding='UTF-8', errors='replace')
```

指定できるエラーモードには、表7.8のようなものがあります。

ただし、ignore値を指定した場合には、データが失われたことに気づかない危険もあります。一般的には、最低でもreplace値で不正な値があったことを把握できるようにしておくべきです。

❖表7.8　主なエラーモード（引数errors）

設定値	概要
strict	エンコーディングエラー時にValueErrorを発生（既定）
ignore	エラーを無視
replace	不正な形式のデータを「?」で置換
surrogateescape	不正なバイト列をU+DC80〜U+DCFF（私用領域）で置換
xmlcharrefreplace	不明な文字を「&#nnn;」で置換（書き込み時のみ）
backslashreplace	不正な文字をエスケープシーケンスで置換
namereplace	不正な文字を「\N{...}」で置換（書き込み時のみ）

7.2.2　テキストファイルを読み込む

　今度は、あらかじめ用意されたテキストファイルを読み込んで、その内容を出力してみましょう（リスト7.16）。

▶リスト7.16　file_read.py

```
with open('./chap07/sample.txt', 'r', encoding='UTF-8') as file: ──── ❶
    data = file.read() ────────────────────────── ❷
print(data)
```

独習Pythonで学ぼう。
解説→例題（サンプル）→理解度チェックの
3つのステップで、Pythonの文法を習得できます。

　テキストファイルを読み込むには、open関数でオープンモードにrを指定します（❶）。あとは、取得したfileオブジェクトからreadメソッドを呼び出すことで、ファイル配下のデータをまとめて取得できます（❷）。

構文 readメソッド

```
read(size=-1)
```

size：読み込む文字数（−1でファイルの内容をすべて取得）

　よって、❷を以下のように書き換えることで、「独習Pyt」のような結果を得られます。

```
data = file.read(5)
```

readメソッドは、読み取った結果をそのまま変数に格納するので、readメソッドを呼び出した後はfileオブジェクトそのものは閉じてしまってかまいません（print命令を**withブロックの外**で呼び出している点に注目です）。

その他にも、fileオブジェクトには、データ取得のためのさまざまなメソッドが用意されています。以下に、主なものをまとめます。

行単位にファイルを取得する

ファイルをまとめて取得するreadメソッドに対して、行単位に文字列を分割してリストとして返してくれるのがreadlinesメソッドです（リスト7.17）。

▶リスト7.17　file_readlines.py

```python
with open('./chap07/sample.txt', 'r', encoding='UTF-8') as file:
  data = file.readlines()

# リストの内容を出力
for line in data:
  print(line, end='')                                                    ❶
```

readlinesメソッドは、元の改行文字を破棄**しません**（図7.5）。出力時に改行が重複しないよう、print関数で引数*end*を指定しておきましょう（❶）。これでprint標準で出力される改行が抑制されます。

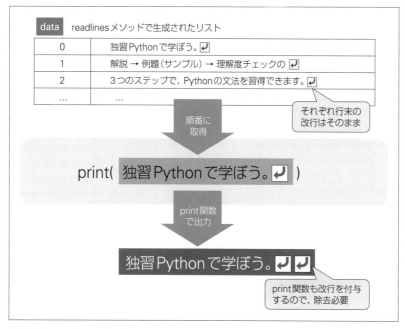

❖図7.5　readlinesメソッド

fileオブジェクトをループする

fileオブジェクトをそのままforループに渡すことで、ファイルの内容を行単位で読み込むこともで
きます（リスト7.18）。

▶リスト7.18　file_for.py

```
with open('./chap07/sample.txt', 'r', encoding='UTF-8') as file:
  for line in file:
    print(line, end='')
```

readlinesメソッドにも似ていますが、readlinesメソッドは、最初にファイル全体をリストに取り
込んでいます。対して、forループでは、ファイルの内容を行単位に取得しながら、配下の処理を実
行しています（図7.6）。このため、ファイルのサイズが大きくなっても、メモリを大きく消費しな
い、というメリットがあります。

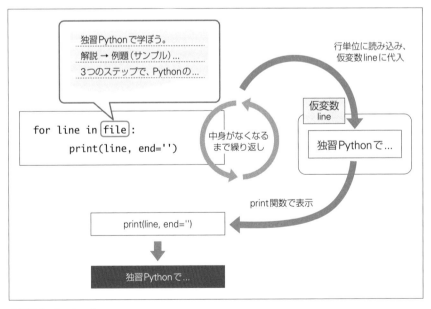

❖図7.6　forループ

fileオブジェクトは、内部的に「現在操作している位置」（**シーク位置**）を記憶しています。シーク位置は読み取りによって、順に後方に移動していきます。forループによる読み取りとは、ファイルの先頭からシーク位置をずらしながら、ファイルの末尾（＝シーク位置を移動できなくなる）まで読み込みを繰り返すこと、と言い換えてもよいでしょう。

シーク位置がファイルの末尾にある場合には、再度読み込みを行っても空文字列が返ってくるだけです。

> *note* ファイルを開いた直後のシーク位置は、オープンモードによって変化します。r、wのようなモードでは、シーク位置はファイルの先頭です。しかし、モードaではシーク位置はファイルの末尾となり、それ以降への書き込み —— つまり、追記となります。

シーク位置を変更する

これまでは、オープンモード既定のシーク位置でファイルを操作してきましたが、seekメソッドを利用することで、明示的にシーク位置を変更することもできます。たとえば、リスト7.19は3文字目からファイルの読み込みを開始する例です。

▶リスト7.19　file_seek.py

```python
with open('./chap07/sample.txt', 'r', encoding='UTF-8', newline='\n') as file:
  file.seek(6)
  for line in file:
    print(line, end='')
```

Pythonで学ぼう。
解説→例題（サンプル）→理解度チェックの
3つのステップで、Pythonの文法を習得できます。

readメソッドと異なり、seekメソッドでは（文字数ではなく）バイト数で位置指定しています。UTF-8では1文字を3バイトで表すので、6バイトをスキップした結果、3文字目（＝7バイト目）から読み込みを開始していることが確認できます。

7.2.3　バイナリファイルの読み書き

バイナリデータを読み書きするならば、open関数でrb、wbのように、読み書きを表すオープンモードに「b」（バイナリモード）を追加するだけです。たとえばリスト7.20は、input.pngを読み込

み、その結果をそのままoutput.pngに出力する例です（つまり、input.pngの内容をoutput.pngにコピーします）。

▶リスト7.20　file_binary.py

```
with open('./chap07/input.png', 'rb') as reader, \ ①
    open('./chap07/output.png', 'wb') as writer:
  while d := reader.read(1): ②
    writer.write(d) ③
```

　読み込み用／書き込み用にそれぞれファイルを開きます（①）。複数のfileオブジェクトをwith文に渡すには、カンマ（,）区切りで宣言します。

　バイナリファイルを読み込むのは、テキストファイルの場合と同じくreadメソッドの役割です（②）。引数「1」でバイト単位にデータを読み込みます（バイナリモードで開いた場合には、readメソッドの戻り値もbytes型です）。

　readメソッドは、読み取るべきデータが残っていない場合に、空のbytesオブジェクトを返します。ここでは、その性質を利用して、シーク位置がファイル終端に達したところで（＝ファイルをすべて読み切ったところで）ループを脱出しているわけです。

　読み取ったデータは、writeメソッドでoutput.pngに書き込みます（③）。

note
　②で利用している「:=」は、Python 3.8で導入された機能です。3.7以前では、以下のようにreadメソッドの戻り値をいったん受け取った後、バイト配列が空であることを判定して、ループを終了する必要があります。

```
while True:
  d = reader.read(1)
  if len(d) == 0:
    break
  writer.write(d)
```

7.2.4　タブ区切り形式のテキストを読み書きする

　csvモジュールを利用することで、タブ／カンマ区切りなど、区切り文字付きテキストを手軽に読み書きできるようになります。たとえばリスト7.21は、あらかじめ用意したdata.tsv（タブ区切りテキスト）をリスト表示する例です。

▶リスト7.21　file_csv.py

```python
import csv

with open('./chap07/data.tsv', encoding='UTF-8') as file:
  for row in csv.reader(file, delimiter='\t'):                    ──❶
    for cell in row:                                              ──┐
      print(cell)                                                 ──┴❷
    print('--------')
```

```
りんご
220
--------
ぶどう
350
--------
みかん
200
--------
```

区切りファイルを読み込むには、まず、reader関数でreaderオブジェクトを生成します（❶）。

構文 reader関数

reader(*csvfile*, ****fmtparams*)

csvfile　：読み込み対象のファイル
fmtparams　：フォーマット情報（「名前=値」形式。指定できる名前は表7.9）

❖表7.9　reader関数のパラメーター情報

パラメーター	概要	既定値
delimiter	区切り文字	,（カンマ）
doublequote	文字列内のクォート文字を二重化するか	True
escapechar	エスケープに利用する文字	None
lineterminator	改行文字（readerでは無視）	\r\n
quotechar	クォート文字	"
quoting	クォートの認識方法（表7.10を参照）	csv.QUOTE_MINIMAL
skipinitialspace	delimiterの直後の空白を無視するか	False
strict	不正な入力でエラーを発生するか	False

引数*csvfile*には、fileオブジェクトはもちろん、リストのようなイテラブルな値を指定できます。

引数*fmtparams*は、ファイルの形式を決めるための情報です。今回のように、カンマ区切り以外の文字列を扱う際には、最低限、delimiterパラメーターを指定しておきましょう。

> **note** csv.reader関数を呼び出すたびに、個々のフォーマット情報（引数*fmtparams*）を渡すのは面倒です。そこで、csvモジュールではフォーマット情報を束ねるために、**dialect**という仕組みを提供しています。csvモジュールでは、標準のdialectとしてexcel（カンマ区切り。既定）、excel_tab（タブ区切り）などを用意しています。
> よって、リスト7.21の❶は、以下のように表してもほぼ同じ意味です。
>
> ```
> for row in csv.reader(file, dialect=csv.excel_tab):
> ```

readerオブジェクトを生成できてしまえば、あとは、fileオブジェクトと同じく、forループで行単位に文字列を取り出すだけです。ただし、readerオブジェクトをforループで取り出した結果は、区切り文字で分割した結果（リスト）です。よって、❷でも、これをさらにforループにかけて個々の値を出力しています。

fileオブジェクトだけでもstr.splitメソッドを併用すれば、同じようなことはできますが、クォート文字の処理などを考慮すれば、意外と面倒です。csvモジュールの利用がお勧めです。

タブ区切りテキストを出力する

同様に、csv.writer関数を利用することで、リストの内容をカンマ／タブ区切り形式のテキストに変換することも可能です（リスト7.22）。

▶リスト7.22　file_csv_write.py

```python
import csv

data = [
  [1Ø1,'山田太郎','Ø9Ø-1111-2222'],
  [1Ø2,'鈴木次郎','Ø8Ø-3333-4444'],
  [1Ø3,'佐藤花子','Ø7Ø-5555-6666']
]

with open('./chapØ7/member.tsv', 'w', newline='', encoding='UTF-8') ⏎         ❶
  as file:
  writer = csv.writer(file, delimiter='\t', quoting=csv.QUOTE_ALL)            ❷
  writer.writerows(data)                                                     ❸
```

結果、以下のような member.tsv が生成されます。

```
"101"    "山田太郎"           "090-1111-2222"
"102"    "鈴木次郎"           "080-3333-4444"
"103"    "佐藤花子"           "070-5555-6666"
```

file 関数での「newline=''」指定は、csv モジュールを利用する場合のお約束と考えてください（❶）。既定の状態では、「\r\n」を改行文字とする環境で余計な「\r」が付与されてしまうためです。読み込みに際しても、フィールドに改行が含まれる場合には正しく解釈されない場合があります。これを避けるために、読み書きに関わらず、「newline=''」を付与しておくのが無難です。

書き込みのための writer オブジェクトは、writer 関数で生成できます（❷）。

構文 writer関数

```
writer(csvfile, dialect='excel', **fmtparams)
```

csvfile	：読み込み対象のファイル
dialect	：採用する dialect
fmtparams	：フォーマット情報（「名前=値」形式。指定できる名前は p.281 の表7.9）

csv.writer 関数に渡された quoting パラメーターは、フォーマット情報（引数 *fmtparams*）の一部で、クォートの方法を表します。設定値は、表7.10の通りです。

❖表7.10　クォートの処理方法（quoting パラメーターの設定値）

設定値	概要
csv.QUOTE_ALL	すべてのフィールドをクォート
csv.QUOTE_MINIMAL	delimiter／quotechar などを含むフィールドだけをクォート
csv.QUOTE_NONNUMERIC	非数値フィールドだけをクォート（reader であれば、クォートされていないフィールドを float 型に変換）
csv.QUOTE_NONE	クォートしない

writer オブジェクトの準備ができたら、あとは writerows メソッドで2次元リストの内容をファイルに書き込むだけです（❸）。

構文 writerowsメソッド

```
writer.writerows(rows)
```

writer	：writer オブジェクト
rows	：書き込むべきデータ（2次元リストなど）

ここでは、2次元リストで複数のレコードをまとめて書き込んでいますが、writerowメソッド（単数形）を使えば、1次元リストを1行ずつ書き込んでいくことも可能です。

オブジェクトのシリアライズ

シリアライズ（Serialize）とは、オブジェクトのような構造化データをバイト配列に変換することを言います。オブジェクトはあくまでPythonの世界の中でのみ扱える形式ですが、バイト配列は汎用的な形式です。シリアライズによって、オブジェクトをたとえばファイル／データベースに保存したり、ネットワーク経由で受け渡したりが可能になります（図7.7）。

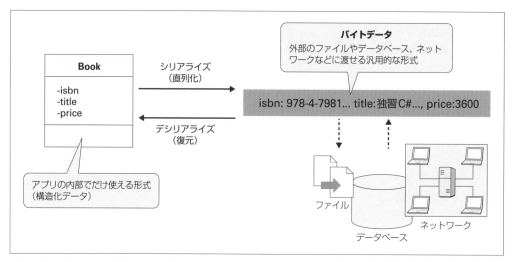

❖図7.7　シリアライズ／デシリアライズ

シリアライズされたバイト配列を、元のオブジェクト形式に戻すことをデシリアライズと言います。Pythonで、こうしたシリアライズ／デシリアライズを行うには、pickleモジュールを利用します。

 本項の理解には、クラス／モジュール定義の知識を前提にしています。ここではコードの意図だけを説明するので、10.1節でクラス定義を理解した後、再度読み解くことをお勧めします。

オブジェクトのシリアライズ

まずは、あらかじめ準備したBookオブジェクト（リスト7.23）をシリアライズし、ファイル（book.bin）に保存してみます（リスト7.24）。なお、pickleではシリアライズ可能であることをpickle化とも言います。

```
class Book:
  def __init__(self, isbn, title, price):
    self.isbn = isbn
    self.title = title
    self.price = price
```
❶

```
import pickle
import book

b = book.Book('978-4-7981-5382-7', '独習C# 新版 ', 3600)

with open('./chap07/book.bin', 'wb') as file:
  pickle.dump(b, file)
```
❷

　まずは、シリアライズ対象のクラス（オブジェクト）を準備します（❶）。シリアライズ可能な型は、以下の通りです。

- None、True、False
- 整数、浮動小数点数、複素数
- 文字列、バイト列、バイト配列
- シリアライズ可能な型から構成されるリスト／タプル／セット／辞書
- トップレベルで定義されたクラス／関数

　❶では、独自のクラスを定義していますが、事足りるのであればシリアライズ対象のデータを辞書化してシリアライズしてもかまわないということです。

　シリアライズ対象のオブジェクトを準備できたら、あとは、これをdump関数に引き渡すだけです（❷）。

構文 dump関数

```
dump(obj, file, protocol=None)
```

obj	：シリアライズするオブジェクト
file	：出力先のファイル
protocol	：利用するプロトコル（0 〜 5）

7

標準ライブラリ（その他）

引数*protocol*は変換形式を表すもので、それぞれ表7.11の意味を持ちます。一般的には既定のプロトコルを利用すれば十分ですが、以前のバージョンのPythonと互換を保ちたい場合には、明示的に対応プロトコルを宣言してください。

❖表7.11　変換プロトコル（引数*protocol*の値）

プロトコル	概要
0	人間に判読可能な形式（Python初期バージョンとの互換性）
1	旧形式のバイナリ（Python初期バージョンとの互換性）
2	より効率的な形式（Python 2.3で導入）
3	bytesサポートの形式（Python 3標準のプロトコル）
4	巨大なオブジェクトのサポートなど効率化された形式（Python 3.4で導入。既定）
5	帯域外データのサポート（Python 3.8で導入）

　サンプルを実行できたら、まずはbook.binが生成されていることを確認してください（バイナリなので、テキストエディターでそのまま開くことはできません）。

シリアライズした内容をデシリアライズする

　シリアライズした値（book.bin）を読み込み、デシリアライズするのがリスト7.25のコードです。正しくデシリアライズできたことを確認するために、ここではBookオブジェクトのtitle属性にアクセスしています。

▶リスト7.25　file_obj_de.py

```python
import pickle

with open('./chap07/book.bin', 'rb') as file:
  b = pickle.load(file)
  print(b.title)      # 結果：独習C# 新版
```

　ファイルに保存したオブジェクトをデシリアライズするには、loadメソッドを利用します。

構文 loadメソッド

```
load(file)
```

file：対象のファイル

　ちなみに、dumpはシリアライズの結果をファイルに保存し、loadはファイルから得たデータをデシリアライズするためのメソッドでしたが、文字列に出し入れするためのdumps／loadsメソッド（s付き）もあります。

```
str = pickle.dumps(b)
obj = pickle.loads(str)
```

練習問題　7.2

[1] リスト7.Aのコードは、住所録をカンマ区切りテキストとして保存するためのスクリプトです。空欄①〜⑤を埋めて、コードを完成させてください。

▶リスト7.A　p_file.py

```
import  ①

data = [
    ['山田太郎', '16Ø-9999', '東京都新宿区東町1-1-1'],
    ['鈴木次郎', '1Ø7-1111', '東京都港区西町2-2-2'],
    ['佐藤花子', '15Ø-2222', '東京都渋谷区南町3-3-3']
]

  ②   open('./chap07/address.csv', ' ③ ', newline='', encoding=⏎
'UTF-8') as file:
  writer = csv.writer(file,  ④ =',', quoting=csv.QUOTE_ALL)
  writer. ⑤ (data)
```

```
"山田太郎","16Ø-9999","東京都新宿区東町1-1-1"
"鈴木次郎","1Ø7-1111","東京都港区西町2-2-2"
"佐藤花子","15Ø-2222","東京都渋谷区南町3-3-3"
```

※作成されたaddress.csvの内容です。

7.3　ファイルシステムの操作

　os.path／shutilなどのモジュールには、ファイルシステム上のフォルダー／ファイルを操作したり、情報を取得したりするための機能が用意されています。ここでは、それらの中でも特によく利用すると思われる例を挙げていきます。

フォルダー配下のファイル情報を取得する（1）

osモジュールのlistdir関数を利用することで、指定されたフォルダー配下のサブフォルダー／ファイル情報をリストとして取得できます。

構文 listdir関数

```
listdir(path='.')
```

path：列挙対象のフォルダー

たとえばリスト7.26は、chap07配下のサブフォルダー／ファイルに関する情報を列挙する例です。

▶リスト7.26　path_list.py

```
import datetime
import os

PATH = './chap07'
for f in os.listdir(PATH):
  p = os.path.join(PATH, f) ──────────────────────────────── ❸

  print(p)
  print('フォルダー ' if os.path.isdir(p) else 'ファイル') ───────────┐
  print(datetime.datetime.fromtimestamp(os.path.getatime(p))) ─────── ❷  ├─❶
  print(os.path.getsize(p), 'byte') ──────────────────────────────────┘
  print('─────')
```

```
./chap07\book.py
ファイル
2020-01-14 15:08:50.447000
124 byte
─────
./chap07\child
フォルダー
2020-01-14 16:38:54.561781
0 byte
─────
...後略...
```

listdir関数は、サブフォルダー／ファイルの名前（群）をリストとして返します（リスト内の順序は不定です）。得られた名前（パス情報）からフォルダー／ファイル個々の情報を取得するのは、os.pathモジュールのis*xxxxx*／get*xxxxx*関数の役割です（❶）。

表7.12にos.pathモジュールの主な関数をまとめます。

❖表7.12　os.pathモジュールの主な関数

関数	概要
abspath(*path*)	絶対パス
basename(*path*)	パス末尾のファイル名
dirname(*path*)	フォルダー名
exists(*path*)	パスが存在するか
expandvars(*path*)	パスを、環境変数を置き換えたうえで展開
getatime(*path*)	最終アクセス時刻
getmtime(*path*)	最終更新時刻
getctime(*path*)	Windowsでは作成時刻、Unixでは最終更新時刻
getsize(*path*)	サイズ（バイト数）
isabs(*path*)	絶対パスであるか
isfile(*path*)	ファイルであるか
isdir(*path*)	ディレクトリ（フォルダー）であるか
islink(*path*)	シンボリックリンクであるか
join(*path*, **paths*)	パス*path*、*paths*を連結

get*XXX*time関数の戻り値は、Unixタイムスタンプ（1970/01/01 00:00:00からの経過秒）です。よって、ここでも、戻り値はfromtimestampメソッド（5.3.1項）で明示的にdatetimeに変換しています（❷）。

パスの組み立てには、join関数を利用すると便利です（❸）。join関数は、指定されたパス（フォルダーとファイルの名前）を連結して返します。文字列同士の+演算とも似ていますが、パス同士の連結で「/」「\」などの区切り文字を補ってくれる点が異なります。join関数には、3個以上の引数を渡してもかまいません。

7.3.2　フォルダー配下のファイル情報を取得する（2）

listdir関数がフォルダー／ファイルの名前だけを取得するのに対して、フォルダー／ファイルの情報（名前はもちろん、サイズや更新日時など）をまとめて取得するscandir関数もあります。ファイルの情報が必要なことがあらかじめわかっているならば、scandir関数を利用したほうが効率的です（listdir関数では「フォルダー／ファイルの数×取得したい情報の種類」だけファイルシステムへのアクセスが発生するからです）。

リスト7.27は、リスト7.26をscandir関数を使って書き換えた例です。

```
import datetime
import os

PATH = './chap07'
for f in os.scandir(PATH):
  print(f.path)
  print('フォルダー ' if f.is_dir() else 'ファイル')
  st = f.stat()
  print(datetime.datetime.fromtimestamp(st.st_atime))
  print(st.st_size, 'byte')
  print('-----')
```

　scandir関数の戻り値は、フォルダー／ファイル情報を管理するos.DirEntry型のリスト（正確には
イテレーター）です。DirEntry型では、表7.13のような属性／メソッドを提供しています。

❖表7.13　ファイルエントリーの情報（scandir関数の戻り値）

属性／メソッド	概要		
name	ベースファイル名		
path	パス		
is_dir()	ディレクトリ（フォルダー）であるか		
is_file()	ファイルであるか		
is_symlink()	シンボリックリンクであるか		
stat()	ファイルの情報（配下の主な属性は以下）		
	属性	概要	
	st_mode	ファイルモード	
	st_size	サイズ（byte単位）	
	st_atime	最終アクセス時刻（秒単位）	
	st_mtime	最終更新時刻（秒単位）	
	st_ctime	Windowsでは作成時刻、Unixでは最終更新時刻	

7.3.3 フォルダー／ファイル情報を再帰的に取得する

　listdir／scandir関数が指定されたフォルダー直下のサブフォルダー／ファイルの一覧を取得する
のに対して、walk関数を利用することで、サブフォルダーを再帰的に下って、フォルダー配下のす
べてのサブフォルダー／ファイル情報を取得できます。

walk(*top*, *topdown*=True)
top ：走査するフォルダーのパス *topdown*：上位フォルダーから走査するか（Falseで下位フォルダーから走査）

たとえばリスト7.28は、/chap07/docフォルダー配下のサブフォルダー／ファイルを列挙する例です。

▶リスト7.28 path_walk.py

```python
import os

for path, dirs, files in os.walk('./chap07/doc'):                              ❶
    print(path)
    print(dirs)
    print(files)
    print('------------')
```

/chap07/docフォルダー配下は、図7.8のような構造になっているものとします。

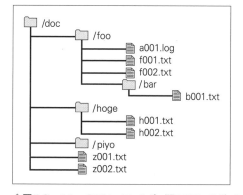

❖図7.8 /chap07/docフォルダー配下のフォルダーとファイル

以下は、サンプルの結果です。

```
./chap07/doc
['foo', 'hoge', 'piyo']
['z001.txt', 'z002.txt']
------------
./chap07/doc\foo
['bar']
['a001.log', 'f001.txt', 'f002.txt']
------------
```

```
./chap07/doc\foo\bar
[]
['b001.txt']
-----------

./chap07/doc\hoge
[]
['h001.txt', 'h002.txt']
-----------

./chap07/doc\piyo
[]
[]
-----------
```

walk関数の戻り値は、

（現在のフォルダーパス，配下のフォルダー一覧，配下のファイル一覧）

形式のタプルを返すイテラブル型です。よって、for命令でもタプルの値を受け取れるように、3変数path／dirs／filesを渡しています（❶）。

　ここでは、それぞれの値をそのまま表示していますが、たとえばファイルの一覧を取り出したいならば、さらに変数filesを列挙します。リスト7.29は、拡張子が.txtであるファイルをすべて列挙する例です。

▶リスト7.29　path_walk2.py

```python
import os

for path, dirs, files in os.walk('./chap07/doc'):
  # 配下のファイルだけを列挙
  for f in files:
    # 拡張子「.txt」のものだけを表示
    if f.endswith('.txt'):
      print(os.path.join(path, f))
```

```
./chap07/doc\z001.txt
./chap07/doc\z002.txt
./chap07/doc\foo\f001.txt
./chap07/doc\foo\f002.txt
```

```
./chap07/doc\foo\bar\b001.txt
./chap07/doc\hoge\h001.txt
./chap07/doc\hoge\h002.txt
```

7.3.4 フォルダーを作成／リネーム／削除する

osモジュールの関数を利用することで、フォルダーを新規作成、リネーム、削除できます（表7.14）。

❖表7.14　フォルダー操作のための関数

関数	概要
mkdir(*path*, *mode*=0o777)	フォルダー*path*を新規作成（*mode*はパーミッション）
rename(*src*, *dst*)	フォルダー*src*を*dst*にリネーム
rmdir(*path*)	フォルダー*path*を削除

具体的な例も見てみましょう（リスト7.30）。処理のタイミングのたびに「Hit any key...」というメッセージが表示されるので、Enterキーを押すことで先に進みます（本来、input関数はユーザーからの入力値を戻り値として返しますが、ここでは利用していません）。

▶リスト7.30　path_make.py

```
import os

os.mkdir('./chap07/sub', 0o666) ──────────────── ❶
input('Hit any key...')
os.rename('./chap07/sub', './chap07/copy') ───── ❷
input('Hit any key...')
os.rmdir('./chap07/copy') ──────────────────── ❸
```

/chap07フォルダー配下に対して、/subフォルダーを作成した後（❶）、/copyにリネーム（❷）、最後に/copyフォルダーを削除しています（❸）。ただし、以下の点に注意してください。

- mkdirで該当するフォルダーがすでに存在する場合はFileExistsError例外を発生
- renameで変更後のフォルダーがすでに存在する場合はOSError（FileExistsError）例外を発生
- rename／rmdirでは対象のフォルダーが存在しない場合にFileNotFoundError例外を発生
- フォルダーの中身が空でない場合のrmdir呼び出しはOSError例外を発生

なお、（フォルダーではなく）ファイルを削除したい場合には、rmdir関数の代わりにremove関数を利用してください。

> *note* カレントフォルダーはos.getcwd関数で確認できます。リスト7.Bのように、まずはコードを起動したフォルダーを得られるはずです。また、カレントフォルダーを移動したいならば、os.chdir関数を呼び出します。

▶リスト7.B　path_get.py

```
import os

print(os.getcwd())     # 結果：C:\data\selfpy
os.chdir('..')
print(os.getcwd())     # 結果：C:\data
```

7.3.5 フォルダーを作成／リネーム／削除する（複数階層）

mkdir／rename／rmdir関数には、それぞれ複数の階層に対応した関数が用意されています（表7.15）。複数形になったとともに、つづりも変化しているので要注意です。

❖表7.15　フォルダー操作のための関数

関数	概要
makedirs(*path*, mode=0o777)	フォルダー*path*を新規作成（*mode*はパーミッション）
renames(*src*, *dst*)	フォルダー*src*を*dst*にリネーム
removedirs(*path*)	フォルダー*path*を削除

まずは、サンプルで動作を確認してみましょう（リスト7.31）。例によって、サンプル実行時には作成／リネームのタイミングでキー入力を求められるので、Enterキーで先に進んでください。

▶リスト7.31　path_make_multi.py

```
import os

os.makedirs('./chap07/sub/gsub') ─────────────────────────────────── ❶
input('Hit any key...')
os.renames('./chap07/sub/gsub', './chap07/copy/gchild') ───────────── ❷
input('Hit any key...')
os.removedirs('./chap07/copy/gchild') ─────────────────────────────── ❸
```

リスト7.30と異なるのは、指定のパスが複数階層に及んでいる点です。このような状況で❶を mkdirで書き換えると、FileNotFoundError例外を発生します。/gsubを作成しようとするが、途中 に存在しない/subが挟まっているためです。makedirs関数は、このように、

パスの途中に存在しないフォルダーが挟まっていた場合は、これを再帰的に作成

してくれるわけです（ちなみに、mkdir関数でも /subが存在する状態でsub/gsubフォルダーを作成 することは問題ありません）。

❷も同様です。rename（sなし）で書き換えた場合、FileNotFoundError例外が発生します。この 時点で、移動先のパス「copy/gchild」に「copy」という存在しないパスが挟まっているからです。

❸をrmdirで書き換えた場合には、とりあえず動作しますが、gchildだけが削除されます。一方、 removedirsでは末尾パスだけでなく、copy、gchildとパスを構成するすべてのフォルダーが削除さ れます。

> *note* （末尾パスでない）途中フォルダーにファイルが含まれており、削除できなかった場合も、
> removedirs関数は例外を返しません。1つでもフォルダーを削除できた場合、removedirs関数
> は成功とみなされます。
> もしもファイルを含んだフォルダーをまとめて削除したい場合には、shutil.rmtree関数を利用し
> てください。
>
> ```
> import shutil
> shutil.rmtree('./chap07/sub')
> ```

7.3.6 フォルダー／ファイルをコピーする

shutilモジュールのcopytree関数を利用することで、指定されたフォルダー配下のすべてのサブ フォルダー／ファイルをまとめて複製できます。

構文 copytree関数

```
copytree(src, dst, ignore=None, copy_function=copy2)
```

src	：コピー元のフォルダー
dst	：コピー先のフォルダー
ignore	：コピーをスキップするフォルダー／ファイル
copy_function	：コピーに利用する関数（後述）

たとえばリスト7.32は、/docフォルダー配下のファイルをまとめて/dataフォルダーにコピーする

例です。ただし、.dat／.logファイルのコピーはスキップします。

▶リスト7.32　path_copy.py

```
import shutil

shutil.copytree(
  './chap07/doc', './chap07/data',
  ignore=shutil.ignore_patterns('*.dat', '*.log')
)
```

引数*ignore*にはコピーしないフォルダー／ファイルのパターンを渡します。ファイルパターンは、shutil.ignore_patterns関数で生成できます。

引数*copy_function*は、ファイルのコピーに内部的に利用する関数を表します（表7.16）。

❖表7.16　ファイルコピーのための関数

関数	概要
copyfile	データのみコピー
copy	データ＋パーミッションをコピー
copy2	データ＋パーミッション＋メタデータをコピー

メタデータとは、ファイルの作成／更新時間などです。ただし、copy2を利用した場合にもすべてのメタデータを完全にコピーできるわけではありません。

また、これらの関数は、単体でファイルをコピーするために利用することも可能です（以下にcopy2関数の構文を示しますが、他の関数も同等です）。

構文 copy2関数

```
copy2(src, dst, *, follow_symlinks=True)

src             ：コピー元のファイル
dst             ：コピー先のファイル（copy_file関数以外はフォルダー指定も可）
follow_symlinks：シンボリックリンクを追跡するか
```

引数*follow_symlinks*がFalseで、コピー対象がシンボリックリンクの場合には、シンボリックリンクそのものの複製が生成されます（さもなければ、リンク先のファイルをコピー）します。

リスト7.33に、copy2関数単体で利用した場合の例も示しておきます。

▶リスト7.33　path_copy2.py

```
import shutil

shutil.copy2('./chap07/sample.txt', './chap07/data.txt')
```

7.4 HTTP経由でコンテンツを取得する

近年、ネットワーク経由で情報／サービスにアクセスする状況は増えています。たとえばスクレイピングは、サイト上のページから情報を抽出するための技術のことで、インターネット上から情報を効率的に収集するために用いられます。

また、マッシュアップとは、ネットワーク上で提供されているサービスを組み合わせて、自作のアプリに取り込む技術のことです。たとえば、Amazon Product Advertising APIを利用すれば（図7.9）、Amazonの膨大な商品データベースをあたかも自分のアプリの一部であるかのように（しかも低コストで！）利用できるようになります。

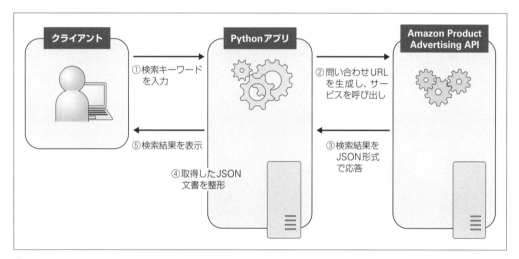

❖図7.9　Amazon Product Advertising APIの利用イメージ

そして、これらの技術を支えるモジュールがrequestsモジュールです。HTTP（HyperText Transfer Protocol）経由で外部の情報／サービスにアクセスするための手段を提供します。

> *note* 本家Pythonなどの環境では、requestsは組み込まれていません（Anacondaでは組み込み済み）。利用にあたっては、p.410のコラムを参照のうえ、あらかじめインストールしてください。

まずは、requestsモジュールの基本的なサンプルから見ていきます。リスト7.34は、CodeZine（https://codezine.jp/）にアクセスして、取得したページをコンソールにテキスト表示する例です。

▶リスト7.34　http_basic.py

```
import requests

res = requests.request('get', 'https://codezine.jp/') ——————————— ❶
print(res.text) ————————————————————————————————————————— ❷
```

```
問題   出力   ターミナル   デバッグ コンソール                                    1: Python        ∨  +  ⬚  🗑

        <li><a href="https://enterprisezine.jp/special/pminfo">プロジェクトマネジメント</a></li>
        <li><a href="https://www.seshop.com/">書籍・ソフトを買う</a></li>
        <li><a href="https://www.denken3.com/">電験3種対策講座</a></li>
        <li><a href="https://www.denken3.net/">電験3種ネット</a></li>
        <li><a href="https://denkou.info/">第二種電気工事士</a></li>
      </ul>
    </div>
  </section><!-- / .linkList -->
    </div><!-- / .container -->
</footer><!-- / footer -->
<div class="copy">
    <small class="container">All contents copyright &copy; 2005-2020 Shoeisha Co., Ltd. All rights reserve
d. ver.1.5</small>
</div>

    </body>
</html>
```

❖図7.10　HTTP経由で指定されたページを取得

requestsモジュールでリクエストを発行するのは、request関数の役割です（❶）。

構文 request関数

```
request(method, url, **kwargs)
```

method ：HTTPメソッド
url   ：URL
kwargs ：「オプション名：値」形式のオプション（利用可能なキーは表7.17）

オプション	概要
params	クエリ情報（「キー名: 値」形式の辞書）
data	リクエスト本文（「キー名: 値」形式の辞書）
headers	リクエストヘッダー（「ヘッダー名: 値」形式の辞書）
files	ファイル（「名前: 値」形式の辞書）
timeout	タイムアウト時間
allow_redirects	リダイレクトを追跡するか

　引数*method*には、利用するHTTPメソッドに応じて、get、post、put、patch、deleteなどを指定できます。目的のコンテンツを取得するだけであれば、まずは基本のgetを指定します。

note　汎用的なrequest関数の代わりに、特定のHTTPメソッドに対応したget、postなどの関数もあります。たとえば❶は、以下のように書いても同じ意味です。

```
res = requests.get('https://codezine.jp/')
```

　request関数（またはget／postなどの関数）の戻り値は、サーバーからの応答データを表すResponseオブジェクトです。❷では、text属性で応答の本体を取得していますが、その他にも、Responseオブジェクトでは、表7.18のような属性／メソッドを提供しています。

❖表7.18　Responseオブジェクトの主な属性／メソッド

属性／メソッド	概要
apparent_encoding	見た目の文字エンコーディング
content	コンテンツ本体（バイト単位）
headers	応答ヘッダー（辞書）
iter_lines(chunk_size=10240)	応答データを反復処理
json()	JSONデータを取得
raw	生のデータ
status_code	応答ステータスコード
text	コンテンツ本体（Unicode）
url	最終的なURL

　たとえば、大量のコンテンツを読み込む際には、text属性よりも、forループによる読み込みに対応したiter_linesメソッドを利用すべきです。

```
for line in res.iter_lines():
  print(line.decode('UTF-8'))
```

iter_linesメソッドは、コンテンツをbytes型として返すので、decodeメソッドで文字列に変換しています。

7.4.2 HTTP POSTによる通信

リスト7.34のrequest（＋get指定）では、HTTP GETという命令を使ってHTTP通信を行います。HTTP GETは、主にデータを取得するための命令です。リクエスト時にデータを送信することもできますが、サイズは制限されます。まとまったデータを送信するには、HTTP POSTを利用してください。

たとえばリスト7.35は、HTTP POSTを利用してデータを送信する例です。

▶リスト7.35　http_post.py

```python
import requests

res = requests.post('https://wings.msn.to/tmp/post.php',
  data={'name': '佐々木新之助'})
print(res.text)      # 結果：こんにちは、佐々木新之助さん！
```

HTTP POST通信には、postメソッドを利用するだけです（もちろん、requestメソッドで引数にpostを指定してもかまいません）。リクエスト本体は、dataオプションに「キー名: 値」形式の辞書として引き渡せます。

以降の処理は、HTTP GETの場合と同じです。通信先での処理（post.php）については、本書の守備範囲を超えるので、紙面上は割愛します。ここでは、nameというキーを受け取って「こんにちは、●○さん！」のようなメッセージを生成する、とだけ理解しておいてください。

post.phpは配布サンプルに含まれているので、自分の利用できるレンタルスペースなどにアップロードしたうえで、太字部分のパスも環境に合わせて書き換えてください。

> _note_ 先ほども触れたように、簡単なデータであれば、HTTP GETでも送信できます。その場合は、以下のように（dataの代わりに）paramsパラメーターを利用してください。
>
> ```python
> res = requests.get('https://wings.msn.to/tmp/post.php',
>   params={'name': '佐々木新之助'})
> ```

HTTP経由でデータを受け渡しする場合、JSON（JavaScript Object Notation）と呼ばれるデータ形式がよく利用されます。JSONとは、名前の通り、JavaScriptのオブジェクトリテラルをもとにしたデータ形式で、その性質上、JavaScriptとの親和性に優れます。

JSONそのものは、なにもネットワークに特化した仕組みではありませんが、密接に関連するため、本節では基本的な操作方法をまとめておきます。リスト7.36は、サーバー側であらかじめ用意したJSONデータ（書籍リスト）をネットワーク経由で取得し、その内容をリスト表示する例です。

▶リスト7.36　http_json.py

```python
import requests

res = requests.get('https://wings.msn.to/tmp/books.json')
bs = res.json()
print(bs['books'][0]['title'])    # 結果：独習Java 新版
```

JSONデータを取得するには、Responseオブジェクトからjsonメソッドを呼び出すだけです。jsonメソッドは、レスポンスを解釈した結果をdict型として返します。よって、階層化された結果に対してもキーを列記するだけでアクセスできるわけです。

なお、サンプル内のbooks.jsonは配布サンプルに含まれています。自分の利用できるレンタルスペースなどにアップロードしたうえで、太字部分のパスも環境に合わせて書き換えてください。

練習問題　7.3

[1] リスト7.Cは、指定のページにアクセスして、その結果ステータスを取得するためのコードです。空欄を埋めて、コードを完成させてください。

▶リスト7.C　p_http.py

```python
import  ①

res =  ① .request(' ② ', 'https://codezine.jp/')
print(res. ③ )    # 結果：200
```

7.5 その他の機能

以降では、これまでに取り上げなかったその他の機能について扱います。

7.5.1 数学演算——mathモジュール＋組み込み関数

絶対値や平方根、三角関数など、基本的な数学演算は、mathモジュールと組み込み関数とで提供されています。主な関数には、表7.19のようなものがあります（mathモジュールに属するものは「math.～」で表記しています）。

❖表7.19 数値演算に関する関数

分類	関数	概要
基本	math.nan	非数（NaN：Not a Number）
	math.inf	正の無限大
	abs(*x*)	絶対値を取得
	divmod(*a*, *b*)	*a* ÷ *b* の解を(商, 余り)のタプルとして取得
	max(*arg1*, *arg2*, ...)	最大値を取得
	min(*arg1*, *arg2*, ...)	最小値を取得
	pow(*x*, *y*)	*x* の *y* 乗（*x* ** *y*）を取得
	round(*number*[, *ndigits*])	数値 *number* を小数点以下 *ndigits* 桁で丸め
	math.sqrt(*x*)	*x* の平方根
	math.ceil(*x*)	数値の切り上げ
	math.floor(*x*)	数値の切り捨て
	math.trunc(*x*)	数値の丸め
	math.factorial(*x*)	*x* の階乗
	math.gcd(*a*, *b*)	整数 *a*、*b* の最大公約数
三角関数	math.pi	円周率
	math.cos(*x*)	コサイン（余弦）
	math.sin(*x*)	サイン（正弦）
	math.tan(*x*)	タンジェント（正接）
	math.acos(*x*)	アークコサイン（逆余弦）
	math.asin(*x*)	アークサイン（逆正弦）
	math.atan(*x*)	アークタンジェント（逆正接）
	math.atan2(*y*, *x*)	2変数のアークタンジェント（atan(*y* / *x*)）
	math.cosh(*x*)	ハイパーボリックコサイン（双曲線余弦）
	math.sinh(*x*)	ハイパーボリックサイン（双曲線正弦）
	math.tanh(*x*)	ハイパーボリックタンジェント（双曲線正接）

分類	関数	概要
三角関数	`math.acosh(x)`	ハイパーボリックアークコサイン（逆双曲線余弦）
	`math.asinh(x)`	ハイパーボリックアークサイン（逆双曲線正弦）
	`math.atanh(x)`	ハイパーボリックアークタンジェント（逆双曲線正接）
	`math.degrees(x)`	ラジアンから度に変換
	`math.radians(x)`	度からラジアンに変換
指数／対数関数	`math.e`	自然対数の底
	`math.exp(x)`	指数関数（e^x）
	`math.expm1(x)`	e^x -1
	`math.log(x[, base])`	対数関数（底 *base* の対数 *num*。*base* 省略時は自然対数）
	`math.log1p(x)`	$1+x$ の自然対数
	`math.log2(x)`	底を2とする対数
	`math.log10(x)`	底を10とする対数
判定	`math.isclose(a, b, rel_tol=1e-09)`	a／b が十分に近いか（*rel_tol* は許容する誤差）
	`math.isfinite(x)`	x が有限値であるか（∞でもNaNでもない）
	`math.isinf(x)`	x が無限数であるか
	`math.isnan(x)`	x がNaNであるか
その他	`math.frexp(x)`	数値の仮数／指数を(m, e)として取得
	`math.modf(x)`	数値の小数部／整数部を取得
	`math.copysign(x, y)`	数値 x の絶対値に y の符号を付与

リスト7.37に、それぞれの関数の利用例を示します。

▶リスト7.37　math_built.py

```python
import math

print(abs(-100))                  # 結果：100
print(math.ceil(1234.567))        # 結果：1235
print(math.floor(1234.567))       # 結果：1234
print(math.trunc(1234.567))       # 結果：1234
print(round(1234.567, 2))         # 結果：1234.57
print(pow(2, 4))                  # 結果：16
print(math.factorial(5))          # 結果：120
print(math.sqrt(10000))           # 結果：100.0
print(divmod(10, 3))              # 結果：(3, 1)
print(math.gcd(96, 36))           # 結果：12
print(math.nan)                   # 結果：nan
print(math.inf)                   # 結果：inf
```

```
data = ['はくさい', 'ねぎ', 'レタス', 'ブロッコリー']
print(min(data, key = lambda n: len(n)))      # 結果：ねぎ ─────────────────┐
print(max(data, key = lambda n: len(n)))      # 結果：ブロッコリー ──────────┘ ❶


print(math.pi)      # 結果：3.141592653589793
print(round(math.cos(math.pi / 180 * 60), 1))      # 結果：0.5
print(round(math.sin(math.pi / 180 * 30), 1))      # 結果：0.5
print(round(math.tan(math.pi / 180 * 45), 1))      # 結果：1.0
print(math.e)         # 結果：2.718281828459045
print(math.exp(2))      # 結果：7.389056099893065
print(math.log(125, 5))      # 結果：3.0000000000000004
print(math.log10(100))      # 結果：2.0
print(math.frexp(0.0123))      # 結果：(0.7872, -6)
print(math.modf(3.14159))      # 結果：(0.14158999999999988, 3.0)
print(math.copysign(3.14159, -3.0))      # 結果：-3.14159
```

max／min関数では、ラムダ式を指定することで、大小の判定ルールをカスタマイズすることも可能です（ラムダ式については8.4.4項で後述します）。ラムダ式の引数には個々の要素が渡されるので、キーとして比較できる値を戻り値として返すようにします。❶であれば「len(n)」で文字列長を返すので、文字列の最も長い（または短い）ものを求めるわけです。

7.5.2 乱数を生成する──randomモジュール

乱数を生成するには、randomモジュールを利用します。randomモジュールでは、用途に応じて、リスト7.38のような乱数生成関数が用意されています。

▶リスト7.38　random_basic.py

```
import random

print(random.random())                    # 結果：0.5862484461843698 ──────────── ❶
print(random.randint(0, 10))              # 結果：4 ──────────────────────────── ❷
print(random.randrange(0, 10, 2))         # 結果：8 ──────────────────────────── ❸
print(random.uniform(1, 10))              # 結果：2.3013400852363Ø4 ──────────── ❹
print(random.gammavariate(15, 20))        # 結果：341.45302445895754 ────────── ❺
```

※結果は、実行のたびに異なります。

　まず、random関数が最も基本的な関数で、0〜1の範囲の乱数を返します（❶）。
　任意の範囲の整数値を取得するならば、randint関数（❷）、またはrandrange関数（❸）を利用します。双方は似ていますが、後者はstep（増分）を指定することも可能です。❸であれば、0〜10の

範囲の偶数のみを拾い出します。

任意の範囲の浮動小数点数を取得するuniform関数もあります（④）。

なお、random／uniform関数は一様分布に基づいて乱数を生成しますが、特定の分布に従って浮動小数点数を生成する関数もあります。⑤ではガンマ分布に基づくgammavariate関数を例にしていますが、その他にも表7.20のような関数があります。

❖表7.20　特定の分布に基づく乱数生成関数

関数	概要
random.betavariate(*alpha*, *beta*)	ベータ分布（*alpha*／*beta* ＞ 0）
random.expovariate(*lambd*)	指数分布（*lambd*は平均値の逆数）
random.gammavariate(*alpha*, *beta*)	ガンマ分布（*alpha*／*beta* ＞ 0）
random.gauss(*mu*, *sigma*)	ガウス分布（*mu*は平均、*sigma*は標準偏差）
random.lognormvariate(*mu*, *sigma*)	対数正規分布
random.normalvariate(*mu*, *sigma*)	正規分布
random.paretovariate(*alpha*)	パレート分布（*alpha*は形状パラメーター）
random.weibullvariate(*alpha*, *beta*)	ワイブル分布（*alpha*は尺度パラメーター、*beta*は形状パラメーター）
triangular(*low*, *high*, *mode*)	最頻値*mode*を持つ乱数（*low*〜*high*）

リストから要素をランダムに取り出す

randomモジュールのchoice／sample／choices関数を利用することで、リストから任意の要素を取り出せます（リスト7.39）。

▶リスト7.39　list_random.py

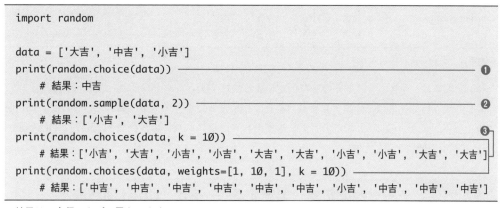

```python
import random

data = ['大吉', '中吉', '小吉']
print(random.choice(data)) ─────────────────────────────────────── ❶
    # 結果：中吉
print(random.sample(data, 2)) ───────────────────────────────────── ❷
    # 結果：['小吉', '大吉']
                                                                      ❸
print(random.choices(data, k = 10)) ──────────────────────────────┐
    # 結果：['小吉', '大吉', '小吉', '小吉', '大吉', '大吉', '小吉', '小吉', '大吉', '大吉']│
print(random.choices(data, weights=[1, 10, 1], k = 10)) ──────────┘
    # 結果：['中吉', '中吉', '中吉', '中吉', '中吉', '中吉', '小吉', '中吉', '中吉', '中吉']
```

※結果は、実行のたびに異なります。

まず、choiceメソッドは、リストから任意の要素を1つだけ取り出します（❶）。複数の要素を取り出すならば、sampleメソッドを利用してください（❷）。sampleメソッドの第2引数は取得する要素の個数です。

sampleメソッドは要素を重複がないように取り出しますが、重複を許容するならばchoicesメソッド（複数形）を利用します（❸）。

```
choices(population, weights=None, *, k=1)
```

population	：対象のリスト
weights	：重みづけ
k	：取得する要素数

取得すべき要素数は引数*k*で指定します。引数*weight*で要素を取得する確率（重みづけ）を定義できます（数値が大きいほうがヒット率が向上します）。

リストを任意順序にシャッフルする

randomモジュールのshuffle関数を利用することで、リストをランダムに並べ替えできます（リスト7.40）。

▶リスト7.40　list_shuffle.py

```
import random

data = ['大吉', '中吉', '小吉']
random.shuffle(data)                                    ──────┐
print(data)        # 結果：['小吉', '中吉', '大吉']  ──────┴─❶
new_data = random.sample(data, len(data))   ──────┐
print(data)        # 結果：['小吉', '中吉', '大吉']       │
print(new_data)    # 結果：['大吉', '小吉', '中吉']  ──────┴─❷
```

※結果は、実行のたびに異なります。

shuffle関数は、現在のリストそのものを書き換えます（❶）。

もしも現在のリストはそのままに、並べ替えた結果で新たなリストを生成したいならば、sample関数を利用します（❷）。すべての要素を抜き出しの対象にしたいので、第2引数には「len(data)」── リストの個数を渡します。

7.5.3　データ型を変換／判定する──int／float関数など

3.1.2項でも触れたように、Pythonは暗黙的な型変換を極力排しており、演算／処理に際しては意図した型に明示的に変換する必要があります。これを行うのが、表7.21のような組み込み関数です。

これらの関数を利用した例が、リスト7.41です。

❖表7.21　データ型変換のための組み込み関数

関数	データ型
bool([x])	論理型
complex([x])	複素数型
int([x, [base=10]])	整数型
float([x])	浮動小数点型
str(object='')	文字列型

▶リスト7.41　type.py

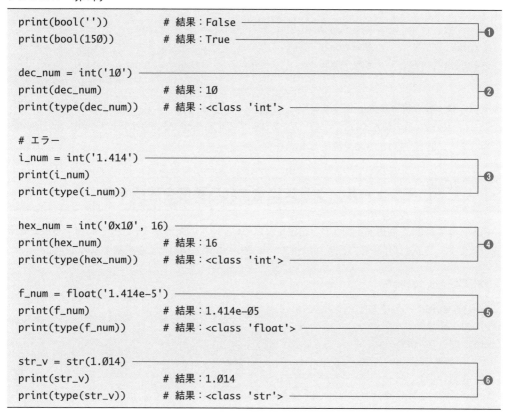

```
print(bool(''))          # 結果：False ─────────────────────┐
print(bool(150))         # 結果：True ─────────────────────┘ ❶

dec_num = int('10') ──────────────────────────────────────┐
print(dec_num)           # 結果：10                         │ ❷
print(type(dec_num))     # 結果：<class 'int'> ──────────────┘

# エラー
i_num = int('1.414') ─────────────────────────────────────┐
print(i_num)                                               │ ❸
print(type(i_num)) ────────────────────────────────────────┘

hex_num = int('0x10', 16) ────────────────────────────────┐
print(hex_num)           # 結果：16                         │ ❹
print(type(hex_num))     # 結果：<class 'int'> ──────────────┘

f_num = float('1.414e-5') ────────────────────────────────┐
print(f_num)             # 結果：1.414e-05                  │ ❺
print(type(f_num))       # 結果：<class 'float'> ────────────┘

str_v = str(1.014) ───────────────────────────────────────┐
print(str_v)             # 結果：1.014                      │ ❻
print(type(str_v))       # 結果：<class 'str'> ──────────────┘
```

　❶のboolについては、2.2.2項でも触れたルールで、値をTrue／Falseに変換します。ただし、条件式に渡された式は暗黙的にbool値として判定されるので、明示的にbool関数を利用する機会は、それほど多くはないでしょう。

　❷は、int関数でstr型をint型に変換しています。❸のように文字列の内容が小数点数の場合はエラーとなります。ただし、以下のようにfloat型（クォートなし）を渡した場合には、整数に丸めた値を返します。

```
i_num = int(1.414)
print(i_num)     # 結果：1
```

❹は16進数整数を渡す例です。この場合は、第2引数に、明示的に何進数で解釈するかを渡します（既定は10なので、そのままでは解釈できません）。

❺はfloat関数の例です。指数表現も解釈できます。

❻はstr関数の例です。2、8、16進数の数値文字列に変換するならば、以下のようにbin／oct／hex関数を利用します。

```
print(bin(17))     # 結果：0b10001
print(oct(17))     # 結果：0o21
print(hex(17))     # 結果：0x11
```

なお、❶〜❻の結果表示にも利用していますが、式の型を判定するにはtype関数を利用します。ただし、一般的な型の判定では、サブクラスを加味するisinstance関数を優先して利用することをお勧めします。詳しくは10.4.3項で説明します。

7.5.4 モジュール／クラスに含まれる要素を確認する

組み込み関数dirを利用することで、指定されたモジュール／クラス（第10章）に属する要素を確認できます。たとえばリスト7.42は、mathモジュールに属する関数などを列挙する例です。

▶リスト7.42　dir_basic.py

```
import math

print(dir(math))
    # 結果：['__doc__', '__loader__', '__name__', ... 'tanh', 'tau', 'trunc']
print(dir()) ─────────────────────────────────────────────────❶
    # 結果：['__annotations__', '__builtins__', ... '__spec__', 'math']
```

引数は'math'ではなく、math（クォートなし）である点に注意してください（文字列ではなく、モジュールオブジェクトを渡すためです）。引数を省略した場合には、現在のスコープに属する変数などを列挙できます（❶）。__xxxxx__は、2.1.3項で紹介した予約変数です。

組み込み関数／変数を列挙するならば、組み込みオブジェクトを意味するbuiltinsモジュールをdir関数に渡します。

```
import builtins

print(dir(builtins))
    # 結果：['ArithmeticError', 'AssertionError', ... 'type', 'vars', 'zip']
```

☑ この章の理解度チェック

[1] 表7.Aは、正規表現に関するキーワードをまとめた表です。空欄を埋めて、表を完成させてください。②③は具体的なフラグ、正規表現を2個以上答えてください。

❖表7.A　正規表現に関するキーワード

キーワード	概要
シングルラインモード	正規表現「 ① 」が改行文字にもマッチ
埋め込みフラグ	正規表現パターンに埋め込み可能なフラグ表現。 ② など
最短一致	「*」「+」などの量指定子ができるだけ短い文字列をマッチさせようとする。 ③ など
名前付きキャプチャグループ	キャプチャグループを命名するための記法。 ④ のように表現でき、マッチした内容にはgroup('name')でアクセスできる
後読み／先読み	前後の文字列の有無によってマッチを決定。「Aの直後にBが続く場合にだけ、Aにマッチ」を表すには ⑤ と記述

[2] 複数の電話番号を含むテキストsample.datがあるとします。sample.datを順番に読み込み、テキストに含まれる電話番号を一覧表示してみましょう（リスト7.D）。空欄を埋めて、スクリプトを完成させてください。

▶リスト7.D　ex_regex.py

```
import   ①

ptn = re. ②  (r'\d{2,4}-\d{2,4}-\d{4}')
with open('./chap07/sample.dat', 'r', encoding='UTF-8') as file:
    for   ③   in file:
        results = ptn. ④  (line)
        for result in results:
            print(  ⑤  )
```

7

標準ライブラリ　その他

```
111-222-3333
Ø8Ø-9999-8888
555-6666-7777
```

[3] 本章で登場した関数／モジュールを使って、以下のようなコードを書いてみましょう。

① -12の絶対値を求めて表示する。
② 987.654を小数点第2位で丸めた値を求めて表示する。
③ カレントフォルダー配下に属するサブフォルダー／ファイルを列挙する。
④ 0～100の範囲の乱数（整数）を取得する。
⑤ 文字列txtを「/」「\」で分割する。

　本書は、プログラミング言語としてのPythonを基礎固めするための書籍です。主に、Pythonの言語仕様を中心に解説しており、たとえば本格的なアプリを開発するために欠かせないフレームワーク／ライブラリについては、ほとんど触れていません。本書でPythonの基礎を理解できたと思ったら、以下のような書籍も併せて参照することで、より知識を広げ、深められるでしょう。

● **速習 Django3（Amazon Kindle）**

https://wings.msn.to/index.php/-/A-03/WGS-PYF-001/

　Pythonの代表的なWebアプリケーションフレームワークDjangoの基本を紹介する書籍。Pythonそのものを理解している人に向けて、差分のWebアプリ開発知識を短時間で学べます。

● **Python実践データ分析100本ノック（秀和システム）　ISBN：9784798058757**

　言語仕様を理解したあと、データ分析の現場での具体的なテクニックを身につけたい人に向けた書籍です。pandas、NumPy、Matplotlibなど、データ分析での定番ライブラリを100本の例（ノック）とともに解説しています。

● **Pythonプロフェッショナルプログラミング第3版（秀和システム）　ISBN：9784798053820**

　起業当初からいち早くPython言語を開発の主要言語として採用してきたビープラウド社のノウハウが詰まった一冊。ソースコード管理、課題管理、プロジェクトの構成など、言語仕様から一歩進んだ開発の知識を学ぶための書籍です。

● **現場ですぐに使える！ Pythonプログラミング逆引き大全 357の極意（秀和システム）**
　ISBN：9784798061580

　本書でも、文字列／日付に関わる標準ライブラリ、コレクション、非同期処理など、標準ライブラリを中心に、Pythonの主な機能を紹介しています。しかし、これらも膨大なPythonの機能の中のごく一部にすぎません。本格的な開発では、こうしたリファレンスをわきに置いておくと重宝します。

● **Deep Insider**

https://www.atmarkit.co.jp/ait/subtop/di/

　初・中級者向けにPythonの言語入門からAI／機械学習の基本、ライブラリの活用記事まで、豊富な情報を日々発信されています。AI／機械学習を短時間でキャッチアップするなら、まずはここで複数の連載記事を読んでみるとよいのではないでしょうか。

7

標準ライブラリ［その他］

きれいなプログラム、書いていますか？ —— コーディング規約

　多くの場合、プログラムは一度書いて終わりというものではありません。リリース後に発見されたバグを修正したり、機能の追加や改定を行ったりと、常に変更される可能性があります。そして、プログラムを変更する場合に必ず行われるのがプログラムを読む（理解する）ことです。

　あとからプログラムを変更するのは自分かもしれませんし、そうでないかもしれませんが、いずれにせよ、プログラムを読むというのはそれなりに大変なことです。たとえ自分が書いたプログラムであっても、時間が経つと「なにをしようとしていたのか」わからなくなってしまうことは意外に多いものです（他人の書いたプログラムであればなおさらです）。後々のことを考えれば、きれいな（＝読みやすい）プログラムを書くことはとても重要なのです。

　きれいなプログラムと言っても、「きれい」の基準があいまいでわかりにくいと感じる方も多いでしょう。そんな方は、まず「コーディング規約」に従ってみてください。コーディング規約とは、変数の名前付け規則やコメントの付け方、インデントやスペースの使い方など、読みやすいプログラムを記述するための基本的なルールのことです。もちろん、これがきれいなプログラムであることのすべてというわけではありませんが、少なくともコーディング規約に沿うことで、「最低限汚くない」プログラムを記述できます。

　以下は「PEP 8--Style Guide for Python Code」（`https://www.python.org/dev/peps/pep-0008/`）で定められたコーディング規約から、主なものをまとめたものです。

- ソースコードはUTF-8で記述する
- インデントはスペース4個で表す（タブは使わない）
- 行の最大長は79文字
- 行末に余計な空白文字を残さない
- トップレベルのクラス／関数は2行ずつ空ける
- 文／式内部での余計な空白文字を避ける（たとえばhoge(1)はhoge(1)とする）
- パッケージ／モジュール名はすべて小文字の短い名前にする
- クラス名はPascal形式で表す
- 関数／変数名はすべて小文字、単語の区切りはアンダースコアで表す

　なお、PEP 8以外にも、「Google Python Style Guide」（`http://google.github.io/styleguide/pyguide.html`）が有名です。Pythonでコードを記述するうえでの推奨事項と禁止事項とが長所／短所の両面からまとめられています。

ユーザー定義関数

第5章〜第7章では、Python標準で利用可能なライブラリについて学びました。しかし、型（クラス）／関数はなにもPythonが最初から提供するものがすべてではありません。標準的なライブラリではカバーされていない —— しかし、アプリの中でよく利用する処理については、アプリ開発者が自らクラス／関数を定義することもできます。このようなクラス／関数を、**ユーザー定義クラス**、**ユーザー定義関数**と呼びます。

本章では、まず、この中からより簡単なユーザー定義関数について学びます。ユーザー定義関数の基本的な構文に始まり、関数の活用に欠かせないスコープの概念、引数／戻り値のさまざまな表現方法について解説します。

8.1 ユーザー定義関数の基本

まずは、どのような場合にユーザー定義関数が必要なのかを考えてみます。たとえばリスト8.1は、三角形の面積を求めるスクリプトです。三角形の底辺、高さ、面積を、それぞれ変数base、height、areaで表しています。

▶リスト8.1　triangle.py

```
base = 8
height = 10
area = base * height / 2
print(f'三角形の面積は {area}です。')      # 結果：三角形の面積は 40.0です。
```

三角形の面積を求めているのは、太字の部分です。特に問題はなさそうですが、三角形の面積をコード中の複数の場所で求めたくなったらどうでしょう。同じような式を何度も書くのは面倒ですし、コードも冗長になります（冗長なコードは、コードを読みにくくする原因になります）。また、コードが重複していれば、コードを修正する手間も増えます。たとえば、三角形の面積を求める前に底辺や高さが正数であることをチェックする機能を追加しようとすると、該当するすべてのコードに影響が出てしまいます。

大規模なアプリにもなれば、そもそも修正の対象を洗い出すだけでも相当な手間になるはずです。読みやすく、間違いの少ない、そして修正が簡単なスクリプトを記述するための第一歩は、コードの重複をなくすことです（図8.1）。ユーザー定義関数とは、まさに重複したコードを一か所にまとめるための仕組みである、と言えます。

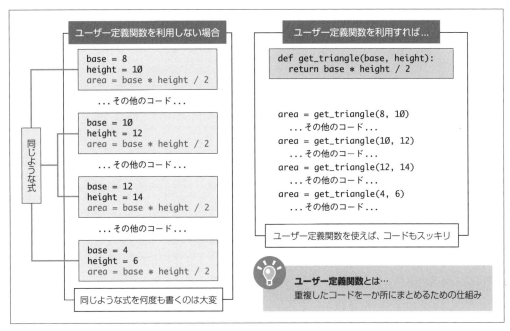

❖図8.1　ユーザー定義関数

8.1.1　ユーザー定義関数の基本構文

以下は、ユーザー定義関数の基本的な構文です。ユーザー定義関数は、def命令で定義できます。

構文 def命令

```
def 関数名(引数, ...):
  ...任意の処理...
  return 戻り値
```

リスト8.2は、先ほどのtriangle.pyから三角形の面積を求めるコードを切り出し、ユーザー定義関
数として書き直した例です。

▶リスト8.2　func_basic.py

```
# get_triangle関数を定義
def get_triangle(base, height):
  return base * height / 2
```

```
# get_triangle関数を呼び出す
area = get_triangle(8, 10)
print(f'三角形の面積は{area}です。')
    # 結果：三角形の面積は40.0です。
```

　ユーザー定義関数は、「関数名(引数名, …)」のように呼び出せます（太字の部分）。この書き方は、組み込み関数と同じなので、特筆すべき点はありません。

　以上、最低限の動作を確認できたところで、ここからは構文の細部を詳しく見ていきます。

8.1.2　関数名

　識別子の命名規則に従うのは、変数の場合と同じです（識別子のルールについては、2.1.2項も参照してください）。get_triangle、update_infoのようなアンダースコア形式で表します。

　加えて、構文規則ではありませんが、関数としての役割を把握できるような命名を意識してください。具体的には、add_elementのように「動詞＋名詞」の形式で命名することをお勧めします。

　特に、動詞は慣例的によく利用されるものは限られます（表8.1）。慣例に従うことで、名前の意図を共有しやすくなるでしょう。

❖表8.1　関数名でよく利用する動詞

動詞	役割	動詞	役割
add	追加	remove／delete	削除
get	取得	set	設定
insert	挿入	replace	置換
begin	開始	end	終了
start	開始	stop	終了
open	開く	close	閉じる
read	読み込み	write	書き込み
send	送信	receive	受信
create	生成	initialize、init	初期化
is	～であるか	can	～できるか

　その他、check_update_dataのような、複数動詞の連結も一般的には避けるべきです。保守性／再利用性、テスト容易性などの観点からも、関数の役割は1つに限定すべきだからです。この例であれば、check（値検証）なのかupdate（更新）なのか、関数そのものの役割を絞るべきです。

　当然、本来の役割と乖離した名前は論外です。たとえば、check_dataのような名前からは、なんらかのチェック機能を期待されます。その実、中では要素を追加／削除するなどしていたら、利用者の混乱は避けられません。

　名は体を表す —— 関数に限らず、すべての識別子を命名する場合の基本です。

引数とは、関数の中で参照可能な変数のことです。関数を呼び出す際に、呼び出し側から関数に値を引き渡すために利用します。より細かく、呼び出し元から渡される値のことを**実引数**、受け取り側の変数のことを**仮引数**と、区別して呼ぶ場合もあります（図8.2）。

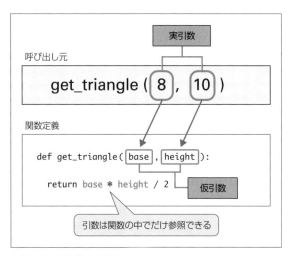

❖図8.2　仮引数と実引数

note スコープ（8.2節）の観点から見たとき、仮引数とはローカル変数です。つまり、関数の中でのみアクセスが可能です。

引数の設計

引数を設計する場合の注意点は、以下の通りです。

（1）引数の個数

引数の個数の上限は255個で、現実的な用途では無制限と考えてよいでしょう（Python 3.7以降では256個以上の引数も許容します）。ただし、引数の把握しやすさを考えれば、5〜7個程度が現実的な上限です（図8.3）。

それ以上になる場合は、関連する引数をクラス（型）としてまとめることを検討してください。クラスの定義方法は、第10章で説明します。

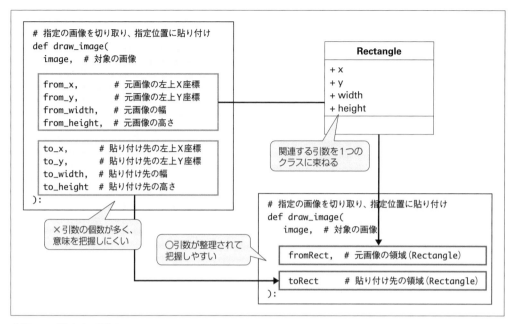

❖図8.3　関連する引数をまとめるには?

(2) 引数の名前

あとから触れるように、Pythonでは仮引数を呼び出しの際のキーとして利用することもできます。関数名と同じく、使い手にとって意味をとらえやすい名前を付けておくようにしましょう。

また、関連する関数を複数定義するならば、名前の一貫性にも意識を向けるべきです（たとえば、hoge関数で高さをheightとしているのに、bar関数ではtallと表すのは混乱のもとです）。

(3) 引数の並び順

引数は、「重要なものから」「関連する情報は隣接するように」並べるべきです。たとえば、会員情報を設定するset_member関数があったとします。その引数を、以下のように並べるのは、たいていの場合、望ましくありません。

```
def set_member(tel, sex, birth, city, prefecture, name, address_other):
              電話番号  性別  誕生日  市町村  都道府県    名前    住所（番地など）
```

情報が無作為に並んでいるため、エディターのコード補完機能を利用したとしても把握が困難です。そこで、以下のように修正してみましょう。

```
def set_member(name, sex, birth, tel, prefecture, city, address_other):
```

名前、性別のような重要な情報が先頭にきて、住所関係の情報（都道府県、市町村、番地など）が並んだことで、把握しやすくなったと思いませんか。

　また、関連する関数を複数定義するならば、順序にも一貫性を持たせるべきです。set_memberではbirth→telの順序であるのに、update_member関数ではtel→birthであるのは、これまた混乱のもとです。特に、get／set、read／writeなど対称関係にある関数では、一貫性を強く意識してください。

8.1.4 **戻り値**

　引数（仮引数）が関数の入り口であるとするならば、**戻り値（返り値）** は関数の出口 —— 関数が処理した結果を表します。return命令によって表します。

構文 return命令

```
return 戻り値
```

　return命令は関数の途中にも記述できますが、return以降の命令は実行されません。一般的に、return命令を関数の末尾、もしくは関数の途中で呼び出す場合には、ifなどの条件分岐構文とセットで利用します。

　戻り値がない（＝呼び出し元に値を返さない）関数では、return命令は省略してもかまいません。その場合も、関数は（なにも返さないわけではなく）Noneという空値を返したとみなされます。

```
def show_current():
  print(datetime.datetime.now())

print(show_current())    # 結果：None（returnがないので、戻り値はなし）
```

　return命令は、関数の処理を中断する場合にも利用できます。その場合は、ただ「return」とすることで、戻り値を返さず、ただ処理を終了しなさい（＝呼び出し元に処理を返しなさい）という意味になります。

```
def get_triangle(base, height):
  # 引数base／heightが0以下の場合は、関数を終了
  if base <= 0 or height <= 0:
    return
  return base * height / 2
```

ユーザー定義関数

▶リスト8.A　return_none.py

```python
def get_value(map, key):
  if key in map:
    return map[key]
  else:
    return None
```

練習問題　8.1

[1] 与えられた引数diagonal1、diagonal2（対角線の長さ）を使用して、ひし形の面積を求めるget_diamond関数を定義してみましょう。ひし形の面積は「対角線1 × 対角線2 ÷ 2」で求められます。

8.2　変数の有効範囲（スコープ）

スコープとは、コードの中での変数の有効範囲のことです。変数がコードのどこから参照できるかを決める概念です。Pythonのスコープは、コード全体から参照できる**グローバルスコープ**と、定義された関数の中でのみ参照できる**ローカルスコープ**に分類できます（図8.4）。

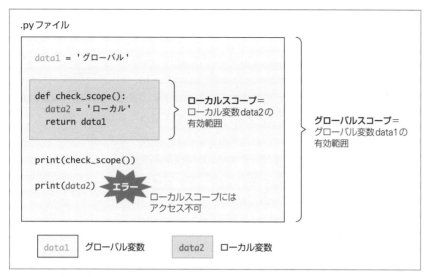

❖図8.4　グローバルスコープとローカルスコープ

前章までは、トップレベルで定義する（＝関数の外で定義する）変数ばかりを見てきたので、スコープを意識する必要はありませんでした。しかし、ユーザー定義関数を利用するようになると、いよいよこのスコープとも無縁ではいられなくなります。

8.2.1　グローバル変数とローカル変数

グローバルスコープを持つ変数のことを**グローバル変数**、ローカルスコープを持つ変数のことを**ローカル変数**と言います。変数がグローバル変数／ローカル変数いずれであるかは、基本的に変数を定義している場所による、と考えておけばよいでしょう。

まずは、いくつかのサンプルで、スコープの基本的な性質を理解していきましょう。

スコープをまたいで参照する場合

まずは、スコープをまたいだ参照の例からです（リスト8.3）。

▶リスト8.3　scope_basic.py

```
data1 = 'グローバル'                                              ❶

def check_scope():
    data2 = 'ローカル'                                            ❷
    return data1                                                  ❸
```

```
print(check_scope())      # 結果：グローバル
print(data2)              # 結果：エラー ─────────────────────────── ④
```

　繰り返しですが、変数のスコープは宣言した場所によって決まります。よって、関数の外で宣言された data1（①）はグローバル変数、関数内で宣言された data2（②）はローカル変数です。

　では、これらの変数をそれぞれ異なるスコープから参照してみましょう。まず、③は、ローカルスコープ（関数内）からグローバル変数を参照しています。これは問題ありません。

　一方、グローバルスコープからローカル変数を参照した④では、「NameError: name 'data2' is not defined」（data2が存在しない）となります。関数内の変数が見えていないことが確認できます。

　スコープをまたいだ参照では、

より小さなスコープから大きなスコープは参照できるが、その逆はできない

が、まず基本です。

スコープ間で識別子が衝突した場合

　次に、グローバル変数とローカル変数とで、名前が衝突した場合の挙動です（リスト8.4）。

▶リスト8.4　scope_collision.py

```
data = 'グローバル' ─────────────────────────────── ①

def check_scope():
  data = 'ローカル' ─────────────────────────────── ②
  return data

print(check_scope())      # 結果：ローカル ─────────────── ③
print(data)               # 結果：グローバル ────────────── ④
```

　一見すると、①で初期化された変数 data が②で上書きされて、③④はいずれも「ローカル」になるように思えます。しかし、④は「グローバル」です。理由は、スコープの以下の性質を理解していれば明快です。

グローバル変数とローカル変数、スコープの異なる変数は、名前が同じでも異なるもの

とみなされます。その前提で、もう一度、リスト8.4を読み解いてみましょう。

　まず、①で宣言された data はグローバル変数で、②のローカル変数としての data とは別ものです。本来、グローバル変数はコード全体で有効なはずですが、②で同名のローカル変数が宣言されたことで、一時的に隠蔽されてしまうのです。

ただし、これはあくまで一時的に変数を隠しているだけで、値を上書きしているわけではありません。❷での代入がグローバル変数に影響することはありませんし、❸もグローバル変数とは別ものの ローカル変数を返すだけです。

note あくまで、本文のコードはスコープ確認のための例です。実際には、グローバル変数とローカル変数の名前が重複するようなコードは、可読性を損なうだけなので極力避けるべきです。

より厳密な変数の有効範囲

より厳密には、関数配下で宣言された変数は「宣言された関数全体」で有効です。「全体」とは、リスト8.5のような挙動を意味します。

▶リスト8.5　scope_hoist.py

```
num = 3                                                              ❸

def check_scope():
  print(num)    # 結果：エラー                                       ❷
  num = 108                                                          ❶
  return num

print(check_scope())
```

この例では、関数内でローカル変数numが宣言（❶）される前に、❷でこれを参照しています。このような状況では、関数外で先に宣言されている同名のグローバル変数num（❸）を得られるように思えます。しかし、結果は「UnboundLocalError: local variable 'num' referenced before assignment」（代入前にローカル変数numが参照されている）というエラーになります。

一見して不思議な挙動に見ますが、これが、Pythonのローカル変数は関数ブロック全体で有効となる、という意味です。

この例であれば、❶の変数はcheck_scope関数の全体で有効です。しかし、初期化はあくまで本来の宣言位置で行われるため、ブロックの先頭から宣言までの間は、変数は利用できないのです。

これは直観的には理解しにくい挙動なので、一般的には、

ローカル変数は関数の先頭で宣言する

のが望ましいでしょう。

こうすることによって、直観的な変数の有効範囲と実際の有効範囲とが食い違うこともなくなるので、予期せぬ不具合を引き起こす心配もなくなります。

関数を入れ子に定義した場合

ユーザー定義関数は、入れ子に定義することもできます（リスト8.6）。

▶リスト8.6　scope_nest.py

```python
data = 'global'

def outer():
  data = 'outer'                                              ❷

  def inner():
    data = 'inner'                                            ❶
    return data

  return inner()

print(outer())    # 結果：inner
```

この場合、図8.5のようなスコープができあがります。入れ子の数だけスコープも用意されるわけです。

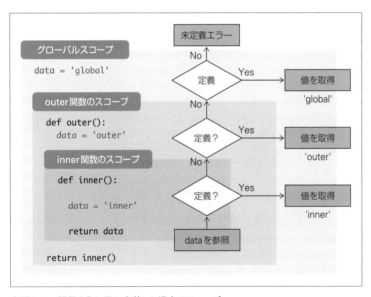

❖図8.5　関数を入れ子に定義した場合のスコープ

❶をコメントアウトすると「outer」という結果が、❶❷双方をコメントアウトすると「global」という結果が得られることも確認しておきましょう。Pythonが変数を検索する際には、現在のス

コープを基点に、存在しない場合は順に上位のスコープにさかのぼっていくわけです（**スコープチェーン**）。

先ほども触れたように、その逆 —— 上位のスコープから下位のスコープを参照することはできません。

仮引数のスコープ —— 型に要注意

8.1.3項でも触れたように、仮引数とは「呼び出し元から関数に渡された値を受け取るための変数」です。以下のようなget_triangle関数であれば、仮引数はbaseとheightです。

```python
def get_triangle(base, height):
  return base * height / 2
```

スコープという観点から見たとき、仮引数はローカル変数の一種です。つまり、有効範囲は関数の中にとどまり、外部には影響を及ぼしません。ただし、引数の型によって、挙動が変化する場合があります。

まずは、具体的なサンプルで、動作を確認してみましょう（リスト8.7）。

▶リスト8.7　scope_mutable.py

```python
def param_update(data):
  data[0] = 55 ─────────────────────────────────────────── ❸
  return data

data = [2, 4, 6] ──────────────────────────────────────── ❶
print(param_update(data)[0])    # 結果：55 ───────────────── ❷
print(data[0])                  # 結果：55
```

3.2.2項でも触れたように、Pythonの代入は常に参照の引き渡しです。この例であれば、❶で宣言されたグローバル変数dataの値が、❷の関数呼び出しによって仮引数dataに引き渡されます（図8.6）。参照の引き渡しなので、この時点でグローバル変数dataと仮引数dataとは、同じ値を参照することになります。

よって、param_update関数で仮引数data（リスト）を操作した場合（❸）、その結果は実引数dataにも反映されることになります。

ところが、リスト8.8の例ではどうでしょう。

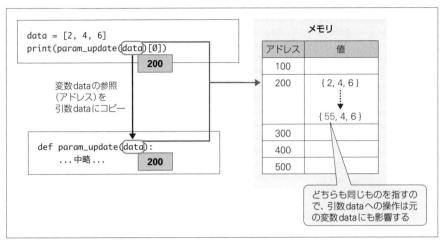

❖図8.6　参照の引き渡し（1）

▶リスト8.8　scope_immutable.py

```
def increment(data):
  data += 5 ─────────────────────────────────────────── ❷
  return data


data = 10
print(increment(data))    # 結果：15 ─────────────────── ❶
print(data)               # 結果：10
```

　この場合は、関数呼び出しの時点（❶）で、実引数／仮引数は同じものを指しています（図8.7）。しかし、❷で新たに数値を代入した場合には、参照そのものが置き換わっています（int型がイミュータブルなので、変更するには参照を置き換えるしかありません）。よって、この操作が実引数に影響することはありません。

　このような挙動は、ミュータブル／イミュータブルの概念を理解していれば当たり前ですが、「グローバル変数とローカル変数とは互いに別もの」とだけ理解していると、混乱しやすいポイントでもあります。ここで今一度、きちんと頭を整理しておきましょう。

> *note* リストでも、（要素の書き換えでなく）リストそのものを再代入した場合には、数値型と同じ挙動になります。たとえばリスト8.7の❸を、以下のように書き換えた場合、これは参照そのもののすげ替えです。この操作が、実引数に影響することはありません。
>
> ```
> data = [10, 20, 30]
> ```

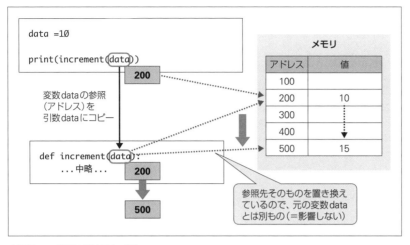

❖図8.7　参照の引き渡し（2）

リスト8.4でも見たように、関数内での代入はローカル変数への代入となります（ミュータブル型の引数では、グローバル変数に影響が及ぶことはありますが、参照を介して影響しているだけで、ローカル変数への代入である点は変わりありません）。ただし、例外的に関数内からグローバル変数を操作したいこともあるでしょう。この場合、global命令を利用することで、関数内の変数を強制的にグローバルスコープに割り当てる（＝グローバル変数として扱う）ことができます。

具体的な例を見てみましょう。リスト8.9は、リスト8.4にglobal命令を加えたものです。

▶リスト8.9　scope_global.py

```
data = 'グローバル'

def check_scope():
    global data                                                         ❶
    data = 'ローカル'                                                    ❷
    return data


print(check_scope())     # 結果：ローカル
print(data)              # 結果：ローカル                                ❸
```

❶のglobal宣言によって、関数内の変数dataはグローバル変数とみなされるようになります。結果、❷の代入が元々のグローバル変数に反映されていること（❸）も確認しておきましょう。

複数の変数をグローバル化するならば、変数をカンマ区切りで列挙してもかまいません。

```
global data1, data2, data3
```

> **note** ただし、グローバル変数に影響を与える関数はたいがい、コードの見通しを悪くします（関数の中身を見なければ、呼び出し元からは変数が書き換えられたことを把握できないからです）。特別な理由がない限り、関数の結果を返す用途には、本来の戻り値を利用するようにしてください。
> 同じ理由で、引数で受け渡したミュータブル型を、関数内で書き換えるのもよい習慣ではありません。

内側の関数から外側の関数のローカル変数を利用する ── nonlocal 命令

関数は互いに入れ子構造にでき、入れ子になった関数はそれぞれに独自のスコープを形成することは、8.2.1項でも触れた通りです。そして、入れ子の関数から直上の関数のローカル変数を操作するのがnonlocal命令の役割です。

まずは、nonlocal命令を使わ**ない**例からです（リスト8.10）。

▶リスト8.10　scope_nonlocal.py

```
data = 'global' ──────────────────────────────────── ❶

def outer():
  data = 'outer' ─────────────────────────────────── ❷

  def inner():
    ──────────────────────────────────────────────── ❹
    data = 'inner' ─────────────────────────────────── ❸
    return data

  print(inner())    # 結果：inner
  print(data)       # 結果：outer

outer()
print(data)         # 結果：global
```

この場合、❶❷❸の代入は、それぞれグローバルスコープ、outer関数スコープ、inner関数スコープへの代入なので、独立した別々の変数が生成されます。

このような状態で、❹に対してglobal宣言を付与したらどうでしょう。

```
global data
```

この場合、❸の代入はグローバル変数dataへの代入となるので、結果は以下のように変化します。

```
inner
outer
inner
```

同じく、❹をnonlocal宣言で書き換えてみます。

```
nonlocal data
```

今度は、❸の代入はouter関数スコープのローカル変数dataへの代入となるので、結果は以下のように変化します。

```
inner
inner
global
```

8.2.3 補足 ブロックレベルのスコープ

JavaやC#のようなプログラミング言語を学習したことがある方ならば、if／forなどのブロックの範囲でのみ有効となるスコープ —— **ブロックスコープ**をご存じかもしれません。たとえばリスト8.11は、（Pythonではなく）Javaによるごく簡単なコードです。

▶リスト8.11 ScopeTest.java

```
if (true) {
  int i = 13;                                                    ❶
}

System.out.println(i);      # 結果：エラー                        ❷
```

Javaの世界ではブロックの単位でスコープが決定するので、この場合、変数iの有効範囲はifブロックの中（❶）だけ、ということになります。つまり、❷の時点では変数iは存在しない（＝ス

コープ外）なので、エラーが発生します。

一方、Pythonの世界では、同様のコードが正しく動作します（リスト8.12）。

▶リスト8.12　scope_block.py

```
if True:
  i = 13

print(i)    # 結果：13
```

Pythonでは、ブロックレベルのスコープが存在しないため、ifブロックを抜けた後も変数iは存在し続けているのです。他のプログラミング言語を学んできた人にとっては、違和感を抱くところかもしれないので、意識しておくとよいでしょう。

練習問題　8.2

[1] グローバル変数とローカル変数の違いについて説明してみましょう。

[2] ユーザー定義関数の中でグローバル変数を変更する場合に必要な手続きを説明してください。

8.3　引数のさまざまな記法

ユーザー定義関数の基本を理解できたところで、以降はユーザー定義関数に関するさまざまなテクニックを紹介します。まずは、引数に関するトピックからです。

8.3.1　引数の既定値

「引数名＝値」の形式で、仮引数に既定値を設定できます。たとえばリスト8.13は、get_triangle関数の引数base、heightにそれぞれ既定値5、1を指定する例です。

▶リスト8.13　args_default.py

```
def get_triangle(base=5, height=1):
  return base * height / 2
```

```
print(f'三角形の面積は{get_triangle()}です。')  ────────────────────────────── ❶
    # 結果：三角形の面積は2.5です。 ────────────────────
print(f'三角形の面積は{get_triangle(10)}です。')  ──────────────────── ❷
    # 結果：三角形の面積は5.0です。 ──────────────
print(f'三角形の面積は{get_triangle(10, 5)}です。')  ──────────── ❸
    # 結果：三角形の面積は25.0です。 ──────────
```

　既定値（**デフォルト値**）とは、その引数を省略した場合に既定でセットされる値のことです。既定値を持つ引数は、すなわち「省略可能である」と言い換えてもよいでしょう。たとえば❶であれば、引数base／heightを省略していますが、既定値が設定されているので、「5＊1／2」で面積は2.5となります。

　❷は、引数heightだけを省略した例です。この場合、引数heightの既定値だけが有効になるので、「10＊1／2」で面積は5.0となります。

　引数baseだけを省略することはできません。省略できるのは、あくまで後方の引数だけです。たとえば、引数baseを省略したつもりで、

```
get_triangle(10)
```

としても、

```
get_triangle(5, 10)
```

とみなされることはありません（heightを省略した場合との区別を、Pythonができないからです）。あくまで、引数heightが省略された、

```
get_triangle(10, 1)
```

とみなされます。

　同様の理由で、仮引数に既定値を与えられるのは、それより後方に既定値のない仮引数がない場合だけです。したがって、次のようなコードは「SyntaxError: non-default argument follows default argument」（既定値のない引数が既定値ありの引数の後方に来てはダメ）のようなエラーとなります。

```
def get_triangle(base=5, height):
                        ×既定値がないので必須の引数
```

関数の既定値は、定義時点で一度だけ評価されるのが基本です。この性質上、以下のようなケースでは要注意です。

（1）既定値として変数を受け取る場合

my_func関数の引数paramが既定値として変数strを受け取る例です（リスト8.14）。

▶リスト8.14　default_var.py

```
str = 'before'

def my_func(param=str):  ──────────────────────────────────  ❷
  print(param)

str = 'after'
my_func()  ────────────────────────────────────────────────  ❶
```

一見すると、呼び出しのタイミング（❶）では、変数strは「after」なので、❶の結果も「after」になりそうな気がします。

しかし、冒頭でも触れたように、既定値を評価するのは定義のタイミングです。よって、既定値は（呼び出しのタイミングに関わらず）❷でのstrの値「before」となります。

（2）既定値がミュータブルなオブジェクトである場合

リスト8.15のmy_funcは、リストlistに値valueを追加する関数です。引数listは、既定値として空のリストを受け取ります。

▶リスト8.15　default_immutable.py

```
def my_func(value, list=[]):
  list.append(value)
  return list

print(my_func(13))  ──────────────────────────────────────  ❶
print(my_func(108))  ─────────────────────────────────────  ❷
```

空のリストlistに対して、値を追加して返すだけなので、直観的には❶は[13]、❷は[108]になるように見えます。しかし、❷の結果は[13, 108]です。

これが、既定値は一度だけ評価されると述べた意味です。最初に評価された既定値はそのまま維持されるので、既定値への操作も累積されてしまうのです。

一般的には、このような状況は望ましくないはずなので、ミュータブル型を既定値とする場合には、リスト8.16のようなコードで代替してください。

```
def my_func(value, list=None):
  if list is None:
    list = []
  list.append(value)
  return list
```

　既定値は仮にNoneとしておき、実際の既定値は関数の配下で設定するわけです（太字の部分）。関数配下の空リストは、もちろん、実行時に都度生成されるものなので、先のような問題は解決されます。

8.3.2 キーワード引数

　キーワード引数とは、次のように呼び出し時に名前を明示的に指定できる引数のことです。キーワード引数を利用することで、たとえば、リスト8.13のget_triangle関数であれば、リスト8.17のような呼び出しが可能になります。

▶リスト8.17　args_keyword.py

```
def get_triangle(base=5, height=1):
  return base * height / 2

print(get_triangle(height=10))  ➡前方の引数だけを省略
    # 結果：25.0
print(get_triangle(height=10, base=2))  ➡引数の順番を入れ替え
    # 結果：10.0
```

　「仮引数名＝値」の形式で呼び出すわけです（定義側の既定値の表現と同じです）。
　キーワード引数を利用することで、以下のようなメリットがあります。

- ● 引数が多くなっても、意味を把握しやすい
- ● 必要な引数だけをスマートに表現できる（既定値があれば、どれを省略してもよい）
- ● 引数の順序を自由に変更できる

　呼び出しに際して、明示的に名前を指定しなければならないので、コードが冗長になるというデメリットもありますが、

- ● そもそも引数の数が多い
- ● 省略可能な引数が多く、省略パターンにもさまざまな組み合わせがある

ようなケースでは有効な記法です。そのときどきの文脈に応じて、使い分けるようにしてください。

　なお、キーワード引数を利用するにあたって、関数を定義する側の準備は不要です。ただし、キーワード引数を利用するということは、これまで単なるローカル変数にすぎなかった仮引数が、呼び出しのためのキーの一部になるということです。より一層、わかりやすい命名を心掛けるとともに、

**　仮引数の変更は呼び出し側にも影響する可能性がある**

点に注意してください（たとえば仮引数をbaseからwidthに変更したときは、呼び出し元も変更しなければなりません）。

 キーワード引数と位置引数（通常の引数）とを混在させることもできます。ただし、その場合は、位置引数を先に、キーワード引数をあとに記述します。

```
× print(get_triangle(height=1Ø, 5))
○ print(get_triangle(5, height=1Ø))
```

 キーワード引数は（もちろん）組み込み関数でも利用できます。たとえば、5.1.1項で紹介したprint関数のsep／endなどは、まさにキーワード引数による呼び出しです。
標準ライブラリでの仮引数は、公式サイトのドキュメント（https://docs.python.org/ja/3/library/）から確認できます。

(補足) キーワード引数／位置引数を強制する

　仮引数リストの途中に「*」を加えることで、それ以降の引数はキーワード引数として渡さなければならない、という指定になります（リスト8.18）。

▶リスト8.18　args_keyword_strict.py

```
# arg2、3はキーワード引数であること
def my_func(arg1, *, arg2=Ø, arg3=Ø):
  pass

my_func(1, 2, 3) ─────────────────────────────── ❶
```

　my_func関数では、引数リストの途中に「*」があるので、以降のarg2、arg3はキーワード引数としての呼び出しだけが許容されます。よって、❶は「my_func() takes 1 positional argument but 3 were given」（位置引数は1つしか認められていないのに、3つの位置引数が渡された）のようなエ

ラーとなります。

❶は、以下のようにarg2、arg3をキーワード引数として書き直すことで、正しく動作するようになります。

```
my_func(1, arg2=2, arg3=3)
```

さらに、Python 3.8以降では、引数リストの途中に「/」を加えることで、それ以前の引数は位置引数であることを強制できるようになりました（リスト8.19）。

▶リスト8.19　args_keyword_strict2.py

```
# arg1は位置引数であること
def my_func(arg1, /, arg2=0, arg3=0):
  pass

my_func(arg1=10, arg2=20) ─────────────────────────────── ❷
```

今度はmy_func関数の引数リストに「/」が含まれているので、引数arg1は位置引数しか許容しなくなります。よって、❷は「TypeError: my_func() got some positional-only arguments passed as keyword arguments: 'arg1'」（位置引数arg1がキーワード引数として渡された）のようなエラーとなります。以下のように書き換えることで、正しく動作する点も確認してみましょう。

```
my_func(10, arg2=20)
```

8.3.3　可変長引数の関数

可変長引数の関数とは、引数の個数があらかじめ決まっていない（＝実行時に引数の個数が変化しうる）関数です。

たとえば、与えられた数値（群）の総積を求めるtotal_productsのような関数は、典型的な可変長引数の関数です。このような関数では、呼び出し元が必要に応じて引数の個数を変えられると便利ですし、また、変えられるべきです。

```
print(total_products(12, 15, -1))
print(total_products(5, 7, 8, 2, 1, 15))
```

具体的な実装例も見てみましょう（リスト8.20）。

```
def total_products(*values):                                        ❶
  result = 1
  for value in values:                                              ❷
    result *= value
  return result

print(total_products(12, 15, -1))           # 結果：-180
print(total_products(5, 7, 8, 2, 1, 15))    # 結果：8400
```

　可変長引数は、仮引数の頭に「*」を付与することで表現できます（❶）。可変長引数として受け取った値はタプル（6.1.16項）として束ねられるので、あとは❷のように、forループで引数valuesの値を順に読み込み、変数resultに掛けこんでいくだけです。

---

note　可変長引数とは、いわゆるタプル引数です。よって、リスト8.20の例であれば、以下のように書き換えてもほぼ同じ意味です。

```
def total_products(values):
```

ただし、その場合は呼び出し元の側がタプルを意識して、以下のように記述しなければなりません（引数全体を丸カッコでくくっています）。あえて比べるまでもなく記述は冗長になるので、素直に可変長引数を利用すべきです。

```
print(total_products((12, 15, -1)))
```

可変長引数の注意点

　可変長引数の基本を理解したところで、いくつか利用にあたっての制限、注意点をまとめます。可変長引数は便利な仕組みですが、反面、使い方によっては使いにくい関数を生み出してしまうことにもなります。以下に注意点をまとめますが、構文以上にお作法の領域にあたる（3）（4）は要注意です。

（1）可変長引数は1関数に1つだけ

　まず、以下のような関数定義は不可です。可変長引数が複数ある場合、それぞれの引数がどこまでかがあいまいになるからです。

```
def hoge(*args, *x): ~
```

（2）可変長引数の後方にはキーワード引数のみ指定できる

たとえば以下は、関数呼び出しの際に「missing 1 required keyword-only argument: 'x'」（必須のキーワード引数が抜けている）というエラーになります。

```
def bar(*args, x): ──────────────────────────────────────── ❷
  print(args, x)

bar(1Ø, 11, 12, 'Python')    # 結果：エラー ──────────────── ❶
```

「'Python'」は引数xに渡すことを想定した実引数ですが、キーワード引数でないので、可変長引数argsに吸収されてしまうのです。❶を、以下のように修正することで正しく動作するようになります。

```
bar(1Ø, 11, 12, x='Python')    # 結果：(1Ø, 11, 12) Python
```

> note 文法上、キーワード引数の既定値は必須ではないので、❷のようなコードは定義時点ではエラーとなりません。ただし、キーワード引数の目的が任意の引数を自由に組み合わせられる点にあることを思えば、既定値を明示的に宣言しておくことをお勧めします（本文のコードは、あくまでエラーを確認するための便宜的な例ととらえてください）。
>
> ```
> def bar(*args, x='Hoge'):
> ```
>
> ちなみに、この場合、❶のコードは書き換えずに動作するようになり、結果は「(10, 11, 12, 'Python') Hoge」となります。実引数はすべて可変長引数argsに吸収され、引数xには既定値「Hoge」が適用されているわけです。

なお、8.3.1項では、「既定値付きの引数（任意引数）の後方に必須引数を置くことはできない」と述べましたが、

任意引数の後方に可変長引数を置くことは可能

です。可変長引数の引数も任意引数の一種だからです。

（3）想定される引数まで可変長引数にまとめない

たとえば、リスト8.21は、指定された文字列を「・」で連結し、前後に接頭辞（prefix）／接尾辞（suffix）を付与するconcatenate関数の例です。

8

ユーザー定義関数

```
def concatenate(prefix, suffix, *args):
  result = prefix
  result += '・'.join(args)
  return result + suffix

print(concatenate('[', ']', '鈴木', 'エルメシア', '富士子'))
  # 結果：[鈴木・エルメシア・富士子]
```

このような関数を、リスト8.22のようなシグニチャで定義したくなるかもしれません。可変長引数argsの0、1番目の要素を接頭辞／接尾辞とみなして、2番目以降の値を連結するわけです。

▶リスト8.22　args_param3.py

```
def concatenate(*args):
          ×すべての引数を可変長引数にまとめる
```

このような表現は、構文上は可能ですが、コードの可読性という観点からは避けるべきです。関数のヘッダーだけでは、concatenate関数が要求する引数が把握できず、関数の使い勝手が低下します（利用するには、引数argsの0、1番目が接頭辞／接尾辞でなければならない、という暗黙のルールを知っていなければなりません）。

通常の引数がまず基本であり、可変長引数には定義時には個数を特定できないものだけをまとめるのが原則です。

（4）可変長引数で「1個以上の引数」を表す方法

先ほども述べたように、可変長引数は省略することも可能です。よって、total_products関数（リスト8.20）であれば、単に「total_products()」としても正しい呼び出しです。この場合、引数valuesにはサイズ0のタプルが渡されるので、結果は1となります。

可変長引数とは、正確には「0個以上の値を要求する引数」なのです。

しかし、total_productsのような関数を引数なしで呼び出す意味はなく、最低でも1つ以上の引数を要求したいと思うかもしれません。その対応策の1つとして、リスト8.23のようなコードが考えられます（raise命令については11.1.3項を参照してください）。

▶リスト8.23　args_params_bad.py

```
def total_products(*values):
  if (len(values) == 0):
    raise TypeError('引数は1個以上指定してください。')
  ...中略...
  return result
```

引数valuesのサイズを先頭でチェックし、中身が空の場合は例外（エラー）を発生させているわけです。

しかし、このような関数は最善とは言えません。この関数が1つ以上の引数を要求していることは、中身のコードを読み解かなければ（あるいは、実際に実行してエラーが返されるまで）わからないからです。関数のヘッダーはより用法を明確にすべきという原則からすれば、リスト8.24のようなコードが望ましいでしょう。

▶リスト8.24　args_params_good.py

```python
def total_products(init, *values):
  result = init
  ...中略...
  return result
```

引数を1つ受け取ることは確実なので、1つ目の引数は（可変長でない）普通の引数initとして宣言し、2個目以降の引数を可変長引数として宣言するわけです。これによって、関数の仕様はより明確になりますし、たとえばVSCodeのようにPythonに対応したエディターであれば、**実行前に**エラーを検出できるようになります。

8.3.4　可変長引数（キーワード引数）

「*」の代わりに、「**」を付与することで、不特定のキーワード引数を受け取ることもできます。いわゆる「キーワード引数に対応した可変長引数」です。

たとえば、6.3節で登場したdictも、「**」型の可変長引数を受け取る関数です。リスト8.25のように、dict関数を疑似的に実装したcreate_dict関数を定義してみます（説明の便宜上、あえて冗長に記述しています）。

▶リスト8.25　args_params_keywd.py

```python
def create_dict(**kwargs):
  result = dict()
  for key, value in kwargs.items():   ──────────────────────────────────┐
    result[key] = value   ──────────────────────────────────────────────┴─❶
  return result

d = create_dict(name='山田太郎', age=18, sex='male')
print(d)    # 結果：{'name': '山田太郎', 'age': 18, 'sex': 'male'}
```

「name='山田太郎', age=18, sex='male'」のような未定義のキーワード引数は辞書（dict）として、引数kwargsに代入されるので、あとは、❶のようにforループで内容を順に取り出すことができます。

なお、「*」引数と「**」引数とは同時に利用してもかまいません。ただし、その場合は「*」引数→「**」引数の順で記述してください（位置引数はキーワード引数の後方には記述できないからです）。

```
def my_func(*args, **kwargs): ～
```

8.3.5 「*」「**」による引数の展開

　関数の定義時ではなく、呼び出しのときにも「*」は利用できます。実引数での「*」は、リスト／タプルを個々の値に分解しなさい、という意味になります。

　具体的な例も見てみましょう（リスト8.26）。

▶リスト8.26　args_unpack.py

```
data = ['こんにちは', 'おはよう', 'おやすみ']
print(data)    # 結果：['こんにちは', 'おはよう', 'おやすみ'] ─────────── ❶
print(*data)   # 結果：こんにちは おはよう おやすみ ───────────────── ❷
```

　print関数は、複数の引数を与えられたときに、その値を空白区切りで出力するのでした。しかし、❶のようにリストを渡した場合、print関数はそのまま1個のリストとみなします（複数の引数を渡したとはみなされません）。リストの文字列表現を出力するだけです。

　これを、個々の引数として扱うのが「*」の役割です（❷）。リストの先頭に「*」を付与することで、リストが展開されたものがprint関数に渡されます。今度は空白区切りの文字列を出力できました。

　同様に、「**」を付与することで、辞書（dict）をキーワード引数に展開できます（リスト8.27）。

▶リスト8.27　args_unpack_dict.py

```
data = ['こんにちは', 'おはよう', 'おやすみ']
keywd = {'sep': ',', 'end': '●' }
print(*data, **keywd)   # 結果：こんにちは,おはよう,おやすみ●
```

　確かに、辞書keywdの内容がprint関数で正しく認識できていることが確認できます。また、「*」と「**」は同時に利用できる点にも注目です。

[1] 与えられた可変長引数の平均値を求める average 関数を定義してください。

8.4 関数呼び出しと戻り値

　引数のさまざまな記法を理解したところで、次は関数を呼び出すためのさまざまな方法と戻り値について理解を深めましょう。

8.4.1 複数の戻り値

　関数から複数の値を返したい、というケースはよくあります。この場合は、戻り値をタプル（6.1.17項）として束ねて返すのが一般的です。

　たとえばリスト8.28は、与えられた任意個の引数に対して、それぞれ最大値／最小値を求める get_max_min 関数の例です。

▶リスト8.28　return_tuple.py

```python
def get_max_min(*args):
  return (max(args), min(args)) ————————————————————————— ❶


max_v, min_v = get_max_min(15, 7.5, 108, -10) —————————————— ❷
print(max_v)    # 結果：108
print(min_v)    # 結果：-10
```

　タプルをくくるカッコは省略してもよいので、❶は以下のように書いても同じ意味です。

```python
return max(args), min(args)
```

　タプルとして受け取った値を個別の変数に振り分けるには、アンパック代入（3.2.4項）を利用します（❷）。

note リスト8.28の例は、list型でも代替できます。

```
return [max(args), min(args)]
```

ただし、あまり一般的ではありません。通常、list型の要素は同じ型であることが期待されているからです。異種の型が混在している可能性がある複数戻り値の用途では（この例では、たまたま同じ型であるにすぎません）、タプルを利用するほうがコードの意図もくみ取りやすくなります。

名前付きのタプルを生成する

　タプルは、あくまで「イミュータブルなリスト」なので、個々の要素にもインデックス番号でしかアクセスできません。しかし、戻り値としてタプルを返すような例では、個々の要素の意味が名前で把握できたほうが便利です。

　たとえば、リスト8.28の例であれば、最大値、最小値の順で値が格納されていることは、中の値を見て初めて理解できます（それよりも、max、minのような名前でアクセスできたほうが便利です）。

　そのような場合に利用できるのが、collectionsモジュールのnamedtuple関数です。namedtuple関数は、名前／インデックス双方でアクセスできる**名前付きタプル**を生成します（リスト8.29）。

▶リスト8.29　tuple_named.py

```
import collections

def get_max_min(*args):
  MaxMin = collections.namedtuple('MaxMin', ['max', 'min'])  ——①
  return MaxMin(max(args), min(args))  ——②

result = get_max_min(15, 7.5, 108, -10)
print(result.max)    # 結果：108 ─┐
print(result.min)    # 結果：-10 ─┤─③
print(result[0])     # 結果：108 ──④
```

　namedtuple関数の構文は、以下です。

構文 namedtuple関数

```
namedtuple(typename, field_names)
```

typename　　：型の名前
field_names　：名前のリスト

❶の例であれば、max／minという要素を持つMaxMinという名前付きタプルを定義しています。

ただし、namedtuple関数では、まだ名前付きタプル（型）を定義しただけなので、❷のようにインスタンス化してやります。「型名(引数, …)」の形式は、一般的な型のインスタンス化と同じ要領です。

戻り値を受け取った❸では、「タプル.名前」の形式で、個々の要素にアクセスできていることを確認してください。実体はタプルなので、もちろん、❹のようにインデックス番号でもアクセス可能です。

> *note* 名前付きタプルは、辞書（dict）やクラスでも代替できます。
> しかし、辞書でのアクセスには、「.」ではなくブラケットが必要です。わずかなタイプ量ですが、アクセスすべき要素が増えてくれば、コードは冗長になります。
> クラス（第10章）であればその心配はいりませんが、定義は面倒になります。
> 名前付きタプルは、辞書／クラスを利用するまでもないが、要素の中身をはっきりさせたい、というはざまのケースで利用することになるでしょう（特に、戻り値だけでやりとりするような値の定義には有用です）。

8.4.2 再帰関数

再帰関数（Recursive function）とは、自分自身を呼び出している関数のことです。再帰関数を利用することで、たとえば階乗計算のように同種の手続きを繰り返し呼び出すような処理を、短いコードで表現できます。

まずは、具体的な例を見てみましょう。リスト8.30は、階乗を求めるfactorial関数の例です。

▶リスト8.30　call_recursive.py

```python
def factorial(num):
  if num != 0:
    return num * factorial(num - 1)
  return 1


print(factorial(5))    # 結果：120
```

階乗とは、自然数nに対する1〜nの総積のことです（数学的には「n!」と表記します）。たとえば、自然数5の階乗は$5 \times 4 \times 3 \times 2 \times 1$です（ただし、0の階乗は1）。

ここでは、nの階乗が「n × (n - 1)!」で求められることに着目しています。これをコードで表現しているのが太字の部分です。引数numから1を引いたもので、自分自身（factorial関数）を呼び出している —— つまり、「num × (num - 1)!」を表現しているのです。

もう少し具体的に言うと、「factorial(5)」という関数呼び出しは、内部的には次のような再帰呼び出しで処理されていることになります（図8.8）。

```
factorial(5)
  ➡ 5 * factorial(4)
      ➡ 5 * 4 * factorial(3)
          ➡ 5 * 4 * 3 * factorial(2)
              ➡ 5 * 4 * 3 * 2 * factorial(1)
                  ➡ 5 * 4 * 3 * 2 * 1 * factorial(Ø)
                      ➡ 5 * 4 * 3 * 2 * 1 * 1
                  ➡ 5 * 4 * 3 * 2 * 1
              ➡ 5 * 4 * 3 * 2
          ➡ 5 * 4 * 6
      ➡ 5 * 24
  ➡ 12Ø
```

❖図8.8 「factorial(5)」の内部的な再帰呼び出し処理

　再帰関数では、再帰呼び出しの終了点を忘れないようにしてください。この例であれば、自然数numが0である場合に、戻り値を1としています。このような終了点がないと、再帰関数は永遠に再帰呼び出しを続けることになってしまいます（いわゆる無限ループです）。

　再帰関数のより実践的な例については、6.1.3項の「多次元リストの要素数をカウントする」（p.202）も参照してください。

8.4.3 高階関数

　Pythonの世界では、関数もまたオブジェクトの一種です。つまり、関数そのものも、他の数値型や文字列型などと同じく、関数の引数として引き渡したり、戻り値として返したりもできるということです。そして、そのように「関数を引数／戻り値として扱う関数」のことを高階関数と呼びます。

　たとえば、第6章で紹介したsortメソッド、map／filter関数などは、いずれも高階関数です。ただし、前出の解説では高階関数を利用方法の観点でのみ解説したので、本項では実装の観点から解説していきたいと思います。

高階関数の基本

　リスト8.31で定義しているwalk_list関数は、引数に与えられたリストdataの内容を、指定されたユーザー定義関数funcの規則に従って、順番に処理するための高階関数です。

```
# 高階関数walk_list関数を定義
def walk_list(data, func):
  # リストの内容を順に処理
  for key, value in enumerate(data):
    # func経由で指定の関数を呼び出し
    func(value, key) ————————————————————————————— ❶

# リストを処理するためのユーザー定義関数
def show_item(value, key): ————————————————————————
  print(key, ':', value) ——————————————————————————— ❷

data = [105, 53, 27, 87, 33]
walk_list(data, show_item)
```

```
0 : 105
1 : 53
2 : 27
3 : 87
4 : 33
```

　ユーザー定義関数funcは、引数としてリストの値（仮引数value）、キー名（仮引数key）を受け取り、それぞれの要素に対して、任意の処理を行うものとします。

　サンプルで引数funcにセットされているのは、show_item関数です。引数として渡された関数は、❶のように高階関数の自由な場所で呼び出せます（図8.9）。

　show_item関数は与えられた引数（キー／値の組み）に基づいて「キー: 値」形式の文字列を出力するので、walk_list関数は全体として、リスト内のキー名と値を一覧で出力することになります。

> *note* show_item関数のように、呼び出し先の関数の中で呼び出される関数のことを、**コールバック関数**と言います。あとで呼び出される（＝コールバックされる）べき処理、という意味です。

　もちろん、ユーザー定義関数funcは自由に差し替えられます。たとえばリスト8.32は、walk_list関数を使って、配列に含まれる値の合計値を求めています。

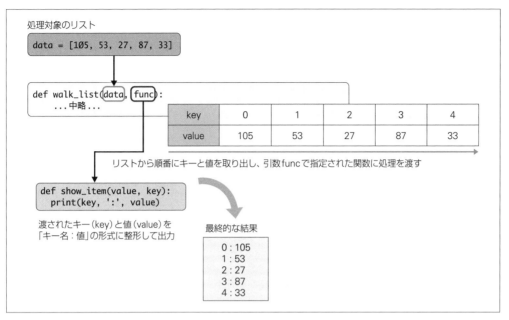

処理対象のリスト

```
data = [105, 53, 27, 87, 33]
```

```
def walk_list(data, func):
    ...中略...
```

key	0	1	2	3	4
value	105	53	27	87	33

リストから順番にキーと値を取り出し、引数funcで指定された関数に処理を渡す

```
def show_item(value, key):
    print(key, ':', value)
```

渡されたキー（key）と値（value）を
「キー名：値」の形式に整形して出力

最終的な結果

```
0 : 105
1 : 53
2 : 27
3 : 87
4 : 33
```

❖図8.9　高階関数の挙動

▶リスト8.32　args_higher_sum.py

```python
# 詳細はリスト8.31を参照
def walk_list(data, func):
  for key, value in enumerate(data):
    func(value, key)


result = 0            # 結果値を格納するためのグローバル変数
def calcu_sum(value, key):
  global result       # グローバル変数の利用を宣言
  result += value     # リストの値をresultに加算              ❶

data = [105, 53, 27, 87, 33]
walk_list(data, calcu_sum)
print(result)         # 結果：305
```

　ユーザー定義関数calcu_sum（❶）は、引数valueをグローバル変数resultに足しこんでいるので（ここでは引数keyは使いません）、walk_list関数はそれ全体として、リストの合計値を求めることになります。

　ここで、おおもとのwalk_list関数は一切書き換えていない点に注目してください。高階関数を利用することで、枠組みとなる機能（ここではリストを走査する部分）だけを実装しておき、詳細な機

能は関数の利用者が決めるという、より汎用性の高い関数を設計できるようになります（図8.10）。

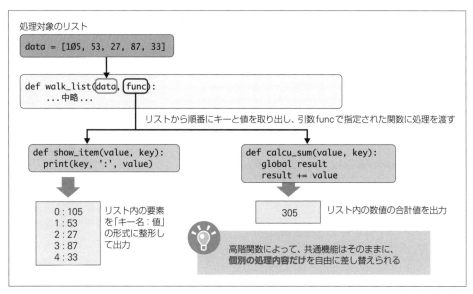

処理対象のリスト

```
data = [105, 53, 27, 87, 33]
```

```
def walk_list(data, func):
    ...中略...
```

リストから順番にキーと値を取り出し、引数funcで指定された関数に処理を渡す

```
def show_item(value, key):
    print(key, ':', value)
```

```
def calcu_sum(value, key):
    global result
    result += value
```

```
0 : 105
1 : 53
2 : 27
3 : 87
4 : 33
```

リスト内の要素を「キー名：値」の形式に整形して出力

```
305
```

リスト内の数値の合計値を出力

高階関数によって、共通機能はそのままに、**個別の処理内容だけを自由に差し替えられる**

❖図8.10 高階関数のメリット

8.4.4 無名関数（ラムダ式）

前項では、walk_list関数に渡すためのユーザー定義関数としてshow_item／calcu_sum関数を別に用意していました。しかし、高階関数に渡すことを目的としたこれらの関数は、多くの場合、その場限りでしか利用しません。そのような使い捨ての関数のために名前を付けるのは無駄なので、できればなくしてしまいたいところです。

> *note* 特に、グローバルスコープでの名前は、できるだけ少なくするのがプログラミングの基本です。名前の数が多くなれば、それだけ名前が衝突する可能性が高くなるからです。

そこで登場するのが、**ラムダ式**（lambda式）という構文です。ラムダ式とは、一言で言うと、関数をシンプルに表現するための仕組みです。ラムダ「式」という名前の通り、関数を式として表現できるので、そのまま引数にも渡せます。

構文 ラムダ式

```
lambda 引数,... : 戻り値となる式
```

ラムダ式で生成された関数は、一般的には名前を持たないので、**無名関数**（**匿名関数**）とも呼ばれます。

では、ラムダ式を利用して、リスト8.31を書き換えてみましょう（リスト8.33）。

▶リスト8.33　call_lambda.py

```
def walk_list(data, func):
  ...中略...

data = [105, 53, 27, 87, 33]
walk_list(data,
  lambda value, key: print(key, ':', value))
```

ラムダ式によって名前がなくなっただけでなく、高階関数呼び出しのコードに関数定義を直接埋め込めるようになります（これが「名前は不要で、その機能だけが必要な場合」といった意味です）。これによって、コードがすっきりしたのはもちろん、高階関数と、高階関数が必要とする処理（コールバック関数）とを1つの文でまとめられるようになり、コードが格段に読みやすくなったと思いませんか。

ラムダ式を利用した例は、map関数（6.1.12項）、filter関数（6.1.13項）などでも触れているので、ここでの理解を前提に今一度コードを読み解いてみるのもよい勉強です。

note 残念ながら、ラムダ式では複数行にわたるブロックを表現できません。よって、リスト8.32（p.346）のcalcu_sum関数をラムダ式で表すことはできません。ラムダ式は、あくまでシンプルな関数を簡単に表すための仕組みと割り切っておきましょう。

補足　ラムダ式のさまざまな書き方

ラムダ式の記法について、いくつか補足しておきます。

（1）変数に代入する

ラムダ式は、式なので、その内容を変数に代入することもできます。

```
calcu = lambda num: num * 2
print(calcu(10))     # 結果：20
```

この場合、代入した変数名が、呼び出しの関数名となります（ただし、それであれば、まずはdef命令を利用するのが自然ですし、そうすべきです）。

（2）引数を持たないラムダ式

引数を持たないラムダ式は、「lambda: 〜」のように表します。

```
import datetime
now = lambda: datetime.date.today()
print(now())    # 結果：2020-01-18
```

（3）条件分岐を伴うラムダ式

先述したように、ラムダ式では複数行にまたがるブロックを表現することはできません。しかし、条件演算子（if式）を利用すれば、簡単な分岐を表現することは可能です。

```
isPass = lambda point: '合格' if point > 70 else '不合格'
print(isPass(75))     # 結果：合格
```

☑ この章の理解度チェック

[1] 以下は、ユーザー定義関数について説明したものです。正しいものには○を、誤っているものには×を付けてください。

（　　）　ユーザー定義関数の中でreturn命令を呼び出さなかった場合、戻り値は0とみなされる。

（　　）　グローバルスコープの変数は、.pyファイルを超えてすべてのコードから無条件に参照できる。

（　　）　「def my_func(arg1, *, arg2=0):」とある場合、arg2は必ずキーワード引数として呼び出さなければならない。

（　　）　可変長引数argsには、args.get(0)のようにアクセスできる。

（　　）　引数の既定値は、初回呼び出しのタイミングで一度だけ評価される。

[2] 引数として底辺base、高さheightを受け取り、平行四辺形の面積を求めるユーザー定義関数get_squareを記述してみましょう。なお、底辺、高さともに既定値は1とし、引数は省略可能であるものとします。

[3] 次に示すprocess_number関数は、与えられた数値群nums（可変長引数）を引数funcで処理し、その結果をリストとして返す高階関数です（funcは引数として数値を受け取り、処理結果を戻り値として返すものとします）。

ここでは、process_number関数を定義すると共に、これを利用して、与えられた数値群を自乗してみます（リスト8.B）。空欄を埋めて、コードを完成させてください。

▶リスト8.B　ex_args_higher.py

```python
def process_number(func,   ①   ):
  result = []
    ②    num in nums:
    result.  ③  (  ④  )
  return result


data = process_number(
    ⑤    num: num ** 2,  5, 3, 6
)
print(data)     # 結果：[25, 9, 36]
```

[4] ミュータブル／イミュータブル型の違いを確認するコードです。リスト8.Cのコードにおける❶～❹の結果を答えてください。

▶リスト8.C　ex_scope_mutable.py

```python
def increment(num):
  num += 10
  return num


def param_update(data):
  data[0] = 100
  return data


num = 100
data = [10, 20, 30]

print(increment(num)) ─────────────────────────── ❶
print(num) ─────────────────────────────────────── ❷
print(param_update(data)) ──────────────────────── ❸
print(data) ─────────────────────────────────────── ❹
```

「The Zen of Python」はPEP 20（`https://www.python.org/dev/peps/pep-0020/`）で示された ドキュメントで、Python プログラマーが心にとどめておくべき心構えを示しています。Zenは 「禅」の意味です。

「Python プログラマーが」とは言うものの、書かれた内容は言語／環境を問わず、一般的に通じるものなので、一度は目を通してみるとよいでしょう。ごく短いテキストなので、意図された心構えをぜひ感じ取ってみてください。

以下は、原文とカッコ内はその訳です（Python シェルから「import this」コマンドを実行することでも確認できます）。

```
Beautiful is better than ugly.
    (醜いよりは美しいほうがよい)
Explicit is better than implicit.
    (明示的であるのは暗黙的であるよりもよい)
Simple is better than complex.
    (複雑であるよりはシンプルがよい)
Complex is better than complicated.
    (ただし、複雑でもややこしいよりはよい)
Flat is better than nested.
    (入れ子は少ないほうがよい)
Sparse is better than dense.
    (密よりも疎)
Readability counts.
    (読みやすさは大切だ)
Special cases aren't special enough to break the rules.
    (特殊であることを理由にルールを破らない)
Although practicality beats purity.
    (しかし、実用性は純粋さを打ち破る)
Errors should never pass silently.
    (エラーを無視してはいけない)
Unless explicitly silenced.
    (ただし、意図して隠されていないならば)
In the face of ambiguity, refuse the temptation to guess.
    (曖昧さに直面したとき、推測に逃げるなかれ)
There should be one-- and preferably only one --obvious way to do it.
    (それを解決するためによりよい方法が、明快なただ一つの方法があるはずだ)
Although that way may not be obvious at first unless you're Dutch.
    (その方法は最初は明快でないかもしれない。たとえばオランダ人にしか理解できないかもしれない)
```

```
Now is better than never.
  （やらないよりは今やれ）
Although never is often better than *right* now.
  （ただし、今すぐやるよりもやらないほうがよいこともある）
If the implementation is hard to explain, it's a bad idea.
  （説明の難しい実装は、悪い実装である）
If the implementation is easy to explain, it may be a good idea.
  （説明しやすい実装は、たぶんよい実装である）
Namespaces are one honking great idea -- let's do more of those!
  （名前空間は本当によいアイデアだ。もっと活用しよう！）
```

Column ▶ 複数のPythonが同居する場合の実行方法

本文では、まずはpythonコマンドを使ってPythonコードを実行する方法について紹介しました。単一のPythonしかインストールされていない環境では、これで問題ありません。ただし、複数のPythonがインストールされた環境では、意図したバージョンのPythonが呼び出されないことがあります（たとえばmacOS環境では、既定で以前のバージョンのPythonがプリインストールされている場合があります）。

意図したバージョンを起動できない場合には、以下のようなコマンドを利用してください。

❖バージョンを指定したPythonの実行コマンド

OS	コマンド	概要
Windows	py	最新バージョンを実行
	py -3.8	3.8系の最新バージョンを実行
macOS	python3	3系の最新バージョンを実行
	python3.8	3.8系の最新バージョンを実行

たとえば以下は、macOSで3.8系の最新バージョンを起動する例です。

```
$ python3.8
Python 3.8.1 (v3.8.1:1b293b6006, Dec 18 2019, 14:08:53)
[Clang 6.0 (clang-600.0.57)] on darwin
Type "help", "copyright", "credits" or "license" for more information.
>>>
```

ユーザー定義関数

応用

引き続き、ユーザー定義関数の解説を進めます。ユーザー定義関数は、この後、オブジェクト指向構文を理解するうえでも基盤となる重要な分野です。難しく感じるところもあるかもしれませんが、前章を復習しながら、知識を積み上げていきましょう。

以下に、本章で学習するテーマをまとめておきます。

● デコレーター

● ジェネレーター

● コルーチンと非同期関数

● モジュール

● ドキュメンテーション（docstring）

より正しくは、モジュールはユーザー定義関数に限った機能ではありませんが、関数を再利用するうえでは欠かせない知識なので、本章でまとめて扱います。

9.1 デコレーター

デコレーター（関数デコレーター）は、既存の関数に機能を追加するための仕組みです。具体的には、デコレーターを利用することで、関数を呼び出したときに実行ログを出力したり、呼び出し結果をキャッシュしたりといったことが可能になります（図9.1）。

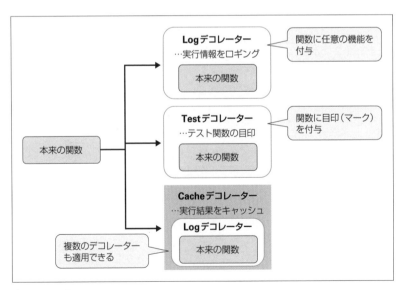

❖図9.1　デコレーター

しかし、デコレーターはいきなりそれそのものを理解するのは困難です。まずは、デコレーターを利用しない例を見た後、これをデコレーター化していきます。

9.1.1 デコレーターを利用しない例

リスト9.1は、「関数funcが呼び出されたときに、関数情報（名前、位置引数、キーワード引数）を出力するための関数を返す」高階関数です。

▶リスト9.1　deco_pre.py

```
def log_func(func):
  # 関数内関数を定義
  def inner(*args, **keywds):  ─────────────────────────❺
    print('─────────────────')
    print(f'Name: {func.__name__}')
    print(f'Args: {args}')                                        ❶
    print(f'Keywds: {keywds}')
    print('─────────────────')
    return func(*args, **keywds)  ─────────────────────❻
  return inner  ─────────────────────────────────────────❷

def hoge(x, y, m='bar', n='piyo'):  ───────────────────────❸
  print(f'hoge: {x}-{y}/{m}-{n}')

# log_func関数の戻り値を実行
log_hoge = log_func(hoge)  ───────────────────────────────────❹
log_hoge(15, 37, m='ほげ', n='ぴよ')  ──────────────────────
```

```
─────────────────
Name: hoge
Args: (15, 37)
Keywds: {'m': 'ほげ', 'n': 'ぴよ'}
─────────────────
hoge: 15-37/ほげ-ぴよ
```

　一見すると、log_func関数では「元の関数（引数func）の情報 —— 名前や引数情報を出力したうえで、関数funcを実行している」ように見えます。が、よくよく注意深く見てみると、それらの処

理は入れ子の関数inner（❶）として定義されており、log_func関数はinner関数を戻り値として返していることが見て取れます（関数もまたオブジェクトの一種なので、戻り値として扱うことに問題はありません❷）。つまり、log_func関数は、関数を受け取って関数を返す高階関数です。

このように定義されたlog_func関数にhoge関数（❸）を渡して、実行してみるとどうでしょう（❹）。

hoge関数の情報が表示された後、hoge関数の結果が表示されます（図9.2）。

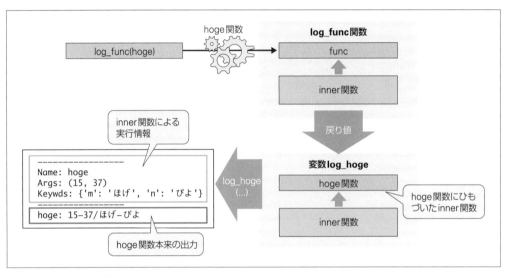

❖図9.2　log_func関数の仕組み

❹のlog_hogeは、log_func関数の戻り値innerです。inner関数は、log_func関数を呼び出したときに渡されたhoge関数をそのまま維持しているので、ここでは、hoge関数の情報を表示した後、hoge関数を実行しているわけです。

このように、高階関数を利用することで、ある関数の機能を別の関数で拡張できるようになります。

 ❺の「*args, **keywds」は、inner関数が可変長の位置引数／キーワード引数を受け取るという意味です。これらの引数は、❻でそのままfunc関数（サンプルではhoge）に渡されます。❻の「*args, **keywds」は、引数展開の構文です（8.3.4項）。渡された可変長引数（タプル／辞書）を分解して、個々の引数に割り当てます。

このような書き方は、高階関数を書いているとよく見かける、ちょっとしたイディオムなので、覚えておきましょう。

デコレーターの基本

しかし、高階関数を呼び出して、その戻り値の関数をさらに呼び出す、というのは、あまり直観的ではありません。そこでPythonでは、高階関数による拡張をよりシンプルに表現できる記法が用意されています。それが本節のテーマである**デコレーター**です。

デコレーター構文を利用することで、先ほどのリスト9.1はリスト9.2のように書き換えられます。

▶リスト9.2　deco_basic.py

```
def log_func(func):
  ...中略...


@log_func ──────────────────────────────────────── ❶
def hoge(x, y, m='bar', n='piyo'):
  print(f'hoge: {x}-{y}/{m}-{n}')


hoge(15, 37, m='ほげ', n='ぴよ') ──────────────────── ❷
```

機能拡張したい関数（ここではhoge）の頭に「@名前」の形式で、高階関数を指定するだけです（❶）。これでhoge関数はlog_func関数で拡張された（＝修飾された）とみなされます。あとは、log_func関数で修飾されたhoge関数を呼び出すだけで、リスト9.1と同じ結果が得られます。

機能の修飾が「@〜」で宣言的に記述されるようになったことで、コードの見通しがぐんと改善されたと思いませんか。デコレーターという記法は、この後もプロパティ（10.2.4項）、クラスメソッド／staticメソッド（10.1.4項）などの構文で登場します。

例 関数の結果をキャッシュする

標準モジュールで提供されているデコレーターの例も見てみましょう。たとえばリスト9.3は、functoolsモジュールの@lru_cacheデコレーターを使って、関数の結果をキャッシュする例です。

▶リスト9.3　deco_cache.py

```
import random
from functools import lru_cache


# 0〜100の乱数を取得
@lru_cache(maxsize=8) ─────────────────────────── ❷
def get_0to100():
  return random.randint(0, 100)
```

9

ユーザー定義関数 応用

```
print(get_0to100())    # 結果：19 ────────────────────────────────┐
print(get_0to100())    # 結果：19 ────────────────────────────────┴─❶
```

　乱数なので、結果は実行都度に異なります。ただ、2回の呼び出し（❶）で結果が等しくなる（＝関数の結果がキャッシュされる）点に注目してください。❷をコメントアウトすると、❶の結果が双方異なる値になることも確認しておきましょう。

　なお、@lru_cache デコレーターの引数 maxsize は維持するキャッシュの個数を表します。

9.1.4 引数を受け取るデコレーター

　@lru_cache デコレーターの例でも見たように、デコレーターには通常の関数と同じく、引数を持たせることもできます。たとえばリスト9.4は、リスト9.2の@log_func デコレーターを、引数 details を受け取れるように修正した例です。引数 details が False の場合（既定は True）、@log_func デコレーターは簡易な関数情報（名前だけ）を表示します。

▶リスト9.4　deco_args.py

```
# デコレーターの引数を受け取る
def log_func(details=True):
  # 修飾すべき関数を受け取る
  def outer(func):
    # 本来の関数に渡すべき引数を受け取る
    def inner(*args, **keywds):
      print('------------------')
      print(f'Name: {func.__name__}')
      if details:
        print(f'Args: {args}')
        print(f'Keywds: {keywds}')
      print('------------------')
      return func(*args, **keywds)
    return inner ──────────────────────────────────────────┐
  return outer ───────────────────────────────────────────┴─❶

@log_func(details=False) ───────────────────────────────────── ❷
def hoge(x, y, m='bar', n='piyo'):
  print(f'hoge: {x}-{y}/{m}-{n}')

hoge(15, 37, m='ほげ', n='ぴよ')
```

```
------------------
Name: hoge
Args: (15, 37)
Keywds: {'m': 'ほげ', 'n': 'ぴよ'}
------------------
hoge: 15-37/ほげ-ぴよ


------------------
Name: hoge
------------------
hoge: 15-37/ほげ-ぴよ
```

※上がdetailsがTrueの場合、下がFalseの場合の結果。

　引数を受け取るデコレーターでは、関数の入れ子が1段階増える点に注目です。外側から、

- デコレーターの引数を受け取る（log_func）
- 修飾すべき関数を受け取る（outer）
- 修飾すべき関数の引数を受け取る（inner）

が入れ子になっています。トップレベルの関数（log_func）、1段目の関数（outer）は、それぞれ直下の関数を戻り値として返さなければなりません（❶）。

　修正した@log_funcデコレーターは、❷のように引数付きで呼び出せます。引数をTrue／Falseと切り替え、結果が変化することも確認しておきましょう。

　なお、引数付きのデコレーターでは引数を省略する場合も、

```
@log_func
```

とは書けません。

```
@log_func()
```

のように、空の丸カッコを明記するようにしてください。

> **note** デコレーターは、（関数ではなく）クラスとして定義することもできます。また、デコレーターを（関数ではなく）メソッドに対して付与することもできます。オブジェクト指向構文（第10章）の理解が前提になりますが、配布サンプルにそれぞれdeco_class.py、deco_method.pyとして用意しているので、合わせて参考にしてください。

クロージャー（関数閉方）

リスト9.1の例を見て、不思議に思った人はいないでしょうか。スコープ（8.2節）の基本は、「ローカル変数は関数を抜けたところで破棄される」です。

ところが、log_func関数を注意深く見てみると、log_func関数から返されたinner関数は、関数の外でも変数funcを維持しています（funcはlog_func関数の引数であり、ローカル変数です）。

これは、グローバル変数log_hogeがinner関数を、inner関数がfuncを参照し続けているために起こる現象です。参照されているということは、まだ必要ということなので、ローカル変数inner／funcは維持されているのです。このように、

**　　上位のローカル変数を参照した入れ子の関数**

のことを**クロージャー（関数閉方）**と呼びます。デコレーターは、クロージャーを利用した典型的な仕組みなので、関連して理解しておくとよいでしょう。

スコープチェーンによる理解

8.2.1項でも触れたスコープチェーンの概念をもとに言うと、

- 入れ子のinner関数（入れ子のローカルスコープ）
- トップレベルのlog_func関数（ローカルスコープ）
- グローバルスコープ

というスコープチェーンが、クロージャー（inner関数）が有効である間は保持される、ということになります。

クロージャーの特徴をより端的に表す例を、もう1つ見てみましょう（リスト9.5）。

▶リスト9.5　closure_basic.py

```
def counter(init):
  # カウント値
  count = init
  # カウント値をインクリメントする内部関数
  def increment():
    nonlocal count
    count += 1                           ─❶
    return count
  return increment

c1 = counter(1)                          ─❷
c2 = counter(25)
```

```
print(c1())    # 結果：2 ────────────────────────────────────
print(c1())    # 結果：3
print(c2())    # 結果：26                                    ❸
print(c2())    # 結果：27 ────────────────────────────────────
```

increment関数（❶）はcounter関数の入れ子になっており、上位スコープに属する変数countを参照しているので、典型的なクロージャーです。この場合、❷で図9.3のようなスコープチェーンが形成される点に注目です。

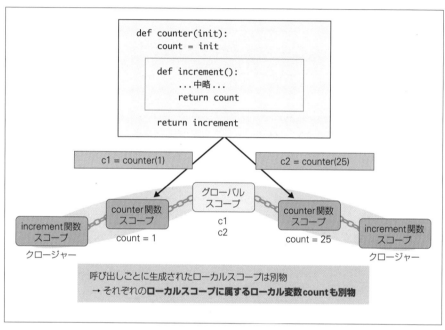

❖図9.3　クロージャー

ローカルスコープは、関数呼び出しの都度に生成されます。そして、それぞれのスコープ（チェーン）── その中で管理されるローカル変数countも、別ものです。結果、❸でクロージャーc1、c2（実体はいずれもincrement関数）が呼び出された場合も、独立したローカル変数がインクリメントされて、2、3…と、26、27…という結果が得られます。

9.2 ジェネレーター

ジェネレーター（Generator）の見た目は、普通の関数です。しかし、普通の関数がreturn命令で値を返したらそれで終わりであるのに対して、ジェネレーターはyieldという命令を利用することで、その時どきの値を返せる点が異なります。

9.2.1 yield命令

ただし、この説明だけでは理解しにくいかもしれません。まずはごくシンプルな例でジェネレーター（yield命令）の挙動を確認してみましょう（リスト9.6）。

▶リスト9.6　gen_basic.py

```
def my_gen():
    yield 'あいうえお'
    yield 'かきくけこ'                          ❶
    yield 'さしすせそ'


for value in my_gen():                          ❷
    print(value)
```

```
あいうえお
かきくけこ
さしすせそ
```

yieldは、returnとよく似た命令で、関数の値を呼び出し元に返します（❶）。しかし、return命令がその場で関数の実行を終了するのに対して、yield命令は処理を一時停止します（図9.4）。つまり、次に呼び出されたときには、その時点から処理を再開できます。

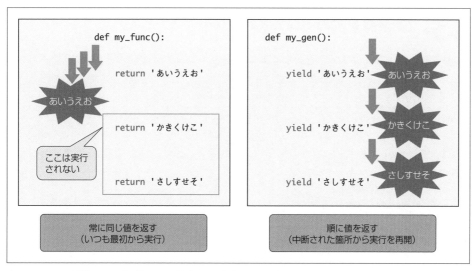

❖図9.4　同じ関数を3回呼び出した場合（return命令とyield命令の違い）

　よって、定義されたジェネレーターmy_genをfor命令に渡すことで（❷）、ループの都度、先頭から順番にyield命令による値 ――「あいうえお」「かきくけこ」「さしすせそ」が返されるというわけです（ジェネレーターが値を返さなくなったところで、forループも終了します）。

補足　ジェネレーター関数の戻り値

　ジェネレーター関数の戻り値は、generatorオブジェクトです。よって、単に以下のように書いても、yield値を得ることはできません。

```
print(my_gen())    # 結果：<generator object my_gen at 0x0000021DE49C3C48>
```

　forループは、generatorオブジェクトを取得し、さらにそこから個々のyield値を取得するまでを担っていたというわけです。よって、リスト9.6の❷は、（そうする意味はありませんが）以下のように書き換えても同じ意味です。

```
# generatorオブジェクトを生成
gen = my_gen()
# generatorオブジェクトから値を取得
for value in gen: ～
```

　より詳細なforループの仕組みについては11.4節でも説明するため、合わせて理解を深めてください。

もう少しだけ実用性のありそうなジェネレーターを準備してみましょう（リスト9.7）。

▶リスト9.7　gen_prime.py

```python
import math

# 素数を求めるジェネレーター
def get_primes():
  num = 2     # 素数の開始値
  # 2から順に素数判定し、素数の場合にだけyield（無限ループ）
  while True:
    if is_prime(num):
      yield num
    num += 1

# 引数valueが素数かどうかを判定
def is_prime(value):
  result = True     # 素数かどうかを表すフラグ
  # 2〜sqrt(value)で、valueを割り切れる（=余りが0）ものがあるか
  for i in range(2, math.floor(math.sqrt(value)) + 1):     #——————————❶
    if value % i == 0:
      result = False     # 割り切れるものがあれば素数でない
      break
  return result

# 素数を順に出力
for prime in get_primes():     #——————————┐
  print(prime)                              │
  # 素数が100を越えたところで終了（これがないと無限ループになるので注意！）   ❷
  if prime > 100:                           │
    break          #——————————————————————┘
```

```
2
3
5
...中略...
97
101
```

素数の判定には「エラトステネスのふるい」（2から順にすべての整数の倍数を振るい落としてい
く手法）が有名ですが、ここではシンプルに、2から順に約数があるかを判定していくことにしま
す。

> **note** for命令の上限は、対象となる値ではなく、sqrt(value)——対象となる値の平方根で十分です
> （❶）。たとえば、24であれば、その約数は1、2、3、4、6、8、12、24です。約数は、それぞ
> れ4×6、3×8、2×12……と互いを掛け合わせることで、もとの数となる組み合わせがあり
> ます。平方根（この場合は4.89……）は、その組み合わせの折り返しとなるポイントなのです。
> よって、折り返し点より前の値さえチェックすれば、それ以降に約数がないことを確認できます。

　このような例では、結果は無限に存在します。これを従来の関数で表すことはできません（すべて
の結果を得るまで値を返すことはできないからです）。
　仮に、上限を区切って10万個までの素数を求めるとしても、10万個の値を格納するためのリスト
を用意しなければなりません。これだけのメモリを消費するのは、直観的にも望ましい状態ではあり
ません。
　しかし、ジェネレーターを利用することで、yield命令のタイミングで都度、値が返されるので、
メモリ消費もその時どきの状態を監視する最小限で済みます。なにかしらのルールに従って、値セッ
トを生成するような用途では、ジェネレーターを利用することをお勧めします。

9.2.3 ジェネレーターの主なメソッド

　9.2.1項でも触れたように、ジェネレーター関数が返すのはgeneratorオブジェクトです。
generatorオブジェクトには、以下のようなメソッドが用意されています。

ジェネレーターを正常終了する

　closeメソッドを呼び出すことで、ジェネレーターを正常終了できます。たとえば、リスト9.7の❷
は、以下のように書き換えても、ほとんど同じ意味になります。

```
gen = get_primes()

for prime in gen:
  print(prime)
  if prime > 100:
    gen.close()
```

ジェネレーターに例外を投げる

ジェネレーターを正常終了させるcloseメソッドに対して、例外を投げて強制終了させるのがthrowメソッドです。

```
if prime > 100:
  gen.throw(ValueError('result is over 100!'))
```

```
2
...
101
Traceback (most recent call last):
  File "c:/data/selfpy/chap08/gen_prime.py", line 25, in <module>
    gen.throw(ValueError('result is over 100!'))
  File "c:/data/selfpy/chap08/gen_prime.py", line 3, in get_primes
    def get_primes():
ValueError: result is over 100!
```

ジェネレーターに値を送出する

sendメソッドを利用することで、ジェネレーターに値を引き渡すこともできます。

まずは、具体的なサンプルを確認してみましょう。リスト9.8は、ユーザーが入力した名前に応じてあいさつメッセージを生成するgen_comジェネレーターの例です。実行結果の太字部分はユーザーからの入力です。

▶リスト9.8　gen_send.py

```
def gen_com():
  while True:
    # 入力ボックスの呼び出し
    n = yield input('名前を教えてください：')
    # sendメソッドからの値でメッセージを生成
    yield f'こんにちは、{n}さん！'

gen = gen_com()
for name in gen:
  # ジェネレーターからの戻り値（入力値）を再送出
  res = gen.send(name.upper())
  # ジェネレーターからの戻り値（あいさつメッセージ）を表示
  print(res)
```

```
名前を教えてください：yamada Enter
こんにちは、YAMADAさん！
名前を教えてください：　➡ Ctrl ＋ C キーで終了
```

ジェネレーターと呼び出し元のやりとりを図示したのが図9.5です。

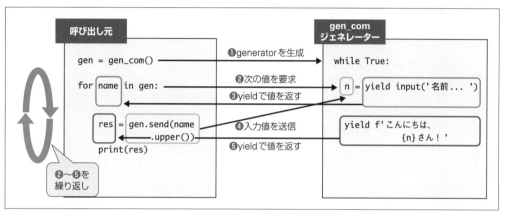

❖図9.5　ジェネレーターの動作

❸のyieldで返されるのはinput関数の戻り値（＝ユーザーからの入力値）です。ここでは、その値を大文字に変換したうえで、sendメソッドでジェネレーターに送り返しています（❹）。sendメソッドで送られた値は、ジェネレーター側でyield式の戻り値として扱われる点に注目です。この場合であれば、yield式の戻り値は変数nに代入されます。

sendメソッドの戻り値は、ジェネレーターの次の値です。この例であれば、生成された「こんにちは、●○さん！」というメッセージ（❺）を取得し、変数resに代入します。

このように、sendメソッドを利用することで、次の要素を取得する際に呼び出し元から値を引き渡せる（＝値の生成に関与できる）わけです。

9.2.4　一部の処理を他のジェネレーターに委譲する

yield from命令を利用することで、ジェネレーターの中で別のジェネレーター（サブジェネレーター）を呼び出し、これを列挙できます。

```
yield from generator
```

generator：他のジェネレーター

　サブジェネレーターですべての値を列挙できたら、改めて後続のyield（yield from）命令を続行するのです（図9.6）。

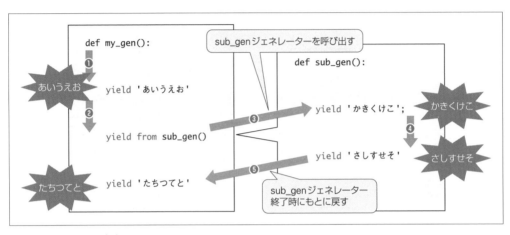

❖図9.6　yield from命令

　具体的な例も見てみましょう。リスト9.9のread_files関数は、指定されたファイル（リスト）から順にテキストを取り出していくためのジェネレーターです。この際、read_files関数は、もう1つのジェネレーター（read_lines）に処理を委ねるものとします。

▶リスト9.9　gen_from.py

```python
# リストから順にファイルパスを取り出して、読み込みは委譲
def read_files(*files):
  for file in files:
    yield from read_lines(file)


# ファイル読み込みを担うサブジェネレーター
def read_lines(path):
  with open(path, 'r', encoding='UTF-8') as file:
    # 行単位にテキストを取得
    for line in file:
      yield line.rstrip('\n')
```

```
# sample1〜3.datの内容を順に列挙
for line in read_files(
  './chap09/sample1.dat', './chap09/sample2.dat', './chap09/sample3.dat'):
  print(line)
```

　複雑なジェネレーターを記述する際には、yield from命令を利用することで処理を分離でき、コードがより見通しやすくなります。

9.2.5 ジェネレーター式

　ジェネレーター式とは、ジェネレーターを簡易に定義するための構文のことです。リスト内包表記（4.2.5項）にもよく似た形で表せますが、式全体を（ブラケットではなく）丸カッコでくくる点が異なります（丸カッコですが、タプルではありません！）。

<u>構文</u> ジェネレーター式

```
(式 for 仮変数 in シーケンス型)
```

　たとえばリスト9.10は、100個の乱数値を、ジェネレーター式を使って生成する例です。

▶リスト9.10　gen_exp.py

```
import random

gen = (random.random() for i in range(100))  ──────────────── ❶

for num in gen:
  print(num)
```

```
0.8724672641901972
0.0080558597911135989
0.032467748771629945
...中略...
0.7060247396501724
```

※結果は実行のたびに異なります。

　❶は、以下のように表しても同じ意味です。簡単な列挙であれば、ジェネレーター関数よりもジェネレーター式のほうが簡潔に表現できることがわかります。

ユーザー定義関数 応用

```
def my_gen():
  for i in range(100):
    yield random.random()
gen = my_gen()
```

なお、ジェネレーター式でも、if節を利用できます。構文はリスト内包表記のif節と同じなので、具体的な例は4.2.5項も参考にしてください。

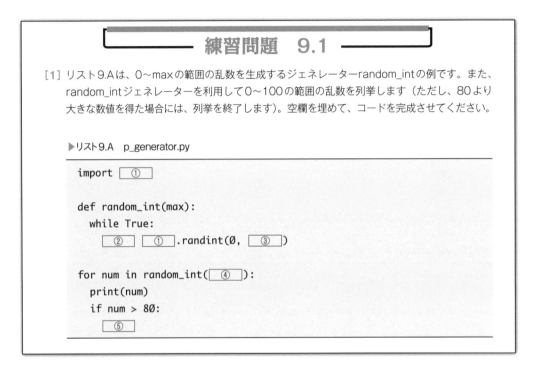

練習問題 9.1

[1] リスト9.Aは、0〜maxの範囲の乱数を生成するジェネレーターrandom_intの例です。また、random_intジェネレーターを利用して0〜100の範囲の乱数を列挙します（ただし、80より大きな数値を得た場合には、列挙を終了します）。空欄を埋めて、コードを完成させてください。

▶リスト9.A　p_generator.py

```
import   ①

def random_int(max):
  while True:
    ②    ①  .randint(0,   ③  )

for num in random_int(  ④  ):
  print(num)
  if num > 80:
    ⑤
```

9.3 関数のモジュール化

ユーザー定義関数は、その性質上、特定のファイルでだけ利用するものではありません。一般的には、別のファイルとして切り出しておいて、それぞれのファイルからは必要に応じて取り込んで利用するのが普通です。

このような仕組みを提供するのが**モジュール**です。5.1.3項でもPython標準で用意されたモジュールを利用する方法について触れていますが、モジュールは利用するばかりではありません。自分のコードをモジュール化することもできます。

関数や後述するクラスは、積極的にモジュール化しておくことで、再利用性が向上します（図9.7）。

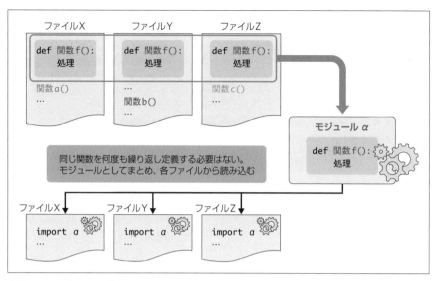

❖図9.7　モジュールの仕組み

9.3.1 　モジュールの定義

　コードをモジュール化するために特別なコードは不要で、関数／クラスをまとめたコードをそのまま.pyファイルとして保存するだけです。たとえばリスト9.11は、三角形の面積を求めるget_triangle関数、円の面積を求めるget_circle関数を、figureモジュールにまとめた例です。

　Pythonでは、ファイルがそのままモジュールとなるので、figureモジュールであればfigure.pyとして保存しなければなりません。

▶リスト9.11　figure.py

```python
import math

def get_triangle(base, height):
  return base * height / 2

def get_circle(radius):
  return radius * radius * math.pi

if __name__ == '__main__':
  print(f'三角形の面積：{get_triangle(10, 2)}')
  print(f'円の面積：{get_circle(5)}')
```
❶

❶は、モジュールをテストするためのテストコードです。__name__（前後にアンダースコアが2個ずつ）はPythonで用意された特別な変数で、モジュールとして呼び出された場合にはモジュール名を（この場合はfigure）、スクリプトとして直接に呼び出された場合には「__main__」という値を返します。

つまり、「if __name__ == '__main__':」とは、モジュールが直接呼び出された場合にだけ、以降のコードを実行しなさい、という意味になります。一般的に、その配下にはモジュール内で定義されている関数／クラスの呼び出しコード（テストコード）を記述します。

テストコードは構文上必須ではありませんが、動作の確認という意味でも、関数／クラスの用法を利用者に知らせるという意味でも、記述の癖を付けることを強くお勧めします。テストコードは、モジュールファイルの末尾に記述するのが慣例です。

補足 モジュールの実行

モジュールは、通常の.pyファイルと同じように呼び出すこともできます。もしくはpythonコマンドに-mオプションを利用してもかまいません。この場合、モジュール検索パス（9.3.3項）から検索して見つかったモジュールを実行します。

```
> cd chap09
> python -m figure
```

---

note モジュールの実行効率を高めるために、Pythonはモジュールを初めて実行したときにコンパイルした結果をファイルとして保存します。具体的には、モジュールと同列に__pycache__というフォルダーが生成され、その配下に「モジュール名.バージョン.pyc」（ここではfigure.cpython-37.pyc）のようなファイルが生成されます（図9.A）。

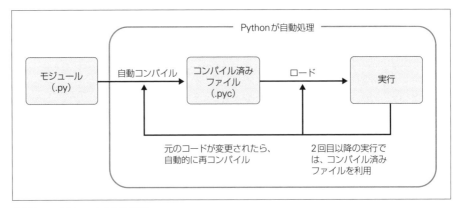

❖図9.A　モジュールの実行過程

2回目以降の実行では、.pycファイルが直接読み込まれるので、コードの実行効率が高まります。元のコードが変更された場合には、Pythonはそのタイムスタンプで変更を認識し、再コンパイルするので、アプリ開発者がコンパイルを意識する必要はありません。

なお、.pycファイルのバージョンは、一般的にはPythonのバージョン番号を意味します。.pycファイルがバージョン情報を持つことで、異なるバージョンのPythonで実行された場合にも、これを区別できるわけです。

9.3.2 モジュールをインポートする

　モジュール化されたコードを利用するには、import命令を利用します。import命令の基本については5.1.3項で触れていますが、その他にも用途に応じてさまざまな書き方があります。本項では前掲の理解に基づいて、解説を進めます。

特定のメンバーだけをインポートする

　「import *module*」では、モジュール内のすべてのメンバーをインポートしますが、from...import命令を利用することで、モジュール内の特定の関数／クラスだけをインポートすることもできます。

構文 from...import命令（第1構文）

```
from module import member, ...
```

module：モジュール名
member：関数／クラス名

　具体的な例も見てみましょう（リスト9.12）。

▶リスト9.12　import_from.py

```
from figure import get_triangle

print(get_triangle(10, 5))    # 結果：25.0
```

　これまではimportで有効化したメンバーは「モジュール名.関数名(...)」のように、モジュール名を冠した形式で呼び出していましたが、from...import命令の場合は、そのまま「関数名(...)」で呼び出せる点に注目です（太字の部分）。

　無条件にすべてのメンバーをインポートするならば、以下の構文も利用できます。

```
from module import *
```

module：モジュール名

その場合も、呼び出し側が「関数名(...)」だけで呼び出せる点は、第1構文の場合と同じです（リスト9.13）。

▶リスト9.13　import_from2.py

```
from figure import *

print(get_triangle(10, 5))
```

ただし、「*」（アスタリスク）を利用した構文は、コード内のメンバーがどのモジュールに属するかが不明瞭になるため、その場限りのコードを除いては利用すべきではありません。

「import *」でのインポートを制限する

「from … import *」でインポートすべきメンバーを、モジュール側で制限することもできます。

（1）__all__変数を定義する

モジュールの先頭で__all__変数（リスト）を定義します。たとえば、リスト9.14の例では、hoge／foo／bar関数はインポートされますが、piyo関数はインポートされません。

▶リスト9.14　mylib.py

```
__all__ = ['hoge', 'foo', 'bar']

def hoge(): ～

def foo(): ～

def bar(): ～

def piyo(): ～
```

（2）「_名前」で命名する

__all__がない場合、「_piyo」のようなアンダースコア始まりの名前でメンバーが非公開であることを宣言できます。たとえば、リスト9.15の例であれば、hoge／fooだけがインポートされ、_piyoはインポートされません。

▶リスト9.15　mylib2.py

```
def hoge(): ～

def foo(): ～

def _piyo(): ～
```

　あくまで、(1)(2)いずれも、「import *」構文によるインポートを防ぐための機能です。「import mylib」「from mylib import piyo／_piyo」では、piyo／_piyo関数もインポートされます。

モジュールに別名を付与する

　import...as命令を利用することで、モジュールに別名を付与することもできます。

【構文】import...as命令

```
import module as alias
```

module：モジュール名
alias　：別名

　リスト9.16は、リスト9.13をimport...as命令で書き換えたものです。

▶リスト9.16　import_as.py

```
import figure as f

print(f.get_triangle(10, 5))
```

　この場合は、呼び出しの際にも「別名.関数名(...)」のように呼び出します（太字の部分）。

note モジュールもまた、文字列、数値などと同じく、オブジェクトです。よって、モジュールそのものを別の変数に代入してもかまいません。よって、リスト9.16は、リスト9.Bのように表してもほぼ同じ意味です。

▶リスト9.B　import_as2.py

```
import figure

f = figure
print(f.get_triangle(10, 5))
```

これまで意識することはありませんでしたが、Pythonは以下の優先順位で目的のモジュールを検索します。

- カレントフォルダー（現在のスクリプトが配置されているフォルダー）
- 環境変数PYTHONPATH（フォルダー名のリスト）
- 環境に応じた既定のパス

リスト9.16の例であれば、figureモジュール（figure.py）をカレントフォルダーから検索していたわけです。

モジュールの検索パスを確認／追加する

モジュールの検索先フォルダーは、sys.pathで取得できます（リスト9.17）。

▶リスト9.17　import_path.py

```
import sys

print(sys.path)
    # 結果：['c:\\data\\selfpy\\chap09', ... 'C:\\Users\\<ユーザー名>↵
\\Anaconda3\\lib\\site-packages\\Pythonwin']
```

sys.pathの戻り値は、すべてのモジュールの検索先を総合したパスのリストです。リストの先頭から順にモジュールが検索されます。

リストなので、appendメソッド（6.1.4項）などで新たなパスを追加することもできます。

```
sys.path.append('D:/data/lib')
```

ただし、appendメソッドなどで追加された検索パスは、あくまで現在の.pyファイルでだけ有効である点に注意してください。

モジュール検索パスを恒久的に設定する

すべての.pyファイルで有効な検索パスを設定するには、環境変数PYTHONPATHを設定するか、.pthファイルを用意してください。

（1）環境変数PYTHONPATH

環境変数とは、コンピューターごとに設定できる変数のことです。以下のように設定します。

● Windows 10の場合

［システムのプロパティ］画面から設定します。［システムのプロパティ］画面は、スタートボタン横の検索ボックスに「システム環境変数の編集」と入力し、検索結果から開きます（図9.8）。

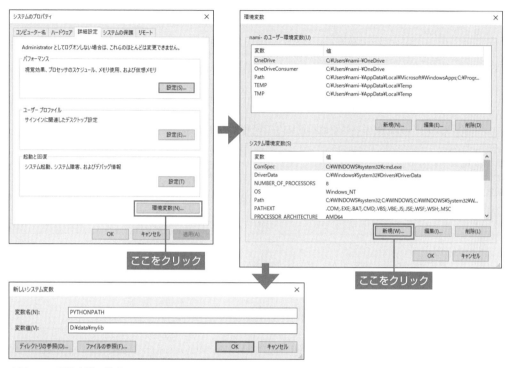

❖図9.8　環境変数の設定

［環境変数...］ボタンをクリックして環境変数の編集画面を開いたら、画面下側の［システム環境変数］欄の［新規...］ボタンをクリックします。［新しいシステム変数］画面が開き、環境変数PYTHONPATHを設定できます。複数のフォルダーを設定するならば、パスを「;」で区切ってください。なお、VSCodeに環境変数の設定を反映させるには、手順を終えた後、VSCodeを再起動します。

● macOSの場合

.bashrcに、リスト9.18のように追記します。パスの区切り文字は「:」です。

▶リスト9.18　.bashrc

```
export PYTHONPATH="/Users/<ユーザー名>/lib:$PYTHONPATH"
```

上記の設定を反映させるため、ターミナルから以下のコマンドを実行してください。

```
$ source ~/.bashrc
```

（2）.pthファイル

　パス設定ファイル.pthを、site-packagesフォルダーの配下に配置します。site-packagesフォルダーは、pipコマンドでインストールしたライブラリを保存するためのフォルダーで、本書の環境では以下の通りです。

- ● Windows 10

  C:¥Users¥＜ユーザー名＞¥Anaconda3¥Lib¥site-packages

- ● macOS

  /Users/＜ユーザー名＞/opt/anaconda3/lib/python3.7/site-packages

　リスト9.19のように、検索パスを改行区切りで表します（＃でコメントを表すこともできます）。

▶リスト9.19　.pth

```
# 検索パスの例
C:¥data
C:¥tmp
```

　ここでは単に.pthとしていますが、拡張子が.pthでありさえすれば名前はなんでもかまいません。

9.3.4　補足 インポート時の作法

　構文規則ではありませんが、インポートに際しては以下のルールに沿うことで、コードが読みやすくなります。

1モジュール1インポート

　1つのimport命令で複数のモジュールをインポートしません。

```
import datetime, math
```

　これは正しいコードですが、複数のimportに分割したほうが見通しがよくなります。

```
import datetime
import math
```

　ただし、from...import命令でモジュール内の要素を指定する場合に、要素を列挙するのは問題ありません。

```
from datetime import datetime, date, time
```

あるいは丸カッコでくくったうえで、インポートする要素単位で改行を加えてもよいでしょう。

```
from datetime import (
    datetime,
    date,
    time
)
```

インポートの記述場所／順序

import命令は、モジュールの先頭に記述します。ただし、モジュールのdocstring（9.5節）がある場合は、その後方でかまいません。

また、複数のインポートがある場合は、以下の順序でグループ化しましょう。

- 標準ライブラリ
- サードベンダーが提供するライブラリ
- アプリ独自のモジュール

また、それぞれのグループ同士は空行を挟み、グループ内はアルファベット順に並べることで、インポートすべきモジュールが増えてきた場合にも一覧性を保ちやすいでしょう。

相対インポートよりも絶対インポート

次項で触れるように、モジュールを指定するには絶対インポートと相対インポートと、2種類があります。ただし、一般的にはあいまいになりがちな相対インポートよりも絶対インポートを優先して利用すべきです（絶対インポートが極端に冗長になる状況では、その限りではありません。

9.3.5 パッケージ

アプリの規模が大きくなってくると、モジュール（ファイル）の個数も増えてきます。モジュールが増えるとは、名前が衝突するリスクが増える、ということでもあります。

これが自作のモジュールを利用しているだけであれば、名前を管理すればよいだけです。標準ライブラリ（モジュール）を利用している場合も、まあ、衝突を回避するのは可能でしょう。

しかし、より複雑なアプリを開発するようになると、サードパーティによるライブラリを利用する機会が増えてきます。不特定多数のライブラリすべての名前を意識して命名するのはなかなか困難ですし、そもそもライブラリ同士の名前衝突を回避することはできません。

そこで複数のモジュールを束ねる仕組みが**パッケージ**です。パッケージを利用することで、たとえば同名のhogeモジュールがあったとしても、myパッケージのhogeモジュールなのか、otherパッケージのhogeモジュールなのかを区別できるようになります。

Pythonのアプリは、一般的には、大きなカテゴリーから「パッケージ＞モジュール＞関数／型、変数」のように構成されるのが普通です（図9.9）。

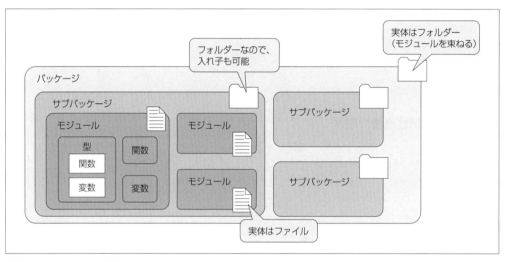

❖図9.9　パッケージの構成

小規模なアプリではパッケージまで利用する機会は少ないかもしれませんが、一般的なフレームワーク／ライブラリはパッケージとして配布されています。それらのフレームワーク／ライブラリの恩恵を受ける意味でも、パッケージの概念を理解しておくことは重要です。

パッケージの基本

パッケージはなんら難しいものではありません。モジュールの実体がファイルであったのと同じく、パッケージの実体はフォルダー（ディレクトリ）です。

たとえば図9.10は、mypackパッケージを準備した例です。mypackパッケージは、配下にapp、utilモジュール、そして、mysubパッケージを持っています。フォルダーを入れ子にできるのと同じく、パッケージもまた階層を持たせることができるわけです。

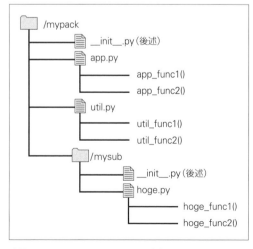

❖図9.10　mypackパッケージの例

このようなmypackパッケージをインポートして、利用してみましょう（リスト9.20、リスト9.21）。

▶リスト9.20　import_access1.py

```
# mypackパッケージ配下のappモジュールをインポート
import mypack.app ─────────────────────────────────────────── ❶

mypack.app.app_func1()
```

▶リスト9.21　import_access2.py

```
# mypackパッケージ配下のmysubサブパッケージの配下のhogeモジュールをインポート
import mypack.mysub.hoge ─────────────────────────────────── ❷

mypack.mysub.hoge.hoge_func1()
```

パッケージ内のモジュールは「パッケージ名.モジュール名」のようにドット区切りで指定できます（❶）。パッケージが、さらにサブパッケージを持っている場合にも、❷のようにドットを連ねるだけなので、迷うところはないでしょう。

from...import命令も利用できます（リスト9.22）。

▶リスト9.22　import_access3.py

```
# mypack.mysubパッケージからhogeモジュールをインポート
from mypack.mysub import hoge
hoge.hoge_func1()
```

from...import命令を利用した場合には、パッケージ（サブパッケージ）を省略して、「モジュール名.関数名(...)」の形式で呼び出せる点にも注目です。

パッケージを初期化する「__init__.py」

__init__.pyはパッケージ初期化のためのファイルで、大きく以下の役割を持ちます。

1. パッケージであることを宣言
2. パッケージをインポートしたときに実行すべき初期化処理を定義

初期化処理がいらないのであれば、__init__.pyは空でもかまいません。また、そもそもPython3.3以降では、__init__.pyがなくてもPythonはフォルダーをパッケージとみなすので、__init__.pyを省略することも可能です。

2. の用途でよく利用するのは、パッケージ内モジュールのインポート用途です。たとえば、図9.10（p.380）のようなmypackパッケージを利用するために、リスト9.23のようなコードを書いてみましょう。

▶リスト9.23　init_use.py

```
import mypack

mypack.app.app_func1()
```

これは「AttributeError: module 'mypack' has no attribute 'app'」のようなエラーとなります。mypackパッケージがappモジュールを持つと認識されていないわけです。

ここで、リスト9.24のような__init__.pyを作成してみましょう（配布サンプルでは配下のコードがコメントアウトされているので、コメントを解除してください）。

▶リスト9.24　mypack/__init__.py

```
from mypack import app
```

これでmypackパッケージが読み込まれたところで、appモジュールがインポートされるので、先ほどのコードが正しく動作します。もちろん、先ほどのコードでも「import mypack.app」のようにすることで正しく動作しますが、モジュールが増えてきた場合に、利用者が個々のモジュールをインポートしなければならないのは面倒です。しかし、__init__.pyを利用することで、利用側の呼び出しがシンプルになります。

パッケージを部品として使いやすくするために、__init__.pyは事実上必須と考えるべきです。

絶対インポートと相対インポート

インポートは、大きく**絶対インポート**と**相対インポート**に分類できます。

絶対インポートとは、これまで紹介してきたインポートで、モジュール検索パス（9.3.3項）を基点としてモジュールを検索します（図9.11）。

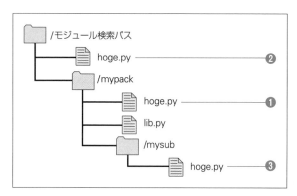

❖図9.11　絶対／相対インポートの例

> *note*
> 本項で解説する相対インポートは、メインモジュールから利用することは**できません**。メインモジュールとは（importではなく）コマンドからじかに呼び出された（＝「__name__ = '__main__'」である）.pyファイルです。
> 以下のコードの挙動を確認する際には、（lib.pyではなく）/chap09フォルダー配下のimport_relative.pyを利用してください。

たとえば、lib.pyから「import hoge」とした場合、同列にあるhogeモジュール（❶）ではなく、検索パス直下にあるhogeモジュール（❷）がインポートされます。これを、

```
import mypack.hoge
```

としてもかまいませんが、パッケージ階層が深い場合、import命令が冗長になります。そこで登場するのが相対インポートです。

lib.pyから❶を参照する場合、相対インポートを利用することで、以下のように表せます。

```
from . import hoge
```

「.」は現在のパッケージ（フォルダー）を意味するので、今度は「現在のパッケージを基点に、hogeモジュールをインポートしなさい」という意味になります（「..」で1つ上のパッケージ、「...」で

ユーザー定義関数　応用

2つ上のパッケージを表すこともできます）。

また、mysubサブパッケージ配下のhogeモジュールをインポートするならば、以下のように記述します（図9.12）。

```
from .mysub import hoge
```

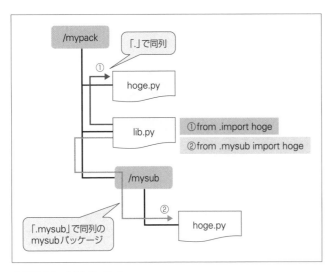

❖図9.12　相対インポート

名前空間パッケージ

Python 3.3以降では、異なるフォルダーに分散したパッケージ（フォルダー）を1つのパッケージとして束ねることができます。これを**名前空間パッケージ**と言います。

たとえば、

- c:/data/nspack/hoge.py
- c:/Temp/nspack/foo.py

のようなモジュールがあるとします。これらをnspackパッケージとして1つにまとめることができます。これには、それぞれのパッケージをパッケージ検索パスの通ったフォルダーに配置するだけです（リスト9.25）。

▶リスト9.25 import_namespace.py

```
import sys

sys.path.append('c:/data') ─────────────────────────────── ❶
sys.path.append('c:/Temp') ───────────────────────────────

import nspack.hoge ──────────────────────────────────────── ❷
import nspack.foo ────────────────────────────────────────
```

　ここでは、簡易化のため、sys.path に対してパスを追加しています（❶）。❷のように、異なる場所にある hoge／foo モジュールが正しくインポートできていることが確認できます。

　なお、名前空間パッケージには __init__.py は配置でき**ない**点に注意してください。__init__.py が配置された場合、そのフォルダーは（名前空間パッケージではない）通常のパッケージとみなされるためです。

パッケージの実行

　パッケージ（フォルダー）に __main__.py を用意しておくことで、python コマンド（1.3.2項）でパッケージを呼び出したときに実行すべきコードを用意しておけます。たとえば、図9.13のような構成です。

　この mypack パッケージは、以下のコマンドで実行できます。

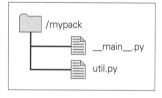

❖図9.13　__main__.py を含んだパッケージの例

```
> cd chap09
> python -m mypack
```

　パッケージは.zip ファイルでもかまいません。その場合は、.zip ファイルに含まれる __main__.py が呼び出されます。

```
> python mypack.zip
```

　__main__.py は、モジュールでの「if __name__ == '__main__':」判定のパッケージ版ととらえてもよいでしょう。パッケージのテストコードや、ツールをパッケージとして束ねている場合には、起動ファイルとしても利用できます。

9.4 非同期処理

同期処理とは、ある処理が呼び出されたら、その処理が終了した後、次の処理が呼び出されるような処理のことです。言い換えれば、先行する処理が終了するまで後続の処理は開始できません。Python既定の動作は同期処理です。

ただし、処理の内容によっては、同期処理では不便な状況があります。たとえば、ネットワーク通信を伴う処理です。ネットワーク通信は、一般的に、アプリ（メモリ）内部の動作に比べると、圧倒的に時間を食います。この間、同期処理では、アプリはただなにもせずに待っているだけです（図9.14上）。これは望ましい状況ではありません。

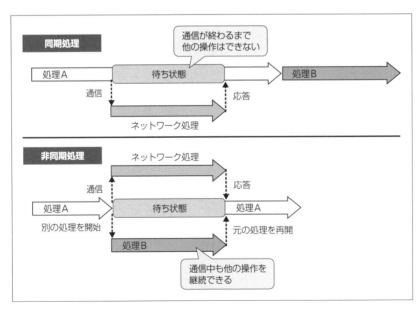

❖図9.14 同期処理と非同期処理

そこで登場するのが**非同期処理**です（図9.14下）。非同期処理では、ある処理が呼び出された後、**完了を待たずに**次の処理を呼び出します。ネットワーク通信の例であれば、通信の結果を待ちながら、アプリは別の処理を継続できるので、全体としての処理時間を短縮できます。

本節では、非同期処理を実装するための代表的なライブラリとして、asyncioモジュールを紹介すると共に、asyncioを理解するうえで前提となる**コルーチン**という構文について解説します。

9.4.1 コルーチンの基本

コルーチンとはサブルーチン（関数）によく似た仕組みですが、以下の点で異なります。

- 関数　　　　：一度呼び出されたら、最後まで実行
- コルーチン：途中で中断でき、あとから再開も可能

Pythonでは、このコルーチンの性質を利用して、

- 現在のコルーチンを処理する途中で待ちが発生したら中断
- その間に他のコルーチンを実行し、終わったら元のコルーチンを再開

ことで、非同期処理を実現しているのです。

---

note 途中で処理を中断できる関数と言えば、思い出すのはジェネレーター（9.2節）です。その通り、Python 3.4以前ではジェネレーターを利用してコルーチンが実装されていました。しかし、Python 3.5以降ではネイティブなコルーチンが実装され、それ以前のジェネレーター版コルーチンは非推奨となっています。Python 3.10では削除の予定なので、新規の開発で利用してはいけません。

では、コルーチンの定義から実行までの、基本的な構文から見ていきます。

コルーチンの定義

ここでは、ネットワーク通信のような「重い」処理を、疑似的にheavy_processコルーチンとして定義するものとします（リスト9.26）。

▶リスト9.26　coro_basic.py

```
import asyncio

# 疑似的な「重い」処理
async def heavy_process(name, sec): ──────────────────────────── ①
    print(f'start {name}')
```

```
# ダミーの重い処理（sec秒だけ処理を休止）
await asyncio.sleep(sec) ─────────────────────────────────── ❷
print(f'end {name}')
return f'{name}/{sec}'
```

コルーチンを定義するには、通常の関数定義をasyncキーワードで修飾するだけです（❶）。

構文 コルーチンの定義

```
async def コルーチン名(引数,...):
    ...コルーチンの本体...
```

中身もほとんど普通の関数と同じですが、❷に注目です。コルーチンは中断可能な関数です。しかし、どこででも中断できるわけではありません。中断できるのは、awaitキーワードが付与されたポイントだけです（図9.15）。

この例であればsleep関数で、コルーチンを中断します（❷）。ただ中断するだけではもったいないので、（あれば）実行待ちとなっている別のコルーチンを実行します。そして、そちらのコルーチンが終了したら、また現在のコルーチンの残りの処理を再開するのです。

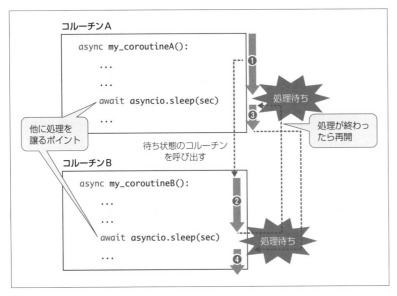

❖図9.15　コルーチン

ここではsleep関数で指定の秒数だけ処理を休止しているだけですが、一般的には、ここでネットワーク通信などを行うことになるでしょう。

コルーチンの実行

では、定義済みのheavy_processコルーチンを実行してみましょう。まずは、コルーチンを普通の関数と同じように呼び出してみます（リスト9.27）。

▶リスト9.27　coro_basic.py

```python
async def heavy_process(name, sec):
  ...中略...


print(heavy_process('Hoge', 5))
    # 結果：<coroutine object heavy_process at 0x000001E18DE78D48>
```

結果、コルーチンはcoroutineオブジェクトを返すだけです。そのままでは、コルーチンは実行できない点に注目です。

では、どのようにするのか。**イベントループ**を利用します。イベントループとは、非同期処理を管理するための司令塔です。中断したコルーチンをストックし、実行待ちのコルーチンに制御を渡し、処理が終わったら元の処理を再開する —— これらの役割を一手に担います。

イベントループを利用するには、太字の部分をリスト9.28のように置き換えてみましょう。

▶リスト9.28　coro_basic.py

```python
import time        # timeモジュールをインポート
...中略...
start = time.time() ─────────────────────────
loop = asyncio.get_event_loop() ──────────────────────  ❶
result = loop.run_until_complete( ───────────
  heavy_process('Hoge', 5)
) ─────────────────────────────────
end = time.time() ──────────────────────────────
print(result) ──────────────────────────────
print(f'Process Time: {end - start}') ──────────────
```
❷ ❸ ❹

9

ユーザー定義関数　応用

```
start Hoge
end Hoge                          ➡コルーチンの結果
Hoge/5
Process Time: 5.0715868473O5298  ➡実行時間を表示
```

get_event_loop関数は、イベントループが存在しない場合は新たに作成し、さもなければ既存のそれを返します（❶）。イベントループを取得できたら、あとは、run_until_completeメソッドを呼び出すだけです（❷）。run_until_completeメソッドは、指定された処理が終了するまで、イベントループを実行します。

構文 run_until_completeメソッド

```
loop.run_until_complete(proc)
```

loop：イベントループ
proc：実行する処理（awaitable）

イベントループに関わるコードは、ここまでです。

❸のtime関数（timeモジュール）は現在時刻をUnixタイムスタンプ値として返します。ここでは、この値を利用して、処理開始（start）から終了（end）までの秒数を計測しているわけです。

以上を理解したら、結果も確認してみましょう（❹）。確かに、

- run_until_completeメソッド経由でコルーチンが実行でき（結果を得られる）
- 全体の実行時間は5秒程度であること

が確認できます。この時点では、実行している処理が1つだけなので、非同期処理の恩恵は受けられず、休止時間の分だけ実行時間もかかっています。

> *note* ループの取得から実行までをまとめて行うrun関数もあります。リスト9.28では、イベントループを意識するという意味で、あえて冗長に記述しましたが、❶❷は以下のように書き換えても同じ意味です。
>
> ```
> result = asyncio.run(
>     heavy_process('Hoge', 5)
> )
> ```

複数の処理を並行に実行する

では、非同期処理の恩恵を確認するために、heavy_process関数を複数同時に実行してみましょう（リスト9.29）。

▶リスト9.29　coro_multi.py

```python
start = time.time()
loop = asyncio.get_event_loop()
result = loop.run_until_complete(
  asyncio.gather(
    heavy_process('hoge', 2),
    heavy_process('bar', 5),
    heavy_process('piyo', 1),
    heavy_process('spam', 3)
  )
)
end = time.time()
print(result)
print(f'Process Time: {end - start}')
```

```
start hoge
start bar
start piyo
start spam
end piyo
end hoge
end spam
end bar
['hoge/2', 'bar/5', 'piyo/1', 'spam/3']
Process Time: 5.00593376159668
```

複数のコルーチンを並行実行するには、gather関数を利用します（❶）。gather関数でコルーチンを束ねた結果はawaitableオブジェクトです。先ほど同様、run_until_completeメソッドで実行できます。

実行結果から、

- 処理が終了したものから「end: 〜」メッセージが表示されること（＝必ずしも開始順ではないこと）

- hoge（2秒）、bar（5秒）、piyo（1秒）、spam（3秒）の処理が5秒程度で終わっていること（＝最大の処理時間によって決まること）

が確認でき、複数の処理が並行に実行されていることがわかります。

> note 勘違いしやすい点ですが、asyncioの並行処理はマルチプロセス／マルチスレッドによる多重化ではありません。あくまで、シングルスレッドで複数の処理を切り替え、実行することで、処理待ちの時間を有効に使っているだけです。
> その性質上、高度な数学演算のように、CPUを占有するような処理では高速化を期待できません。asyncioが効果を発揮するのは、ネットワーク通信のようにI/O処理によって、待ち時間が発生するような処理だけです。

9.4.2 非awaitableな処理をawait式に渡す

このように、async／awaitは初学者にも比較的習得しやすい、優れた構文です。ただし、問題もあります。

というのも、async／awaitに対応したライブラリが、まだまだ限られていることです。たとえば、requestsモジュール（7.4.1項）は代表的なHTTP通信のライブラリですが、awaitableではありません。よって、await式に渡すことはできませんし、awaitなしのHTTPリクエストは後続の処理をブロックしてしまいます（これを**同期I/O**と呼びます）。

ただし、そのような場合にもイベントループのrun_in_executorメソッドを利用することで、非awaitableな処理をコルーチンとして扱えるようになります。

具体的な例も見てみましょう。リスト9.30は、複数のサイトからデータを取得するサンプルです。まずは、await式を使わずに実行した結果です。

▶リスト9.30　coro_await.py

```python
import asyncio
import requests
import time

# 指定のURLにリクエストし、結果を取得
async def get_content(url):
  print(f'start {url}')
  res = requests.request('get', url) ───────────────────────────────────── ❶
  print(f'end {url}')
  return res.text[:100]

start = time.time()
loop = asyncio.get_event_loop()
result = loop.run_until_complete(
```

```
  asyncio.gather(
    get_content('https://codezine.jp'),
    get_content('https://wings.msn.to'),
    get_content('https://www.web-deli.com/')
  )
)
end = time.time()
print(result)
print(f'Process Time: {end - start}')
```

```
start https://codezine.jp
end https://codezine.jp
start https://wings.msn.to
end https://wings.msn.to
start https://www.web-deli.com/
end https://www.web-deli.com/
[
  '\n      \n\n<!DOCTYPE html>\n  <!--[if lte IE 8]>...,   ➡CodeZineの内容
  '...<title>サーバサイド技術の学び舎 - WINGS</title>',      ➡WINGSの内容
  '\r\n<?xml version="1.0" encoding="utf-8"?>...            ➡WebDeliの内容
]
Process Time: 2.6939990520477295
```

　コルーチンを利用した構文ですが、肝心のrequest関数（❶）が非awaitableなので、リクエスト
は順番に処理されるだけです（結果もstart／endが交互に表示されます）。結果、すべてのレスポン
スを得るために、著者環境では2.7秒程度かかりました。

　当然、❶のコードにawaitを付与しても「TypeError: object Response can't be used in 'await'
expression」（戻り値のResponseはawait式では利用できない）になるだけです。

```
×  res = await requests.request('get', url)
```

では、これをコルーチン化してみましょう。❶を以下のように書き換えます。

```
res = await loop.run_in_executor(None, requests.get, url)
```

```
start https://codezine.jp
start https://wings.msn.to
start https://www.web-deli.com/
end https://www.web-deli.com/
end https://codezine.jp
end https://wings.msn.to
...中略...
Process Time: 0.3819990158081Ø547
```

run_in_executorメソッドの構文は、以下です。

```
run_in_executor(executor, func, *args)
```

executor	：非同期呼び出しを管理するエグゼキューター
func	：実行する処理
args	：引数funcに渡す引数（群）

引数executorにNoneを指定した場合には、既定でイベントループで利用されているものが利用されます（一般的には、これで十分です）。

この状態でサンプルを実行すると、著者環境で処理時間は0.4秒となりました。先ほどの結果と比較すると、大幅に処理時間が短縮されており、リクエストが非同期処理されていることがわかります。

> *note* ただし、HTTP通信であれば、ネイティブにasyncioに対応したaiohttpモジュール（`https://github.com/aio-libs/aiohttp`）もあり、まずはこちらの利用を検討すべきです。本項では、非awaitableライブラリをawaitable化する例として、requestsモジュールを取り上げましたが、あくまでサンプルととらえてください（既存のコードを手軽に非同期化するという意味で、一定の意味はあります）。

9.4.3 タスクの作成と実行

await式で利用できるオブジェクト —— awaitableオブジェクトは、主に「コルーチン」「Task」「Future」に分類できます。このうち、コルーチンは既出ですし、Futureは低レベルの型で、アプリから意識して利用する機会はさほどありません。そこで本項では、残るTaskについて補足しておきます。

Taskは、大ざっぱに言うと、コルーチンを並行実行するためのオブジェクトです。create_task関数にコルーチンを渡すことで生成できます。

例によって、具体的なサンプルで動作を確認してみましょう。まずは、コルーチンをそのままawait式に渡した場合です（リスト9.31）。

▶リスト9.31　coro_task.py

```python
import asyncio
import time

# ダミーの重い処理
async def heavy_process(name, sec):
  ...中略（リスト9.26を参照）...

# 非同期処理のエントリーポイント
async def main():
  print(await heavy_process('hoge', 2))
  print(await heavy_process('bar', 5))
  print(await heavy_process('piyo', 1))

start = time.time()
loop = asyncio.get_event_loop()
asyncio.run(main())
end = time.time()
print(f'Process Time: {end - start}')
```

```
start hoge
end hoge
hoge/2
start bar
end bar
bar/5
start piyo
end piyo
piyo/1
Process Time: 8.011156558990479
```

hoge（2秒）→bar（5秒）→piyo（1秒）の順にスケジュール＆実行された結果、全体の実行時間は8秒程度かかります。

では、❶をTaskで書き換えてみます。create_task関数でTaskを生成し、これをawait式に渡します。

```python
async def main():
    t1 = asyncio.create_task(heavy_process('hoge', 2))
    t2 = asyncio.create_task(heavy_process('bar', 5))
    t3 = asyncio.create_task(heavy_process('piyo', 1))
    print(await t1)
    print(await t2)
    print(await t3)
```

```
start hoge
start bar
start piyo
end piyo
end hoge
hoge/2
end bar
bar/5
piyo/1
Process Time: 4.9947779178619385
```

create_task関数でコルーチンがTaskにラップされた場合、コルーチンが即座に実行されるよう、スケジュールされます。hoge（2秒）→bar（5秒）→piyo（1秒）が並行に実行された結果、確かに全体の実行時間が5秒程度に短縮されていることが確認できます。

練習問題 9.3

[1] コルーチンとはなにか、async、awaitというキーワードを使って説明してみましょう。

9.5 ドキュメンテーション

　ユーザー定義関数を定義するようになると、最低限、利用者を意識したコメントの記述が必要になってきます。その関数がどのような機能を持っているのか、引数の意味は、どんな結果（戻り値）を返してくれるのか。いずれも関数を利用するうえで重要な情報です。これらのことを、コードを読み解かなくても利用者が即座に把握できる情報は、関数を提供するうえで欠かせません。

　これらの情報は別個の仕様書として用意してもかまいませんが、そのようなドキュメントは大概陳腐化します。そこでPythonでは、関数／型の仕様をコード内のコメントとして記述するための仕組みを用意しています。**docstring**（ドックストリング）と呼ばれる構文です。

　docstringを利用することで、コードを編集する際に合わせて仕様書（コメント）を編集できるので、コードと仕様書（ドキュメント）を同期しやすいというメリットがあります。

　コメントになにを書いてよいのかに迷ったら、まずは最低限、docstringにのっとったコメントだけは残しておくことをお勧めします。

9.5.1 docstringの基本

　docstringはなんら特別なものでなく、単なる複数行コメント（p.41）です。'''～'''、"""～"""で表します。

　ただし、記述場所が限定されており、def／classブロックの先頭に記述します。途中に、別のコードが挟まれると、正しく認識されないので要注意です。

　たとえばリスト9.32は、学術計算のためのライブラリNumPy（`https://numpy.org/`）のコードに含まれるdocstringの例です。

▶リスト9.32　utils.py

```
def who(vardict=None):
    """
    Print the NumPy arrays in the given dictionary.   ➡関数の概要


    Parameters
    ----------
    vardict : dict, optional
        A dictionary possibly containing ndarrays.  Default is globals().
```

➡引数
の説明

9

ユーザー定義関数 応用

```
Returns                                                    ➡戻り値の
-------                                                       説明
out : None
    Returns 'None'.

Notes                                                      ➡備考
-----
Prints out the name, shape, bytes and type of all of the ndarrays
present in `vardict`.

Examples                                                   ➡用例
--------
>>> a = np.arange(10)
>>> b = np.ones(20)
>>> np.who()
"""
if vardict is None:
...関数の本体...
```

　docstringに決まった形式はありませんが、見本にすべきスタイルはいくつか存在するので、決まった方針を持たないならば、以下の慣例に沿うことをお勧めします。リスト9.32の例は、NumPyスタイルに沿っています。記法そのものはごく直観的なので、リスト9.32をまねるだけでほぼ事足りるはずです。

- **Googleスタイル**

  https://sphinxcontrib-napoleon.readthedocs.io/en/latest/example_google.html

- **NumPyスタイル**

  https://numpydoc.readthedocs.io/en/latest/format.html#docstring-standard

- **reStructuredTextスタイル**

  https://www.sphinx-doc.org/en/2.0/usage/restructuredtext/

docstringの参照

　作成されたdocstringは、以下のようにドキュメントとして参照できます。

(1) Pythonシェル

　Pythonシェルからhelp関数を呼び出すことで、ヘルプとして表示できます。

```
>>> import doc_basic              ➡対象のモジュールをインポート
>>> help(doc_basic.my_func)       ➡関数のヘルプを表示
Help on function my_func in module doc_basic:

my_func(base, height)
    三角形の面積を求める関数です。

    Parameters
    ----------
    base : float
    三角形の底辺です。
    height : float
    三角形の高さです。

    Returns
    -------
    float
    底辺×高さ÷2の結果を返します。
```

別解として、__doc__属性を利用してもかまいません。

```
>>> import doc_basic                      ➡対象のモジュールをインポート
>>> print(doc_basic.my_func.__doc__)      ➡docstringを表示
```

(2) コードエディター

コード補完機能を備えたコードエディターであれば、対象の関数を入力したときにdocstringを表示できます（図9.16）。

❖図9.16　docstringをツールヒントとして表示（VSCodeの場合）

（3）ドキュメント生成ツール

Sphinxのようなドキュメント生成ツールを利用すれば、docstringからまとまったヘルプドキュメントも生成できます（図9.17）。次項で具体的な手順も解説します。

❖図9.17　Sphinx本家サイト（https://www.sphinx-doc.org/ja/master/）

9.5.2　ドキュメント生成ツール「Sphinx」

ある程度まとまったモジュール（ライブラリ）であれば、HTML形式などのドキュメントを用意しておいて、利用者が気軽に参照できるようにしておくべきです。そのようなドキュメント生成のための、簡易な手段を提供するのがSphinxです。Sphinxを利用することで、.pyファイル（docstring）からごく簡単にドキュメントを生成できます（図9.18）。

❖図9.18　Sphinxで生成されたドキュメント

以下では配布サンプルのchap09/myspinxフォルダーを例に、ドキュメントを生成していきます（図9.19）。

docsフォルダーは必須ではありま
せんが、あとでSphinxがドキュメン
ト生成のためのコマンドを自動生成
します。これらが本来のソースコー
ドと混在するのは望ましくないので、
別個に専用のフォルダーを設けてお
くのが望ましいでしょう。

✧図9.19　chap09/myspinxフォルダーの構成

note 本家Pythonなどの環境では、Sphinxは組み込まれていません（Anacondaでは組み込み）。利用にあたっては、p.410のコラムを参照のうえ、あらかじめインストールしてください。

[1] ドキュメント生成の準備を行う

Sphinxでは、ドキュメント生成のためのコマンド類を自動生成するためにsphinx-quickstartコマンドを用意しています。コマンドラインから実行してみましょう。

```
> cd C:/data/selfpy/chap09/mysphinx
> sphinx-quickstart docs
```

sphinx-quickstartコマンドのオプション（docs）はコマンド類の出力先です。

コマンドを実行すると、以下のようなウィザードが開始されます。設問に対して、以下のように回答を入力してください。

```
Welcome to the Sphinx 2.4.0 quickstart utility.
...中略...
> Separate source and build directories (y/n) [n]:n  ➡ソースファイルとビルド
                                                        ファイルを分離するか

...中略...
The project name will occur in several places in the built documentation.
> Project name: SelfLearn Python      ➡プロジェクト名
> Author name(s): Yoshihiro Yamada    ➡作者の名前
> Project release []: 1.0      ➡リリース番号
...中略...
> Project language [en]: ja  ➡言語
...中略...
where "builder" is one of the supported builders, e.g. html, latex or
linkcheck.
```

ウィザードを無事に終了したら、/docsフォルダーの配下に、表9.1のようなフォルダー／ファイルができていることを確認してください。

❖表9.1　自動生成されたフォルダー／ファイル

フォルダー／ファイル	概要
_build	最終的なドキュメントの出力先
_static	静的なファイル
_templates	ドキュメントのテンプレート
conf.py	Sphinxの設定
index.rst	エントリーポイント
make.bat／Makefile	ビルド用のスクリプト

> *note* ダウンロードサンプルを使用している場合は、表9.1のファイルはすでに作成済みのため、「Error: an existing conf.py has been found in the selected root path」のようなエラーが表示されます。一から動作を確認する際には、/docsフォルダーの配下をクリアしてからコマンドを実行してください。

[2] 設定情報を編集する

　index.rstはドキュメント化の際に基点となるファイルで、ドキュメンテーションの対象を管理します。リスト9.33のように、utilモジュールを追加しておきます（インデントは前の行にそろえておきます）。

▶リスト9.33　index.rst

```
.. toctree::
   :maxdepth: 2
   :caption: Contents:

   util
```

また、conf.pyで対象のパスや拡張機能の設定をしておきます（リスト9.34）。

▶リスト9.34　conf.py

```
import os
import sys
sys.path.insert(0, os.path.abspath('../'))
...中略...
extensions = ['sphinx.ext.autodoc', 'sphinx.ext.napoleon']
```
❶
❷

❶は、ドキュメント対象のモジュールが位置するパスを表します。既定ではコメントアウトされているので、コメントを解除したうえで、太字の部分をこのように書き換えておきましょう。これでconf.pyの上位フォルダーをモジュール検索パスに追加します。

❷は、Sphinxの拡張機能を組み込む設定です。既定は空のリストなので、太字のコードを追加しておきます。

autodocはdocstringからドキュメントを生成するための拡張、napoleonはNumPy／Googleスタイルのドキュメントを扱うための拡張です。Sphinxは、元々がdocstringのドキュメンテーションに特化したツールではなく、汎用的なツールなので、docstringからのドキュメント取得には拡張機能が必要となるのです。

[3] ドキュメントを生成する

ドキュメント生成には、以下のコマンドを利用します。

```
> sphinx-apidoc -f -o ./docs .                                      ❶
Creating file ./docs¥util.rst.
Creating file ./docs¥modules.rst.
> sphinx-build -b html ./docs ./docs/_build                         ❷
Running Sphinx v2.4.0
loading translations [ja]... done
loading pickled environment... done
building [mo]: targets for 0 po files that are out of date
...中略...
The HTML pages are in docs\_build.
```

sphinx-apidocコマンド（❶）は、autodoc拡張を利用してSphinxが扱えるソース（.rstファイル）を生成します。-oは出力先のパス、-fは同名のファイルがある場合に上書きするか、最後の「.」は対象となるモジュールパスを、それぞれ表します。

sphinx-buildコマンド（❷）は、.rstファイルから最終的なドキュメントを生成します。-bはドキュメントの形式を表します。html（既定）のほか、singlehtml（単一のHTML）、text（プレーンテキスト）、epub（EPUB形式）などを指定できます。「./docs」「./docs/_build」は、それぞれソースファイルと出力先のパスを表します。

[3] ドキュメントを確認する

これでドキュメントの完成です。docs/_buildフォルダー配下にドキュメントができているはずなので、index.htmlからアクセスしてみましょう。図9.18（p.400）のような結果が参照できれば、正しくドキュメントが生成できています。

ユーザー定義関数 応用

注意 デコレーターにおけるdocstring

デコレーターを利用する場合、本来の関数で記述されたdocstringが上書きされてしまうので注意してください。まずは、リスト9.4（p.358）にdocstringを加えて、動作を確認してみましょう（リスト9.35）。

▶リスト9.35　doc_deco.py

```python
def log_func(func):
  def inner(*args, **keywds):
    """関数の情報を出力"""
  ...中略...
  return inner


@log_func
def hoge(x, y, m='bar', n='piyo'):
  """デコレーター確認のための関数"""
  print(f'hoge: {x}-{y}/{m}-{n}')


if __name__ == '__main__':
  print(hoge.__name__)    # 結果：inner ─────────────────┐
  print(hoge.__doc__)     # 結果：関数の情報を出力 ──────────┤❶
```

確かに、hoge関数の情報が、デコレーター（その実体であるinner）で上書きされてしまっています。一般的に、これは望ましい挙動ではないはずなので、functoolsモジュールの@wrapsデコレーターで、上書きを打ち消しておきましょう。

```python
from functools import wraps

def log_func(func):
  @wraps(func)
  def inner(*args, **keywds):
```

@wrapsデコレーターには、本来修飾されるべき関数（func）を渡すだけです。この状態で、再度サンプルを実行してみると、確かに本来のhoge関数の情報を得られるはずです。

```
hoge
デコレーター確認のための関数
```

9.5.4 関数アノテーション

docstringによく似た仕組みとして、関数アノテーションがあります。

関数アノテーションとは、関数の引数や戻り値に対して付与できる注釈（コメント）のことです。関数アノテーションを利用することで、引数／戻り値に対して型や簡単な説明を追加できます。

たとえばリスト9.36は、リスト9.11のget_triangle関数に対して関数アノテーションを付与した例です（太字の部分が関数アノテーション）。

▶リスト9.36　func_annotation.py

```
def get_triangle(base:float=1, height:float=1) ->float:
  return base * height / 2
```

引数の後方で「:注釈」、戻り値はヘッダー部末尾の「:」の直前に「-> 注釈」の形式で、それぞれ表します。既定値がある場合は、アノテーションのさらに後方に記述します。

このように注釈を表すことで、たとえばVSCodeでは関数呼び出し時に、図9.20のようにツールヒントに型が表示されるので、入力すべき値を判断しやすくなります。

❖図9.20　入力時にもツールヒントで型を表示（VSCodeの場合）

ただし、関数アノテーションはあくまで注釈にすぎません。型を明示したからといって型がチェックされるわけでは**ありません**（チェックするならば、それに対応したライブラリやエディターが必要となります）。

そもそも関数アノテーションには、型ではなく、引数／戻り値の簡単な説明を記すこともできます。

```
def get_triangle(base:'底辺', height:'高さ') ->'面積':
```

注釈に指定できるのはPythonの式なので、（型ではなく）文字列を表す場合にはクォートでくくっている点に注目です。

note こうしてみると、関数アノテーションはdocstringにも似ています。使い分けに悩みそうですが、一般的には関数アノテーションは型定義、もしくは、最大でも一言の説明にとどめ、詳細な説明はdocstringで表すのが普通です（長いアノテーションは、コードを読みにくくするおそれがあります）。

アノテーション情報にアクセスする

　__annotations__属性を利用することで、関数に付与されたアノテーションにアクセスできます（リスト9.37）。

▶リスト9.37　func_annotation.py

```python
def get_triangle(base:float = 1, height:float = 1) ->float:
  return base * height / 2


ann = get_triangle.__annotations__
print(ann)      # 結果：{'base': <class 'float'>, 'height': <class 'float'>, ⏎
'return': <class 'float'>}
print(ann['base'])      # 結果：<class 'float'>
```

　__annotations__属性の戻り値は辞書型なので、引数名などをキーに個々の引数／戻り値アノテーションにアクセスが可能です（戻り値のキーはreturn）。

　ここでは引数／戻り値アノテーションを取得しているだけですが、一般的には、この情報をもとに引数の型、値をチェック／変換することになるでしょう。

note アノテーションの付いたコードを静的にチェックしてくれるmypyというツールもあります。conda／pipコマンド（p.410）でインストールした後、以下のようなコマンドで実行できます（以下の結果は型が不正の場合の表示です）。

```
> mypy chap09/func_annotation.py
chap09¥func_annotation.py:9: error: Argument 1 to "get_triangle" ⏎
has incompatible type "str"; expected "float"  ➡floatの引数にstrが渡された
Found 1 error in 1 file (checked 1 source file)
```

補足 typingモジュール

関数アノテーション（型）はあくまで記法だけで、なにを注釈するかは開発者に委ねられていました。これを標準化する目的で、Python 3.5以降で導入されたのがtypingモジュールです。typingモジュールを利用することで、型を統一した形式で、かつ、より細かに表現できるので、関数アノテーションを見やすくできます。

表9.2に、typingモジュールで用意されている主な型表現をまとめます。

❖表9.2　typingモジュールで利用できる型表現

型	概要
Any	任意の型
Union[*T1*, *T2*...]	*T1*、*T2*...いずれかの型
Callable[[*A1*, ...], *R*]]	*A1*, ...の引数を持ち、*R*型の戻り値となる関数
List[*T*]	*T*型の要素を持つリスト
Tuple[*T1*, *T2*...]	*T1*、*T2*...の順で値が並んだタプル
Set[*T*]	*T*型の要素を持つセット
Dict[*K*, *V*]	*K*型のキーと*V*型の値を持つ辞書
NoReturn	戻り値がない

たとえばリスト9.38は、引数としてint、またはstr型の値を受け取り、戻り値としてstr型のlistを返すhoge関数を、typingモジュールで注釈付けした例です。

▶リスト9.38　func_type.py

```
from typing import Union, List

def hoge(elem: Union[int, str]) -> List[str]:
  pass
```

繰り返しますが、現時点での型アノテーションはただの注釈で、型の強制ではありません。しかし、それでも利用者が関数ヘッダーを見ただけで、関数の仕様を即座に把握できるのは無視できないメリットです。許される環境では、極力、型アノテーション（＋typingモジュール）で型を明示することをお勧めします。

[1] 以下は、本章で学んだ事柄に関する文です。正しいものには○、誤っているものには×を付けてください。

( ) モジュールは、カレントフォルダー、環境変数PYTHONPATH、環境依存のパスから検索される。

( ) デコレーターは「&名前(...)」の形式で呼び出せる。

( ) ジェネレーターを直接呼び出すことで、ジェネレーターによって生成された値セットを取得できる。

( ) イベントループによる非同期処理を利用することで、複雑な演算処理も高速化できる。

( ) docstringはdef／class命令の直前に記述する。

[2] リスト9.Cは、関数を実行したときに、その開始時間と終了時間を表示するtime_decoデコレーターの例です。空欄を埋めて、コードを完成させてください。

▶リスト9.C　ex_decorator.py

```python
from time import time, sleep
from datetime import datetime

def time_deco(func):
  def inner(*args, **keywds):
    print(f'{func.__name__} Start: {datetime. ①  (time())}')
    result =  ②
    print(f'{func.__name__} End: {datetime. ①  (time())}')
    return  ③
  return  ④

 ⑤
def hoge():
  sleep(3)
  print('hoge is running.')

hoge()
```

⬇

```
hoge Start: 2020-02-22 10:58:14.661685
hoge is running.
hoge End: 2020-02-22 10:58:17.662903
```

[3] リスト9.Dは、heavy_processコルーチンを複数個並行に実行するためのコードですが、誤りが含まれています。これをすべて指摘して、正しいコードに直してください。

▶リスト9.D　ex_coroutine.py

```
import asyncio
import time

await def heavy_process(name, sec):
  print(r'start {name}')
  async time.sleep(sec)
  print(r'end {name}')
  return r'{name}/{sec}'

start = time.time()
result = asyncio.run_until_complete(
  asyncio.run(
    heavy_process('hoge', 2),
    heavy_process('bar', 5),
    heavy_process('piyo', 1),
    heavy_process('spam', 3)
  )
)
end = time.time()
print(result)
print(r'Process Time: {end - start}')
```

```
start hoge
start bar
start piyo
start spam
end piyo
end hoge
```

```
end spam
end bar
['hoge/2', 'bar/5', 'piyo/1', 'spam/3']
Process Time: 5.025893211364746
```

Column　**外部ライブラリのインストール**

　これまでにも見てきたように、Pythonでは標準であまたのライブラリ（関数／型）が用意されています。このほかにも、本家以外の開発者が拡張ライブラリをさまざまに提供しており、シンプルなコードで高度な機能を実装できます。

　Anacondaのようなディストリビューションでは、標準で学術計算やデータ分析を目的とした拡張ライブラリが組み込まれていますが、それでも全体からすればごく一部にすぎません。本格的な開発では、Python本体に加えて、拡張ライブラリを自分でインストールする必要があるでしょう。

　これには、Anaconda環境であればcondaコマンド、本家Python環境であればpipコマンドを利用します。両者を混在させると、環境そのものが破損することもあるので、本書の手順に沿って環境を用意しているならば、condaコマンドで統一してください。

```
> conda install パッケージ名    ➡condaの場合
```

```
> pip install パッケージ名      ➡pipの場合
```

　本家Python環境を利用している場合には、本書紹介のライブラリでも追加でインストールが必要なライブラリがあるので、その場合はpipコマンドでインストールしてください（たとえばrequestsモジュール、Sphinxなどが該当します）。

```
> pip install requests  ➡requestsをインストール
```

　Pythonのバージョンを指定して、pipインストールするならば、バージョン管理されたpythonコマンド（p.352）と-mオプションを組み合わせて実行します。たとえば以下は、Python 3.8を利用してインストールする例です。

```
> py -3.8 -m pip install パッケージ名     ➡Windowsの場合
```

```
$ python3.8 -m pip install パッケージ名   ➡macOSの場合
```

オブジェクト指向構文

プログラム上で扱う対象をオブジェクト（モノ）に見立てて、オブジェクトを中心にコードを組み立てていく手法のことを**オブジェクト指向プログラミング**と言います。Pythonもまた、オブジェクト指向に対応したオブジェクト指向言語です。

これまでの章でも、さまざまなオブジェクトと、その元となる型（クラス）を扱ってきました。int（整数）、str（文字列）などはPythonの言語仕様に組み込まれた型ですし、date（日付）、time（時刻）などライブラリ（モジュール）として提供される型もあります。これらのオブジェクトを利用することで、Pythonでは、目的特化した要件をより少ないコード量で表現できるわけです。

そして、これらの型は誰かが用意したものを利用するばかりではありません。アプリ固有の情報を型（クラス）としてまとめることで、よりまとまりある、読みやすいコードを記述できるようになります。

> *note* たとえば、「人」の情報を管理するために、height（身長）、weight（体重）のような変数と、walk（歩く）、run（走る）のような関数を別個に用意してもかまいません。しかし、Personという型（クラス）を用意して、その中で人に関する情報と動き（機能）をまとめたほうがかたまりとして把握しやすいはずです。

ただし、PythonはJavaのような純正のオブジェクト指向言語と違って、型（クラス）の定義が不可欠というわけではありません。むしろ、クラスで凝り固まったコードは、Python的ではないでしょう。オブジェクト指向によるコードの再利用性、保守性の向上という利点を取り込みながら、Pythonの手軽なコーディングの中に織り込んでいくことができる —— これがPythonでの「オブジェクト指向プログラミング」です。

この章では、そのようなPythonのオブジェクト指向プログラミングの基本について学びます。

10.1 クラスの定義

オブジェクト指向プログラミングで中心となるのは**クラス**です。9.3節でも触れたように、オブジェクト指向プログラミングでは、クラスという設計図をもとにオブジェクト（インスタンス）を生成し、これを操作、組み合わせていくわけです。

図10.1に、クラスの基本的な構造を示します。すべての要素は任意なので、以降はこれらの要素を1つ1つ、時には組み合わせながら、クラス定義の基本を学んでいきます。

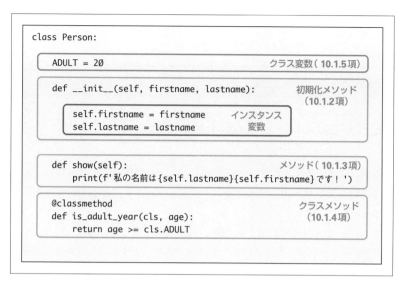

```
class Person:

    ADULT = 2∅                                    クラス変数 ( 10.1.5項 )

    def __init__(self, firstname, lastname):      初期化メソッド
                                                  (10.1.2項)
        self.firstname = firstname     インスタンス
        self.lastname = lastname       変数

    def show(self):                               メソッド ( 10.1.3項 )
        print(f' 私の名前は {self.lastname}{self.firstname} です！ ')

    @classmethod                                  クラスメソッド
    def is_adult_year(cls, age):                  (10.1.4項)
        return age >= cls.ADULT
```

❖図10.1　クラスの基本構造

10.1.1　最も簡単なクラス

まずは、構文的に最低限のクラス（型）を定義してみましょう。新たにクラスを定義するのは、class命令の役割です（リスト10.1）。

▶リスト10.1　class_basic.py

```
class Person:
    pass
```

「たったこれだけ？」と思うかもしれませんが、これだけです。クラスはclass命令で定義します。

構文 class命令

```
class クラス名:
    ...クラスの本体...
```

Pythonでは、いわゆる空のブロックを表現することはできないので、ここでは、代わりにpass命令（4.1.1項）で「なにもしない」を表現しています。

クラスとは、関数や変数を収めるための単なる器にすぎません。つまり、ここでは、これらの中身を持たないPersonクラスを定義しているわけです。

これが正しいクラスであることを確認するために、Personクラスをインスタンス化してみましょ

う（リスト10.2）。

▶リスト10.2　class_basic.py

```
if __name__ == '__main__':
    p = Person() ────────────────────────────── ❶
    print(p) ──────────────────────────────────── ❷
        # 結果：<__main__.Person object at 0x0000018CA8A29C88>
```

　クラスをインスタンス化するには「クラス名(引数,…)」のように、クラスを関数のように呼び出します（5.1.2項のdateクラスの例も思い出してみましょう）。まだPersonクラスとして扱う情報はないので、引数リストは空となります（❶）。

　結果として表示されるのは、Pythonの内部表現です（❷）。数値の部分はその時どきで異なりますが、まずは上のような結果が表示されれば、クラスは正しく認識できています。自分でクラスを定義するとは言っても、難しいことはありません。

補足 **クラス命名のコツ**

　クラスに対して適切な名前を付けるということは、コードの可読性／保守性という側面からも重要なポイントです。クラスの名前はコードの中だけでなく、クラス図などでもよく目にするものだからです。**クラス図**（class diagram）とは、クラス配下のメンバー、クラス同士の関係を表す図のことです（図10.2）。

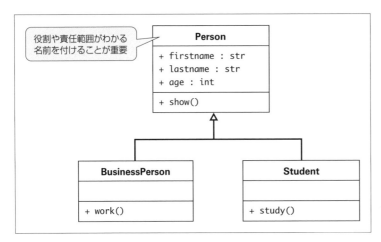

❖図10.2　クラス図の例

　名前によってクラスの役割や責任範囲を表現できていれば、クラス図によって、クラス同士の関係や役割分担が適切か、矛盾が生じていないかを直観的に把握できます。目的のコードを素早く発見できるというメリットもあるでしょう。

以下に、クラスを命名するうえでの注意しておきたいポイントをまとめておきます。

（1）Pascal記法で統一

すべての単語の頭文字を大文字で表す記法です。Upper CamelCase（UCC）記法とも言います。たとえば、FormView、ImageField、GZipMiddlewareのように命名します。

文法上はアンダースコア（_）、マルチバイト文字なども利用できますが、普通は利用すべきではありません。

（2）目的に応じてサフィックスを付ける

たとえば、表10.1のようなサフィックス（接尾辞）を利用します。構文規則ではありませんが、慣例的な命名に従うことで、より大きなくくりの中でのクラスの位置づけが明確になるでしょう。

❖表10.1　主なサフィックス

サフィックス	概要
~Error	例外クラス（11.1.1項）
~Tests	テストクラス
~MixIn	ミックスイン（10.3.6項）
~Abstract	抽象クラス（10.4.2項）

（3）対象／機能が明確になるような単語を選定する

クラスが表す対象、あるいは機能を端的に表すような単語を使います。よい命名には、（一概には言えませんが）以下のような点に留意しておくとよいでしょう。

まず、名前は英単語を、フルスペルで表記します。ただし、「Temporary→Temp」「Identifier→Id」のように、略語が広く認知されているもの、あるいは、開発プロジェクトでなにかしら取り決めがあるものについては、その限りではありません。

クラスが継承関係（10.3節）にある場合には、上位のクラスよりも下位のクラスがより対象を限定した名前であるべきです。たとえば、一般的なビューを表すのがViewクラスなのに対して、その派生クラスとしてFormView／ListViewなどがあるのは理にかなっています。

また、名前に連番／コードを付けるのは避けるべきです（たとえば、特定の画面にひもづいたクラスは、画面コードを接頭辞にしたくなることはよくあります）。やむを得ず、そうした命名をする場合にも、接頭辞そのものは3〜5文字程度にとどめ、名前の視認性を維持することに努めてください。

10.1.2　インスタンス変数

しかし、リスト10.1の状態では（インスタンス化できるとは言っても）実質的にクラスとしての意味はありません。そこで、ここからはクラスという器にさまざまな要素を追加していくことにしましょう。

まずは、インスタンス変数からです。**インスタンス変数**とは、名前の通り、インスタンス（オブジェクト）に属する変数のことです（図10.3）。**アトリビュート（属性）**とも言います。インスタンス変数を利用することで、ようやくインスタンスが互いに意味のある値を持つようになります。

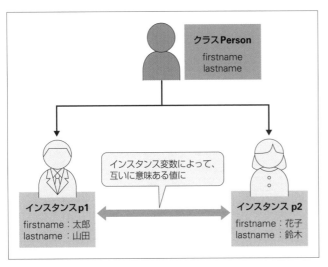

❖図10.3　インスタンス変数

クラスに属する、と言っても、ただclassブロックの中で定義すればよいわけではなく、クラスというカテゴリーに属する情報でなければなりません。Personクラスであれば人に関する情報ということで、たとえばlastname（氏）、firstname（名）のようなインスタンス変数が必要かもしれません。リスト10.3のように追加してみましょう。

▶リスト10.3　class_init.py

```python
class Person:
  def __init__(self, firstname, lastname):
    self.firstname = firstname
    self.lastname = lastname
```

インスタンス変数を定義するのは、**初期化メソッド**の役割です。初期化メソッドとは、クラスをインスタンス化する際に呼び出される、特別なメソッドのことです。

たとえば、dateクラスをインスタンス化するために、

```python
current = datetime.date(2020, 1, 15)
```

のようなコードを書いていたことを思い出してください。これは、内部的にはdateクラスで用意さ

れていた以下のような初期化メソッドを呼び出していたわけです。

```
def __init__(self, year, month, day): ~
```

初期化メソッドの名前は、__init__（前後のアンダースコアはいずれも2個）で固定です（図10.4）。また、引数の先頭には、selfというオブジェクトを渡します。selfは、現在生成しようとしているインスタンスそのものを表します。

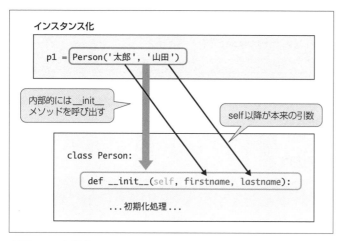

❖図10.4　初期化メソッド

あとは、引数selfをキーに、以下の構文でインスタンス変数を宣言するだけです（現在のインスタンスに属する●○を生成しなさい、というわけです）。

構文 インスタンス変数の生成

```
self.インスタンス変数 = 値
```

インスタンス変数は、一般的な変数（2.1節）の命名規則に従います。なるべく内容を類推できる具体的な名前を付けるべき、という点も同じです。ただし、クラス名と重複するような名前は冗長です。たとえばこの例であれば、person_firstnameとするのはやりすぎです。単にfirstnameだけで、「Personの～」であることは自明であるからです。

> *note* より正しくは、selfは単なる引数なので、名前はselfではなく、たとえばthisでもmeでもかまいません。ただし、慣例に反することはコードの理解を妨げるだけで、あえてそうする意味はありません。メソッドの第1引数はselfとする、とだけ覚えておけば十分でしょう。

インスタンス変数へのアクセス

このように定義されたインスタンス変数には、ドット演算子（.）を使ってアクセスできます（リスト10.4）。

▶リスト10.4　class_init.py

```
if __name__ == '__main__':
  p1 = Person('太郎', '山田')
  p2 = Person('花子', '鈴木')
  print(f'私の名前は{p1.lastname}{p1.firstname}です！')
      # 結果：私の名前は山田太郎です！
  print(f'私の名前は{p2.lastname}{p2.firstname}です！')
      # 結果：私の名前は鈴木花子です！
```

インスタンス化されたオブジェクトは、それぞれ独立した実体を持ちます。当然、配下の変数値も互いに別ものである点も再確認してください。

補足 インスタンスごとに変数を追加する

インスタンス変数は、初期化メソッドで追加するばかりではありません。いったん作成したインスタンスに対して、あとからインスタンス変数を追加することもできます。たとえばリスト10.5は、Personクラスに対してあとからインスタンス変数ageを追加する例です。

▶リスト10.5　class_dynamic.py

```
class Person:
    ...中略（リスト10.3を参照）...

if __name__ == '__main__':
  p1 = Person('太郎', '山田')
  p1.age = 52
  print(p1.age)     # 結果：52
```

この場合にも、正しくインスタンス変数が認識できていることが確認できます。

ただし、インスタンスに対して直接変数を追加した場合には、注意すべき点もあります。リスト10.6のような例を見てみましょう。

```
p1 = Person('太郎', '山田')
p1.age = 52
p2 = Person('花子', '鈴木')
print(p1.age)     # 結果：52
print(p2.age)     # 結果：エラー (AttributeError: 'Person' object has no ↩
                              attribute 'age')
```

　先にも触れたように、個々に生成されたインスタンスは互いに別ものです（図10.5）。よって、インスタンスp1に追加したageもp1だけのもので、p2には反映されません。

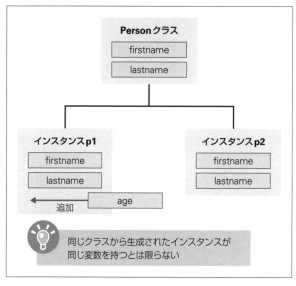

❖図10.5　インスタンスに追加した変数

　型に厳密な ―― たとえば、JavaやC#のような言語に慣れた人にとっては、「同一のクラスをもとに生成されたインスタンスは同一の変数を持つ」のが常識ですが、Pythonの世界では

**　同一のクラスをもとに生成されたインスタンスであっても、それぞれが持つ変数が同一であるとは限らない**

ということです。初期化メソッド（__init__）でインスタンス変数を追加していたのは、すべてのインスタンスで共通のインスタンス変数を持つためのイディオムであったわけです。

　なお、ここでは、新たにインスタンス変数を追加しているだけですが、del命令（2.1.4項）でインスタンスから既存の変数を削除することも可能です。

インスタンス変数の追加を制限する —— スロット

インスタンス変数を自由に追加できるのはPythonの利点でもありますが、反面、無制限な変数の追加はコードを追跡しにくくする原因にもなります。

そこで、Pythonでは**スロット**という機能を提供しています。スロットを利用することで、クラスが持てるインスタンス変数をあらかじめ固定（制限）できるようになります（リスト10.7）。

▶リスト10.7　class_slot.py

```python
class Person:
  __slots__ = ['firstname', 'lastname', 'age']  ─────────────────────────── ❶

  def __init__(self, firstname, lastname):
    self.firstname = firstname
    self.lastname = lastname

if __name__ == '__main__':
  p = Person('太郎', '山田')
  p.age = 18  ──────────────────────────────────────────────────────────┐
  p.height = 178      # 結果：エラー  ─────────────────────────────────────┴─ ❷
```

スロットは、`__slots__`という変数として表します（❶）。`__slots__`には、インスタンスが持てる変数を列挙するだけです。

❷でもスロット宣言されたageの追加はできますが、宣言されていないheightの追加では「AttributeError: 'Person' object has no attribute 'height'」（Personオブジェクトはheightを持たない）のようなエラーとなります。

利用しているインスタンス変数がクラスの先頭で明らかになるという意味でも、あらかじめ利用すべきインスタンス変数が決まっている場合は、極力、スロット宣言しておくのがお勧めです。

10.1.3 メソッド

リスト10.4では、Personクラスと、これに属するインスタンス変数としてfirstname／lastnameを用意しました。これを呼び出し側で整形して「私の名前は山田太郎です！」のような文字列を出力していたわけですが、同じようなコードを何度も記述するのは無駄です。

このように、クラス（型）に関わる共通的な処理は、メソッドとしてクラスにまとめるべきです。**メソッド**とは、クラスの中で定義された —— 型にひもづいた関数のことです（図10.6）。関連する値（変数）と機能（メソッド）とをひとまとめに管理できるのが、クラスのよいところです。

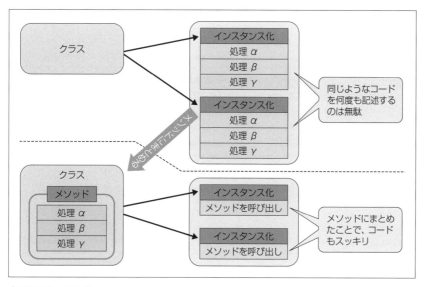

❖図10.6　メソッド

　ここでは、Personクラスに「インスタンス変数lastname／firstnameを表示する」ためのshowメソッドを追加してみましょう（リスト10.8）。

▶リスト10.8　class_method.py

```python
class Person:
  def __init__(self, firstname, lastname):
    self.firstname = firstname
    self.lastname = lastname

  # インスタンス変数の内容を出力
  def show(self):
    print(f'私の名前は{self.lastname}{self.firstname}です！')
```

　基本的な構文は第8章で学んだユーザー定義関数と同じですが、初期化メソッド（__init__）と同じく、第1引数にはself（インスタンス自身）を渡す必要があります。メソッド独自の引数を必要とする場合は、第2引数以降に渡します。

構文　メソッドの定義

```
def メソッド名(self, 引数, ...):
  ...メソッドの本体...
```

メソッドの中からは、「self.変数名」の形式で、インスタンス変数にアクセスできる点も初期化メソッドの場合と同じです。

> メソッドの配下でselfにアクセスしない場合も、引数selfを省略することはできません（そもそもそのようなコードをメソッドとすべきかは別の話です）。
> ただし、エラーが出るのは、メソッドを呼び出したときです。「TypeError: show() takes 0 positional arguments but 1 was given」のようなエラーが発生します。いわゆる文法エラーではないので、メソッドの定義時にはエラーとならない点に注意してください。

定義されたshowメソッドには、リスト10.9のように「インスタンス.メソッド名(...)」の形式でアクセスできます。

▶リスト10.9　class_method.py

```
if __name__ == '__main__':
  p = Person('太郎', '山田')
  p.show()    # 結果：私の名前は山田太郎です！
```

動的にメソッドを追加する

Pythonの世界では、インスタンスから「.」でアクセスできるものはすべてアトリビュートです。つまり、メソッドもまたアトリビュートです。よって、インスタンス変数と同じく、メソッドもまた、classブロックとは別に、あとから追加することが可能です。

> Pythonでは、モジュールもまたオブジェクトです。よって、importされたモジュール配下の関数などは、モジュールのアトリビュートとも言えます。たとえば「math.floor(...)」は「mathオブジェクトのfloorアトリビュート」という言い方もできます。

（1）クラスに追加する

「クラス.メソッド名 ＝ 関数」の形式で表します。たとえば以下は、Personクラスにshow_firstメソッドを追加する例です。メソッドの実体となる関数は、あらかじめdefブロックで用意しておきます。

```
def show_first(self):
  print(f'名前は{self.firstname}です！')


Person.show_first = show_first
```

（2）インスタンスに追加する

この場合、typesモジュールのMethodType型を利用します。以下は、Person型にshow_lastメソッドを追加する例です。

MethodType型には「実体となる関数」「ひもづけるインスタンス」を渡します。

```python
def show_last(self):
  print(f'苗字は{self.lastname}です！')


p.show_last = types.MethodType(show_last, p)
```

（1）（2）の例を、実際のコードでも確認してみましょう（リスト10.10）。

▶リスト10.10　class_method_dynamic.py

```python
import types

# 動的に追加するメソッドを準備
def show_first(self):
  print(f'名前は{self.firstname}です！')

def show_last(self):
  print(f'苗字は{self.lastname}です！')

# 初期状態では__init__ ／ showメソッドだけ
class Person:
  def __init__(self, firstname, lastname):
    self.firstname = firstname
    self.lastname = lastname

  def show(self):
    print(f'私の名前は{self.lastname}{self.firstname}です！')

if __name__ == '__main__':
  p1 = Person('太郎', '山田')
  p2 = Person('次郎', '鈴木')
  # メソッドを動的に追加
  Person.show_first = show_first
  p1.show_last = types.MethodType(show_last, p1)
  p1.show_first()     # 結果：名前は太郎です！
  p1.show_last()      # 結果：苗字は山田です！
  p2.show_first()     # 結果：名前は次郎です！
  p2.show_last()      # 結果：エラー
```

クラスに対して追加されたshow_firstメソッドは、インスタンスp1、p2の双方で有効になっているのに対して、インスタンスに対して追加されたshow_lastメソッドは、追加されたインスタンス（p1）でのみ認識される点に注目です（インスタンス変数の場合と同じですね）。

10.1.4 クラスメソッド

前項で触れたshowなどのメソッドは、インスタンス経由で呼び出すことを想定していることから、より正確には**インスタンスメソッド**と呼びます。対して、インスタンスを生成しなくとも「クラス名.メソッド名(…)」の形式で呼び出せるメソッドのことを**クラスメソッド**と言います。

たとえばリスト10.11は、Areaクラスにクラスメソッドとしてcircleを定義するコードです。

▶リスト10.11　classmethod_basic.py

```
class Area:
  @classmethod ─────────────────────────────────────── ❶
  def circle(cls, radius): ──────────────────────────── ❷
    return radius * radius * 3.14

if __name__ == '__main__':
  print(Area.circle(10))    # 結果：314.0 ──────────── ❸
  a = Area()
  print(a.circle(10))       # 結果：314.0 ──────────── ❹
```

クラスメソッドであることの条件は、以下です。

❶@classmethodデコレーターを付与する

❷第1引数には「cls」を渡す（clsは現在のクラス）

インスタンスメソッドのselfと同じく、clsは単なる引数の名前なので、clazz、cなどと変更しても間違いではありません（ただし、あえて独自の命名をするよりも慣例に沿ったほうがコードは読みやすくなります）。

ここで、circleメソッドがクラスから直接にアクセスできることを確認してください（❸）。ちなみに、クラスメソッドをインスタンスメソッド経由で呼び出しても間違いではありません（❹）。ただし、クラスメソッドであることが不明瞭になるだけで、そうする意味はありません（原則、避けてください）。

クラスメソッドの使いどころ

クラスメソッドは、クラス（cls）にアクセスできるという性質上、現在のクラスをインスタンス化するための役割を割り当てるために、よく利用されます（そのようなメソッドを**ファクトリーメ**

ソッドと呼びます)。

たとえばリスト10.12は、HTTP経由で取得した書籍情報をもとに、Bookクラスをインスタンス化する get_by_isbn メソッドの例です（requestsモジュールについては7.4.1項も参照してください）。

▶リスト10.12 classmethod_factory.py

```python
import requests

# 書籍情報を管理
class Book:
  def __init__(self, isbn, title, price):
    self.isbn = isbn       # ISBNコード
    self.title = title     # 書名
    self.price = price     # 価格

  # ISBNコード（isbn）をキーに書籍情報を取得
  @classmethod
  def get_by_isbn(cls, isbn):
    # ＜ISBNコード＞.jsonを取得
    res = requests.get(f'https://wings.msn.to/tmp/{isbn}.json')
    bs = res.json()
    # 取得した書籍情報をもとにインスタンスを生成
    return cls(bs['isbn'], bs['title'], bs['price'])

if __name__ == '__main__':
  b = Book.get_by_isbn('978-4-7981-5112-0')
  print(b.title)                # 結果：独習Java 新版
```

> **note** 一般的には、与えられたキーに応じて異なる書籍情報を返すようなコードを用意しておくべきですが、ここでは簡単化のために「＜ISBNコード＞.json」のようなファイルを用意しています。配布サンプルにも、例として「978-4-7981-5112-0.json」を用意しているので、サンプルを実行する際に利用してください（その際は、アクセス先のパスも環境に応じて変更してください）。

クラスメソッドの中では「cls(...)」で、現在のクラスをインスタンス化できます。ユーザー定義関数でもほぼ同じことはできますが、クラスを生成するのはまさにクラスに属する機能なので、クラスメソッドとして表したほうがコードの見通しはよくなります。

クラスメソッドとよく似たメソッドとして、**staticメソッド**があります。たとえばリスト10.13は、リスト10.11（クラスメソッド）をstaticメソッドとして書き換えた例です。

▶リスト10.13　classmethod_static.py

```
class Area:
  @staticmethod ──────────────────────────────── ❶
  def circle(radius): ────────────────────────── ❷
    return radius * radius * 3.14

if __name__ == '__main__':
  print(Area.circle(10))
```

staticメソッドは「クラス名.メソッド名(...)」の形式で呼び出せる点は、クラスメソッドと同じです。異なるのは、定義の方法です。

❶メソッドを@staticmethodデコレーターで修飾する

❷第1引数にcls（クラスそのもの）は**不要**（渡せない）

その性質上、メソッドの中でクラス（cls）へのアクセスを要する場合にはクラスメソッドを、さもなくばstaticメソッドを、という使い方になるでしょう（よって、circleメソッドであれば、staticメソッドとしての定義が望ましい、ということになります）。

> *note*　ただし、circleのようなメソッドであれば、モジュール直下の関数として定義すれば十分と、著者は考えています。
> さらに言えば、積極的にstaticメソッドを利用しなければならないような局面は、あまりありません。クラスの役割に密接に関わるような（しかし、クラスへのアクセスを必要としない）メソッドをstaticメソッドとして定義することはあるかもしれませんが、そのくらいです。このあたりも、本章冒頭でPythonではクラスが必須ではない、と述べた理由です。

10.1.6 クラス変数

インスタンス経由でアクセスできる変数を、インスタンス変数と呼ぶのに対して、クラスから直接にアクセスできる変数を**クラス変数**と呼びます。

具体例を見てみましょう。リスト10.14は、Areaクラスに対して、円周率（3.14）を表すクラス変数PIを追加する例です。

```python
class Area:
    # 円周率を準備
    PI = 3.14 ────────────────────────────────────────────── ❶

    @classmethod
    def circle(cls, radius):
        return radius * radius * cls.PI ───────────────────── ❷

if __name__ == '__main__':
    print(Area.PI)           # 結果：3.14 ────────────────── ❸
    print(Area.circle(10))   # 結果：314.0
```

　クラス変数は、（インスタンス変数と異なり）classブロックの配下で「変数名 = 値」の形式で宣言するだけです（❶）。「self.～」のような修飾も不要です。

　クラスメソッドからもインスタンス変数へのアクセスはできませんが（selfを持たないので当然です）、クラス変数であれば「cls.変数名」の形式でアクセスできます（❷）。同じく、クラスの外部からも「クラス名.変数名」でクラス変数にアクセスできます（❸）。

例 シングルトンパターン

　しかし、クラス変数を「変数」として利用するケースは、それほど多くないでしょう。というのも、クラス単位で保有される情報であるクラス変数は、インスタンス変数とは違って、その内容を変更した場合に、コード内のすべての箇所に影響が及んでしまうからです。

　クラス変数の利用は、原則として

- 読み取り専用（定数）
- さもなくば、クラス自体の状態を監視する

など、ごく限られた状況にとどめるべきです。リスト10.14の例でも、piではなく、PI（大文字）としているのは、定数であることを意図しているからです。そして、「クラス自体の状態を監視する」例が、これです。まずは、例を見てみましょう（リスト10.15）。

▶リスト10.15　classvar_singleton.py

```python
class MySingleton:
    __instance = None ───────────────────────────────────── ❶

    # インスタンスの有無をチェックし、存在しない場合にだけインスタンス化
    def __new__(cls): ────────────────────────────────────┐
        if cls.__instance is None:                          │
            cls.__instance = super().__new__(cls) ──── ❸    ├ ❷
        return cls.__instance ───────────────────────────┘
```

```
if __name__ == '__main__':
    c1 = MySingleton()
    c2 = MySingleton()
    print(c1 is c2)      # 結果：True
```

　この例は、**シングルトン**（Singleton）パターンと呼ばれるデザインパターン（アプリ設計のための定石）の一種です。あるクラスのインスタンスを1つしか生成しないし、また、したくない、という状況で利用します。

　シングルトンパターンのポイントは、唯一のインスタンスを保持するためのクラス変数（ここでは__instance）を用意しておくことです（❶）。ここに、初回アクセス時は生成したインスタンスを保存しておき、2回目以降のアクセスでは再利用させてもらうわけです（変数名が「__」で始まる点については、10.2.2項で後述します）。

　インスタンスの有無をチェックし、生成を制御するのは__new__メソッドの役割です（❷）。__new__メソッドは__init__と同じく、あらかじめPythonによって決められたメソッドの一種で、

インスタンス化のタイミングで呼び出され、新たなインスタンスを生成

します。

 note 10.1.2項では、__init__メソッドは「インスタンス化する際に呼び出される」と説明しましたが、より正確には、インスタンス化のタイミングでは__new__→__init__メソッドが順に呼び出されます。__new__メソッドがインスタンスを生成し、生成したインスタンスを初期化するのが__init__メソッドの役割です。

　ここでは、この__new__メソッドを利用して、クラス変数__instanceに既存のインスタンスが存在するかをチェック、存在する場合はそのインスタンスをそのまま返し、そうでなければ新たにインスタンスを生成します（❸のsuperについては、10.3.3項で解説します）。これによって、生成されるインスタンスが1つであることを保証できるわけです。

　このように、インスタンスそのものの管理／生成を担う変数／メソッドは、まさにクラスに属するものなので、クラス変数／クラスメソッドとして定義する必要があります（ただし、__new__は予約メソッドなので、明示的にデコレーター宣言する必要はありません）。

(補足) **クラス変数をインスタンス経由で操作する**
　クラスメソッドと同じく、クラス変数もまた、インスタンス経由で参照が可能です（リスト10.16）。

```
class Area:
  PI = 3.14

if __name__ == '__main__':
  a = Area()
  print(a.PI)      # 結果：3.14
```

　ここまでは問題ありません。しかし、クラス変数をインスタンス経由で更新した場合に、話は変わってきます。

```
a.PI = 3.1415926535
print(a.PI)      # 結果：3.1415926535
print(Area.PI)   # 結果：3.14
```

　インスタンス経由での代入は、クラス変数への代入には**なりません**。新たに、インスタンス変数が生成されるだけです（元々のクラス変数にも影響しませんが、そのインスタンスからはクラス変数の値は参照できなくなります）。このような挙動は混乱のもとなので、原則としてクラス変数をインスタンス経由で操作すべきではありません。

> *note* ただし、この性質を利用すれば、インスタンス変数の既定値としてクラス変数を利用することも可能です。

10

オブジェクト指向構文

練習問題　10.1

[1] リスト10.Aは、クラスにメソッドを定義して、利用するコードですが、構文的な誤りが5点あります。これを指摘し、正しいコードに修正してください。

▶リスト10.A　p_class.py

```
class Pet:
  def __new__(self, kind, name):
    self.kind = kind
    self.name = name
```

```
    def show():
        print(f'ペットの{self.kind}の名前は、{self.name}ちゃんです！')

if __name__ == '__app__':
    p = new Pet('ハムスター', 'のどか')
    p->show()      # 結果：ペットのハムスターの名前は、のどかちゃんです！
```

10.2 カプセル化

　オブジェクト指向の中核であるクラスの基本を理解できたところで、ここからはよりオブジェクト指向らしいコードを記述するための技術について学んでいきます。オブジェクト指向プログラミングらしさを代表するキーワード、それは以下の3点です。

- カプセル化
- 継承
- ポリモーフィズム

　これらの仕組みは、オブジェクト指向のすべてではありませんが、理解するための基礎となる考え方を含んでいます。これらのキーワードを理解することで、よりオブジェクト指向的なコードを —— そう書くことの必然性を持って書けるようになるはずです。

　ここまでの解説に比べると、抽象的な解説も増えてきますが、構文の理解だけに終わらないでください。構文はあくまで表層的なルールにすぎません。その機能の必要性、前提となる背景を理解するように学習を進めてください。

　それでは、最初のキーワードである「カプセル化」から説明を始めます。

10.2.1 カプセル化とは？

　カプセル化（Encapsuation）の基本は、「使い手に関係ないものは見せない」です。クラスで用意された機能のうち、利用するうえで知らなくても差し支えないものを隠してしまうこと、と言い換えてもよいでしょう。

　たとえば、よく例として挙げられるのは、テレビのようなデジタル機器です。テレビの中にはさま

ざまに複雑な回路が含まれていますが、利用者はその大部分には触れられませんし、そもそも存在を意識することすらありません。利用者には、電源や画面、チャンネルなど、ごく限られた機能だけが見えています。

　これが、まさにカプセル化です。私たちが触れられる機能はテレビに用意された回路全体からすれば、ほんの一部かもしれません。しかし、それによって私たちが不便を感じることはありません。むしろ無関係な回路に不用意に触れてしまい、テレビが故障するリスクを回避できます（図10.7）。

　小さな子どもから機械の苦手なお年寄りまでがテレビを気軽に利用できるのも、余計な機能が見えない状態になっているからなのです。

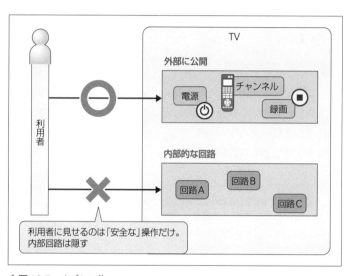

❖図10.7　カプセル化

　クラスの世界でも同様です。クラスにも、利用者に使ってほしい機能と、その機能を実現するためだけの内部的な機能とがあります。それら何十個にも及ぶメンバーが区別なく公開されていたら、利用者にとっては混乱の元です。しかし、「あなたに使ってほしいのは、この10個だけですよ」と、最初から示してあれば、クラスを利用するハードルは格段に下がります。

　より安全に、より使いやすく —— それがカプセル化の考え方です。

10.2.2　インスタンス変数の隠蔽

　これまではクラスの中で保持するデータをインスタンス変数という形で外部に公開してきました。たとえば、リスト10.17のようなコードです。

▶リスト10.17　access_bad.py

```
class Person:
  def __init__(self, name, age):
    self.name = name
    self.age = age

  def show(self):
    print(f'私の名前は{self.name}、{self.age}歳です！')
```

　しかし、結論から言うと、インスタンス変数をそのまま外からアクセスできる状態にしておくことは望ましくありません。理由は、以下の通りです。

（1）読み書きの許可／禁止を制御できない

　インスタンス変数とは、インスタンスの状態を管理するための変数です。その性質上、値の取得は許しても、変更にはなんらかの制限を課したいという場合がほとんどです（複数のインスタンス変数が互いに関連を持っている場合には、なおさらです）。

　しかし、インスタンス変数は単なる入れ物なので、設置した時点で、その値を取得／変更するのは利用者の自由です。

> note　そもそも内部状態はインスタンス化のタイミングで固定し、その後は変更したくないということもあります。一般論としては、そのほうが状態の変化を意識しなくてよいため、扱いが容易になるからです。
> インスタンス化以降は内部状態を変更できないクラスのことを**不変クラス**（イミュータブル型）と言います。クラス設計に際しては、用途が許す範囲で、できるだけ不変クラスとしたほうが使い勝手はよくなります。

（2）値の妥当性を検証できない

　たとえば、Personクラスのインスタンス変数ageであれば、正の整数であることを期待されています。しかし、Pythonはデータ型について寛容な（緩い）言語です。ageに負数を代入することはもちろん、文字列その他の型を代入するのも自由です。

　もちろん、インスタンス変数を参照しているメソッドで型をチェックすることもできますが、あまりよい方法ではありません。複数のメソッドから同じ変数を参照している場合、同様の検証ロジック（また、その呼び出し）がそちこちに散在するのは、コードの保守性などという言葉を持ち出すまでもなく、望ましい状態ではないからです。

（3）内部状態の変更に左右される

　繰り返しですが、インスタンス変数とは、オブジェクトの内部的な状態を表すものです。実装に

よっては、内部的な値の持ち方も変化するかもしれません。たとえば現在、ageはint型であることを想定していますが、decimal型に変更されたらどうでしょう。ageを参照するすべてのコードが影響を受ける可能性があります。

このような理由から、オブジェクトの内部状態（インスタンス変数）は、外部から直接にアクセスさせるべきではありません。そして、これにはインスタンス変数の名前を「__」（アンダースコア2個）で始まるように命名するだけです（リスト10.18）。

▶リスト10.18　access_hidden.py

```
class Person:
  def __init__(self, name, age):
    self.__name = name ─────────────────────────────────┐
    self.__age = age ──────────────────────────────────┴─❶

  def show(self):
    print(f'私の名前は{self.__name}、{self.__age}歳です！')

if __name__ == '__main__':
  p = Person('山田太郎', 15)
  print(p.__age)      # 結果：エラー ──────────────────❷
```

❶で定義された__name／__ageが隠蔽の対象です。❷で「AttributeError: 'Person' object has no attribute '__age'」（__ageは存在しない）のようなエラーを確認できるはずです。

 note ここではインスタンス変数を例にしていますが、メソッドも同様です。インスタンス内部での利用を目的としたメソッドには、積極的に「__」を付与し、外部からは隠蔽すべきです。

隠蔽する際の注意点

このように、インスタンス変数は簡単に隠蔽できますが、そのわかりやすさの裏に落とし穴もあります。

（1）完全に隠蔽できるわけではない

まず、「__」をもってしても、インスタンス変数は完全に隠蔽されるわけではありません。正しくは、Pythonは「__」付きのインスタンス変数を内部的にリネームしているだけで、アクセスそのものを制限しているわけではありません。

具体的には、「__」のインスタンス変数は「_＜クラス名＞＜元の名前＞」のようにリネームされます。よって、リスト10.18の例であれば、以下のようにすることで、隠蔽されたはずのインスタンス変数にアクセスできてしまいます。

```
print(p._Person__age)
```

> *note* このような機能をName Mangling（名前修飾）機構と言います。元々は、基底クラスと派生クラス（10.3節）との名前衝突を防ぐために設けられた仕組みです。

（2）設定は無視される

リスト10.18の❷を、以下のように書き換えてみるとどうでしょう。

```
p.__age = 38                                               ⓐ
p.show()    # 結果：私の名前は山田太郎、15歳です！            ⓑ
```

__ageが隠蔽されていると考えれば、ⓐでエラーとなりそうですが、なりません。設定は自由にできてしまいます。ただし、その値は、本来の__ageには反映されず、ⓑでは元の__ageの値が返されます。

一見して不可思議な挙動にも見ますが、先ほどの（1）について知っていれば理屈は明らかです。__ageは、内部的には名前が変化しているだけです。よって、ⓐも新たな__ageを追加しているにすぎません。しかし、内部的には__ageは_Person__ageなので、その値は反映されない（無視される）わけです。

もちろん、これは直観的とは言いがたいですし、意味もないので、このようなコードを書くべきではありません。

（3）__age__は隠蔽されない

Pythonの世界では、名前前後の2個のアンダースコアは意味を持つので、通常の識別子として利用すべきではありません。たとえば、「__age__」は隠蔽の対象とはなりません。

> *note* そもそも、どこまで厳密にインスタンス変数／メソッドを隠蔽するかは難しい問題です。
> Pythonでは、インスタンス変数／メソッドの先頭に「_」（アンダースコア1個）だけを付けて、そのインスタンス変数／メソッドが内部用途であることを示す記述方法もよく使われます。"示す"だけなので、「__」（アンダースコア2個）のように、Pythonとして名前を隠蔽するわけではありません（普通にアクセスできてしまう、ただの紳士協定です）。
> しかし、「_」でも完全に隠蔽できないならば、アクセス**すべきでない**ことを意思表明すれば十分

ですし、そのほうがデバッグ用途などで簡易にインスタンス変数／メソッドにアクセスできて便利、という考え方です。Pythonコミュニティでは、むしろこちらの考え方のほうが主流にも思えます。

アクセサーメソッド

しかし、インスタンス変数を隠蔽しただけでは、クラスの外側から一切の値が見えなくなってしまうので、意味がありません。本当に内部用途の値は別として、最低でも値を参照するための仕組み、（必要に応じて）値を設定するための仕組みを設ける必要があります。

このような仕組みを実現するための一般的な手法が、**アクセサーメソッド**（Accessor Method）です。隠蔽されたインスタンス変数にアクセスするためのメソッド、というわけです。

たとえばリスト10.19の例であれば、get_name／get_ageが値取得のための、set_name／set_ageが値設定のためのメソッドです。それぞれを区別して、**ゲッターメソッド**（Getter Method）、**セッターメソッド**（Setter Method）、あるいは単に**ゲッター／セッター**と呼ぶ場合もあります。

▶リスト10.19　access_method.py

```python
class Person:
  def __init__(self, name, age):
    self.__name = name
    self.__age = age

  # nameのゲッター
  def get_name(self):
    return self.__name

  # ageのゲッター
  def get_age(self):
    return self.__age

  # nameのセッター
  def set_name(self, value):
    self.__name = value

  # ageのセッター
  def set_age(self, value):
    if value <= 0:
      raise ValueError('ageは正数で指定します。')
    self.__age = value
```

──❶

```
  def show(self):
    print(f'私の名前は{self.get_name()}、{self.get_age()}歳です！')

if __name__ == '__main__':
  p = Person('山田太郎', 15)
  p.set_age(35)
  print(p.get_age())      # 結果：35
  p.set_age(-15)          # 結果：エラー
```

　一般的に、アクセサーメソッドの名前は、

変数名の先頭から「__」を取り除いて、代わりに「get_」「set_」を付与

します。よって、インスタンス変数__nameに対応するアクセサーメソッドはget_name／set_name
ですし、ageに対応するのはget_age／set_ageです。

構文 アクセサーメソッド（ゲッター）

```
def get_変数名(self):
  return self.変数名
```

構文 アクセサーメソッド（セッター）

```
def set_変数名(self, value):
  self.変数名 = value
```

　アクセサーメソッドは「メソッド」なので、インスタンス変数の読み書きにあたって、任意の処理
を加えることもできます（図10.8）。❶であれば、与えられた引数がゼロ以下の場合には例外を発生
し、正数の場合にだけ値を設定しています（例外とraise命令については、11.1.3項で解説します）。
これによって、不正値が代入された場合の問題を、水際で防いでいるわけです。
　もちろん、設定のときだけでなく、取得に際して値を加工することも可能です。内部的なデータの
持ち方に変化があった場合にも、ゲッターを介することで呼び出し側に影響することなく、内部の実
装だけを差し替えられます。
　あるいは、ゲッターだけを用意することでインスタンス変数を読み取り専用にすることもできます
し、セッターだけにすれば書き込み専用にすることもできます。ただし、先ほども触れたように、イ
ンスタンスの状態は変化しないほうが扱いは簡単になります。無条件にゲッター／セッターをセット
ととらえるのではなく、それで差し支えないのであれば、セッターは**書かない**ことを心掛けてくださ
い。

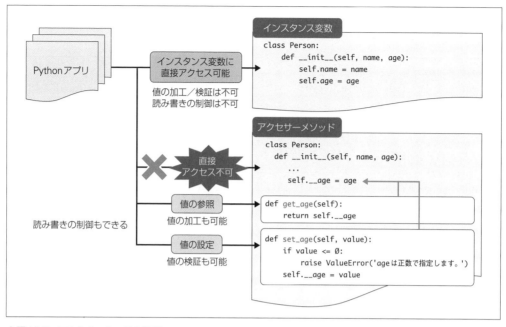

❖図10.8　アクセサーメソッドの意義

10.2.4　プロパティ

　アクセサーメソッドはカプセル化のための一次的な手法ですが、十分ではありません。というのも、値を出し入れするためのメソッド呼び出しは冗長でもあれば、直観的でもありません。

```python
p.set_name('鈴木次郎')
```

は、

```python
p.name = '鈴木次郎'
```

と表現できたほうが、代入の意図が明確です。
　そこでPythonでは、

クラス内部ではメソッドのように表現できるが、外からは変数のようにアクセスできる

仕組みを用意しています。これが**プロパティ**です。

まずは、リスト10.19をプロパティを使って書き換えてみましょう（リスト10.20）。

▶リスト10.20　class_prop.py

```
class Person:
  def __init__(self, name, age):
    self.name = name
    self.age = age

  # プロパティ（値取得）
  @property
  def name(self):
    return self.__name

  @property
  def age(self):
    return self.__age

  # プロパティ（値設定）
  @name.setter
  def name(self, value):
    self.__name = value

  @age.setter
  def age(self, value):
    if value <= 0:
      raise ValueError('ageは正数で指定します。')
    self.__age = value

  def show(self):
    print(f'私の名前は{self.name}、{self.age}歳です！')

if __name__ == '__main__':
  p = Person('山田太郎', 15)
  p.name = '鈴木次郎'
  p.age = 35
  print(p.name)    # 結果：鈴木次郎
  print(p.age)     # 結果：35
```

❶

❷

プロパティを設定するには、ゲッター／セッターから「get_」「set_」を取り除き、代わりに、

- ゲッターには @property デコレーター
- セッターには @＜名前＞.setter デコレーター

を付与するだけです（❶）。

実体はメソッドであるにもかかわらず、呼び出し側では変数への代入／参照として表せる点に注目です（❷）。

補足 property関数

@property／@＜名前＞.setter の代わりに、property関数を用いることもできます（リスト10.21）。

▶リスト10.21　class_prop_func.py

```python
class Person:
  def __init__(self, name, age):
    self.name = name
    self.age = age

  def get_name(self):
    return self.__name

  def get_age(self):
    return self.__age

  def set_name(self, value):
    self.__name = value

  def set_age(self, value):
    if value <= 0:
      raise ValueError('ageは正数で指定します。')
    self.__age = value

  def show(self):
    print(f'私の名前は{self.name}、{self.age}歳です！')

  name = property(get_name, set_name) ┐
  age = property(get_age, set_age) ───┴─❶
```

あらかじめ作成しておいたアクセサーメソッドを、property関数に渡すだけです（❶）。関数の戻り値を格納する変数（ここではname／age）がプロパティ名となります。

```
property(fget[, fset[, fdel[, doc]]])
```

fget ：ゲッター
fset ：セッター
fdel ：del演算子によって呼び出されるメソッド
doc ：docstringを表す文字列

読み取り専用のプロパティを定義したいならば、

```
name = property(get_name)
```

のように、引数 *fset* を略記するだけです。セッターを無条件に設置すべきでないのは、プロパティでも変わりありません。

10.3 継承

　継承（Inheritance）とは、もとになるクラスのメンバーを引き継ぎながら、新たな機能を加えたり、元の機能を上書きしたりする仕組みです（図10.9）。このとき、継承元となるクラスのことを**基底クラス**（または、**スーパークラス**、**親クラス**）、継承してできたクラスのことを**派生クラス**（または**サブクラス**、**子クラス**）と呼びます。

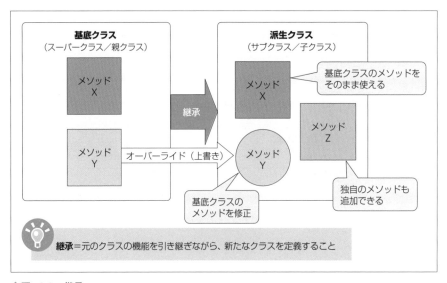

❖図10.9　継承

たとえば、先ほどのPersonクラスとほとんど同じ機能を持ったBusinessPersonクラスを定義したい、という状況を想定してみましょう。こんなときに、BusinessPersonクラスを一から定義するのは得策ではありません。その場の手間暇はもちろん、修正の際にも重複した作業を強制されます。そして、そのような無駄は、いつか間違いの原因となります。

　しかし、継承を利用することで、無駄を省けます。Personの機能を引き継ぎつつ、新たに必要となった機能だけをBusinessPersonクラスで定義すればよいからです。コードの変更が必要になった場合にも、共通部分は基底クラスにまとまっているので、そこだけを修正すれば、変更は自動的に派生クラスにも反映されます。

　継承とは、機能の共通した部分を切り出して、差分だけを書いていく仕組みと言ってもよいでしょう（これを**差分プログラミング**と言います）。

10.3.1 継承の基本

　継承の一般的な構文は、以下の通りです。classブロックでクラス名の後方に継承元のクラス（基底クラス）を指定します。

構文 クラスの継承

```
class 派生クラス名(基底クラス名, ...):
    ...派生クラスの定義...
```

　基底クラスを省略した場合、暗黙的にobjectクラスを継承したとみなされます（これまでのクラス定義はこのパターンです）。Pythonのすべてのクラスは、直接／間接を問わず、最終的にobjectクラスを継承するという意味で、objectクラスはすべてのクラスのルートとも言えます。

　それでは、具体的な例も見てみましょう。リスト10.22は、Personクラスを継承し、BusinessPersonクラスを定義する例です。

▶リスト10.22　inherit_basic.py

```
class Person:
  def __init__(self, firstname, lastname):
    self.firstname = firstname
    self.lastname = lastname

  def show(self):
    print(f'私の名前は{self.lastname}{self.firstname}です！')

# Personを継承したBusinessPersonクラスを定義
class BusinessPerson(Person):
            ❶            ❷
```

```
  def work(self): ─────────────────────────────────────────────┐
    print(f'{self.lastname}{self.firstname}は働いています。')───┘ ❸

if __name__ == '__main__':
  bp = BusinessPerson('太郎', '山田')
  bp.show()    # 結果：私の名前は山田太郎です！────────────────── ❹
  bp.work()    # 結果：山田太郎は働いています。
```

順に、個々のポイントを見ていきます。

❶命名は基底クラスよりも具体的に

　派生クラスには、基底クラスよりも具体的な命名をします。一般的には、2単語以上で命名します。その際、末尾に基底クラスの名前を付与すれば、互いの継承関係をより把握しやすくなるでしょう。たとえば、dictクラスの派生クラスとして、OrderedDictクラスと命名するのは妥当です。

　逆に言えば、基底クラスは派生クラスの一般的な特徴を表した名前であるべきです。

❷複数の基底クラスも可能

　Pythonでは、

```
class BusinessPerson(Person, Hoge):
```

のように、1つのクラスが複数のクラスを親に持つような継承 ── すなわち、**多重継承**を認めています（図10.10）。

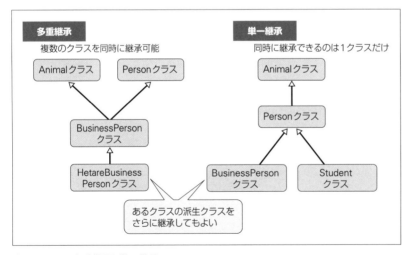

❖図10.10　多重継承と単一継承

ちなみに、ある派生クラスの基底クラスが常に1つに限定されることを**単一継承**と呼びます。Java、C#、PHP、Rubyなど多くの言語では、単一継承を採用しています。

❸派生クラスにメンバーを追加する

　ここでは、派生クラス独自のメソッドとしてworkメソッドを定義しています。これによって、正しくworkメソッドを呼び出せているのはもちろん、基底クラスで定義されたshowメソッドが、あたかもBusinessPersonクラスのメンバーであるかのように呼び出せることを確認してください（❹）。

　継承の世界では、まず、要求されたメンバーを現在のクラスから検索し、存在しなかった場合には、上位のクラスからメンバーを検索し、呼び出します（図10.11）。

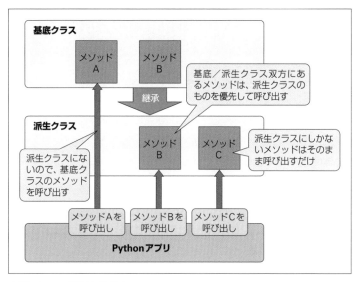

❖図10.11　継承の仕組み

 エキスパートに訊く

Q : どのような場合に、継承を利用すればよいのでしょうか？　継承を利用する場合の注意点があれば教えてください。

A : 基底クラスと派生クラスに、is-aの関係が成り立つかを確認してください。is-aの関係とは、「SubClass is a SuperClass」（派生クラスが基底クラスの一種である）ということです。たとえば、「BusinessPerson（ビジネスマン）はPerson（人）」なので、BusinessPersonとPersonの継承関係は妥当であると判断できます（図10.A）。

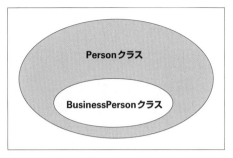

❖図10.A　is-aの関係

is-aの関係は、BusinessPerson（派生クラス）がPerson（基底クラス）にすべて含まれる関係、と言い換えてもよいでしょう（この逆は成り立ちません）。

このような関係をやや難しく言うと、BusinessPersonはPersonの特化（特殊化）であり、PersonはBusinessPersonの汎化である、となります。要するに、BusinessPersonはPersonの特殊な形態であり、逆にPersonは、BusinessPersonをはじめとするその他の概念──たとえば、Freeloader（遊び人）やStudent（学生）といったもの──の共通点（人間であることなど）を抽出したものである、ということです。

構文としては、クラスはどんなクラスでも継承できます。Wife（妻）クラスがDinosaur（恐竜）クラスを継承していてもかまいません。しかし、これは継承として意味がないばかりでなく、クラスの意味をわかりにくくする原因にもなるので、注意してください。

10.3.2　メソッドのオーバーライド

継承を利用することで、基底クラスで定義されたメソッドを派生クラスで上書きすることもできます。これをメソッドの**オーバーライド**と言います。

たとえばリスト10.23は、BusinessPersonクラスを継承して、EliteBusinessPersonクラスを定義する例です。継承に際しては、workメソッドをオーバーライド（上書き）し、EliteBusinessPersonクラス独自の機能を定義します。

▶リスト10.23　inherit_override.py

```
class Person:
    ...中略（リスト10.22を参照）...


class BusinessPerson(Person):
    ...中略（リスト10.22を参照）...
```

```
class EliteBusinessPerson(BusinessPerson):
  def work(self):
    print(f'{self.lastname}{self.firstname}はバリバリ働いています。')

if __name__ == '__main__':
  bp = EliteBusinessPerson('太郎', '山田')
  bp.work()     # 結果：山田太郎はバリバリ働いています。 ──────────── ❶
  bp.show()     # 結果：私の名前は山田太郎です！ ──────────────── ❷
```

　workメソッドはEliteBusinessPersonクラスで上書きされているので、結果も（BusinessPersonクラスのworkメソッドではなく）EliteBusinessPersonクラスのworkメソッドを実行した結果が得られます（❶）。

　showメソッドはオーバーライドされていないので、EliteBusinessPersonクラスのおおもとの基底クラスであるPersonクラスで定義されたshowメソッドが実行されていることも確認してください（❷）。このように、クラスは多段階にわたって継承することもできます（図10.12）。

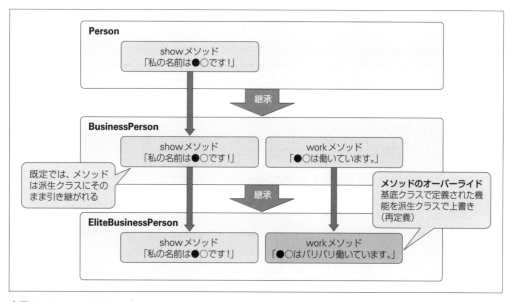

❖図10.12　メソッドのオーバーライド

> *note* オブジェクト指向プログラミングでオーバーライドによく似た響きの用語として、オーバーロードがあります。ただし、意味はまったく異なり、**オーバーロード**は「名前は同じで、引数だけが異なるメソッドを複数設置」するための機能を言います。
> 　Pythonでは、言語仕様だけではメソッドをオーバーロードすることはできません（同名のメソッドが定義された場合には、最後の1つだけが有効になります）。モジュールによるオーバー

ロードの実装については、配布サンプルの/chap11/method_overload.pyを参照してください（紙面では割愛します）。

- -

10.3.3 superによる基底クラスの参照

ただし、オーバーライドは、基底クラスの機能を完全に書き換えるばかりではありません。基底クラスでの処理を引き継ぎつつ、派生クラスでは差分の処理だけを追加したい、ということもあります。このようなケースでは、super関数を用いることで、派生クラスから基底クラスのメソッドを呼び出します。

構文 基底クラスのメソッド呼び出し

```
super().メソッド名(引数, ...)
```

具体的な例も見てみましょう。リスト10.24は、BusinessPersonクラスを継承して、新たにHetareBusinessPersonクラスを定義するコードです。

▶リスト10.24　inherit_super.py

```
class Person:
    ...中略（リスト1Ø.22を参照）...

class BusinessPerson(Person):
    ...中略（リスト1Ø.22を参照）...

class HetareBusinessPerson(BusinessPerson):
    def work(self):
        super().work()  ─────────────────────────────── ❶
        print('ただし、ボチボチと...')

if __name__ == '__main__':
    hbp = HetareBusinessPerson('太郎', '山田')
    hbp.work()  ───────────────────────────────────── ❷
        # 結果：山田太郎は働いています。
                 ただし、ボチボチと...
```

ここでは、❶で基底クラスBusinessPersonのworkメソッドを呼び出したうえで、HetareBusinessPersonクラス独自の処理を記述しています。一般的に、superによるメソッド呼び出しは、派生クラスのほかの処理に先立って、メソッド定義の先頭で記述します。

❷でも、確かに派生クラスの結果に、基底クラスの結果が加わっていることが確認できます。

例 初期化メソッドのオーバーライド

基底クラスの初期化メソッドをオーバーライドする場合も同様です。リスト10.25は、Personクラスのインスタンス変数firstname／lastnameに加えて、middlenameを追加したForeignerクラスを定義する例です。

▶リスト10.25　inherit_super_const.py

```python
class Person:
  def __init__(self, firstname, lastname):
    self.firstname = firstname
    self.lastname = lastname

  def show(self):
    print(f'私の名前は{self.lastname}{self.firstname}です！')

class Foreigner(Person):
  def __init__(self, firstname, middlename, lastname):
    # 基底クラスのコンストラクターを呼び出し
    super().__init__(firstname, lastname)  ──────────────────────────  ❶
    # 独自のmiddlenameを初期化
    self.middlename = middlename

  # middlename対応にshowメソッドもオーバーライド
  def show(self):
    print(f'私の名前は{self.lastname}.{self.middlename}.{self.firstname}です！')

if __name__ == '__main__':
  fr = Foreigner('太郎', 'ヨーダ', '山田')  ───────────────────┐
  fr.show()     # 結果：私の名前は山田.ヨーダ.太郎です！ ─────┴  ❷
```

__init__もメソッドの一種なので、「super().__init__(...)」の記法に変わりはありません（❶）。❷でも、既存のfirstname／lastnameはもちろん、新たなmiddlenameが正しく反映されていることを確認しましょう。

10.3.4　多重継承とメソッドの検索順序

10.3.1項でも触れたように、Pythonでは多重継承を認めています。そして、多重継承を認めるようになると、名前の解決ルールに無関心ではいられなくなります。基底クラスに同名のメソッドが存在

する場合、いずれを呼び出すかがあいまいになることがあるからです。

まずは、簡単な例から見てみましょう（リスト10.26）。

▶リスト10.26　inherit_multi.py

```python
class Top:
  def hoge(self):
    print('TopA')

class MiddleA(Top):
  def hoge(self):
    print('MiddleA')

class MiddleB(Top):
  def hoge(self):
    print('MiddleB')

# MiddleA ／ Bクラスを多重継承
class Low(MiddleA, MiddleB):
  pass

if __name__ == '__main__':
  l = Low()
  l.hoge()    # 結果：MiddleA ─────────────────────────────── ❶
```

リスト10.26の継承関係を示したのが図10.13です。

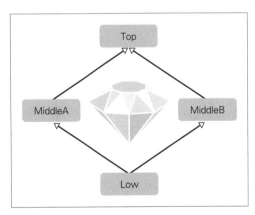

❖図10.13　サンプル（リスト10.26）の継承関係

Lowクラスが継承するMiddleA／MiddleBクラスが同名のhogeメソッドを持つことから、❶が

MiddleA／MiddleBクラスいずれのhogeメソッドを呼び出すのかがあいまいとなります。しかし、これは比較的シンプルな問題で、Pythonでは、

基底クラスとして指定された順に

メソッドを検索します。つまり、Low→MiddleA→MiddleB→Topです。

> *note* 図10.13のような問題を、継承ツリーの形状から**菱形継承問題（ダイヤモンド継承問題）**と呼びます。菱形継承問題は意外と複雑で、以前のPythonでは「Low→MiddleA→Top→MiddleB→Top」のように冗長な検索ルートが採用されていました（検索ルートにTopが複数回登場している点が冗長です）。
> しかし、Python 3（＋Python 2.3以降）では**C3線形化アルゴリズム**と呼ばれるルールが採用され、より効率的にメソッドが解決できるようになっています。

もう少しだけ複雑な例を見てみます。図10.14のような継承ツリーです（リスト10.27）。「...中略...」としている箇所はリスト10.26とほぼ同じなので、割愛しています（コードの全体は配布サンプルのinherit_multi2.pyを参照してください）。

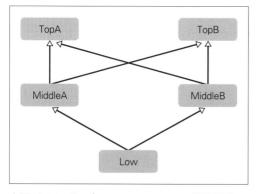

❖図10.14　サンプルinherit_multi2.pyの継承関係

▶リスト10.27　inherit_multi2.py

```
class TopA:
    ...中略...
class TopB:
    ...中略...
class MiddleA(TopA, TopB):
    ...中略...
class MiddleB(TopB, TopA):                                    ❶
    ...中略...
```

```
class Low(MiddleA, MiddleB):
  ...中略...
if __name__ == '__main__':
  l = Low()
  l.hoge()
```

この場合、MiddleA／MiddleBがそれぞれTopA／TopBを継承していますが、記述順が異なるのです（太字の部分）。このため、メソッドの検索ルートを確定できず、結果、

```
TypeError: Cannot create a consistent method resolution order (MRO) for ⏎
bases TopA, TopB
```

のようなエラーとなります。この問題は、❶を、

```
class MiddleB(TopA, TopB):
```

のように表すことで解決します（検索順序は「Low→MiddleA→MiddleB→TopA→TopB」）。このようなねじれ問題を避けるために、まずは基底クラスは同じ順序で記述するべきです。

メソッドの検索ルールを知る

もう1つ、図10.15のような例を見てみましょう（サンプルコードは配布サンプルのinherit_multi3.pyです）。

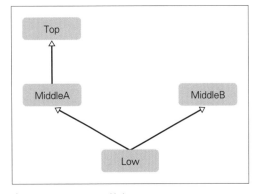

❖図10.15　メソッドの検索ルール

これまでの例から類推すると、検索順序はLow→MiddleA→MiddleB→Topになるように思えます（Lowが直接継承しているMiddleA／MiddleBの検索を優先）。しかし、実際の検索順序は

Low→MiddleA→Top→MiddleB。最初に指定された基底クラスのツリーを優先しています。

　この一例を見てもわかるように、継承順序の決定ルールは複雑です。では、開発者は検索アルゴリズムを完全に理解しているべきなのでしょうか。

　いいえ、不要です。mroメソッドを利用することで、現在のクラスに対するメソッド検索順序（**MRO**：Method Resolution Order）を確認できます。

```
print(Low.mro())
    # 結果：[<class '__main__.Low'>, <class '__main__.MiddleA'>, <class ⏎
            '__main__.Top'>, <class '__main__.MiddleB'>, <class 'object'>]
```

　そもそもメソッド名が重複するような多重継承は極力避けるべきですが、やむを得ず、そのような継承をせざるを得ない場合には、まずはmroメソッドで検索ルートを確認するとよいでしょう。

10.3.5　委譲

　継承は、Pythonにおけるコード再利用の代表的なアプローチですが、唯一のアプローチではありませんし、常に最良の手段というわけでもありません。むしろ継承を利用すべき状況は相応に限られる、と考えておいたほうがよいでしょう。

　まず、継承とは、基底クラスと派生クラスとが密に結びついた関係です。派生クラスは基底クラスの実装に依存しますし、である以上、内部的な構造を意識しなければなりません。基底クラスでの実装修正によって、派生クラスが動作しなくなることもあるでしょう。影響の範囲は、基底クラスが上位になればなるほど、継承構造が複雑になればなるほど広がり、修正コストも高まります。

　継承を利用するのは、基底／派生クラスがis-aの関係（10.3.1項）を満たしている場合、かつ、モジュール（パッケージ）をまたがって継承するならば、そのクラスが「拡張を前提としており、その旨が文書化されている」場合に限定すべきでしょう。

継承が不適切な例

　is-aの関係を確認するための代表的なアプローチとして、**リスコフの置換原則**が挙げられます。リスコフの置換原則とは、

**　派生クラスのインスタンスは、常に基底クラスのそれと置き換え可能である**

ことです。この原則に照らすと、たとえば、リスト10.28のようなMyStackクラスは不当です。MyStackクラスは、標準のlist型をもとにスタック（6.1.4項）機能を定義しています。

```
class MyStack(list):
  # list#appendをもとにpushメソッドを定義
  def push(self, elem): ───────────────────────────────────①
    self.append(elem)

  # その他の不要なメソッドは無効化
  def insert(self): ───────────────────────────────────────②
    raise RuntimeError('Not Support') ─────────────────
  ...中略...

if __name__ == '__main__':
  s = MyStack([1Ø, 2Ø, 3Ø])
  s.push(4Ø)
  print(s.pop())      # 結果：4Ø
  print(s)            # 結果：[1Ø, 2Ø, 3Ø]
```

スタックは後入れ先出しの構造なので、最低限、以下のメソッドを定義しておくべきです。

- push：末尾に要素を追加
- pop　：末尾から要素を取得（削除）

よって、❶でもlist型のappendメソッドをもとにpushメソッドを実装しています。popはlist型のものがあるので、そのまま利用します。

そして、その他のたとえばinsertのようなメソッドはスタックでは不要なので、例外を送出して、疑似的に無効化しています（❷）。これがリスコフの置換原則に反します。

```
# リストとしてMyStackを操作
mylist = MyStack([1Ø, 2Ø, 3Ø])
mylist.insert(1, 5Ø)      # 結果：エラー
```

MyStackクラスがlistとしては動作しないのです。このような継承関係は、一般的に妥当ではありません。

> note スタックとしてinsert／removeなどのlist機能が不要かどうかは若干の議論があるかもしれません。ここでは、クラスは目的特化したほうが使いやすいという立場で話を進めますが、本当にinsert／removeを無効化すべきかは状況によります。

委譲による解決

前置きが長くなりましたが、このような状況を解決するのが**委譲**です。委譲では、再利用したい機能を持つオブジェクトを、現在のクラスのインスタンス変数として取り込みます（図10.16）。

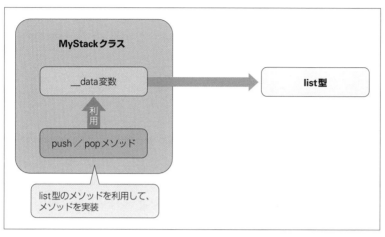

❖図10.16　委譲（has-aの関係）

このような関係を（is-aの関係に対して）has-aの関係と呼びます。図10.16の例であれば、インスタンス変数dataにlistを保持（has）し、必要に応じて、そこからlist型のメソッドを利用させてもらうわけです。他のインスタンスに処理を委ねる —— 委譲と呼ばれるゆえんです。

リスト10.29に書き換えた例も示します。

▶リスト10.29　delegate_basic.py

```python
class MyStack:
  # 委譲先のオブジェクトを変数に保持
  def __init__(self):
    self.__data = []

  # 必要に応じて処理を委譲
  def push(self, elem):
    self.__data.append(elem)

  def pop(self):
    return self.__data.pop()

if __name__ == '__main__':
  s = MyStack()
  s.push(40)
  print(s.pop())      # 結果：40
```

委譲のよい点は、クラス同士の関係が緩まる点です。利用しているのがインスタンス変数なので、委譲先の内部的な実装に左右される心配はありません。また、クラス同士の関係が固定されません。委譲先を変更するのも自由ですし、複数のクラスに処理を委ねることも、インスタンス単位に委譲先を切り替えることすら可能です。継承がクラス同士の静的な関係とするならば、委譲とはインスタンス同士の動的な関係と言ってもよいでしょう。

本項冒頭でも触れたように、継承を想定して設計されたクラスでないならば、まずは継承よりも委譲を利用すべきです。

10.3.6 ミックスイン

前項でも触れたように、継承を利用するのはクラス間にis-aの関係がある場合に限定すべきです。しかし、例外があります。それがミックスイン（Mixin）です。

ミックスインとは、再利用可能な機能（メソッド）を束ねたクラスのことです（図10.17）。それ単体で動作することを意図しておらず、他のクラスに継承されることでのみ動作します。「断片的なクラス」と言ってもよいでしょう。

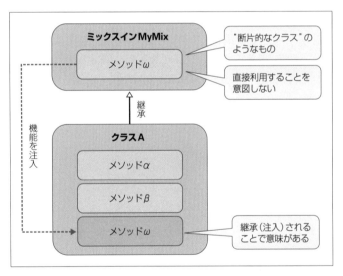

❖図10.17　ミックスインとは？

具体的な例も見てみましょう。show_attrメソッドを定義したLogMixinミックスインを準備し、これをPersonクラスに組み込んだ例です（リスト10.30）。

```python
class LogMixin:
  # 現在のインスタンスの内容を列挙
  def show_attr(self):
    for key, value in self.__dict__.items():
      print(f'{key}: {value}')              ❶

# ミックスインを組み込み
class Person(LogMixin):                      ❷
  def __init__(self, name, age):
    self.name = name
    self.age = age

if __name__ == '__main__':
  p = Person('鈴木修', 5Ø)
  p.show_attr()                              ❸
```

```
name: 鈴木修
age: 5Ø
```

　ミックスインと言っても、基本的な構文は普通のクラスと変わりありません。ただし、あくまで機能を付与するための仕組みなので、インスタンス変数は持ちません。この例では、メソッドとしてshow_attrメソッドを準備しておきます（❶）。

　show_attrは、現在のインスタンスの中身を列挙するためのメソッドです（__dict__はインスタンス変数を「名前: 値」形式の辞書として返します）。LogMixinは自身ではインスタンス変数を持たないので、それ単体ではshow_attrメソッドは意味を成しません。これが冒頭で「それ単体で動作することを意図しない」と述べた理由です。

　では、どうするのか。継承によって派生クラスに取り込みます（❷）。ここではミックスインを継承しているだけですが、もちろん、本来の意味での基底クラスを同時に継承してもかまいません。

```
class Person(MyParent, LogMixin): ～
            ‾‾‾‾‾‾‾‾
         is-aの関係にある本来の基底クラス
```

　❸でも確かにshow_attrメソッドを呼び出せることが確認できます（単なる継承なので、当然です）。

　Pythonの多重継承は、時として複雑でわかりにくいコードを生み出す原因にもなります。しかし、本来の意味での基底クラスは1つとし、残りは機能だけのミックスインとすることで、コードの見通しを維持しながら、柔軟に機能を拡張していけます。

[1] 以下の文は、継承を説明したものです。空欄を正しい語句で埋めて、文を完成させましょう。

> 継承とは、もとになるクラスのメンバーを引き継ぎながら、新たな機能を加えたり、元の
> 機能を上書きしたりする仕組みです。このとき、継承元となるクラスのことを ①、
> 継承してできたクラスのことを ② と呼びます。
> Personクラスを継承し、BusinessPersonクラスを定義するには、以下のように表します。
>
> ```
>     class BusinessPerson ③ :
>         ...中略...
> ```

[2] リスト10.BのようなMyClassクラスがあるものとします。MySubClassクラスでは、show
メソッドを継承し、文字列全体を［～］のようにブラケットで囲むように変更してみましょ
う。なお、継承に際しては、super関数も利用することとします。

▶リスト10.B　p_inherit.py

```python
class MyClass:
    def __init__(self, kind, name):
        self.kind = kind
        self.name = name

    def show(self):
        return f'ペットの{self.kind}の名前は、{self.name}です。'
```

10.4 ポリモーフィズム

　ポリモーフィズム（Polymorphism）は**多態性**と訳されますが、日本語に訳しても抽象的なところ
が、ポリモーフィズムを難しく見せている原因のようです。しかし、かみ砕いてみれば、なんという
こともありません。ポリモーフィズムとは、要は「同じ名前のメソッドで異なる挙動を実現する」こ
とを言います。

10.4.1 ポリモーフィズムの基本

　まずは、具体的な例を見てみましょう。リスト10.31のTriangle、RenctangleクラスはいずれもFigureクラスを継承しており、それぞれ同名のget_areaメソッドを定義している点に注目です。

▶リスト10.31　polymo_abstract.py

```python
class Figure():
  # width（幅）、height（高さ）を準備
  def __init__(self, width, height):
    self.width = width
    self.height = height

  # 面積を取得（中身はダミー）
  def get_area(self):
    return 0.0

class Triangle(Figure):
  # 三角形の面積を求めるためのget_areaメソッドを定義
  def get_area(self):
    return self.width * self.height / 2

class Rectangle(Figure):
  # 四角形の面積を求めるためのget_areaメソッドを定義
  def get_area(self):
    return self.width * self.height

if __name__ == '__main__':
  t = Triangle(10, 15)
  r = Rectangle(10, 15)
  print(t.get_area())    # 結果：75.0
  print(r.get_area())    # 結果：150
```

　get_areaメソッドは、図形の面積を求めるためのメソッドです。この例では、Figureクラスを継承する2個の派生クラスTriangle／Rectangleで同名のget_areaメソッドをオーバーライドし、それぞれ三角形と四角形の面積を求めるようにしています。複数のクラスで同じ名前のメソッドを定義しているというのがポイントです。これがポリモーフィズムです（図10.18）。

　ポリモーフィズムのメリットは、同じ目的の機能を呼び出すために異なる名前（命令）を覚えなくてもよいという点です。Triangleクラスで面積を求めるのはget_areaメソッドなのに、Rectangleク

10 オブジェクト指向構文

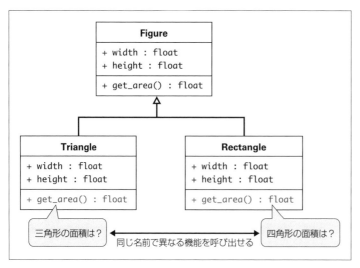

Figure
+ width : float
+ height : float
+ get_area() : float

Triangle
+ width : float
+ height : float
+ get_area() : float

Rectangle
+ width : float
+ height : float
+ get_area() : float

三角形の面積は？

四角形の面積は？

同じ名前で異なる機能を呼び出せる

❖図10.18　ポリモーフィズム（多態性）

ラスではcalculate_areaメソッドである、となると、クラスを利用する側からすれば面倒ですし、間違いのもとです。

> *note* ポリモーフィズムの対義語は、**モノモーフィズム**（Monomorphism。単態性）です。たとえば、伝統的な関数の世界は、典型的なモノモーフィズムです。1つの名前は1つの機能を表し、異なる機能は異なる名前で表す必要があります。

　ただし、これだけのことであれば、それほどの話ではありません。10.3.2項で学んだオーバーライドの機能だけで、最低限のポリモーフィズムは実現できているからです。極論、同名のメソッドさえ定義していれば、Triangle／Rectangleクラスを独立したクラスとして定義してもかまいません（継承すら必須ではありません）。

　しかし、ポリモーフィズムをきちんと実現するには、これでは不足です。というのも、この状態ではTriangle／Rectangleクラスがget_areaメソッドを実装することを保証できません。基底クラスFigureは、派生クラスがget_areaメソッドをオーバーライドすることを期待しています。コメントなどでも、その意図を表明できるかもしれません。しかし、オーバーライドすることを強制するものではないのです。

10.4.2　抽象メソッド

　そこで登場するのが**抽象メソッド**です。抽象メソッドとは、それ自体は中身（機能）を持たない「空のメソッド」のことです。機能を持たないということは、これを誰かが外から与えてやらなけれ

ばなりません。誰か ―― それは派生クラスです。

　抽象メソッドを含んだクラスのことを**抽象クラス**と呼びます（図10.19）。抽象クラスを継承したクラスは、すべての抽象メソッドをオーバーライドしなければならない義務を負います（さもなければ、自分自身も抽象クラスとして、さらに派生クラスでオーバーライドしてもらうことになります）。

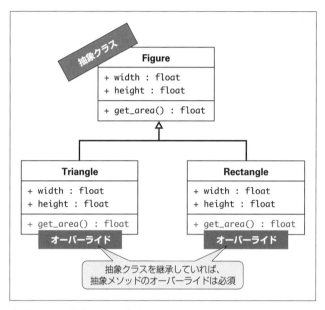

❖図10.19　抽象クラスの意味

　すべての抽象メソッドをオーバーライドしていなければ、派生クラスはそもそもインスタンス化することすらできません（もちろん、抽象クラスそのものをインスタンス化するのも禁止です）。抽象メソッドによって、特定のメソッドが派生クラスでオーバーライドされることを保証できるのです。

　ここで、具体例も見てみましょう。リスト10.32は、先ほどのFigureクラスを抽象クラスとして書き換えたものです。

▶リスト10.32　polymo_abstract2.py

```
from abc import abstractmethod, ABC

class Figure(ABC):
  ...中略...
  @abstractmethod
  def get_area(self):
    pass ─────────────────────────────────────── ❶
```

オブジェクト指向構文

抽象基底クラス／抽象メソッドを定義するには、

- abcモジュールのABCクラスを継承する
- 対象のメソッドを@abtstractmethodデコレーターで修飾する

だけです（ABCはAbstract Base Classの意味です）。

繰り返しになりますが、抽象メソッドは派生クラスでのオーバーライドを想定しているので、基底クラスでは空のブロックとしておきます（❶）。

note 構文規則ではありませんが、抽象クラスの名前にはFigure**Abstract**のように、抽象クラスとわかるようなサフィックス（接尾辞）を付けておくことをお勧めします。本書では便宜上、そのままのFigureという名前を利用しています。

この状態で、派生クラスTriangle／Rectangleからget_areaメソッドを取り除くと、以下のようなエラーが発生することも確認してください。

```
TypeError: Can't instantiate abstract class Triangle with abstract methods ⏎
get_area  ➡抽象メソッドを伴うTriangleクラスはインスタンス化できない
```

抽象クラスが派生クラスに対して、get_areaのオーバーライドを強制しているのです。

10.4.3 isinstance関数

ポリモーフィズムの性質を利用するうえで、オブジェクトが実装している機能（抽象クラス）を確認することは重要です。このために利用できるのがisinstance関数です。

構文 isinstance関数

```
isinstance(obj, clazz)
```

obj ：チェックするインスタンス
clazz：任意のクラス

isinstance関数は、引数objの型が引数clazzの直接のインスタンス、またはclazz派生クラスのインスタンスである場合にTrueを返します。

具体的な利用例も見てみましょう（リスト10.33）。

```python
from abc import abstractmethod, ABC

class Figure(ABC):
  ...中略...
class Triangle(Figure):
  ...中略...
class Rectangle(Figure):
  ...中略...

if __name__ == '__main__':
  # Figure派生クラスのリストを準備
  figs = [
    Triangle(10, 15),
    Rectangle(10, 15),
    Triangle(5, 1)
  ]
  # 配列figsの内容を順番に処理
  for fig in figs:
    if isinstance(fig, Figure):                           ──❶
      print(f'{fig.__class__}:{fig.get_area()}')
```

```
<class '__main__.Triangle'>:75.0
<class '__main__.Rectangle'>:150
<class '__main__.Triangle'>:2.5
```

❶では、リストfigsから取り出したインスタンスが、Figureクラスを継承しているかどうかを確認しています。Figure派生クラスであれば、get_areaメソッドを必ず実装しているはずなので、これを安全に呼び出せます。

このように、異なる種類のインスタンスが混在している場合でもまとめて処理できるのが、ポリモーフィズムのよいところです。もし将来新しいDiamond（菱形）クラスが追加されたとしても、呼び出しのコードが影響を受けることはありません。

note isinstanceによく似た関数として、issubclass関数もあります。こちらは（インスタンスではなく）指定された型同士が、継承関係にあるかを判定します。たとえば以下は、TriangleクラスがFigure派生クラスであるかを判定します。

```python
print(issubclass(Triangle, Figure))    # 結果：True
```

☑ この章の理解度チェック

[1] 表10.Aは、オブジェクト指向の主要なキーワードについてまとめたものです。空欄を適切な語句で埋めて、表を完成させてみましょう。

❖表10.A　オブジェクト指向構文のキーワード

キーワード	概要
①	インスタンス化の際に呼び出されるメソッド。主に ② を初期化するために用いられる
③	インスタンスを生成せず、「クラス名.メソッド名(...)」の形式で呼び出せるメソッド。 ④ デコレーターで修飾し、第一引数には慣例的に ⑤ を渡す
⑥ 関係	派生クラスが基底クラスの一種であること。継承の判断基準となる関係
⑦	基底クラスのメソッドを派生クラスで上書きすること。派生クラスの側では ⑧ を用いて基底クラスのメソッドを呼び出せる
⑨	再利用する機能を、現在のクラスのインスタンス変数として取り込む技法。 ⑥ 関係に対して ⑩ 関係とも言われる

[2] 以下の文章はオブジェクト指向構文について説明したものです。正しいものには○、誤っているものには×を付けてください。

（　　） インスタンス変数の前に「__」（アンダースコア2個）を付与した場合、その変数は完全に隠蔽され、クラス外部からのアクセスを遮断する。

（　　） ほかのクラスからの継承を前提に再利用可能なメソッドを束ねたクラスのことを、抽象クラスと言う。

（　　） プロパティを定義するには、@prop.setter／@prop.getterデコレーター、またはproperty関数を使用する。

（　　） 継承は基底クラスの内部的な機能まで利用できるので、委譲よりも継承を優先して利用すべきである。

（　　） isinstance関数は、インスタンスが指定されたクラスの直接のインスタンスであることを確認するもので、派生クラスのインスタンスである場合はFalseを返す。

[3] リスト10.Cは、抽象メソッドget_areaを定義したFigureと、その派生クラスであるTriangle／Squareの例ですが、いくつかの誤りがあります。間違っている点を指摘してください。

▶リスト10.C　ex_polymo.py

```
from abc import abstractmethod, ABC

class Figure():
```

```
  def __init__(self, width, height):
    self.width = width
    self.height = height

  @abstract
  def get_area(self):
    pass

class Triangle extends Figure:
  def get_area(self):
    return self.width * self.height / 2

class Square extends Figure:
  def get_area(self):
    return self.width * self.height

if __name__ == '__main__':
  figs = [
    Triangle(1Ø, 15),
    Square(1Ø, 15),
    Triangle(5, 1)
  ]
  for fig in figs:
    if issubclass(fig, Figure):
      print(f'{fig.__name__}：{fig.get_area()}') ───────────── ❶
```

```
<class '__main__.Triangle'>：75.Ø
<class '__main__.Square'>：15Ø
<class '__main__.Triangle'>：2.5
```

[4] 以下の条件を満たすように、Hamsterクラスを実装してみましょう。

- インスタンス変数__nameを持つ
- 引数の値をもとに、インスタンス変数を初期化する初期化メソッド
- インスタンス変数にアクセスするためのプロパティname（読み取り専用）
- 与えられた書式fmtを使って、__nameの内容を出力するshowメソッド

モジュール／クラス／関数の特殊属性

　モジュール、クラス、関数（メソッド）などには、それぞれにあらかじめ用意された特殊属性があります。これらの属性にアクセスすることで、それぞれに関わる基本情報にアクセスできます。以下に、主なものをまとめておきます。

❖主な特殊属性

分類	名前	意味
モジュール	__doc__	ドキュメンテーション文字列（9.5.1項）
	__file__	スクリプトの絶対パス
	__path__	ディレクトリパスのリスト
クラス	__doc__	ドキュメンテーション文字列（9.5.1項）
	__name__	クラスの名前
	__qualname__	クラスの完全修飾名
	__module__	属するモジュールの名前
メソッド	__doc__	ドキュメンテーション文字列（9.5.1項）
	__name__	メソッド名
	__qualname__	メソッドの完全修飾名
	__func__	関数オブジェクト
	__self__	インスタンスオブジェクト
関数	__doc__	ドキュメンテーション文字列（9.5.1項）
	__name__	関数名
	__qualname__	関数の完全修飾名
	__code__	コンパイルされた関数本体のコードオブジェクト
	__defaults__	既定値の情報。既定値を持つ引数がない場合はNone
	__kwdefaults__	キーワード専用引数の既定値を含む辞書
	__globals__	関数が定義されたモジュールのグローバル名前空間
	__annotations__	引数の注釈が入った辞書。キーは引数名または'return'

　たとえば以下はdatetimeモジュールの実体（パス）、hoge関数（引数）の既定値を取得する例です。

```
print(datetime.__file__)   # 結果例：C:\Users\nami-\anaconda3\lib\datetime.py
print(hoge.__defaults__)   # 結果例：(10,)
```

オブジェクト指向構文

応用

前章では、オブジェクト指向構文の基本として、核となるクラスを、そして、「カプセル化」「継承」「ポリモーフィズム」の3本柱について学びました。これでオブジェクト指向プログラミングの基本は押さえられたはずですが、Pythonは、それらの脇を固めるさまざまな仕組みが豊富に取りそろえられているのが特徴です。以下に、本章で扱うテーマをまとめます。

- 例外処理（例外クラス）
- 特殊メソッド（__*xxxxx*__）
- データクラス
- イテレーター
- メタクラス
- デコレーター

　これらを理解する中で、オブジェクト指向構文の理解を深めていきましょう。脇を固めるとは言っても、特に例外クラス、特殊メソッドなどのトピックは、本格的な開発には欠かせない、重要な知識です。

11.1 例外処理

　例外処理とは、あらかじめ発生するかもしれないエラーを想定しておき、そのエラーが発生した場合に行うべき処理のことを言います。例外処理は必ずしもオブジェクト指向プログラミングの要素というわけではありませんが、密接に関連するトピックとして、ここで触れておきます。
　例外処理の基本については4.4節で触れているので、ここではtry...except命令そのものについては理解していることを前提に解説を進めます。

11.1.1 例外クラスの型

　すべての例外クラスは、Exceptionクラスを基底クラスとする階層ツリーの中に属しています。階層ツリーでは上位の例外はより一般的な例外を、下位の例外はより問題に特化した例外を意味します。図11.1は、標準ライブラリの中で提供されている主な例外クラスの階層構造です。

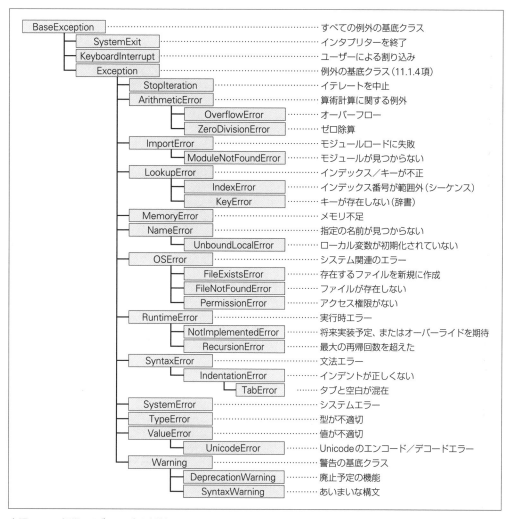

```
BaseException ···················································· すべての例外の基底クラス
    SystemExit ················································· インタプリターを終了
    KeyboardInterrupt ·································· ユーザーによる割り込み
    Exception ················································· 例外の基底クラス（11.1.4項）
        StopIteration ···································· イテレートを中止
        ArithmeticError ······························· 算術計算に関する例外
            OverflowError ····························· オーバーフロー
            ZeroDivisionError ···················· ゼロ除算
        ImportError ······································· モジュールロードに失敗
            ModuleNotFoundError ··············· モジュールが見つからない
        LookupError ······································ インデックス／キーが不正
            IndexError ································ インデックス番号が範囲外（シーケンス）
            KeyError ·································· キーが存在しない（辞書）
        MemoryError ····································· メモリ不足
        NameError ········································· 指定の名前が見つからない
            UnboundLocalError ·················· ローカル変数が初期化されていない
        OSError ············································· システム関連のエラー
            FileExistsError ····················· 存在するファイルを新規に作成
            FileNotFoundError ·················· ファイルが存在しない
            PermissionError ····················· アクセス権限がない
        RuntimeError ···································· 実行時エラー
            NotImplementedError ·············· 将来実装予定、またはオーバーライドを期待
            RecursionError ······················· 最大の再帰回数を超えた
        SyntaxError ······································ 文法エラー
            IndentationError ···················· インデントが正しくない
                TabError ······················· タブと空白が混在
        SystemError ····································· システムエラー
        TypeError ········································· 型が不適切
        ValueError ········································ 値が不適切
            UnicodeError ·························· Unicodeのエンコード／デコードエラー
        Warning ············································· 警告の基底クラス
            DeprecationWarning ················ 廃止予定の機能
            SyntaxWarning ······················· あいまいな構文
```

❖図11.1 標準ライブラリの主な例外クラス

except節は、正確には、発生した例外がexcept節に記述されたものと

一致した場合、または、発生した例外の基底クラスである

場合に呼び出されます。よって、以下のようなtry...except命令を表すことで、すべての例外を捕捉できます。

```
try:
  # 例外を発生する可能性があるコード
except Exception as ex:
  print('エラーが発生しました')
```

これは、以下のように表してもほぼ同じ意味です。

```
try:
  # 例外を発生する可能性があるコード
except:
  print('エラーが発生しました')
```

note 正しくは、後者のコードはExceptionの上位であるBaseExceptionまで捕捉します。ただし、一般的には、BaseExceptionはシステムの終了（SystemExit）、ユーザーによる割り込み（KeyboardInterrupt）までを含むので、アプリで例外を捕捉すると言った場合にはException以下を処理すべきです（Exceptionの上位を捕捉することには意味がありません）。これが4.4.1項で例外型を明記しないexcept節は避けるべき、と述べた理由です。

しかし、これらのコードは原則として避けるべきです。というのも、Exceptionはすべての例外を表すので、例外処理の対象があいまいになりがちなためです。例外は、原則として個別の意味が明確となるより下位の例外クラス（詳細な例外）として受け取るようにしてください。

同様の理由で、たとえばオーバーフローに関わる例外を捕捉するならば、ArithmeticError例外よりもその配下のOverflowError例外を利用すべきです。

except節の記述順序

except節は、try節で発生する可能性のある例外に応じて、複数列記してもかまいません。それによって、例外に応じて処理も分岐できるわけです。

ただし、その場合はexcept節の記述順序にも要注意です。というのも、複数のexcept節がある場合には、記述が先にあるものが優先されるからです。たとえば、リスト11.1のようなコードは、先頭のExceptionクラスがすべての例外を捕捉してしまい、2番目以降のexcept節が呼び出されることはありません。

▶リスト11.1　except_order.py

```
try:
  data = 5 / 0
except Exception:                    ─①
  print('Exception')
except ArithmeticError:              ─②
  print('ArithmeticError')
except OverflowError:                ─③
  print('OverflowError')
```

except節を列記する場合、より下位の例外クラスを先に、上位の例外クラスをあとに記述しなければなりません（やむを得ず、Exceptionクラスを捕捉する場合も、最後に記述します）。

例外は、最初は小さな網で捕らえ、より網の範囲を広げていくようなイメージでとらえておくとよいでしょう。たとえば上の例であれば、❸→❷→❶の順でexcept節を列記します。

> *note* ❶を「except:〜」（例外型を省略）と書くことはできません。それ単体ではほぼ同じ意味ですが、「except:〜」は既定のexcept節とみなされるので、最後にしか記述できないのです。

11.1.2 終了処理を定義する──finally節

try…except命令には、必要に応じてfinally節を追加することもできます。finally節は、例外の有無に関わらず最終的に実行される節で、一般的には、try節の中で利用したリソースの後始末（クリーンアップ処理）のためなどに利用します。1つのtry節に対して複数列記できるexcept節に対して、finally節は1つしか指定できません。

たとえばリスト11.2は、リスト7.16（p.276）をtry…finally命令を使って書き換えた例です。

▶リスト11.2　except_finally.py

```python
file = None
try:
  file = open('./chap11/sample.txt', 'r', encoding='UTF-8')
  data = file.read()
  print(data)
finally:
  # ファイルが存在する場合、これを閉じる
  if file:
    file.close()
```

7.2.1項でも触れたように、ファイルのような共有リソースは確実に解放することを求められます。解放されずに残ったリソースは、メモリを圧迫したり、そもそも他からの利用を妨げる原因ともなるからです。

しかし、try節でcloseメソッドを記述してしまうとどうでしょう。処理の途中で例外が発生した場合、closeメソッドが呼び出されない（＝except節にスキップしてしまう）可能性があります。しかし、finally節でcloseすることで、例外の有無に関わらず、closeメソッドが必ず呼び出されることが保証されます。

with...as命令

　ただし、オブジェクトによっては、利用したリソースのクリーンアップ処理をあらかじめ用意しているものがあります。

　たとえば、open関数によって得られるfileオブジェクトがそれです。そのようなオブジェクトは、with...as命令に渡すことでwith節の終了時に自動的にリソースを解放できます（具体的な例は7.2.1項も参照してください）。

　with...as命令はリソース破棄に特化した仕組みなので、try...finally命令よりもシンプル、かつ明確にコードを表現できます（with...as命令はtry...finallyの簡易構文であると言ってもよいでしょう）。それが許される環境では、try...finally構文よりもwith...as構文を優先して利用すべきです。

補足 コンテキストマネージャー

　with...as命令にオブジェクトを渡せるかどうかは、オブジェクトが**コンテキストマネージャー**に対応しているかどうかによって決まります。コンテキストマネージャーであることの条件は、クラス（型）が表11.1のメソッドを実装していることだけです。

❖表11.1　コンテキストマネージャーのメソッド

メソッド	概要
__enter__(self)	with節に入ったときに呼び出され、リソース（コンテキスト）を準備。戻り値は**as**で指定された変数に反映される
__exit__(self, type, value, tb)	with節を抜けるときに呼び出され、リソース（コンテキスト）を破棄。type／value／tbには、with節内で例外が発生した場合に、その型、値、トレースバックが渡される。例外が発生した場合、戻り値が**True**で例外を無視

　たとえば、fileオブジェクトでは、__exit__メソッドでcloseメソッドを呼び出すことで、with節の終了時にファイルを閉じることを保証しているわけです。リソースの確保／解放を伴うオブジェクトは、原則、コンテキストマネージャーを実装すべきです。

　リスト11.3に示す簡単なコードで、コンテキストマネージャーの挙動も確認しておきましょう（あくまで__enter__／__exit__メソッドの実行順序を確認するためのコードです）。

▶リスト11.3　except_context.py

```python
class MyContext:
  # コンテキストの作成
  def __enter__(self):
    print('**Enter**')
    return self
```

```
    # コンテキストの解放
    def __exit__(self, type, value, tb):
        # 例外の有無を判定
        if type is None:
            print('**Exit**')
        else:
            print(f'**{value}**') ─────────────────────────────────┐
            return True ──────────────────────────────────── ❸ ─┘ ❷

    def hoge(self):
        print('Hoge')

with MyContext() as c:
    print('With Start')
    c.hoge() ────────────────────────────────────────────────── ❶
```

```
**Enter**
With Start
Hoge
**Exit**
```

with…as命令の前後で、__enter__／__exit__メソッドが呼び出されていることが確認できます。with節の中で、例外が発生した場合の例も見てみましょう。❶を以下のように書き換えてみます。

```
raise ValueError('値が不正です。')
```

その結果は、以下のように変化します。

```
**Enter**
With Start
** 値が不正です。 **
```

__exit__メソッドに例外が渡された結果、❷のコードが実行されているわけです。__exit__メソッドの戻り値Trueは、例外をコンテキストマネージャーで処理済みである（＝後続の処理に引き継がない）ことを意味します。

❸をコメントアウトするか、「return False」とした場合の結果も確認しておきます。

```
**Enter**
With Start
**値が不正です。**
Traceback (most recent call last):
  File "c:/data/selfpy/chap11/except_context.py", line 19, in <module>
    raise ValueError('値が不正です。')
ValueError: 値が不正です。
```

　例外が引き継がれた結果、最後にトレースバックが表示されます（もちろん、上位のexcept節で処理することもできます）。

finally節の実行順序

　基本的なfinally節の実行順序は、図4.17（p.147）でも触れた通りです。try →（あれば）except →finallyの順で節が実行されます（リスト11.4）。

▶リスト11.4　except_try.py

```
try:
  raise Exception('例外発生')
except Exception as ex: ─────────────────────────────────────────┐
  print(ex.args[0]) ─────────────────────────────────────────────┤─❶
  ───────────────────────────────────────────────────────────────┘─❷

finally:
  print('**Finally**')
```

```
例外発生
**Finally**
```

　上の挙動を念頭に置きながら、より特殊な例をいくつか見ていきます。いかなる場合もfinally節は必ず実行されることを再確認してください。

（a）例外がexcept節で処理されない場合

　❶をコメントアウトしてみましょう。その場合、以下のような結果が得られます。

```
**Finally**
Traceback (most recent call last): ──────────────────────┐
  File "c:/data/selfpy/chap11/except_try.py", line 2, in <module>    ➡例外を再送出
    raise Exception('例外発生')
Exception: 例外発生 ─────────────────────────────────────┘
```

finally節が実行された後、例外が再送出されます。

（b）except節で新たな例外が発生した場合

たとえばexcept節内の❷に、以下のコードを追加してみましょう。

```
raise Exception('except：例外発生')
```

その場合、以下のような結果が得られます。

```
例外発生
**Finally**
Traceback (most recent call last):
  File "c:/data/selfpy/chap11/except_try.py", line 2, in <module>
    raise Exception('例外発生')
Exception: 例外発生

During handling of the above exception, another exception occurred:

Traceback (most recent call last):
  File "c:/data/selfpy/chap11/except_try.py", line 5, in <module>
    raise Exception('except：例外発生')
Exception: except：例外発生
```

同じくfinally節が実行された後、except節で発生した例外が再送出されます。

（c）try節の中でreturn、またはbreak／continueが呼び出された場合

この場合、returnが実行される直前に、finally節が呼び出されます（リスト11.5）。

▶リスト11.5　except_try2.py

```
def hoge():
  try:
    return 'Hoge'
  finally:
    print('**Finally**')
```
❸

```
print('Start')
print(hoge())
print('End')
```

```
Start
**Finally**
Hoge
End
```

(d) finally 節が return 命令を含む場合

finally 節の❸に、以下のコードを追加してみましょう。

```
return 'Hoge Finally'
```

その場合、try 配下の return よりも finally 配下の return が優先されます。以下は、その結果です。

```
Start
**Finally**
Hoge Finally
End
```

11.1.3 例外をスローする──raise 命令

例外は、標準で用意されたライブラリによって発生するばかりではありません。raise 命令を利用することで、アプリ開発者が自ら例外を発生させることも可能です。

構文 raise 命令

```
raise 例外オブジェクト
```

たとえばリスト11.6は、数値演算ライブラリ NumPy（https://numpy.org/）で定義されている diff 関数のソースコードからの引用です（diff 関数は、要素の差分を取るための関数です）。

▶リスト11.6 function_base.py

```
def diff(a, n=1, axis=-1, prepend=np._NoValue, append=np._NoValue):
  ...中略...
  if n < 0:
    raise ValueError(
      "order must be non-negative but got " + repr(n))
```

```
...中略...
if nd == 0:
    raise ValueError("diff requires input that is at least one dimensional")
```

この例であれば、

- 引数n（配列の階数）が負数の場合はValueError例外
- 変数nd（配列の次数）が0であればValueError例外

を、それぞれ発生させています。一般的に、raise命令はなんらかのエラー判定（if命令）とセットで利用されます。

なお、ここではraise命令に例外クラスのインスタンスを渡していますが、以下のように、例外クラスそのものを渡してもかまいません。

```
raise ValueError
```

この場合、ValueErrorが引数なしの初期化メソッドでインスタンス化されたものとみなされます。

例外を発生させる場合の注意点
その他、構文規則ではありませんが、例外を発生させる場合には、以下の点にも留意してください。

（1）Exceptionを発生させない
11.1.1項で触れたのと同じ理由から、Exception例外を発生させるべきではありません。raise命令では、例外の種類を識別できるように、Exception派生クラス（詳細な例外）を発生させるべきです（本書のサンプルでは便宜上、Exceptionを発生させているものもありますが、あくまで簡易化のためです）。

（2）できるだけ標準例外を利用する
自分で例外を発生させる場合にも、まずは標準の例外に適切なものがないかを確認してください。たとえば、不正な引数が渡されたことを通知するために、InvalidArgumentExceptionなどの独自例外を用意すべきではありません（独自例外の定義については次項で解説します）。標準でValueErrorクラスが用意されているからです。

（3）例外を握りつぶさない
例外をその場で処理できないからと言って、以下のような空のexcept節を設置してはいけません。

```
except:
    pass
```

意図しない例外が発生した場合にも、なんら通知されないので、問題の特定が困難になります。最低でも例外情報を出力し、（その場で例外を適切に処理する手段がないのであれば）そのまま例外を再送出するのが望ましいでしょう。

```
import sys
...中略...
except:
  print('Error: ', sys.exc_info()[0])
  raise
```

　例外を再送出するには、単に「raise」とするだけです（例外型などは不要です）。これによって、現在の例外をそのまま呼び出し元に送出できます。

補足 sys.exc_info関数とトレースバック

　sys.exc_info関数は、現在の例外に関する情報を取得します。例外情報を、

（例外クラス，例外クラスのインスタンス，トレースバック）

形式のタプルとして返します。

　トレースバックとは、例外を発生するまでに経てきたメソッド（関数）の一覧です。エントリーポイント（開始位置）から、呼び出し順に記録されています（図11.2）。

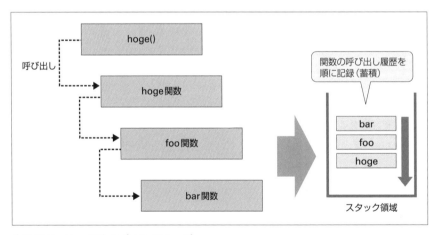

❖図11.2　トレースバック（スタックトレース）

　例外が発生した場合にも、まずはトレースバックを確認することで、意図しないメソッド（関数）が呼び出されていないか、そもそもメソッド呼び出しの過程に誤りがないかなどを確認でき、問題特

定の手がかりとなります。以下は、実行時に例外が出力された場合の、トレースバックの例です。

```
Traceback (most recent call last):
  File "c:/data/selfpy/chap11/sample.py", line 15, in <module>
    hoge()
  File "c:/data/selfpy/chap11/sample.py", line 5, in hoge
    foo()
  File "c:/data/selfpy/chap11/sample.py", line 8, in foo
    bar()
  File "c:/data/selfpy/chap11/sample.py", line 11, in bar
    raise Exception
Exception  ➡最終的な例外型／メッセージ
```

　トレースバックでは、時系列に沿って呼び出し履歴が表示されます。上の例では、hoge→foo
→barの順に関数が呼び出され、最終的にbar関数でExceptionが発生していることが読み取れます。
よって、一般的には、まず、トレースバックの末尾を確認することで、例外の直接の原因を特定でき
ます。

> *note* 高機能なライブラリを利用している場合、トレースバックが何十行に及ぶ場合もあります。その
> ような場合には、tracebackモジュールを利用することで、トレースバックの一部を取り出した
> り、文字列に変換したりできるようになります。

```
import traceback
...中略...
traceback.print_tb(sys.exc_info()[2], 5)     # 先頭5個を出力
file = open('c:/data/exc.dat', 'a')
traceback.print_exc(7, file)     # 先頭7個をファイルに出力
txt = traceback.format_exc(5)     # 先頭5個を文字列化
```

11.1.4 独自の例外クラス

　例外クラスは、アプリ独自に定義することもできます。これまで見てきたように、try...except命
令は、発生した例外に応じて処理を振り分けることができるので、アプリ固有のビジネスロジックに
起因する問題に対しては、適切な例外クラスを用意しておくのが望ましいでしょう（もちろん、標準
例外で事足りるものは、そちらを優先すべきです）。

たとえばリスト11.7は、アプリレベルで発生した問題を表すMyAppError／MyInputErrorを定義
する例です。

▶リスト11.7　except_custom.py

```
# アプリ独自例外の基底クラス
class MyAppError(Exception):
          ❷           ❶
  pass ─────────────────────────────────────────────── ❹


# アプリ独自例外の個別クラス
class MyInputError(MyAppError): ─────────────────────── ❸
  def __init__(self, code, message): ─────────────┐
    self.code = code                              ├── ❺
    self.message = message ───────────────────────┘

if __name__ == '__main__':
  try:
    raise MyInputError(5Ø1, 'Invalid Input')
  except MyAppError as ex:
    print(ex.args)    # 結果：(5Ø1, 'Invalid Input') ─── ❻
```

　例外クラスを定義するには、以下の要件に従っておきます（❷❸は構文規則ではなく、お作法の範
疇に属するルールです）。

　　❶標準のExceptionクラス（またはその派生クラス）を継承すること

　　❷クラス名の接尾辞は、Errorとすること

　　❸アプリ（モジュール）が複数の例外を持つ場合は、アプリ独自例外の基底クラス（ここでは
　　　MyAppError）を準備しておき、他の例外（MyInputError）はこれを継承すること

　例外クラスそのものは通常のクラスと同じく、任意の要素（メソッドなど）を定義できますが、一
般的にはシンプルにとどめるべきです。具体的には、

　　❹Exception（またはその派生クラス）を継承するだけで、中身を空にする

　　❺さもなくば、except節で例外処理する際のキーとなる最低限の情報だけを持たせる

ようにします。
　例外クラス（の初期化メソッド）で受け取った情報は、❻のようにインスタンス変数args経由で
アクセスできます。

[1] except節を複数列記する場合に注意すべき点を説明してください。

[2] 例外を発生させる場合の注意点を「Exception」「標準例外」「再送出」という言葉を用いて説明してください。

11.2 特殊メソッド

　Pythonでは、あらかじめ特定の役割を与えられたメソッドとして、**特殊メソッド**が用意されています（表11.2）。たとえば、これまでに何度も登場した__init__、__new__なども特殊メソッドの一種です（「__xxxxx__」のように前後をアンダースコア2個でくくっているのが目印です）。

❖表11.2　主な特殊メソッド

分類	主なメソッド
基本	__init__（初期化）、__new__（生成）、__hash__（ハッシュ値）、__del__（破棄）、__format__（整形）
型変換	__str__（文字列）、__int__（整数）、__float__（浮動小数点数）、__complex__（複素数）、__bool__（真偽）、__bytes__（バイト配列）、__index__（インデックス値）、__repr__（正式な文字列）
数値演算	__add__（加算）、__sub__（減算）、__mul__（積算）、__truediv__（除算）、__floordiv__（整数除算）、__mod__（剰余）、__divmod__（除算／剰余）、__pow__（乗算）、__neg__（単項マイナス）、__pos__（単項プラス）
ビット演算	__lshift__（左シフト）、__rshift__（右シフト）、__and__（論理積）、__or__（論理和）、__xor__（排他的論理和）、__invert__（否定）
比較	__lt__（<）、__le__（<=）、__eq__（==）、__ne__（!=）、__gt__（>）、__ge__（>=）
属性	__getattr__（取得）、__getattribute__（取得）、__setattr__（設定）、__delattr__（削除）、__dir__（一覧）
呼び出し	__call__（関数コール）
関数	__abs__（絶対値）、__round__（丸め）、__trunc__（0方向丸め）、__floor__（切り捨て）、__ceil__（切り上げ）
コンテナー	__len__（長さ）、__getitem__（取得）、__setitem__（設定）、__delitem__（削除）、__missing__（キーなし）、__iter__（イテレーター）、__reversed__（逆ソート）、__contains__（存在有無）
ディスクリプター	__get__（取得）、__set__（設定）、__delete__（削除）
コンテキスト	__enter__（生成）、__exit__（破棄）
継承	__init_subclass__（継承）、__instancecheck__（isinstance）、__subclasscheck__（issubclass）

11

オブジェクト指向構文　応用

特殊メソッドを利用することで、たとえばインスタンス同士を加算する――「obj1 + obj2」のような記述も可能になります。「obj.add(obj2)」のようなメソッドでも代用できますが、特殊メソッドを利用することで、より自然なコードを記述できるようになるわけです（加算の意図は、addという単語よりも「+」演算子のほうが明快です）。

では、ここからは主な特殊メソッドについて、具体的な実装方法を交えながら解説していきます。なお、その型で実装されていない操作が呼び出された場合、PythonはTypeError例外を送出します。

11.2.1 オブジェクトの文字列表現を取得する

__str__メソッドは、可能であれば、すべてのクラスで実装すべきです。オブジェクトの適切な文字列表現（__str__メソッド）を用意しておくことで、ロギング／単体テストなどの局面でも、

```
print(obj)
```

とするだけで、オブジェクトの概要を確認できるというメリットがあります（print関数にオブジェクトを渡した場合、内部的には__str__が呼ばれます）。

objectクラスによる既定の実装では、「<__main__.Person object at 0x0000022773914400>」のような値が返されます。

リスト11.8は、Personクラスに対して__str__メソッドを実装する例です。

▶リスト11.8　reserve_str.py

```python
class Person:
  def __init__(self, firstname, lastname):
    self.__firstname = firstname
    self.__lastname = lastname

  # インスタンスの文字列表現を生成
  def __str__(self):                                    ┐
    return f'{self.lastname} {self.firstname}'          ┘─❶

  # プロパティを定義
  @property                                             ┐
  def firstname(self):                                  │
    return self.__firstname                             │
                                                        ├─❷
  @property                                             │
  def lastname(self):                                   │
    return self.__lastname                              ┘
```

```
if __name__ == '__main__':
  p = Person('太郎', '山田')
  print(p)    # 結果：山田 太郎
```

　__str__メソッドを実装する際には、そのクラスを特徴づける情報（インスタンス変数）を選別して文字列化するのがポイントです（❶）。すべてのインスタンス変数を書き出すのが目的では**ありません**。

　また、__str__メソッドで利用したインスタンス変数は、個別のゲッターでも取得できるように配慮してください（❷）。さもないと、利用者側は個別の情報を取り出すために、__str__メソッドの戻り値を解析しなければならないハメに陥るからです。

解析可能な表現を取得する

　__str__メソッドによく似たメソッドとして、__repr__メソッドもあります。ただし、こちらはeval関数が呼び出されたときに、元のオブジェクトを復元できるような文字列を返すことが期待されています（Personであれば、たとえば「Person(太郎, 山田)」のような文字列です）。repr関数にオブジェクトが渡された場合などに呼び出されます。

note　str／repr関数はいずれもオブジェクトの文字列表現を返します。ただし、str関数がエンドユーザー向けの簡易な文字列を返すのに対して、repr関数はあとで再利用可能な文字列を返す点が異なります。たとえば以下は、datetime.dateクラスの例です。

```
d = datetime.date.today()
print(str(d))     # 結果：2019-12-14
print(repr(d))    # 結果：datetime.date(2019, 12, 14)
```

再利用可能とは、eval関数によって解析できるという意味です。eval関数は、文字列で表された式表現を解析／実行するための関数です。一般的には、repr関数で返された表現を、eval関数に渡すことで、元のオブジェクトを再生成できます。

　たとえば、先ほどのPersonクラスに__repr__メソッドを実装するならば、リスト11.9のようなコードとなります。

▶リスト11.9　reserve_str.py

```
def __repr__(self):
  return f'Person({self.firstname}, {self.lastname})'
```

__eq__メソッドは、オブジェクトの同値性（＝オブジェクト同士が意味的に同じ値を持つこと）を判定するためのメソッドです。「==」判定されたときに呼び出されます。

objectクラスが既定で用意している__eq__メソッドは、同一性（＝オブジェクト同士が同じ参照を持つこと）を確認するにすぎません。意味ある値としての等価を判定したい場合には、個別のクラスで__eq__メソッドをオーバーライドしてください。

具体的な例も見てみましょう（リスト11.10）。

▶リスト11.10　reserve_eq.py

```python
class Person:
  def __init__(self, firstname, lastname):
    self.firstname = firstname
    self.lastname = lastname

  # 氏／名ともに等しければ同値とする
  def __eq__(self, other):
    if isinstance(other, Person):                          ──❶
      return self.firstname == other.firstname and \       ──❷
             self.lastname == other.lastname
    return False

if __name__ == '__main__':
  p1 = Person('太郎', '山田')
  p2 = Person('次郎', '鈴木')
  p3 = Person('太郎', '山田')
  print(p1 == p2)     # 結果：False
  print(p1 == p3)     # 結果：True
```

同値性の判定は、以下の段階を踏みます。

まず、❶では比較の対象（引数other）がPerson型であるかを判定します。型が異なるのであれば等しくないのは明らかなので、そのままFalseを返します。

型が一致している場合には、firstname／lastnameそれぞれの値を比較し、双方とも等しい場合に__eq__メソッド全体をTrue（等しい）と判断します（❷）。

ここでは、すべてのインスタンス変数を判定の対象としているので、❷は以下のように書き換えても同じ意味です（特定のインスタンス変数だけを同値判定の対象としたい場合には、この方法は利用できません）。

```
    return self.__dict__ == other.__dict__
```

 note 10.3.6項でも触れたように、__dict__は、その型で定義されたインスタンス変数をdict型として取得します。__dict__を利用することで、たとえば、

```
    p.firstname
```

は、

```
    p.__dict__['firstname']
```

と書き換えても同じ意味です。
ただし、__dict__は__slots__（10.1.2項）を利用している場合は参照できない、「__」付きの変数も見えてしまう、そもそも一般的な「.」でのアクセスのほうが簡潔、などの問題があります。特別な意図がない限り、クラス外部からのアクセスに利用すべきではありません。

派生クラスでの同値判定

　Personクラスと、その派生クラスであるBusinessPersonクラスを比較する例を見てみましょう。BusinessPersonクラスには、firstname／lastnameにtitle（職位）を追加しています。
　まずは、BusinessPersonクラスが__eq__メソッドを持たない例からです（リスト11.11）。

▶リスト11.11　reserve_eq_inherit.py

```
class Person:
    ...中略（リスト11.10を参照）...

class BusinessPerson(Person):
    def __init__(self, firstname, lastname, title):
        super().__init__(firstname, lastname)
        # titleを追加
        self.title = title

if __name__ == '__main__':
    p = Person('太郎', '山田')
    bp = BusinessPerson('太郎', '山田', '部長')
    print(p == bp)    # 結果：True ―――――――――――――――――――――――
    print(bp == p)    # 結果：True ―――――――――――――――――――――――①
```

11

オブジェクト指向構文 応用

この場合、Person／BusinessPerson間の比較はPersonの__eq__メソッドに従うのでシンプルです。新たに追加されたtitleは同値判定に関与しないので、❶の判定はいずれもTrue（等しい）となります。

 note ただし、Personで__dict__に基づく判定を行っている場合には、その限りではありません。Person／BusinessPerson間で保持する情報が異なるからです。

では、BusinessPersonクラスに__eq__メソッドを実装するとどうでしょう（リスト11.12）。

▶リスト11.12　reserve_eq_inherit.py

```python
class Person:
  ...中略...

class BusinessPerson(Person):
  ...中略...
  def __eq__(self, other):
    if isinstance(other, BusinessPerson):
      # Person型の判定に加えて、titleも判定
      return super().__eq__(other) and \
             self.title == other.title
    return False

if __name__ == '__main__':
  p = Person('太郎', '山田')
  bp = BusinessPerson('太郎', '山田', '部長')
  print(p == bp) ────────────────────────────── ❷
  print(bp == p) ────────────────────────────── ❸
```

この場合、❷❸の判定はどのようになるでしょう。直観的には、

● 左辺にPerson型を持つ❷はp.__eq__(bp)と等価、つまり、titleを加味しないのでTrue
● 左辺にBusinessPerson型を持つ❸はbp.__eq__(p)と等価、つまり、titleを加味するのでFalse

になるように思えます。

しかし、結果は❷❸ともにFalse。Pythonでは、「==」演算子のオペランドが継承関係にある場合、

左辺右辺いずれに位置するにも関わらず、派生クラスの__eq__メソッドによって同値判定

するのです（先ほども見たように、派生クラスに__eq__メソッドが存在しない場合には、基底クラスのそれが採用されます）。

このような性質によって、Pythonでは「a == b」であるにもかかわらず、「b != a」となるような矛盾の発生を防いでいるのです。

11.2.3　オブジェクトのハッシュ値を取得する

__hash__メソッドは、オブジェクトのハッシュ値 —— オブジェクトのデータをもとに生成されたint値を返します。dict／setなどのハッシュ表で値を正しく管理するための情報で、「同値のオブジェクトは同じハッシュ値を返すこと」が期待されています。

 一方、異なるオブジェクトに対して、必ずしも異なるハッシュ値を返さなくてもかまいません。よって、__hash__メソッドが固定値を返しても誤りではありません。しかし、ハッシュ表の性質上、そのようなオブジェクトはハッシュ表の検索効率が悪化します（図11.A）。ハッシュ値は適度に分散するように求めるべきです。

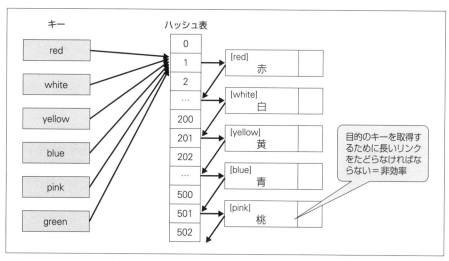

❖図11.A　ハッシュ値が偏っていると……

では、具体的な実装例を見てみましょう（リスト11.13）。

▶リスト11.13　reserve_hash.py

```python
class Person:
    ...中略（リスト11.10を参照）...

    # ハッシュ値を演算
    def __hash__(self):
        return hash((self.firstname, self.lastname))
```
①

```
if __name__ == '__main__':
    p = Person('太郎', '山田')
    dic = {p: '男'}                                          ─────────────❷
    print(dic[p])        # 結果：男 ───────────────────────────────
```

　__hash__メソッドの実装そのものはシンプルです。❶のように、オブジェクトの同値判定に関わる情報をタプルとしてまとめ、hash関数に渡すだけです（__eq__で利用していない変数は不要ですし、同値性との整合が取れなくなるので含めてはいけません）。これでオブジェクト全体としてのハッシュ値を求められます。

　確かに、❷のようにdict型のキーとしてPersonクラスを利用できることが確認できます。試しに❶をコメントアウトすると、「TypeError: unhashable type: 'Person'」（Person型がhashableでない）のようなエラーが発生します。

hashableであることの条件

　ただし、厳密にはリスト11.13のコードは不完全です。hashableであるためには__hash__メソッドを持つだけでなく、

生存期間中、ハッシュ値が変動してはならない（＝不変でなければならない）

からです。

　しかし、Personクラスのハッシュ値を構成するfirstname／lastnameは変更可能です。たとえば、リスト11.13の❷を以下のように書き換えてみるとどうでしょう。

```
dic = {p: 100}
p.firstname = '次郎'
print(dic[p])
```

　「KeyError: <__main__.Person object at 0x00000235E0CA44E0>」のようなエラーが発生します。ハッシュ値が格納の前後で変化してしまったので、目的のキーを検出できなくなってしまったのです。

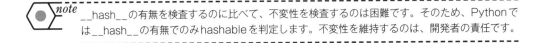

> *note* __hash__の有無を検査するのに比べて、不変性を検査するのは困難です。そのため、Pythonでは__hash__の有無でのみhashableを判定します。不変性を維持するのは、開発者の責任です。

　このような問題を避けるには、ハッシュ値を算出するためのインスタンス変数はすべて不変（読み取り専用）とすべきです（リスト11.14）。

```python
class Person:
  __slots__ = ['__firstname', '__lastname'] ─────────────────── ❶
  def __init__(self, firstname, lastname):
    self.__firstname = firstname
    self.__lastname = lastname


  # firstname／lastnameのゲッターを宣言（読み取り専用）
  @property ───────────────────────────────────┐
  def firstname(self):
    return self.__firstname
                                                       ❷
  @property
  def lastname(self):
    return self.__lastname ─────────────────────┘


  # del呼び出しを禁止
  def __delattr__(self, name): ──────────────────────┐
    raise RuntimeError ────────────────────────────── ❸


  def __eq__(self, other):
    if isinstance(other, Person):
      return self.firstname == other.firstname and \
             self.lastname == other.lastname
    return False


  def __hash__(self):
    return hash((self.firstname, self.lastname))
```

　__slots__（❶）は10.1.2項を、アクセサーメソッド（❷）は10.2.3項を、__delattr__（❸）は11.2.8項を、それぞれ参照してください。これで値の書き換えはもちろん、メンバーの追加／削除を禁止できます（10.2.2項で触れたような理由から、厳密に不変ではありませんが、一般的な用途であれば十分です）。

　その他、特別な機能を必要としないのであればnamedtuple（8.4.1項）でも代替できますし、Python 3.7以降であれば、そもそもデータクラス（11.3節）を利用したほうがシンプルです。

11.2.4　オブジェクトを四則演算する

　Pythonでは、「+」「>」のような演算子を、クラス独自に再定義できます。これを**演算子のオー**

バーロードと言います。たとえば、datetime型の加減算（5.3.3項）なども、この機能を利用したものです。

演算子のオーバーロードを利用することで、たとえば四則演算、比較などの演算機能をよりシンプルかつ直観的に提供できます（「obj.add(obj2)」とするよりも「obj + obj2」と書けたほうがコードはわかりやすくなります）。

まずは、数学演算に関わるメソッドからです（表11.3）。

たとえばリスト11.15は、Coordinate（座標）クラスにおいて「+」演算子をオーバーロードしています。Coordinateクラスはインスタンス変数としてx、yを持ち、「+」演算子はx、yそれぞれを加算した結果を表すものとします。

❖表11.3　四則演算のオーバーロード

演算子	対応するメソッド
+	__add__
–	__sub__
*	__mul__
**	__pow__
/	__truediv__
//	__floordiv__
%	__mod__

▶リスト11.15　reserve_add.py

```python
class Coordinate:
  def __init__(self, x, y):
    self.x = x
    self.y = y

  # Coordinate同士の加算
  def __add__(self, other):
    return Coordinate(
        self.x + other.x,
        self.y + other.y
        )                        ❶

  def __str__(self):
    return f'({self.x}, {self.y})'

if __name__ == '__main__':
  # Coordinate同士を加算
  c1 = Coordinate(10, 20)
  c2 = Coordinate(15, 25)
  print(c1 + c2)     # 結果：(25, 45)
```

「+」演算子によってオペランドには影響が出ないよう、あくまで加算結果は新規のインスタンスとして返すようにします（❶）。

もちろん、Coordinateオブジェクト同士の加算だけでなく、Coordinate型 + int型のような演算も可能です（リスト11.16）。

```python
class Coordinate:
  def __init__(self, x, y):
    self.x = x
    self.y = y

  def __add__(self, other):
    # 右オペランドの型によって処理を分岐
    if isinstance(other, Coordinate):
      # Coordinate同士の加算
      return Coordinate(
          self.x + other.x,
          self.y + other.y
          )
    elif isinstance(other, int):
      # Coordinate+intの加算
      return Coordinate(
          self.x + other,
          self.y
          )
    else:
      # それ以外の型は不可
      raise TypeError('type must be Coordinate or int')

  def __str__(self):
    return f'({self.x}, {self.y})'

if __name__ == '__main__':
  c1 = Coordinate(10, 20)
  c2 = Coordinate(15, 25)
  print(c1 + 10)        # 結果：(20, 20)
  print(c1 + c2)        # 結果：(25, 45)
  print(c1 + 'hoge')    # 結果：エラー (TypeError: type must be Coordinate or int)
```

> *note* isinstance関数については、10.4.3項も参照してください。型によって処理を分岐するには、別解として@dispatchデコレーターを利用する方法もあります。具体的な例については、配布サンプルのmethod_overload.pyを参照してください（紙面上では割愛します）。

11

オブジェクト指向構文　応用

複合代入演算子の例

「+=」「-=」演算子のような複合演算子をオーバーロードすることもできます。これには、表11.4のようなメソッドを実装してください（それぞれ元のメソッドに「i」が付与した名前です）。

ただし、これらのオーバーロードが存在しない場合、__add__、__sub__など、本来の「+」「-」演算子で処理されるので、常に__add__／__iadd__双方を実装しなければならないわけではありません。

リスト11.17は、Coordinateクラスを例に「+=」演算子をオーバーロードする例です。「+」演算子では演算結果を新たなインスタンスとして返していましたが、「+=」演算子では既存のインスタンスを書き換えるものとします。

❖表11.4　複合代入演算子のオーバーロード

演算子	メソッド
+=	__iadd__
-=	__isub__
*=	__imul__
**=	__ipow__
/=	__itruediv__
//=	__ifloordiv__
%=	__imod__

▶リスト11.17　reserve_add3.py

```python
class Coordinate:
    ...中略...
    def __iadd__(self, other):
        self.x += other.x
        self.y += other.y
        return self
    ...中略...


if __name__ == '__main__':
    c1 = Coordinate(10, 20)
    c2 = Coordinate(15, 25)
    c1 += c2
    print(c1)      # 結果：(25, 45)
```

❶

今回は自分自身の書き換えなので、引数selfそのものを書き換え、戻り値もself自身としています（❶）。

右オペランドの演算ルールを実装する

__r*XXXXX*__メソッドは、

演算子の左オペランドがその演算子を実装していない

場合に実行されるメソッドです（表11.5）。

❖表11.5　主な__r*XXXXX*__メソッド

メソッド	概要
__radd__	加算
__rsub__	減算
__rmul__	積算
__rpow__	乗算
__rtruediv__	除算
__rfloordiv__	整数除算
__rmod__	剰余

たとえば「left − right」であれば、まず、

```
left.__sub__(right)
```

が呼び出され、未実装であった場合には、

```
right.__rsub__(left)
```

が呼び出されるということです。

　具体的に、Left／Rightクラスを実装して、挙動を確認してみましょう（リスト11.18）。Leftクラスには__sub__メソッドを、Rightクラスは__rsub__メソッドを、それぞれ実装しています。

▶リスト11.18　reserve_right.py

```
class Left:
  def __init__(self, value):
    self.value = value

  # 「−」演算子のオーバーロード
  def __sub__(self, other): ─────────────────────
    print('Left#__sub__')                              ❷
    return Left(self.value − other.value) ───────────

class Right: ──────────────────────────────────────── ❹
  def __init__(self, value):
    self.value = value

  # 「−」演算子のオーバーロード（右オペランド）
  def __rsub__(self, other): ─────────────────────
    print('Right#__rsub__')                            ❸
    return Left(other.value − self.value) ──────────

if __name__ == '__main__':
  l = Left(10)
  r = Right(5)
  result = l − r ──────────────────────────────────── ❶
  print(result.value)
```

```
Left#__sub__
5
```

まず、この例であれば❶は左オペランドLeftの__sub__メソッド（❷）を呼び出します。

ここで❷をコメントアウトすると、どうでしょう。左オペランドが「−」演算子をサポートしないので、右オペランドRightの__rsub__メソッド（❸）が呼び出されます。

```
Right#__rsub__
5
```

これが__sub__／__rsub__メソッドの標準的な挙動ですが、❹を以下のように書き換えると、ルールが変化します（併せて、❷のコメントアウトを解除してください）。

```
class Right(Left):
```

右オペランドが左オペランドの派生クラスである場合です。この場合は、左オペランドの__sub__メソッド（❷）の有無に関わらず、無条件に、右オペランドの__rsub__メソッド（❸）が呼び出されます。

11.2.5 オブジェクト同士を比較する

「>」「<=」などの演算子をオーバーロードすることで、オブジェクト同士の大小を比較することもできます（表11.6）。

❖表11.6　比較演算子のオーバーロード

メソッド	演算子
__eq__	==（11.2.2項）
__ne__	!=
__lt__	<
__le__	<=
__gt__	>
__ge__	>=

neはnot equal、ltはless than、gtはgreater than、leはless or equal、geはgreater or equalの意味です。

たとえばリスト11.19は、Coordinateクラスを例に大小比較をまとめて実装します。Coordinate（座標）の大小は原点からの距離の大小で決まるものとします。

```
class Coordinate:
  def __init__(self, x, y):
    self.x = x
    self.y = y

  # 「<」ルール
  def __lt__(self, other):
    return self.x ** 2 + self.y ** 2 \
           < other.x ** 2 + other.y ** 2

  # 「<=」ルール
  def __le__(self, other):
    return self.x ** 2 + self.y ** 2 \
           <= other.x ** 2 + other.y ** 2

  # 「>」ルール
  def __gt__(self, other):
    return not self.__le__(other)

  # 「>=」ルール
  def __ge__(self, other):
    return not self.__lt__(other)

  def __str__(self):
    return f'({self.x}, {self.y})'

if __name__ == '__main__':
  c1 = Coordinate(1, 2)
  c2 = Coordinate(15, 25)
  c3 = Coordinate(2, 1)
  print(c1 < c2)      # 結果：True
  print(c1 <= c3)     # 結果：True
  print(c1 <= c2)     # 結果：True
  print(c1 > c2)      # 結果：False
```

❶
❷

11

オブジェクト指向構文 **応用**

　原点−座標間の距離は、三平方の定理から「$x^2 + y^2$」で求められます（正しくはその平方根ですが、比較用途であれば平方根まで求める必要はありません）。__lt__／__le__（❶）ではself／otherそれぞれの距離を比較して、その結果をそのまま戻り値として返しています。__gt__／__ge__（❷）も同じように求めてもかまいませんが、一般的には、__le__／__lt__の逆（not）として求めたほうがシンプルです（ここでは触れていませんが、__ne__も__eq__のnotで十分です）。

データ型を変換する

インスタンスの内容を特定の型で返すためのメソッドが、表11.7です。それぞれ対応する型変換関数によって呼び出されます（たとえば、__int__であればint関数によって呼び出されます）。当然、それぞれの関数が期待する型（値）を返す必要があります。

❖表11.7　型変換に関わるメソッド

メソッド	型
__str__	文字列型（11.2.1項）
__int__	整数型
__float__	浮動小数点数型
__complex__	虚数型
__bool__	論理型
__bytes__	バイト型
__index__	インデックス値（スライス構文、bin／oct／hex関数の呼び出し時に実行）

たとえばリスト11.20は、Coordinateクラスの整数／浮動小数点数表現を求める例です。ここでは、Coordinate（座標）の数値表現は、原点からの距離で表すものとします。

▶リスト11.20　reserve_int.py

```python
import math

class Coordinate:
  def __init__(self, x, y):
    self.x = x
    self.y = y

  def __int__(self):
    return int(self.__float__())

  def __float__(self):
    return math.sqrt(self.x ** 2 + self.y ** 2)

if __name__ == '__main__':
  c = Coordinate(1, 2)
  print(float(c))    # 結果：2.2360679774979
  print(int(c))      # 結果：2
```

オブジェクトの真偽を判定する

オブジェクトが真偽値として判別されるような状況を**bool演算コンテキスト**と言います。たとえば、ifの条件式として渡されたオブジェクトはbool演算コンテキストで、True／False値として解釈されます。

組み込み型の真偽判定については2.1.2項でも触れているので、以下では一般的なオブジェクトでの真偽判定ルールについてまとめます。

1. __bool__メソッドがTrueを返せば、オブジェクトはTrue

2.（__bool__が存在しない場合）__len__メソッドが非ゼロ値を返せば、オブジェクトはTrue

3.（__bool__も__len__も存在しない場合）オブジェクトは常にTrue

> *note* __len__は、元々はオブジェクトの長さを求めるためのメソッドで、len関数が呼び出されたときに呼び出されます。

たとえばリスト11.21は、Coordinateクラスに__bool__／__len__メソッドを定義した例です。__bool__メソッドは、Coordinate（座標）が原点（0, 0）を表す場合にFalse、それ以外の場合はTrueを返し、__len__メソッドは原点から座標までの距離を整数値で返すものとします。

▶リスト11.21　reserve_bool.py

```python
import math

class Coordinate:
  def __init__(self, x, y):
    self.x = x
    self.y = y

  # 真偽判定のためのメソッド
  def __bool__(self):
    print('__bool__')
    return self.x != 0 or self.y != 0

  # オブジェクトの長さを求めるメソッド
  def __len__(self):
    print('__len__')
    return int(math.sqrt(self.x ** 2 + self.y ** 2))
```
① ②

11

```
if __name__ == '__main__':
  c = Coordinate(0, 0)
  if c:
    print('cはTrueです。')
  else:
    print('cはFalseです。')
```

```
__bool__
cはFalseです。
```

　__bool__（❶）は戻り値としてTrue／Falseを、__len__（❷）は整数値を返すようにします。❶
をコメントアウトした場合には、確かに結果が変化し、__len__メソッドが呼び出されていることも
確認できます。

```
__len__
cはFalseです。
```

　この例のように、__bool__／__len__メソッドの真偽判定ルールが意味的に一致しているならば、
最初から__len__メソッドだけを実装してもかまいません（判定ルールを明示するならば、__bool__
メソッドから__len__メソッドを明示的に呼び出してもよいでしょう）。
　❶❷ともにコメントアウトした場合には、結果は無条件にTrue扱いとなります。

11.2.8 アトリビュートの取得／設定の挙動をカスタマイズする

　アトリビュート操作に関連する予約メソッドもあります（表11.8）。

❖表11.8　アトリビュート操作に関する予約メソッド

メソッド	呼び出しのタイミング
__getattribute__(*self*, *name*)	アトリビュートを取得するとき（常時）
__getattr__(*self*, *name*)	アトリビュートを取得するとき（存在しないとき）
__setattr__(*self*, *name*)	アトリビュートを設定するとき
__delattr__(*self*, *name*)	del命令でアトリビュートを削除するとき
__dir__(*self*)	インスタンスがdir関数で呼び出されたとき

　これらのメソッドを利用することで、アトリビュートの取得／参照時に共通の処理を加えることが
可能になります。

アトリビュートの取得／設定

具体例も見てみましょう。リスト11.22のMyInfoクラスは、任意の情報を配下の辞書に格納します。

▶リスト11.22　reserve_attr.py

```python
class MyInfo:
  # アトリビュート格納のための__data（辞書）を準備
  def __init__(self):
    super().__setattr__('__data', {})                               ❶

  # 指定されたアトリビュートを__dataから取得
  def __getattr__(self, name):
    try:
      return super().__getattribute__('__data')[name]
    except KeyError as ex:                                           ❷
      return None

  # 指定されたアトリビュートを__dataに格納
  def __setattr__(self, name, value):
    super().__getattribute__('__data')[name] = value                ❸

if __name__ == '__main__':
  i = MyInfo()
  i.score = 58
  i.hobby = '卓球'
  print(i.hobby)        # 結果：卓球
  print(i.__dict__)     # 結果：{'__data': {'score': 58, 'hobby': '卓球'}}  ❹
```

❶アトリビュートの格納先を準備する

MyInfoクラスでは、任意のアトリビュートをdict型の変数__dataで管理するものとします。初期化メソッドで、まずは空の辞書を用意しておきます。

❶で__dataへの代入に「self.__data = {}」としていないのは、__setattr__メソッド（❷）が呼び出されてしまうからです。その場合、__setattr__は辞書__dataの配下に値を追加しようとしますが、まだ__dataは存在しないので、「AttributeError: 'MyInfo' object has no attribute '__data'」のようなエラーとなります。

そこで基底クラス（super）の__setattr__メソッドを呼び出して、現在のクラスの__setattr__メソッドを経由するのを避けているわけです。

❷アトリビュートを辞書から取り出す

アトリビュート取得の際に呼び出されるのが、__getattr__メソッドです。基底クラスの__

getattribute__メソッドで__dataを取得し、name（アトリビュート名）をキーに値を取得します。__dataにキーが存在しない（KeyErrorが発生した）場合はNone値を返します。

　なお、__dataを取得するに際して「self.__data[name]」としないのは、❶と同じ理由です。その場合、__data（内部的には_MyInfo__data）へのアクセス時に__getattr__メソッドが呼び出されるため、正しく値を取得できません（いわゆる無限ループとなります）。

> *note* __getattr__メソッドと__getattribute__メソッドはよく似ていますが、前者がアトリビュートが存在**しない**場合にだけ呼び出されるのに対して、後者は**常に**呼び出されます。よって、本文の例のように、アトリビュートを仮想的に設定している（＝実在しない）場合には、__getattr__メソッドを利用します。

❸アトリビュートを辞書に設定する

　アトリビュート設定の際に呼び出されるのが、__setattr__メソッドです。この例では、❷と同じく基底クラスの__getattribute__メソッドで__dataを取得し、値を設定しています。

　❹で確認すると、確かに設定されたアトリビュートに、普通の「.」でアクセスできていること、__dict__からは__data配下にアトリビュートが収まっていることがわかります。

> *note* その他、たとえば__delattr__メソッドで例外を送出することで、クラスに対するアトリビュート操作（の一部）を制限することもできます。以下の例では、del呼び出しで例外を発生します。

```python
def __delattr__(self, name):
    raise RuntimeError('Not Support')
```

11.2.9 　ディスクリプター

　ディスクリプターとは、表11.9のようなメソッドを備えたクラスです（いずれか1つを備えていれば、すべてのメソッドを備えていなくてもかまいません）。

❖表11.9　ディスクリプターが備えるメソッド

メソッド	呼び出しタイミング
__get__(*self, obj, type*)	アトリビュートを取得するとき
__set__(*self, obj, value*)	アトリビュートを設定するとき
__delete__(*self, obj*)	アトリビュートを削除するとき

__getattr__／__setattr__などのメソッドにも似ていますが、ディスクリプターを利用することで、

- アトリビュート操作に関わる挙動を別クラスに切り出せる（＝クラスをまたがるアトリビュート関連の機能を再利用できる）
- 特定のアトリビュートに対してのみ適用される挙動を定義できる（__getattr__／__setattr__では、そのクラスのすべてのアトリビュートに影響）

などのメリットがあります。ディスクリプターは、プロパティをはじめ、クラス／静的メソッド、superなどの背後でも利用されています。

具体的な例も見てみましょう。リスト11.23のLogPropディスクリプターは、値の取得／設定に際して、その内容を出力するものです。

▶リスト11.23　descriptor_basic.py

```python
# ディスクリプターの定義
class LogProp:
    # 対象のアトリビュート名（name）を設定
    def __init__(self, name):                               ─①
        self.name = name

    # アトリビュート取得時の処理
    def __get__(self, obj, type):                           ─②
        print(f'{self.name}: get')                    ─⑥
        return  obj.__dict__[self.name]               ─④

    # アトリビュート設定時の処理
    def __set__(self, obj, value):                          ─③
        print(f'{self.name}: set {value}')            ─⑦
        obj.__dict__[self.name] = value               ─⑤

class App:
    # ディスクリプターを定義
    title = LogProp('title')                                ─⑧

if __name__ == '__main__':
    app = App()
    app.title = '独習Python'                                 ─⑨
    print(app.title)
```

11 オブジェクト指向構文 応用

```
title: set 独習Python
title: get
独習Python
```

ディスクリプターの側で定義しているのは、__init__／__get__／__set__ です。まず、__init__ メソッド（**①**）は、ディスクリプターの対象となるアトリビュート名を受け取り、これを保存しています。あとで値を受け渡しするためのキーとなる情報です。

そして、__set__（**②**）、__get__（**③**）が値受け渡しのための主となるメソッドです。__get__／__set__ は、引数経由で以下の情報を受け取ります。

- obj ：対象となるインスタンス
- type ：対象となるクラス（type オブジェクト）
- value：渡された値

この例であれば、__dict__ を介してインスタンスの値を取得／参照しています。__get__／__set__ はインスタンスのアトリビュート操作を肩代わりするので、なんらかの値の取得／保存操作がない場合、アトリビュート値の取得／設定は無効になります（もちろん、ディスクリプターによっては保存先は __dict__ でなくてもかまいません）。**④⑤** のような記述を最低限とし、取得／設定時の追加的な操作を加えておきましょう。この例であれば、取得／設定の結果を print で出力しています（**⑥⑦**）。

定義済みのディスクリプターをアトリビュートにひもづけるには、**⑧** のようにします（これは property 関数でプロパティを定義するのと同じ書き方です）。**⑨** のように title を設定／取得したタイミングでログが出力される（＝ディスクリプターが呼び出される）ことが確認できます。

note ディスクリプターの挙動は、__getattribute__／__setattr__ によって上書きされます。つまり、これらのメソッドがオーバーライドされた場合には、そちらが優先されます。

11.2.10 インスタンスを関数的に呼び出す

__call__ メソッドは、オブジェクトが関数の形式で呼び出された場合にコールされます。

具体的な例を見てみましょう。リスト 11.24 は、Coordinate（座標）クラスに __call__ メソッドを追加した例です。__call__ メソッドは、引数として座標 x、y を受け取り、現在の座標との距離を返すものとします。

```python
import math

class Coordinate:
  def __init__(self, x, y):
    self.x = x
    self.y = y

  # c(x, y)形式で呼び出せ、距離を求める
  def __call__(self, o_x, o_y):
    return math.sqrt(
      (o_x - self.x)** 2 + (o_y - self.y)** 2)

if __name__ == '__main__':
  c = Coordinate(10, 20)
  print(c(5, 15))     # 結果：7.0710678118654755
```
❶
❷

　他の特殊メソッドと異なり、__call__メソッドは任意個数の引数を受け取り、任意の戻り値を返せる点に注目です（❶）。この例では、比較する座標（o_x、o_y）を受け取り、座標間の距離を返します。

　❷でも関数構文で__call__メソッドが呼び出せていることが確認できます。使いどころが難しいメソッドですが、この後、メタクラス（11.5節）でも再登場しますし、意外と汎用性の高いメソッドです。まずはここで基本的な挙動と書き方を理解しておいてください。

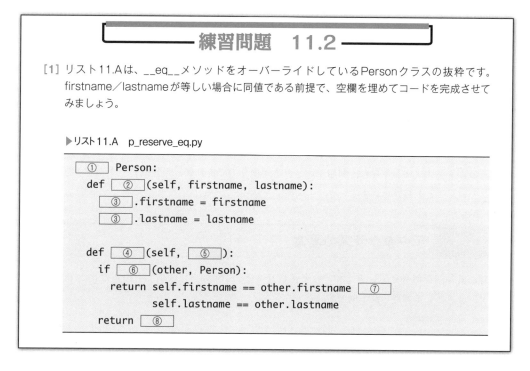

練習問題　11.2

［1］リスト11.Aは、__eq__メソッドをオーバーライドしているPersonクラスの抜粋です。firstname／lastnameが等しい場合に同値である前提で、空欄を埋めてコードを完成させてみましょう。

▶リスト11.A　p_reserve_eq.py

```
  ①   Person:
  def  ②  (self, firstname, lastname):
     ③  .firstname = firstname
     ③  .lastname = lastname

  def  ④  (self,  ⑤  ):
    if  ⑥  (other, Person):
      return self.firstname == other.firstname  ⑦
             self.lastname == other.lastname
    return  ⑧
```

11
オブジェクト指向構文 応用

11.3 データクラス

本来のクラスとは、データ（インスタンス変数）と関連する機能（メソッド）の集合体です。しかし、実際のアプリではデータ（の集合）だけを扱うクラスが一定数存在します。Python 3.7以降では、そのようなクラスを表現するための専用の仕組みを用意しています。それが**データクラス**です。

データクラスを利用することで、以下のようなメリットがあります。

（1）基本メソッドを自動生成してくれる

具体的には、以下のようなメソッドを自動生成してくれます（ただし、※の付いたメソッドは、規定のオプションが指定された場合にだけ生成されます）。

- __init__
- __repr__
- __eq__
- __lt__、__le__、__gt__、__ge__ [※]
- __hash__ [※]

（2）イミュータブルなオブジェクトを生成できる

標準的なclass命令で生成されるオブジェクトは、既定でミュータブル（可変）です。これをイミュータブルとするには、いくつかの仕掛けを施さなければなりませんが、データクラスであればfrozenオプションを有効にすることで、イミュータブルなクラスを定義できます。

（3）メソッドは自由に追加できる

自動生成されるメソッドばかりではありません。これまでのclass命令と同じく、def命令で明示的に独自のメソッドを追加してもかまいません。__init__などの予約メソッドも、明示的に宣言された場合には、そちらが優先されます。

以上のようなメリットからも、利用が許される環境なのであれば、今後はデータクラスを積極的に利用していくことをお勧めします。

11.3.1 データクラスの基本

では、具体的な例も見ていきます。たとえばリスト11.25は、11.2.1項でも扱ったPersonクラスをデータクラスとして実装し直す例です。

```python
import dataclasses

@dataclasses.dataclass(frozen=True)  ────────────────────  ❶
class Person:
    firstname: str  ──────────────────────────────────┐
    lastname: str                                      ├─ ❷
    age: int = 0  ─────────────────────────────────────┘

    def show(self):  ─────────────────────────────────┐
        print(f'私の名前は{self.lastname}{self.firstname}です！')  ──┴─ ❸

if __name__ == '__main__':
    p1 = Person('太郎', '山田', 58)  ──────────────────┐
    p2 = Person('太郎', '山田', 58)                    │
    print(p1)          # 結果：Person(firstname='太郎', lastname='山田', age=58)  ├─ ❹
    print(p1 == p2)    # 結果：True  ──────────────────┘
```

データクラスを利用するポイントは、以下の通りです。

❶ @dataclassデコレーターを付与する

データクラスを宣言するには、従来のクラス宣言に@dataclasses.dataclassデコレーターを付与するだけです。この例では、frozenオプションでオブジェクトが変更できない（＝イミュータブルな）ことを宣言していますが、その他にも表11.10のようなオプションを設定できます。

❖表11.10　@dataclassデコレーターの主なオプション

オプション	概要	既定値
init	__init__メソッドを自動生成するか	True
repr	__repl__メソッドを自動生成するか	True
eq	__eq__メソッドを自動生成するか	True
order	__lt__、__le__、__gt__、__ge__メソッドを自動生成するか	False
unsafe_hash	無条件に__hash__メソッドを自動生成するか	False
frozen	クラスをイミュータブルとするか	False

6.1.16項でも触れたように、クラスはイミュータブルであるほうが扱いが簡単です（オブジェクトの状態が中途で意図せず変えられてしまう心配がないからです）。要件を満たす限り、クラスはイミュータブルとするのが理想的です。

❷ フィールドを宣言する

データクラスが保持するインスタンス変数（フィールドとも言います）は、型宣言を伴うクラス変

数のような形式で宣言します。

構文 フィールドの宣言

```
フィールド名: 型 [= 既定値]
```

この例であれば、firstname（str型）、lastname（str型）、age（int型。既定値は0）といったフィールドが宣言されるわけです。また、内部的には、以下のような__init__メソッドが生成されます（引数はフィールドの宣言順序に沿います）。

```
def __init__(self, firstname: str, lastname: str, age: int = 0): ～
```

ただし、9.5.4項でも触れたように、関数アノテーションはあくまで注釈です。型がチェックされるわけでは**ない**点は、従来のクラスと同じです。

❸メソッドを宣言する

冒頭でも触れたように、データクラスにも任意のメソッドを追加できます。こちらは、これまでと同じ構文なので、特筆すべき点はありません。

❹データクラスの初期化と比較

このように定義されたデータクラスが、❹のように初期化でき、「==」演算子でも比較できることを確認してみましょう。自動生成される初期化メソッドについては❷も参照してください。「==」演算子による比較は、既定ですべてのフィールドが比較対象となります。

11.3.2 フィールドのカスタマイズ

フィールドの挙動は、dataclasses.field関数を利用することで、さまざまにカスタマイズできます。たとえばリスト11.26は、ageフィールドを__eq__メソッドの判定から除外する例です。

▶リスト11.26　data_field.py

```
import dataclasses

@dataclasses.dataclass()
class Person:
  firstname: str
  lastname: str
  age: int = dataclasses.field(default=0, compare=False)
```

```
if __name__ == '__main__':
  p1 = Person('太郎', '山田', 58)
  p2 = Person('太郎', '山田', 11)
  print(p1 == p2)    # 結果：True
```

フィールド情報は、field関数のキーワード引数として宣言します（表11.11）。

❖表11.11　field関数のキーワード引数

キーワード	概要	既定値
default	既定値	
default_factory	既定値を生成するための関数（11.3.3項。defaultと同時には指定不可）	
init	__init__メソッドの引数に現在のフィールドを含めるか	True
repr	__repr__メソッドの戻り値に現在のフィールドを含めるか	True
compare	__eq__、__gt__などの判定に現在のフィールドを含めるか	True
hash	ハッシュ値の生成に現在のフィールドを利用するか（11.3.4項）	None

　たとえば、初期化時に指定したくないオプショナルなフィールドはinitオプションをFalseにしますし、同値／大小判定に関与しないフィールドはcompareオプションをFalseとし、それぞれ除外します。

　field関数に諸々の情報を指定したら、あとは、フィールドの初期値として渡すだけです。field関数が初期値を占めてしまうので、初期値を持つフィールドでfield関数を利用する場合には、defaultオプションを利用します。

11.3.3　イミュータブルなクラス

　11.3.1項でも触れたように、データクラスではfrozenオプションを付与することで、簡単にイミュータブルなクラスを宣言できます。リスト11.25（p.503）の例で、たとえばfirstnameフィールドを変更しようとすると、以下のようなエラーを確認できるはずです。

```
p1.firstname = '次郎'
  # 結果：エラー（dataclasses.FrozenInstanceError: cannot assign to field 'firstname'）
```

　ただし、frozenオプションを付与していても、不変性が破れる場合があります（というか、簡単に破れます）。

　たとえば、先ほどのPersonクラスにlist型のmemoフィールドを追加してみましょう（リスト11.27）。

▶リスト11.27　data_list.py

```python
import dataclasses

@dataclasses.dataclass(frozen=True)
class Person:
    firstname: str
    lastname: str
    age: int = 0
    memos: list = dataclasses.field(default_factory=list)  ─────────── ❶
```

list型（ミュータブル）の既定値を渡すには、dataclasses.field関数で既定値を生成するための関数（ここではlist）を渡してください（❶）。8.3.1項で触れたようなミュータブルな既定値で起こりうる問題を防ぐために、「memos: list = []」のような記述は「mutable default <class 'list'> for field memos is not allowed」といったエラーとなるからです。

このようなコードの不変性は、リスト11.28のようなコードで簡単に破綻します。

▶リスト11.28　data_list.py

```python
ms = ['married', 'AB']
p = Person('太郎', '山田', 58, ms)
# 初期化メソッドに渡したオブジェクトを変更
ms.append('dog')
print(p)
    # 結果：Person(firstname='太郎', lastname='山田', age=58, memos=['married', 'AB', 'dog'])

p = Person('太郎', '山田', 58, ['married', 'AB'])
# フィールド経由で取得したオブジェクトを変更
p.memos.append('dog')
print(p)
    # 結果：Person(firstname='太郎', lastname='山田', age=58, memos=['married', 'AB', 'dog'])
```

Pythonでの値の引き渡しは参照渡しが基本です。よって、引数／戻り値で受け渡した値を変更した場合、その内容はフィールドにも影響してしまうのです。これを防ぐには、この例であれば（list型の代わりに）tuple型を利用することです。tuple型であればイミュータブルなので、上のような問題は避けられます。

note ただし、tuple型でも、配下の要素がミュータブル（可変）である場合には、その内容の変更まで制限できるわけではありません。現実的には、完全な不変性を保証するのは難しく、どこまで不変性を保証するのかの取り決めは必要になるでしょう。

11.3.4 hashableなクラスを生成する

　データクラスを利用することで、hashableなクラスも比較的簡単に実装できます。大ざっぱには、リスト11.27のようにfrozenオプションを有効（True）にするだけです。これで、内部的には＿＿hash＿＿メソッドが自動生成されます。

> *note*　ただし、前項でも触れたようにfrozenオプションを付与したとしても、不変性が無条件に保証されるわけではありません。フィールド型を適切に設定するのは、開発者の責任です。

　以上で終わりとしてもよいのですが、理解を深めるために、＿＿hash＿＿の自動生成ルールについて、簡単にまとめておきます。

- ● @dataclassのeq／frozenオプションがTrueの場合に自動生成（eqは既定でTrueなので、明示的に指定するのはfrozenのみ）
- ● eqがTrue、frozenがFalseの場合、＿＿hash＿＿の戻り値をNoneに設定（明示的にハッシュ不能とマーク）
- ● eqがFalseの場合、＿＿hash＿＿は生成されない（基底クラスに従う）

　@dataclassデコレーターのunsafe_hashオプションをTrue（既定はFalse）に設定することで、常に＿＿hash＿＿を生成させることも可能ですが、11.2.3項でも触れたような理由からバグの原因となるので、原則避けてください。

ハッシュ値に関わるフィールド

　＿＿hash＿＿メソッドに加えるべきフィールドは、field関数のhashオプションで指定できます（表11.12）。

❖表11.12　hashオプションの設定値

設定値	概要
True	フィールドをハッシュ計算に加える
None	compareオプションの設定値に従う（既定）
False	フィールドをハッシュ計算に含めない

　一般的には、同値判定（＿＿eq＿＿）とハッシュ値とは連動すべきなので、既定値のNoneを変更すべきではありません。

　例外的に、compare=Trueであるにもかかわらず、hash=Falseとする意味があるとしたら、フィールドを同値判定に利用しているが、その値を他のフィールドから算出できる場合です。ハッシュ値を求めるオーバーヘッドが大きい場合、そのようなフィールドに限っては、hashオプションを明示的にFalseとする意味があります（ただし、ごく限られた状況であるはずです）。

11

オブジェクト指向構文　応用

データクラスには、その他にもクラスを取得／操作するために、以下のような関数が用意されています。

すべてのフィールドを取得する

fields関数を利用することで、データクラス配下のすべてのフィールドを列挙できます（リスト11.29）。

▶リスト11.29　data_fields.py

```python
import dataclasses

@dataclasses.dataclass()
class Person:
    firstname: str
    lastname: str

if __name__ == '__main__':
    for f in dataclasses.fields(Person):
        print(f)
```

```
Field(name='firstname',type=<class 'str'>,default=<dataclasses._MISSING_TYPE ↩
object at 0x000002A2O4E9DBO8>,default_factory=<dataclasses._MISSING_TYPE ↩
object at 0x000002A2O4E9DBO8>,init=True,repr=True,hash=None,compare=True,↩
metadata=mappingproxy({}),_field_type=_FIELD)
Field(name='lastname',type=<class 'str'>,default=<dataclasses._MISSING_TYPE ↩
object at 0x000002A2O4E9DBO8>,default_factory=<dataclasses._MISSING_TYPE ↩
object at 0x000002A2O4E9DBO8>,init=True,repr=True,hash=None,compare=True,↩
metadata=mappingproxy({}),_field_type=_FIELD)
```

fields関数の戻り値は、Fieldオブジェクトのタプルです。Fieldは、name（名前）、type（データ型）のほか、表11.11（p.505）で示したような情報を保持しています。

dict／tuple型に変換する

asdict／astuple関数を利用することで、データクラスからdict／tuple型の値を取得できます（リスト11.30）。データクラス、リスト／辞書などは、いずれも再帰的に処理されます。

▶リスト11.30　data_asdict.py

```
p = Person('次郎', '山田')
print(dataclasses.asdict(p))    # 結果：{'firstname': '次郎', 'lastname': '山田'}
print(dataclasses.astuple(p))   # 結果：('次郎', '山田')
```

オブジェクトを複製する

replace関数を利用することで、既存のインスタンスを複製できます。その際、引数changesを指定することでフィールドの値を置き換えます。

構文 replace関数

```
replace(instance, **changes)
```

instance ：複製元のオブジェクト
changes ：置き換える値（「フィールド名=値」の形式）

リスト11.31は、具体的な例です。

▶リスト11.31　data_replace.py

```
p = Person('次郎', '山田')
p2 = dataclasses.replace(p, firstname='太郎')
print(p)    # 結果：Person(firstname='次郎', lastname='山田')
print(p2)   # 結果：Person(firstname='太郎', lastname='山田')
```

replace関数が複製を生成する際には、__init__メソッドを経由してインスタンスを生成します。

練習問題　11.3

[1] 以下のような条件でデータクラスと、その呼び出しのコードを書いてみましょう。

- イミュータブルなHamsterクラス
- name（str型。既定値は「名無し」）、age（int型。既定値は0）フィールドを持つ
- name、ageフィールドをもとに「●○は●○歳です！」と表示するshowメソッドを持つ
- nameが「のどか」、ageが1で、Hamsterクラスをインスタンス化し、showメソッドを呼び出す

イテレーターとは、オブジェクトの内容を列挙するための仕組みを備えたオブジェクトです。具体的には、

- 次の要素を取り出す
- 現在の読み出し場所を記録する
- 読み出し可能な要素がなくなったら通知する

ための機能を備えています。

たとえば、list、tuple、set、strなどの型がfor命令で等しく中身を取り出せるのは、いずれの型も既定でイテレーターを備えていたからです（イテレーターを備えた型のことを、**イテラブル**な型と呼びます）。

初歩的なプログラミングでは、開発者がイテレーターを直接利用する機会はほとんどありません。しかし、自分でイテレーターを実装するに先立って、原始的なイテレーターの仕組みを知っておくことは無駄ではありません。

リスト11.32は、list型の値をイテレーター経由で列挙する例です（図11.3）。

▶リスト11.32　reserve_next.py

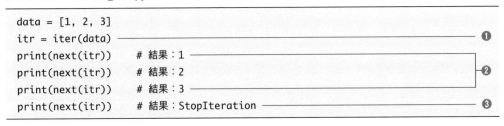

```
data = [1, 2, 3]
itr = iter(data)                              ❶
print(next(itr))    # 結果：1                   ┐
print(next(itr))    # 結果：2                   ├ ❷
print(next(itr))    # 結果：3                   ┘
print(next(itr))    # 結果：StopIteration       ❸
```

リストからイテレーターを取得するには、iter関数を呼ぶだけです（❶）。イテレーターからはnext関数を使って、次の要素を取得できます（❷）。ただし、読み込むべき要素が存在しない場合には、StopIteration例外が発生します（❸）。

> *note* next関数には、既定値を指定することもできます。
>
>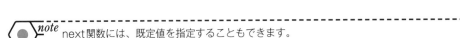
>
> ```
> print(next(itr, '－'))
> ```
>
> この場合、次の要素がない場合には、既定値（ここでは「－」）を返します。

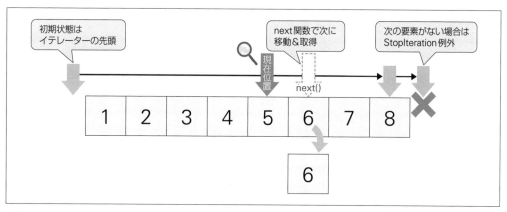

初期状態は
イテレーターの先頭

next関数で次に
移動＆取得

次の要素がない場合は
StopIteration例外

現在位置

next()

| 1 | 2 | 3 | 4 | 5 | 6 | 7 | 8 |

6

❖図11.3　イテレーター

　以上のようなイテレーターの性質を利用して、リストのすべての要素をwhile命令で取り出すように
にしたのが、リスト11.33の例です。

▶リスト11.33　reserve_next_while.py

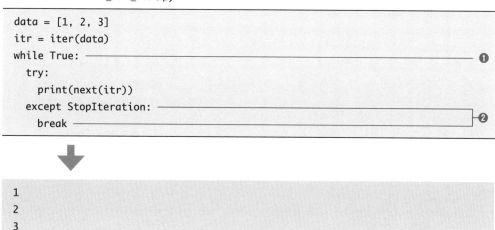

```
data = [1, 2, 3]
itr = iter(data)
while True: ─────────────────────────────────────────── ❶
  try:
    print(next(itr))
  except StopIteration: ───────────────────────────────── ❷
    break ──────────────────────────────────────────────
```

```
1
2
3
```

　whileループの条件式はTrueなので、いわゆる無限ループです。そこでnext関数でStopIteration
例外が発生した場合（＝イテレーターが終端に達した場合）、ループを明示的に脱出しているわけで
す（❷）。

　冒頭で触れたように、もちろん、実際のアプリではfor命令が賄ってくれるので、このようなコー
ドを書く必要はありません。for命令とは、リスト11.33のようなwhileループのシンタックスシュ
ガー（糖衣構文）と考えればよいでしょう。

イテレーターの基本的な理屈を理解できたところで、ここからは自作のクラスにイテレーターを組み込んでみましょう。

ここで紹介するのは、Person クラス（10.1.3項）のリストを管理する PersonList クラスの例です。まずは、イテレーターを利用せずに実装してみます（リスト11.34）。

▶リスト11.34　iter_basic.py

```
class Person:
    ...中略（リスト10.8を参照）...

class PersonList:
    # Personクラスのリストを格納するための変数を準備
    def __init__(self):
        self.data = []

    def add(self, person):
        self.data.append(person)

if __name__ == '__main__':
    # PersonListにPersonオブジェクトを格納
    pl = PersonList()
    pl.add(Person('太郎', '山田'))
    pl.add(Person('奈美', '掛谷'))
    pl.add(Person('悟助', '田中'))

    # PersonListの内容を順に処理し、そのshowメソッドを実行
    for p in pl.data:
        p.show()
```

```
私の名前は山田太郎です！
私の名前は掛谷奈美です！
私の名前は田中悟助です！
```

PersonListで管理しているPersonのリストにはインスタンス変数data経由でアクセスできます（太字の部分）。ここでは、これをforループにかけて、PersonListの内容を列挙しているわけです。

もちろん、これでも可能なのですが、インスタンスの内容を列挙するために変数dataにアクセス

しなければならないのは冗長に思えます。できれば、

```
for p in pl: ～
```

のように書けたほうが、標準的なリストの記法にも似ており、便利です。

　修正は簡単です。リスト11.35は、リスト11.34のPersonListクラスに__iter__メソッドを追加した
だけです。

▶リスト11.35　iter_basic.py

```
class PersonList:
  ...中略...
  def __iter__(self):
    return iter(self.data)                                    ❶


if __name__ == '__main__':
  ...中略...
  for p in pl:                                                ❷
    p.show()
```

　__iter__メソッド（❶）は、インスタンスに対してiter関数が呼び出されたときに呼び出される予
約メソッドです。戻り値として、イテレーターを返す必要があります。

　この例であれば、列挙すべき変数dataがlist（列挙可能な型）なので、これをiter関数に渡すこと
でリスト（data）のイテレーターを取得できます。インスタンス内で管理するイテラブルな型を列挙
したいという場合には、これだけの記述で十分です。

　❷のようにインスタンスそのものをforループに渡せることが確認できます。

11.4.2　例 素数を求めるイテレーター

　では、もう少し実践的な例として、Prime（素数）クラスを作成してみましょう。Primeクラスは
インスタンス変数maxを持ち、インスタンスを列挙することでmaxを上限とする素数を出力できる
ものとします（リスト11.36）。

```
import math

class Prime:
  def __init__(self, max):
    self.max = max
    self.__current = 1

  # イテレーター（自分自身を返す）
  def __iter__(self):
    return self                                          ❹

  # イテレーターの本体を実装
  def __next__(self):
    while True:
      self.__current += 1
      if self.__current > self.max:                      ❷  ❶
        raise StopIteration
      elif self.__is_prime(self.__current):              ❸
        return self.__current

  # 引数valueが素数かどうかを判定
  def __is_prime(self, value):
    ...中略（リスト9.7：p.364を参照）...

if __name__ == '__main__':
  pr = Prime(100)
  for p in pr:
    print(p)
```

```
2
3
5
...中略...
97
```

　今度は、列挙可能な値がリストなどで管理されているわけではないので、イテレーターそのものを自作する必要があります。p.511でも見たように、イテレーターとは、

- next関数によって次の値を返し、

- 次の値がなければStopIteration例外を投げる

オブジェクトです。

このような仕組みを実装するのが__next__メソッドです（❶）。名前の通り、next関数が呼び出されたときには、内部的に呼び出されます。

Primeクラスでは、現在取得済みの素数を__current変数で管理しています。__next__メソッドでは、__currentを順にカウントアップしていき、その値がmax（取得の上限）を超えていればStopIterationを投げますし（＝処理を中止❷）、さもなければ__is_primeメソッドで__currentが素数であるかを判定します（❸）。__is_primeメソッドはリスト9.7（p.364）と同じなので、そちらを参照してください。__currentが素数であった場合には、next関数（__next__メソッド）の戻り値として、__currentを返します。

あとは、先ほどと同じく、__iter__メソッドを実装するだけです（❹）。__iter__メソッドは、オブジェクトのイテレーターを返すのでした。この例であれば、自分自身がイテレーター（__next__メソッド）を実装しているので、selfを返すだけです。

Primeオブジェクトをforループにかけると、100を上限とする素数が列挙されることが確認できます。

以上からわかるように、イテラブル型では__iter__／__next__メソッドを実装するのが基本です（リスト11.35で__next__メソッドがなかったのは、list型のそれを利用していたからです）。ここではクラス自身がイテレーター（__next__）を実装していますが、より複雑な機能の場合は、別のクラスとして切り出す場合もあります。

11.4.3 コンテナー型で利用できる特殊メソッド

コンテナー型とは、list／tuple／dictのように、配下に複数の値（要素）を収めることができる型の総称です。コンテナー型とイテラブル型は完全に一致しているわけではありませんが、深く関連するので、ここでコンテナー型で利用できる特殊メソッドをまとめておきます（表11.13）。

❖表11.13　コンテナー型に関わる特殊メソッド

メソッド	実行タイミング
__getitem__(self, key)	obj[key]で参照したとき
__setitem__(self, key, value)	obj[key]=valueで設定したとき
__delitem__(self, key)	del obj[key]で削除したとき
__contains__(self, item)	item in objで存在判定されたとき
__reversed__(self)	reversed関数（6.1.9項）で呼び出されたとき

では、リスト11.35のPersonListクラスを例に、__getitem__／__setitem__メソッドの例を見てみましょう（リスト11.37）。

```
class Person:
  ...中略（リスト10.8を参照）...


class PersonList:
  # Personクラスのリストを格納するための変数を準備
  def __init__(self):
    self.data = []
  ...中略...
  def __getitem__(self, key):
    return self.data[key]

  def __setitem__(self, key, value):
    self.data[key] = value


if __name__ == '__main__':
  pl = PersonList()
  pl.add(Person('太郎', '山田'))
  pl.add(Person('奈美', '掛谷'))
  pl.add(Person('悟助', '田中'))

  pl[1] = Person('哲也', '佐藤')
  print(pl[1].firstname)    # 結果：哲也
```

❶

PersonListクラスでは、Personをlist型で管理しているので、__getitem__／__setitem__メソッドともに、引数key／valueの値をそのままブラケット構文に渡すだけでかまいません（もちろん、要素の取得／設定を独自に実装するならば、引数key／valueをもとに値を生成／設定することになるでしょう）。

　ちなみに、obj[1:3]のようなスライス構文では、引数keyにはsliceオブジェクト（5.2.3項）が渡されます。

11.5 メタクラス

　メタクラスとは、クラスを生成するためのクラスのことです。10.1節では、クラスとは「インスタンス（オブジェクト）のひな型」と述べましたが、メタクラスは「クラスそのもののひな型」と言えます（「クラスのクラス」と表現されることもあります）。メタクラスを利用することで、クラスの生成方法そのものを独自のそれで差し替えできるようになります（図11.4）。

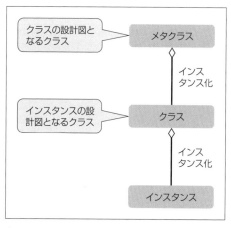

❖図11.4　メタクラス

　クラスのさらに上位の概念であることから、一見難解と思われる仕組みですが、理屈を順序だって追っていけば、決して複雑ではありません。メタクラスそのものを自作する機会はそれほど多くはないかもしれませんが、クラスの理解を深める意味でも役立つ題材です。さらなるステップアップの手がかりとしてください。

11.5.1 type関数とclass命令

　メタクラスについて解説する前に、その前提となるtype関数について解説しておきます。

　これまでにも、type関数は、与えられた引数（インスタンス）の型を返すために利用してきました。一般的には、この用法を理解していれば十分ですが、実はtype関数には、もう1つ別の用法（構文）があります。

構文 type関数（第2構文）

```
type(name, bases, disc)
```

name　：クラスの名前
bases：基底クラス群（タプル）
disc　：クラス定義

　上の構文を利用することで、クラスを動的に定義できます。たとえば、リスト11.38はリスト10.8のPersonクラスを、type関数を使って書き換えた例です。

```
# クラス定義に関わるメソッド（関数）を準備
def init(self, firstname, lastname):  ┐
  self.firstname = firstname          │
  self.lastname = lastname            │
                                      ├─ ❷
                                      │
def show(self):                       │
  print(f'私の名前は{self.lastname}{self.firstname}です！')  ┘

# Personクラスを定義
Person = type(
  'Person',
  (object, ),
  {  ┐
                                      │
    '__init__': init,                 ├─ ❶
    'show': show                      │
  }  ┘
)

if __name__ == '__main__':
  p = Person('太郎', '山田')  ┐
  p.show()     # 結果：私の名前は山田太郎です！  ┘─ ❸
```

　引数 *disc* では「変数／メソッド名: 値」の形式で、クラス定義を表します（❶）。メソッドの場合は、メソッド本体をあらかじめ関数として準備しておき（❷）、その参照を引数 *disc* に渡します。もちろん、簡単なメソッドであれば、ラムダ式として表してもかまいません。

```
'show': (lambda self: print(f'私の名前は{self.lastname}{self.firstname}です！'))
```

　class命令で宣言したのと同じく、インスタンス化→実行できていることも確認しておきましょう（❸）。

クラスはtypeクラスのインスタンス

　ここで、作成したクラスそのもの（インスタンスではなく）の型をtype／isinstance関数で確認してみましょう（リスト11.39）。

▶リスト11.39　meta_type.py

```
print(type(Person))            # 結果：<class 'type'>
print(isinstance(Person, type)) # 結果：True
```

すでに何度か触れてきたように、Pythonではすべてのもの —— 関数やモジュールすらオブジェクトとして表されます。そして、Pythonの世界ではクラスもまたオブジェクトです。オブジェクトであるということは、そのひな型となるクラスがあるはずです。そう、それがtypeクラスです（図11.5）。

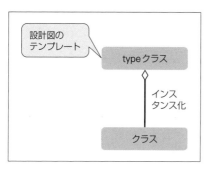

❖図11.5　クラスはtypeクラスのインスタンス

クラスを定義するとは、typeクラスのインスタンスを生成すること、と言い換えてもよいでしょう（つまり、type関数の第2構文とは、type型の初期化メソッド呼び出しだったわけです）。リスト11.38ではtype関数でクラスを定義しましたが、この事情はclass命令を使った場合も同じです。class命令によるクラス定義もまた、内部的にはtype関数の呼び出しであるからです。

11.5.2　メタクラスの基本

ということは、typeクラスを別のクラスに置き換えてやれば、クラス定義の過程そのものに手を加えられるということです。これが**メタクラス**のアイデアです（図11.6）。

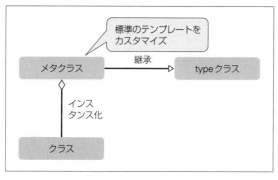

❖図11.6　メタクラスはtypeクラスの代わり

では、具体的なメタクラスを作成して、その挙動を確認してみましょう。以下は、

オブジェクト指向構文　応用

- クラスに共通の変数hogeを追加するとともに、
- メタクラスによる処理のタイミングでログメッセージを出力

するMyMetaメタクラスの例です（リスト11.40）。

▶リスト11.40　meta_basic.py

```python
class MyMeta(type):                                              ❶
  @classmethod
  def __prepare__(matacls, name, bases, **kwargs):
    print(f'{matacls}:__prepare__')
    #return super().__prepare__(name, bases, **kwargs)
    return {'hoge': 'ほげ'}

  def __new__(matacls, name, bases, disc, **kwargs):            ❷
    print(f'{matacls}:__new__')
    return super().__new__(matacls, name, bases, disc)

  def __init__(cls, name, bases, disc, **kwargs):
    print(f'{cls}:__init__')
    super().__init__(name, bases, disc)

  def __call__(cls, *args, **kwargs):
    print(f'{cls}:__call__')
    return super().__call__(*args, **kwargs)

class MyClass(metaclass=MyMeta):                                ❸
  pass

if __name__ == '__main__':
  c = MyClass()
  print(MyClass.hoge)                                          ❹
```

```
<class '__main__.MyMeta'>:__prepare__
<class '__main__.MyMeta'>:__new__
<class '__main__.MyClass'>:__init__
<class '__main__.MyClass'>:__call__
ほげ
```

メタクラスはtypeを継承するのが基本です（❶）。（typeを継承せずに）完全に独自のクラスとし

て定義することも可能ですが、お勧めはしません（標準的なクラスとの互換性が低くなるためです）。

メタクラスの配下には、表11.14のメソッドを定義できます。❷の太字部分を除いた箇所がメタクラスの一般的な骨組みと考えてもよいでしょう。それぞれのメソッドの役割も表11.14にまとめています（本項では説明の便宜上、すべてのメソッドを実装していますが、実際のアプリでは、必要なメソッドだけを実装すれば十分です）。

❖表11.14　メタクラスの主なメソッド

メソッド	概要
__prepare__	クラス定義（type関数の引数*dict*に相当）を生成。既定は空の辞書（クラスメソッド）
__new__	メタクラスによるインスタンス（実クラス）生成時に呼び出し
__init__	メタクラスによるインスタンス（実クラス）初期化時に呼び出し
__call__	メタクラスのインスタンス（実クラス）が呼び出されたときに呼び出し

表11.14のメソッドの引数は、type関数の第2構文とほぼ同じです。ただし、__prepare__／__new__メソッドの第1引数のmetaclsは（実際の定義クラスではなく）メタクラスを示す点に注意してください。__init__／__call__のタイミングではすでにクラス定義が生成されているので、第1引数としてcls（メタクラスによって生成された実クラス）を表します。

一般的には、

- クラス定義過程そのものを操作するならば__prepare__／__new__を
- メタクラスによって生成されたクラス（実クラス）に、変数／メソッドを追加するならば__init__を
- 実クラスをインスタンス化する際の挙動を操作するならば__call__メソッドを

それぞれ利用します。

この例でも、__prepare__メソッドで実クラスにクラス変数hogeを追加しています。__prepare__メソッドは、戻り値として「変数／メソッド名: 値」形式の辞書を返すようにします。メタクラスでは、この辞書をもとに実クラスを生成します。

メタクラスを定義できたら、これを本来のクラスに適用してみましょう。これにはclass節で、metaclassパラメーターを指定するだけです（❸）。

構文 クラスの定義（メタクラス付き）

```
class クラス名(metaclass=メタクラス名): ～
```

メタクラスとは別に、他のクラスを継承することも可能です。

構文 クラスの定義（メタクラス付き：他のクラスを継承）

```
class クラス名(基底クラス, ..., metaclass=メタクラス名): ～
```

よって、これまでのクラス定義を、あえて冗長に表すならば、以下のようになります。

```
class MyClass(object, metaclass=type): ～
```

MyMetaメタクラスを適用したMyClassクラスを呼び出したのが❹です。MyClass本体は空であるにもかかわらず、クラス変数hogeが存在しています。

note `__prepare__`／`__new__`／`__init__`メソッド末尾にあるキーワード可変長引数（**kwargs）は、メタクラスに渡された任意のキーワード引数を表します。メタクラスに対しては、以下のようにすることで任意の引数を渡せます。

```
class MyClass(metaclass=MyMeta, value1=10, value2=20):
```

11.5.3 例 シングルトンパターン

10.1.6項でも触れたシングルトンパターンを、メタクラスを使って書き換えてみましょう（リスト11.41）。シングルトンパターンについての詳細は10.1.6項の解説を参照してください。

▶リスト11.41 meta_singleton.py

```
class SingletonMeta(type):
  # 実クラスにクラス変数を追加
  def __init__(cls, name, bases, disc, **kwargs): ────────────❶
    cls.__instance = None

  # 実クラスをインスタンス化する際の処理を追加
  def __call__(cls, *args, **kwargs): ────────────
    if cls.__instance is None:                                ❷
      cls.__instance = super().__call__(*args, **kwargs)
    return cls.__instance ────────────

class MySingleton(metaclass=SingletonMeta):
  pass

if __name__ == '__main__':
  c1 = MySingleton()
  c2 = MySingleton()
  print(c1 is c2)      # 結果：True（同じインスタンス）
```

インスタンス管理のためのクラス変数（__instance）を追加するのは、__init__メソッドの役割です（❶）。あとは、__call__メソッドでインスタンスを生成するための処理を追加するだけです（❷）。__call__メソッドは、インスタンスを関数的に呼び出したとき——つまり、MyClass(...)で呼び出されるので、インスタンス化のたびに実行すべき処理を意味するわけです。メタクラスの世界では「インスタンス＝クラス定義」という点が混乱しやすいところかもしれませんが、徐々に慣れていきましょう。

11.5.4 クラスデコレーター

クラスデコレーターは、9.1節で触れた関数デコレーターのクラス版で、クラスの機能を外部から拡張するための仕組みです。メタクラスと直接の関係はありませんが、よく似た機能を提供するので、ここで合わせて扱っておきます。前項までの例と比較しながら、クラス拡張の理解を深めてください。

デコレーターの基本

たとえばリスト11.42は、クラスに対してクラス変数hogeを追加するhoge_decoデコレーターの例です。

▶リスト11.42　deco_class.py

```
# クラスデコレーターを定義
def hoge_deco(cls):                                          ❶
  cls.hoge = 'ほげ'
  return cls


@hoge_deco                                                   ❷
class MyClass:
  pass


if __name__ == '__main__':
  print(MyClass.hoge)      # 結果：ほげ                       ❸
```

関数デコレーター（9.1節）と異なるのは、以下の点です（❶）。

- 引数としてクラスを受け取る（ここではcls）
- 戻り値として修飾済みのクラスを返す

定義されたデコレーターは、（関数の代わりに）クラスに付与するだけです（❷）。MyClassクラスでは定義されていない変数hogeが追加されていることが確認できます（❸）。

11

オブジェクト指向構文 応用

シングルトンパターン

より実践的な例として、シングルトンパターンのデコレーター版を実装してみましょう。メタクラス版（リスト 11.41）と比較してみてください。

▶リスト11.43　deco_singleton.py

```
def singleton_deco(cls):
  __instance = None
  # インスタンスを返すファクトリー関数
  def inner(*args, **kwargs):
    nonlocal __instance
    if __instance is None:
      __instance = cls(*args, **kwargs)
    return __instance
  return inner


@singleton_deco
class MyClass:
  pass


if __name__ == '__main__':
  c1 = MyClass()
  c2 = MyClass()
  print(c1 is c2)      # 結果：True
```

singleton_decoデコレーターは、（クラスそのものではなく）インスタンスを生成するためのファクトリー関数（inner）を返します。inner関数がインスタンス（__instance）の有無をチェックし、存在しない場合にだけ新規のインスタンスを生成する流れは、これまでと同じです。

> *note*
> メタクラスとクラスデコレーターの例を比べればわかるように、双方でできることは似ており、使い分けの基準もあいまいです。あえて言えば、メタクラスは__*xxxxx*__メソッドで処理を分類できるので、大がかりなコードにも見通しを維持できます。一方、クラスデコレーターは関数なので、簡単なコードをシンプルに記述できます。
> 著者個人的には、クラスデコレーターでできるならば、まずはそちらを優先し、それで事足りない場合にメタクラスを利用すればよいと考えています。

✓ この章の理解度チェック

[1] 以下の文章は本章で学んだ機能について説明したものです。正しいものには○、誤っているものには×を付けてください。

( )　except節は、発生した例外がexcept節のそれと一致した場合にだけ実行される。

( )　try／finally節でreturn命令が呼び出された場合、try節の呼び出しが優先される。

( )　例外を捕捉する場合には、多くの例外を捕捉できるように、できるだけ上位階層の例外を指定すべきである。

( )　__str__メソッドでは、そのクラスを特徴づける情報を選別して文字列化すべきで、すべての情報を網羅するのが目的ではない。

( )　イテレーターは__iter__メソッドを実装しなければならない。

[2] リスト11.Aは、クラスにシングルトンパターンを実装するSigletonMetaメタクラスと、これを適用したMySingletonクラスの例です。空欄を埋めて、コードを完成させてみましょう。

▶リスト11.A　ex_meta_singleton.py

```python
class SingletonMeta(  ①  ):
  def   ②  (cls, name, bases, disc, **kwargs):
    cls.__instance = None

  def   ③  (cls, *args, **kwargs):
    if   ④  :
      cls.__instance =   ⑤  .__call__(*args, **kwargs)
    return cls.__instance

class MySingleton(  ⑥  ):
  pass
```

[3] 本章で学んだ構文を利用して、以下のようなコードを書いてみましょう。

① Personクラスにインスタンス変数name（名前）と、「Person：●○」を返す__str__メソッドを定義する。

② アプリ独自の例外クラスMyAppErrorを定義する（中身は空）。

③ データクラスBookを定義する（str型のtitle、int型のpriceを持ち、イミュータブルであること）。

④ ③で作成したBookクラスから配下のフィールド情報をすべて取得＆表示する。

⑤ KeyError／TypeErrorをexcept節で受け取り、最後に「終了しました。」と表示する（try節ではKeyErrorを発生し、except節では受け取った例外をそのまま再送出すること）。

Column ━━▶ **よく見かけるエラーとその対処法**

　プログラミングを進める上で、皆さんは様々なエラーに遭遇するはずです。エラーは時として問題の特定に頭を悩ませるものもありますが、大概は（特に最初のうちは）定型的です。エラーの意味をあらかじめ知っておくことで、エラーに遭遇した場合にも素早く原因を特定できるはずです。プログラミングを学ぶとは、その大半はエラーに遭遇した時の対処の引き出しを増やすことと言っても言い過ぎではありません。ここでは、まずPython学習の初心者がよく遭遇する代表的なエラーと、その対処方法をまとめておきます。

●**SyntaxError**

　最も基本的なエラーで、文法（Syntax）的な誤りに対して発生します。一般的には、カッコやクォートの対応関係が取れていない、などが原因なので、（サンプルコードを自分でタイプした場合には）紙面のコードと見比べてみましょう。SyntaxErrorの特殊系として、インデントの誤りを意味するIndentationErrorもあります。

●**NameError／AttributeError**

　NameErrorは、未定義の変数／関数などを参照したときに発生します。本当に、変数／関数の定義を忘れている場合もありますが、より多いのがtypo（打ち間違い）です。たとえばprintをPrint（大文字）、prnt（iが抜け）などとしていないか、確認してみましょう。

　NameErrorによく似たエラーとして、オブジェクトに存在しない属性を参照した時に発生するAttributeErrorもあります。同じく、属性が存在するか、スペルに誤りがないかを再確認してください。

●**ImportError**

　インポートに失敗した場合に発生するエラーです。モジュールの検索先が正しいか（パスが通っているか）、そもそもスペルミスがないかを再確認してください。

●**IndexError／KeyError**

　リストなどのシーケンス型で、範囲外のインデックス値を指定した場合に発生します。特に変数経由でインデックス値を指定した場合に、起こりやすいエラーです。

　辞書に対して存在しないキーを渡した場合に発生するKeyErrorもあります。

●**TypeError**

　演算その他で、意図しない型が渡された場合に発生するエラーです。たとえば数値と文字列とを加算した場合、リストのインデックス値として非数値を渡した場合などに発生します。渡された値そのものを確認するとともに、type関数などで型も確認してみましょう。結果、たとえば「'15' + 30」のような式になっていたら、int／str関数で型をそろえることでエラーを解消できます。

「練習問題」
「この章の理解度チェック」
解答

以上の点を修正したコードが、リストA.2です。

▶リストA.2　ex_show_name.py

```
name = '山田'
print(name)
```

第1章の解答

練習問題　1.1　`p.10`

[1] Pythonはソースコードをそのまま実行できる**インタプリター言語**（逐次翻訳言語）であり、トライ＆エラーの作業を迅速にできます。オブジェクト指向言語を中心に、手続き型言語、関数型言語などの特徴も持つ**マルチパラダイム言語**で、プログラミング言語のさまざまな特徴を兼ね備えています。標準で**ライブラリ**（道具）も豊富にそろえており、Pythonをインストールするだけで高度なアプリを開発できる環境が整います。

この章の理解度チェック　`p.52`

[1] 作成するコードは、リストA.1の通りです。1.4.3項の内容は、今後もコードを作成＆実行する中で欠かせないものです。同じ手順を何度も繰り返して、体になじませてください。

▶リストA.1　ex_hello.py

```
print('こんにちは、世界！')
```

[2] 文は改行で区切ります（「;」などの区切り文字は不要です）。

文を途中で改行するには、行末に「\」（バックスラッシュ）を置きます。ただし、(...)、[...]、{...}などのカッコ内であれば、単語の区切りで自由に改行できます。

[3] ● #：単一行コメント

● '''...'''、"""..."""：複数行コメント

一般的には、入れ子にできない複数行コメントよりも単一行コメントを利用すべきです。なお、複数行コメントは、正確には専用のコメント構文ではなく、複数行文字列の構文です。

[4] 以下の3点を指摘できていれば正解です。

● 文字列はクォートでくくる（山田は'山田'）
● 大文字／小文字は区別される（Nameはname）

第2章の解答

練習問題　2.1　`p.61`

① 誤り。識別子を数字で始めることはできません（2文字目以降は可）。
② 正しい。変数は小文字のアンダースコア記法（スネークケース記法）が基本ですが、Pascal記法でも構文上の誤りではありません。
③ 正しい。識別子にはマルチバイト文字も利用できます。ただし、一般的には英数字、アンダースコアの範囲にとどめてください。
④ 誤り。予約語を識別子にはできません。
⑤ 誤り。「−」は演算子なので、識別子の一部として利用することはできません。

練習問題　2.2　`p.71`

[1] 以下から3つ以上挙げられれば正解です。詳しくは表2.4（p.62）を参照してください。

● 数値　　　：整数（int）、浮動小数点（float）、複素数（complex）
● データ　　：文字列（str）、バイナリ（bytes）
● コンテナー：リスト（list）、タプル（tuple）、辞書（dict）、セット（set）
● その他　　：論理型（bool）、NoneType

[2] 以下のようなリテラルを表現できていれば正解です。

① 0xff
接頭辞が0xで、以降の数値は0～9、a～f（A～F）であること。

② 123_456

アンダースコアで、一般的には3桁ごとに数値を区切る。先頭／末尾のアンダースコアは不可。

③ 'こんにちは、\nあかちゃん'

「\n」がエスケープシーケンスの改行。

④ 0.14142e-3

＜仮数部＞e＜符号＞＜指数部＞の形式。

⑤ r'c:\data\hoge'

r'...'、r"..."の形式。配下の文字列ではエスケープシーケンスが無視されます。

この章の理解度チェック p.77

[1] ① 0o

② 0x

③ 仮数部

④ 指数部

⑤ エスケープシーケンス

⑥ \t

⑦ {...}

⑧ f

[2] 次のポイントを挙げられれば正解です。

- 変数の宣言には、データ型は不要です（ここでは str）。
- 文字列リテラルはシングルクォート（'）、またはダブルクォート（"）でくくります。
- 大文字小文字は区別されます（Printはprint）。

以上を修正したコードは、リストA.3の通りです。

▶リストA.3　ex_hello.py

```
msg = 'こんにちは、Python！'
print(msg)      # 結果：こんにちは、Python！
```

[3] （×）NoneはNoneType型で、bool型はTrue／Falseの2個です。

（×）raw文字列ではなく、複数行文字列（"""..."""）を利用します。

（×）一般的には、英数字とアンダースコアだけで構成すべきです。ただし、文法上は日本語を含むほとんどのUnicode文字を識別子として利用できます。

（×）異なる型の値を並べても間違いではありません（ただし、一般的には型をそろえるべきです）。

（○）正しい。

[4] ① del name

② txt = 'みかん\tかき\tりんご'

③ data = [
    ['あ', 'い', 'う', 'え', 'お'],
    ['か', 'き', 'く', 'け', 'こ'],
    ]

④ print(f'こんにちは、{name}さん')

⑤ print(data[4])

⑤では、末尾のインデックスは「リストの個数 − 1」である点に注意してください。

第3章の解答

練習問題　3.1 p.84

[1] ① 45

② 16

③ 1

④ エラー

⑤ 2

'...'でくくられた数字はリテラルは文字列となるため、文字列の連結とみなされます（①）。また、「/」「//」「%」によるゼロ除算（④）は、エラー（ZeroDivisionError）となります。

[2] 浮動小数点数（float）は、内部的には2進数で演算されるためです。10進数の0.1も2進数では0.000110…（無限循環小数）となり、誤差の原因となります。演算誤差を防ぐには、Decimal型を利用してください。

練習問題　3.2 p.101

[1] リストA.4のようなコードが書けていれば正解です。

App

```
value = 'はじめまして'
print('値なし' if value is None else value)
```

[2] ① True

② エラー

異なる型同士での大小比較はエラーになります。

③ False

文字列と整数値のように異なる型同士での==比較は
可能ですが、Falseを返します。

④ False

リストの大小比較は、先頭から要素を大小比較し、
最初に大小が決まったところで確定します。

この章の理解度チェック　p.109

[1] ① 算術演算子（代数演算子でも可）

② 代入演算子

③ 複合代入演算子

④ 比較演算子

⑤ 論理演算子

⑥ &、^、|、~、<<、>>から3個以上

[2] x：40、y：50、data1、data2ともに：[10, 15,
30]

ミュータブル（変更可能）な型とイミュータブル
（変更不可）な型とで代入の挙動が異なる点に注意し
てください。イミュータブル型での代入は、常に値
（オブジェクト）そのものの置き換えなので、代入元
での変更が代入先に影響することはありません。

[3] ① 優先順位

② 結合則

③ 高い

④ 同じ

⑤ **

[4] ① i -= 2

② d = decimal.Decimal('0.5')

③ x, y, *z = [2, 4, 6, 8, 10]

④ n, m = m, n

⑤ 10 <= x < 50

decimal型を生成する際には、小数点数は文字列
（クォート付き）で渡します（②）。

第4章の解答

練習問題　4.1　p.125

[1] リストA.5のようなコードが記述できていれば正解
です。if命令で多岐分岐を表現する場合には、条件
式を記述する順番に要注意です。

▶リストA.5　p_if.py

```
point = 75

if point >= 90:
  print('優')
elif point >= 70:
  print('良')
elif point >= 50:
  print('可')
else:
  print('不可')
```

[2] ベン図については、図4.7（p.124）を参照してくださ
い。このような置き換えルールをド・モルガンの法
則と言います。法則を忘れてしまった場合にも、ベ
ン図で理解しておくことで、自分で置き換えが可能
となります。

練習問題　4.2　p.134

[1] リストA.6のようなコードが書けていれば正解です。

▶リストA.6　p_for.py

```
for i in range(1, 10):
  for j in range(1, 10):
    result = i * j
    print(result, end=' ')
  print()
```

このように、制御命令は入れ子にできます。その場
合、for命令の仮変数は、それぞれで異なる名前でな
ければならない点に注意してください。

練習問題 4.3 p.141

[1] スキップ ：continue命令
脱出 ：break命令

continue、breakはいずれもfor、whileなどの繰り返し構文の中で使用できる命令です。その性質上、continue、break命令はif命令などの条件分岐と組み合わせて利用するのが一般的です。

[2] リストA.7のようなコードが書けていれば正解です。

▶リストA.7　p_while.py

```python
i = Ø
sum = Ø

while i <= 1ØØ:
  i += 1
  if i % 2 != Ø:
    continue
  sum += i

print('合計値は', sum, 'です。')
```

while命令では終了条件を表す変数iを、自分でインクリメント（カウントアップ）しなければなりません。ここでは頭の体操としてwhile命令を利用しましたが、変数をインクリメントするようなループではfor + rangeを利用するほうがコードはシンプルになります。

この章の理解度チェック p.148

[1] ① if
② while
③ 節
④ ヘッダー
⑤ ブロック（スイート）
⑥ コロン（:）
⑦ インデント

複合文に関する基本的な問いです。キーワードを覚えることは本質的な目的ではありませんが、キーワードを整理することで、複合文の構造を復習してください。

[2] ① for item in data:
print(item)

② for i in range(1, 1Ø1):
print(i)

③ data2 = [i * 1Ø for i in data]

④ result = sum([i for i in data if i >= Ø])

⑤ if 1Ø <= num < 5Ø:
print(num)

⑤の条件式は「num >= 1Ø and num < 5Ø」としてもほぼ同じ意味ですが、回答例のコードのほうが範囲であることを把握しやすく、処理効率の観点からも有利です。

[3] ① while
② try
③ num
④ break

「while True:～」のようにすることで、意図して無限ループを作成することもできます。その場合は、④のように自前でループ脱出の出口を用意してください。

[4] リストA.8のようなコードが書けていれば正解です。

▶リストA.8　ex_for.py

```python
sum = Ø

for i in range(1ØØ, 2Ø1):
  if i % 2 == Ø:
    continue
  sum += i
print('合計値は', sum, 'です。')
  # 結果：合計値は 75ØØ です。
```

ここではcontinueを使ってとあるので、このようにしていますが、その制限を無視すれば、range関数

でstep（増分）を指定する方法もあります。

[5] リストA.9のようなコードが書けていれば正解です。

▶リストA.9　ex_if_lang.py

```
language = 'Python'
interpreter = ['Python', 'Perl', 'Ruby']
compiler = ['C#', 'C++', 'Java']

if language in interpreter:
  print('インタプリター言語')
elif language in compiler:
  print('コンパイル言語')
else:
  print('不明')
```

別解としてor演算子を使って「language == 'Python' or ...」と列挙してもかまいませんが、比較する値が増えた場合には条件式も冗長になります。

第5章の解答

練習問題　5.1　p.158

[1] 「値，...」のように値を列挙するだけの引数を「位置引数」、「名前＝値，...」形式の引数を「キーワード引数」と呼びます。たとえば、以下のprint関数であれば、最初の「'Hello', name, 'さん！'」が位置引数で、以降のsep／endがキーワード引数です。

```
print('Hello', name, 'さん！', sep='+', ⏎
end='')
```

[2] メソッドとは、型にひもづいた、その型からのみ呼び出せる関数です。呼び出しには「インスタンス.メソッド名(引数, ...)」または「型名.メソッド名(引数, ...)」と表します。

練習問題　5.2　p.182

[1] リストA.10のようなコードが書けていれば正解です。

▶リストA.10　p_slice.py

```
data = 'プログラミング言語'
print(data[4:7])
```

スライス構文は、インデックス値が0スタートで、開始位置～終了位置 － 1文字目の文字列を抜き出します。

[2] リストA.11のようなコードが書けていれば正解です。「\t」はエスケープシーケンスの一種でタブ文字を表します。

▶リストA.11　p_split.py

```
data1 = '鈴木\t太郎\t男\t50歳\t広島県'
data2 = data1.split('\t')
print('&'.join(data2))
```

練習問題　5.3　p.189

[1] リストA.12のようなコードが書けていれば正解です。

▶リストA.12　p_datetime.py

```
import datetime

dt = datetime.datetime.now()
print(dt.month)
print(dt.minute)
```

この章の理解度チェック　p.195

[1] ① インスタンス化
② インスタンス（またはオブジェクト）
③ datetime.date
④ メソッド
⑤ .

クラス（型）の利用に関する問いです。インスタンスを生成し、メソッド／属性にアクセスする流れを、関連するキーワードとともに整理しておきましょう。

[2] ① title[2]
② title[2:5]
③ title[2:]
④ title[-7:-5]
⑤ title[::2]

スライス構文を利用することで、文字列／リストの

任意の位置から部分的な文字列／リストを取り出せるようになります。よく利用する構文なので、基本的な記述を再確認しておきましょう。

[3] ① setlocale
② ja_JP.UTF-8
③ timezone
④ timedelta
⑤ strftime

datetimeモジュールによる日時の生成から整形までの流れを問う問題です。書式文字列に日本語が含まれる場合には、ロケールも日本語（ja_JP.UTF-8）としておきます。

[4] それぞれ、以下のようなコードを書けていれば正解です。

①
```
data = 'となりのきゃくはよくきゃくくうきゃくだ'
print(data.rfind('きゃく'))
```

②
```
locale = '千葉'
temp = 17.256
print('{0}の気温は、{1:.2f}℃です。'↵
.format(locale, temp))
```

③
```
intro = '彼女の名前は花子です。'
print(intro.replace('彼女', '妻'))
```

④
```
import datetime
dt = datetime.datetime.today()
dt_p = dt + datetime.timedelta(↵
days=5, hours=6)
```

⑤
```
import calendar
calendar.setfirstweekday(6)
print(calendar.month(2020, 10, 5))
```

②はフォーマット文字列を利用して、以下のように表してもかまいません。

```
print(f'{locale}の気温は、{temp:.2f}℃です。')
```

第6章の解答

練習問題 6.1 p.229

[1] ① 可能
② 持たず
③ 不可
④ 辞書型（マッピング型も可）
⑤ キー／値

コレクションの大分類を理解する問いです。個々の用法を理解するだけでなく、型の特徴を知り、適材適所に使い分けていける能力を身につけてください。

[2] ① pop
② append
③ insert
④ for
⑤ enumerate

最終結果からリストへの操作を類推する問題です。リストの基本的な役割を思い出してみましょう。

練習問題 6.2 p.237

[1] リストA.13のようなコードを書けていれば正解です。

▶リストA.13　p_intersection.py

```
sets1 = {10, 105, 30, 7}
sets2 = {105, 28, 32, 7}
print(sets1.intersection(sets2))
```

set型は、このような集合演算で力を発揮します。intersectionメソッドの代わりに「&」演算子を利用してもかまいません。

この章の理解度チェック p.247

[1]（×）要素の挿入／削除は、要素の移動を伴うため、先頭に近くなるほど遅くなります。
（×）dequeでは、位置に関わらず、要素の挿入／削除は高速です。ただし、挿入／削除に先

立って、要素の検索が加わるはずなので、実際には、そちらのオーバーヘッドを考慮しなければなりません（中央に近づくほど、アクセスは低速になります）。

（×）セット型は、要素の並び順を管理しません。

（×）組み込み型では、int、str、tuple、frozensetなどが辞書のキーにできますし、一定の条件を満たしていればユーザー定義型をキーに指定することも可能です。

（×）スタックとキューとが逆の記述になっています。

コレクションはそれぞれに得手不得手を持っています。用法そのものはいずれの型もほぼ共通しているので、その時どきの用途に応じて、適切な型を使い分けできるかが重要です。

[2] ① cucumber
② 胡瓜
③ pop
④ setdefault
⑤ item
⑥ d.items()

最終結果から辞書への操作内容を類推する問題です。インデックス構文をはじめ、pop／setdefaultなど、基本的な辞書の操作を再確認してください。④のsetdefaultメソッドは、この場合であれば、インデックス構文を利用して「d['carrot'] = 'ニンジン'」としてもかまいません。

[3] ● 値をカンマで区切ってセットを生成するには[...]ではなく、{...}でくくります。
● differenceはunionの誤りです。
● whileはforの誤りです。

以上を修正したコードは、リストA.14の通りです。

▶リストA.14　ex_set.py

```
sets1 = {2, 4, 8, 16, 32}
sets2 = {1, 10, 4, 16}

print(sets1.union(sets2))
sets3 = {str(i) for i in sets1 if i > 5}
print(sets3)
```

[4] ① print(d.get('apple', '－'))
② data = [elem for elem in data if ⏎
　 elem != '×']
③ data[0:3] = []
④ t = ('いろは',)
⑤ for key, value in d.items():
　　 print(key, '=', value)

②は「×」でない要素を取り出し、新たなリストを生成する、という意味です。これで結果として「×」がすべて削除されます。
③は「del data[0:3]」としても正解です。
④のように、一要素のタプルを生成する場合には、末尾のカンマは必須です。

第7章の解答

練習問題　7.1　p.271

[1]　リストA.15のようなコードが書けていれば正解です。

▶リストA.15　p_search.py

```
import re

data = '住所は〒160-0000　新宿区南町0-0-0⏎
です。\nあなたの住所は〒210-9999　川崎市北町⏎
1-1-1ですね'
ptn = re.compile(r'\d{3}-\d{4}')
results = ptn.finditer(data)
for result in results:
    print(result.group())
```

最初からマッチしている文字列が1つとわかっている場合には、searchメソッドを利用してもかまいません。

[2]　リストA.16のようなコードが書けていれば正解です。

▶リストA.16　p_group.py

```
import re

data = 'お問い合わせはsupport@example.com⏎
まで'
ptn = re.compile(r'[a-z0-9.!#$%&\'*+/=?⏎
^_{|}~-]+@[a-z0-9-]+(?:\.[a-z0-9-]+)*',
    re.IGNORECASE)
print(ptn.sub(r'<a href="mailto:\g<0>">⏎
\g<0></a>', data))
```

マッチした文字列を置換後の文字列に反映させるには、特殊変数として\g<0>を利用します。サブマッチ文字列を引用するならば\g<1>、\g<2>...を利用します。

練習問題 **7.2** **p.287**

[1] ① csv
   ② with
   ③ w
   ④ delimiter
   ⑤ writerows

csvモジュールを利用した場合も、withブロックでファイルを開閉し、writexxxxxメソッドで書き込む流れは、一般的なファイル操作の場合と共通です。読み込みの場合も復習しておきましょう。

練習問題 **7.3** **p.301**

[1] ① requests
   ② get
   ③ status_code

requestsモジュールによるネットワーク通信の例です。HTTP GETによる基本的な流れを理解できてしまえば、HTTP POST、JSONなどによる通信も同じように記述できます。

この章の理解度チェック **p.309**

[1] ① .
   ② ?a、?i、?m、?s、?x、?Lから2個以上
   ③ +?、*?、??、{n,}?などから2個以上
   ④ ?P<name>
   ⑤ A(?=B)

正規表現そのものに関する問いです。Pythonとは直接の関係はありませんが、コーディングの幅を広げる知識です。実際に文字列をマッチさせながら、表現の引き出しを増やしていきましょう。

[2] ① re
   ② compile
   ③ line
   ④ finditer
   ⑤ result.group()

正規表現とファイル読み込みの複合問題です。間違ってしまったという人は、7.1節、7.2節を見直してみましょう。

[3] それぞれ、以下のようなコードを書けていれば正解です。

```
① print(abs(-12))
② print(round(987.654, 2))
③ import os
   for f in os.listdir('.'):
     print(f)
④ import random
   print(random.randint(0, 100))
⑤ import re
   ptn = re.compile(r'[/\\]')
   result = ptn.split(txt)
```

第8章の解答

練習問題 **8.1** **p.320**

[1] リストA.17のようなコードが書けていれば正解です。

▶リストA.17　p_func.py
```
def get_diamond(diagonal1, diagonal2):
  return diagonal1 * diagonal2 / 2

area = get_diamond(8, 10)
print(f'菱形の面積は{area}です。')
  # 結果：菱形の面積は40.0です。
```

練習問題 **8.2** **p.330**

[1] ユーザー定義関数の外で定義された変数のことを「グローバル変数」、関数内で定義された変数のこと

App

「練習問題」「この章の理解度チェック」解答

を「ローカル変数」と言います。グローバル変数は
コード全体から参照できますが、ローカル変数は関
数内でしか参照できません。

[2] defブロックの中で、global宣言を使ってグローバル
変数であることを明示的に宣言します。global宣言
がない場合、関数内での代入操作はすべてローカル
変数に対するものとみなされます。

練習問題 8.3　p.341

[1] リストA.18のようなコードが書けていれば正解です。

▶リストA.18　p_args_param.py

```python
def average(*values):
  result = 0
  for value in values:
    result += value
  return result / len(values)


print(average(5, 7, 8, 2, 1, 15))
  # 結果：6.333333333333333
```

この章の理解度チェック　p.349

[1] （×）return命令がない場合、関数はNoneを返し
たとみなされます。
（×）Pythonのグローバルスコープは、いわゆる
ファイル（モジュール）スコープです。ファ
イルの中でのみ参照できます。
（○）正しい。
（×）可変長引数の実体はタプルです。args[0]の
ようにアクセスします。
（×）「初回呼び出し」は「定義」の誤りです。

[2] リストA.19のようなコードが書けていれば正解です。

▶リストA.19　ex_args_default.py

```python
def get_square(base=1, height=1):
  return base * height


print(f'平行四辺形の面積は{get_square()}⏎
です。')
  # 結果：平行四辺形の面積は1です。
```

```python
print(f'平行四辺形の面積は{get_square(10)}⏎
です。')
  # 結果：平行四辺形の面積は10です。
print(f'平行四辺形の面積は{get_square⏎
(10, 5)}です。')
  # 結果：平行四辺形の面積は50です。
```

ユーザー定義関数の基本的な構文を問う問題です。
引数の既定値は「仮引数＝値」の形式で表します。

[3] ① *nums
② for
③ appned
④ func(num)
⑤ lambda

可変長引数、高階関数、ラムダ式に関する複合的な
問題です。ラムダ式は「lambda 引数：本体」の形
式で表します。

[4] ① 110
② 100
③ [100, 20, 30]
④ [100, 20, 30]

引数がミュータブル型（ここではlist）の場合、引数
への変更操作は呼び出し元にも影響します。イ
ミュータブル型（ここではint）では、引数の変更は
そのままオブジェクトそのものの置き換えなので、
呼び出し元への影響はありません。

第9章の解答

練習問題 9.1　p.370

[1] ① random
② yield
③ max
④ 100
⑤ break

random_intは無限に値を生成するジェネレーター
です。このようなジェネレーターを利用する場合に

は、呼び出し元でなんらかの終了条件（ここでは
「num > 80」）を設ける必要があります。

練習問題 9.2 `p.386`

[1] ① `from math import fabs, ceil, floor`
② `__all__ = ['hoge', 'piyo']`
③ `sys.path.append('c:/data')`

②の`__all__`変数は、モジュールファイルの冒頭で
記述するのが一般的です。

練習問題 9.3 `p.396`

[1] コルーチンとは、任意の地点で中断でき、あとから
再開できる性質を持つ関数の一種です。defブロック
に async キーワードを付与することで定義できます。
中断のポイントは、await演算子で表します。

この章の理解度チェック `p.408`

[1] （○）正しい。
（×）「@名前(...)」の誤り。
（×）ジェネレーターを呼び出した場合、generator
オブジェクトが返されるだけです。
（×）イベントループはあくまでI/O待ちで複数の
処理を切り替え、実行するための仕組みで
す。よって、CPUを占有するような処理では
高速化を期待できません。
（×）docstringは、def／class命令の**直後**（ブロッ
クの先頭）に記述します。

[2] ① `fromtimestamp`
② `func(*args, **keywds)`
③ `result`
④ `inner`
⑤ `@time_deco`

デコレーターでは、内側の関数が「付加すべき機能
と本来の関数の呼び出し」を担い、外側の関数は内
側の関数を返します。引数付きのデコレーターでは、

さらに「引数を受け取る関数」が外側に加わるので
混乱しがちですが、まずは入れ子となった関数の定
型的な記述を覚え込んでしまいましょう。

[3] 以下の点が指摘できていれば正解です。

- async と await の位置が逆
- await式に渡せるのはtime.sleepではなくasyncio.
  sleep
- フォーマット文字列の接頭辞は「r」ではなく「f」
- run_until_completeメソッドはイベントルー
  プ経由で呼び出す
- コルーチンを束ねるのはrunではなくgather

以上を反映させたコードがリストA.20です。

▶リストA.20　ex_coroutine.py

```python
import asyncio
import time


async def heavy_process(name, sec):
  print(f'start {name}')
  await asyncio.sleep(sec)
  print(f'end {name}')
  return f'{name}/{sec}'


start = time.time()
loop = asyncio.get_event_loop()
result = loop.run_until_complete(
  asyncio.gather(
    heavy_process('hoge', 2),
    heavy_process('bar', 5),
    heavy_process('piyo', 1),
    heavy_process('spam', 3)
  )
)
end = time.time()
print(result)
print(f'Process Time: {end - start}')
```

第10章の解答

練習問題 10.1 `p.429`

[1] 以下の5点が指摘できていれば正解です。

- 初期化メソッドの名前は__new__ではなく__init__
- showメソッド定義の引数にselfが抜けている
- 直接にコードが実行されたかを判断するには、__name__が__main__であることを確認する（__app__ではない）
- クラスをインスタンス化するには「クラス名(...)」（newは不要）
- メソッド呼び出しは「->」ではなく「.」

以上を修正した正しいコードは、リストA.21の通りです。

▶リストA.21 p_class.py

```python
class Pet:
  def __init__(self, kind, name):
    self.kind = kind
    self.name = name

  def show(self):
    print(f'ペットの{self.kind}の名前は、 ↵
{self.name}ちゃんです！')

if __name__ == '__main__':
  p = Pet('ハムスター', 'のどか')
  p.show()
```

練習問題 10.2 p.456

[1] ① 基底クラス（スーパークラス、親クラスでも可）
② 派生クラス（サブクラス、子クラスでも可）
③ (Person)

派生クラスは、「class 派生クラス名(基底クラス名,...):」の形式で定義します。基底クラスは必要に応じて複数列挙することも可能です。

[2] リストA.22のようなコードが書けていれば正解です。

▶リストA.22 p_inherit.py

```python
class MySubClass(MyClass):
  def show(self):
    return f'[{super().show()}]'
```

```python
if __name__ == '__main__':
  ms = MySubClass('ハムスター', 'のどか')
  print(ms.show())
    # 結果：[ペットのハムスターの名前は、 ↵
のどかです。]
```

この章の理解度チェック p.462

[1] ① __init__（初期化メソッドでも可）
② インスタンス変数
③ クラスメソッド
④ @classmethod
⑤ cls
⑥ is-a
⑦ オーバーライド
⑧ super
⑨ 委譲
⑩ has-a

オーバーライドはオーバーロードと間違えないように注意してください。

[2] （×）実際には、内部的にリネームしているだけなので完全に隠蔽できるわけではありません。
（×）抽象クラスはミックスインの誤り。抽象クラスは派生クラスでオーバーライドすべきメソッド（抽象メソッド）を含んだクラスです。
（×）@prop.setter／@prop.getterデコレーターは、@property／@＜名前＞.setterデコレーターの間違いです。
（×）継承は基底クラスと強い結びつきを持つため、変更に対する修正コストが高まる可能性があります。継承よりも委譲を優先すべきです。
（×）isinstance関数は、指定されたクラスの直接のインスタンス、または派生クラスのインスタンスである場合にTrueを返します。

[3] 次の点を指摘できれば、正解です。

- FigureクラスはabcモジュールのABCクラスを継承する必要があります。

- @abstractデコレーターは、@abstractmethodデコレーターの間違いです。
- クラスを継承するには、extendsは使わず、派生クラスの定義で引数に基底クラスを指定します（2か所）。
- issubclassはisinstanceの誤りです。
- __name__は__class__の誤りです。

修正済みのex_polymo.pyについては、リストA.23の通りです。

▶リストA.23　ex_polymo.py

```python
from abc import abstractmethod, ABC

class Figure(ABC):
    def __init__(self, width, height):
        self.width = width
        self.height = height

    @abstractmethod
    def get_area(self):
        pass

class Triangle(Figure):
    def get_area(self):
        return self.width * self.height / 2

class Square(Figure):
    def get_area(self):
        return self.width * self.height

if __name__ == '__main__':
    figs = [
        Triangle(10, 15),
        Square(10, 15),
        Triangle(5, 1)
    ]
    for fig in figs:
        if isinstance(fig, Figure):
            print(f'{fig.__class__}:↵
{fig.get_area()}')
```

[4] リストA.24のようなコードができていれば正解です。

▶リストA.24　ex_class.py

```python
class Hamster:
    # インスタンス変数を初期化
    def __init__(self, name):
```

```python
        self.__name = name

    # 読み取り専用のnameプロパティ
    @property
    def name(self):
        return self.__name

    # 与えられた書式を使って__nameの値を出力
    def show(self, fmt):
        print(fmt.format(self.__name))

if __name__ == '__main__':
    h = Hamster('のどか')
    h.show('私の名前は{0}です！')
```

第11章の解答

練習問題　11.1　p.479

[1] より下位の例外クラスを先に記述します。exceptブロックは先に書かれたものが優先されるため、たとえばExceptionクラスを最初に記述した場合には、すべての例外がそこで捕捉されてしまい、以降のexceptブロックが呼び出されることはありません。

[2] 以下のような点を説明できていれば正解です。

- 具体的な例外の内容を識別できるよう、汎用的なException例外の発生は避ける。
- 標準的な例外が用意されているものは、独自例外よりも標準例外を利用する。
- その場で処理できない例外は握りつぶすのではなく、raiseを使って現在の例外をそのまま呼び出し元に再送出する。

練習問題　11.2　p.501

[1] ① class
② __init__
③ self
④ __eq__
⑤ other

⑥ isinstance

⑦ and \

⑧ False

クラスの基本的な定義と`__eq__`メソッドの典型的な実装を問う問題です。忘れてしまった人は、第10.1節（p.412）と11.2.2項（p.482）を再度確認しておきましょう。

練習問題 11.3 `p.509`

[1] リストA.25のようなコードが書けていれば正解です。

▶リストA.25　p_dataclass.py

```python
import dataclasses

@dataclasses.dataclass(frozen=True)
class Hamster:
  name: str = '名無し'
  age: int = 0

  def show(self):
    print(f'{self.name}は{self.age}歳です！')

if __name__ == '__main__':
  h = Hamster('のどか', 1)
  h.show()
```

データクラスをイミュータブルにするにはfrozenパラメーターを指定するだけです。

この章の理解度チェック `p.525`

[1] （×）exceptブロックは、発生した例外がexceptブロックのそれと一致、または派生クラスである場合に呼び出されます。

（×）finallyブロックのreturnを優先します。

（×）逆の記述。捕捉の対象が明確になるよう、できるだけ下位の例外を指定すべきです。

（○）正しい。

（×）`__iter__`はイテレーターを取得するためのメソッドです。イテレーターは`__next__`メソッドを実装します。

[2] ① type

② `__init__`

③ `__call__`

④ cls.`__instance` is None

⑤ super()

⑥ metaclass=SingletonMeta

メタクラスでは、クラス定義になんらかの変数／メソッドを追加するならば`__init__`メソッドを、実クラスのインスタンスをカスタマイズするならば`__call__`メソッドをオーバーライドします。

[3] 以下のようなコードが書けていれば正解です。

①
```python
class Person:
    def __init__(self, name):
        self.name = name

    def __str__(self):
        return f'Person：{self.name}'
```

②
```python
class MyAppError(Exception):
    pass
```

③
```python
import dataclasses
@dataclasses.dataclass(frozen=True)
class Book:
    title: str
    price: int
```

④
```python
for f in dataclasses.fields(Book):
    print(f)
```

⑤
```python
try:
    raise KeyError
except KeyError:
    raise
except TypeError:
    raise
finally:
    print('終了しました。')
```

索引

▎著者紹介

山田祥寛（やまだ よしひろ）

静岡県榛原町生まれ。一橋大学経済学部卒業後、NECにてシステム企画業務に携わるが、2003年4月に念願かなってフリーライターに転身。Microsoft MVP for Visual Studio and Development Technologies。執筆コミュニティ「WINGSプロジェクト」の代表でもある。

主な著書に「独習シリーズ（Java・C#・PHP・ASP.NET）」『JavaScript逆引きレシピ 第2版』（以上、翔泳社）、『改訂新版JavaScript本格入門』『Angularアプリケーションプログラミング』『Ruby on Rails 5 アプリケーションプログラミング』（以上、技術評論社）、『はじめてのAndroidアプリ開発 第2版』（秀和システム）、『書き込み式SQL のドリル 改訂新版』（日経BP社）、『これからはじめるVue.js実践入門』（SBクリエイティブ）など。最近の活動内容は、著者サイト（https://wings.msn.to/）にて。

装丁　　会津 勝久
DTP　　株式会社シンクス

独習Python（バイソン）

2020年 6 月 22 日　　初版第 1 刷発行
2024年 4 月 20 日　　初版第 8 刷発行

著　　者　　山田祥寛（やまだ よしひろ）
発 行 人　　佐々木 幹夫
発 行 所　　株式会社 翔泳社（https://www.shoeisha.co.jp）
印刷・製本　　株式会社 広済堂ネクスト

本書のお問い合わせについては、ⅱページに記載の内容をお読みください。
乱丁・落丁はお取り替えいたします。03-5362-3705までご連絡ください。

ISBN978-4-7981-6364-2　　　　Printed in Japan